AF552235

Benjamin Roos

Grundlagen der Rechnungslegung nach IFRS

UVK Verlag · München

Umschlagmotiv: © mevans iStockphoto

Bibliografische Information der Deutschen Nationalbibliothek
Die Deutsche Nationalbibliothek verzeichnet diese Publikation in der Deutschen Nationalbibliografie; detaillierte bibliografische Daten sind im Internet über http://dnb.dnb.de abrufbar.

DOI: https://doi.org/10.36198/9783838560793

© UVK Verlag München 2023
– ein Unternehmen der Narr Francke Attempto Verlag GmbH + Co. KG
Dischingerweg 5, D-72070 Tübingen

Das Werk einschließlich aller seiner Teile ist urheberrechtlich geschützt. Jede Verwertung außerhalb der engen Grenzen des Urheberrechtsgesetzes ist ohne Zustimmung des Verlages unzulässig und strafbar. Das gilt insbesondere für Vervielfältigungen, Übersetzungen, Mikroverfilmungen und die Einspeicherung und Verarbeitung in elektronischen Systemen.

Alle Informationen in diesem Buch wurden mit großer Sorgfalt erstellt. Fehler können dennoch nicht völlig ausgeschlossen werden. Weder Verlag noch Autor:innen oder Herausgeber:innen übernehmen deshalb eine Gewährleistung für die Korrektheit des Inhaltes und haften nicht für fehlerhafte Angaben und deren Folgen. Diese Publikation enthält gegebenenfalls Links zu externen Inhalten Dritter, auf die weder Verlag noch Autor:innen oder Herausgeber:innen Einfluss haben. Für die Inhalte der verlinkten Seiten sind stets die jeweiligen Anbieter oder Betreibenden der Seiten verantwortlich.

Internet: www.narr.de
eMail: info@narr.de

Einbandgestaltung: siegel konzeption | gestaltung
CPI books GmbH, Leck

utb-Nr. 6079
ISBN 978-3-8252-6079-8 (Print)
ISBN 978-3-8385-6079-3 (ePDF)
ISBN 978-3-8463-6079-8 (ePub)

utb 6079

Eine Arbeitsgemeinschaft der Verlage

Brill | Schöningh – Fink · Paderborn
Brill | Vandenhoeck & Ruprecht · Göttingen – Böhlau · Wien · Köln
Verlag Barbara Budrich · Opladen · Toronto
facultas · Wien
Haupt Verlag · Bern
Verlag Julius Klinkhardt · Bad Heilbrunn
Mohr Siebeck · Tübingen
Narr Francke Attempto Verlag – expert verlag · Tübingen
Psychiatrie Verlag · Köln
Ernst Reinhardt Verlag · München
transcript Verlag · Bielefeld
Verlag Eugen Ulmer · Stuttgart
UVK Verlag · München
Waxmann · Münster · New York
wbv Publikation · Bielefeld
Wochenschau Verlag · Frankfurt am Main

UTB (L) Impressum_03_22.indd 1 23.03.2022

Dipl.-Kfm. Dr. Benjamin Roos ist Head of Group Accounting bei einem internationalen, börsennotierten Konzern. Er besitzt als Fach- und Führungskraft langjährige praktische Erfahrung im externen Rechnungswesen. Daneben ist er auf den Gebieten Buchführung, Bilanzierung und Bilanzanalyse als Dozent an Hochschulen sowie an Verwaltungs- und Wirtschaftsakademien tätig und publiziert regelmäßig zu aktuellen Themen der nationalen und internationalen Rechnungslegung.

Für Andrea, Julian, Niklas und Luisa

Vorwort

Das vorliegende Buch ist als Grundlagenwerk zu verstehen, welches in die sehr komplexe Materie der internationalen Rechnungslegung einführt. Das Hauptaugenmerk liegt darauf, diesen zum Teil sehr abstrakten und nicht ohne Weiteres überschaubaren Lernstoff verständlich aufzubereiten, systematisch darzustellen und dabei stets auch die Zusammenhänge zwischen den verschiedenen Rechenwerken zu berücksichtigen. Hierzu werden beim Leser grundlegende Buchführungs- und Bilanzierungskenntnisse vorausgesetzt.

Ausgehend von den konzeptionellen Grundlagen der internationalen Rechnungslegungsstandards werden die Basiselemente der internationalen Bilanzierung – sprich der Aufbau eines Jahresabschlusses nach IAS/IFRS, allgemeine Ansatz- und Bewertungsregeln sowie der Ausweis – dargestellt. Darauf aufbauend werden die in einem internationalen Jahresabschluss enthaltenen Aktiv- und Passivposten sowie einige wesentliche Posten der Gewinn- und Verlustrechnung dargestellt.

Da das Buch zudem eine Vielzahl von Beispielen und Beispielaufgaben mit Lösungen enthält, eignet es sich zum Selbststudium. Die Beispielaufgaben sollen im Anschluss an die Ausführungen des jeweiligen Kapitels anhand konkreter Zahlen für ein besseres Verständnis beim Leser sorgen, und so auch das selbständige Mitdenken fördern. Zudem dienen die meisten Beispielaufgaben auch dazu, dem Leser konkret zu vermitteln, wo genau in der Bilanz und/oder Gewinn- und Verlustrechnung er sich gerade befindet.

Zur Erleichterung des Lernens sind zahlreiche Übersichten, Schaubilder und Tabellen enthalten.

Das vorliegende Buch richtet sich in erster Linie an Studierende von Universitäten, (Dualen) Hochschulen, Verwaltungs- und Wirtschaftsakademien und vergleichbaren Bildungseinrichtungen, aber auch an alle anderen Personen, die einen ersten Einstieg in die Thematik der Rechnungslegung nach IAS/IFRS suchen.

Mein besonderer Dank gilt meiner Frau Andrea Roos, die mich während der Erstellungsphase stets unterstützt hat. Zudem möchte ich mich beim UKV und speziell bei Herrn Dr. Jürgen Schechler für die wiederholt äußerst gute Zusammenarbeit und die Aufnahme des Lehrbuchs in das Verlagsprogramm bedanken.

Nürnberg, Juni 2023 Benjamin Roos

Inhaltsübersicht

Inhalt

Abbildungsverzeichnis

Tabellenverzeichnis

Abkürzungsverzeichnis

a.A.	anderer Ansicht
Abs.	Absatz
Afa	Absetzung für Abnutzung
AG	Aktiengesellschaft
AHK	Anschaffungs- oder Herstellungskosten
AktG	Aktiengesetz
Anm.	Anmerkung
AO	Abgabenordnung
Art.	Artikel
Aufl.	Auflage
BAnz	Bundesanzeiger
BetrAVG	Gesetz zur Verbesserung der betrieblichen Altersversorgung
BGBl.	Bundesgesetzblatt
BilMoG	Bilanzrechtsmodernisierungsgesetz
BilRUG	Bilanzrichtlinien-Umsetzungsgesetz
bspw.	beispielsweise
bzw.	beziehungsweise
ca.	circa
CF	Conceptual Framework
c.p.	ceteris paribus
d.h.	das heißt
DRS	Deutsche Rechnungslegungs Standards
DRSC	Deutsches Rechnungslegungs Standard Commitee
DVFA	Deutsche Vereinigung für Finanzanalyse und Asset Management e.V.
EBIT	Earnings Before Interest and Taxes
EBITDA	Earnings Before Interest, Taxes, Depreciation and Amortization
EGHGB	Einführungsgesetz zum Handelsgesetzbuch
EStG	Einkommensteuergesetz
etc.	et cetera
EUR	Euro
evtl.	eventuell
f.	folgende
ff.	fortfolgende
Fifo	First in fist out
ggf.	gegebenenfalls
GKV	Gesamtkostenverfahren
GmbH	Gesellschaft mit beschränkter Haftung
GmbH&Co.KG	Gesellschaft mit beschränkter Haftung&Compagnie Kommanditgesellschaft
GmbHG	Gesetz betreffend die Gesellschaft mit beschränkter Haftung
GoB	Grundsätze ordnungsmäßiger Buchführung
GuV	Gewinn- und Verlustrechnung
GWG	geringwertige Wirtschaftsgüter
h.M.	herrschende Meinung
HGB	Handelsgesetzbuch
Hrsg.	Herausgeber

IAS	International Accounting Standard(s)
IASB	International Accounting Standards Board
IASC	International Accounting Standards Committee
i.d.R.	in der Regel
IDW	Institut der Wirtschaftsprüfer e.V.
IFRS	International Financial Reporting Standard(s)
i.H.	in Höhe
inkl.	inklusive
i.R.	im Rahmen
i.S.	im Sinne
i.V.m.	in Verbindung mit
insbes.	insbesondere
kg	Kilogramm
KGaA	Kommanditgesellschaft auf Aktien
Lifo	Last in first out
m.w.N.	mit weiteren Nachweisen
Nr.	Nummer
o.Ä.	oder Ähnliches
o.g.	oben genannten
OHG	Offene Handelsgesellschaft
p.a.	per anno bzw. per annum
PiR	Praxis der internationalen Rechnungslegung (Zeitschrift)
PublG	Publizitätsgesetz
RBW	Restbuchwert
Rn.	Randnummer
ROI	Return on Investment
S.	Seite
SE	Societas Europaea
sog.	sogenannte/-n/-s
TEUR	Tausend Euro
Tz.	Textziffer
u.a.	unter anderem
u.Ä.	und Ähnliches
UKV	Umsatzkostenverfahren
u.U.	unter Umständen
usw.	und so weiter
vgl.	vergleiche
VO	Verordnung
WpHG	Wertpapierhandelsgesetz
z.B.	zum Beispiel
ZGE	Zahlungsmittelgenerierende Einheit
z.T.	zum Teil
zzgl.	zuzüglich

1 Rechtliche Grundlagen zur Aufstellung eines IFRS-Abschlusses

1.1 Anwendungsbereich der IFRS

IAS-Verordnung

Artikel 4 der Verordnung (EG) Nr. 1606/2002 des Europäischen Parlaments und des Rates vom 19.07.2002 (IAS-Verordnung)[1] verpflichtet als sekundäres, unmittelbar gültiges europäisches Gemeinschaftsrecht alle in einem EU-Mitgliedsstaat ansässigen Gesellschaften, deren Wertpapiere zum Handel im geregelten Markt eines Mitgliedsstaats zugelassen sind und die nach nationalem Recht der Pflicht zur Erstellung eines Konzernabschlusses unterworfen sind, diesen Abschluss für am oder nach dem 01.01.2005 beginnenden Geschäftsjahr nach den von der Europäischen Union übernommenen internationalen Rechnungslegungsstandards aufzustellen. Der deutsche Gesetzgeber hat diese Pflicht durch § 315e Abs. 1 HGB umgesetzt und mit § 315e Abs. 2 HGB auf alle Mutterunternehmen ausgeweitet, die die Zulassung eines Wertpapiers an einem organisierten Markt i.S, des § 2 Abs. 11 WpHG im Inland beantragt haben.

IFRS für deutsche Unternehmen

Für in Deutschland ansässige Unternehmen sind damit als Voraussetzungen einer obligatorischen IFRS-Konzernabschlusserstellung die Pflicht zur Konzernrechnungslegung gemäß §§ 290-293 HGB[2] sowie die Kapitalmarktorientierung i.S, von § 264d HGB zu nennen. Danach ist eine Kapitalgesellschaft kapitalmarktorientiert, wenn sie einen organisierten Markt im Sinn des § 2 Abs. 11 WpHG durch von ihr ausgegebene Wertpapiere im Sinn des § 2 Abs. 1 WpHG in Anspruch nimmt oder die Zulassung solcher Wertpapiere zum Handel an einem organisierten Markt beantragt hat. Unter einen organisierten Markt i.S, des § 2 Abs. 11 WpHG fallen in erster Linie das Segment des regulierten Markts der verschiedenen deutschen Wertpapierbörsen wie auch die Terminbörse EUREX. Der Begriff des Wertpapiers bestimmt sich nach § 2 Abs. 1 WpHG und ist damit umfassend i.S, aller Gattungen übertragbarer Wertpapiere mit Ausnahme von Zahlungsinstrumenten, die ihrer Art nach auf den Finanzmärkten handelbar sind, zu verstehen.

Befreiender IFRS-Konzernabschluss

Allen nicht-kapitalmarktorientierten Mutterunternehmen gestattet § 315e Abs. 3 HGB, einen befreienden IFRS-Konzernabschluss freiwillig aufzustellen, sofern sämtliche in § 315e Abs. 1 HGB genannten Vorschriften angewendet werden.[3] § 315e Abs. 1 HGB regelt, dass ein Mutterunternehmen, welches nach den Vorschriften des Ersten Titels einen Konzernabschluss aufzustellen hat, nach Artikel 4 der Verordnung (EG) Nr. 1606/2002 des Europäischen Parlaments und des Rates vom 19. Juli 2002 in der jeweils geltenden Fassung verpflichtet ist, die nach den Artikeln 2, 3 und 6 der ge-

[1] Siehe ABl. EG Nr. L 243.

[2] Hierzu ausführlich Küting/Weber, Konzernabschluss, 14. Aufl. 2018, S. 143ff.

[3] Hierzu Coenenberg/Haller/Schultz, Jahresabschluss und Jahresabschlussanalyse, 26. Aufl. 2021, S. 644.

nannten Verordnung übernommenen internationalen Rechnungslegungsstandards anzuwenden, so sind von den Vorschriften des Zweiten bis Achten Titels nur § 294 Abs. 3, § 297 Absatz 1a, 2 Satz 4, § 298 Abs. 1, dieser jedoch nur in Verbindung mit den §§ 244 und 245, ferner § 313 Abs. 2 und 3, § 314 Abs. 1 Nr. 4, 6, 8 und 9, Absatz 3 sowie die Bestimmungen des Neunten Titels und die Vorschriften außerhalb dieses Unterabschnitts, die den Konzernabschluss oder den Konzernlagebericht betreffen, entsprechend anzuwenden.

IFRS-Einzelabschluss

Gleichermaßen als Wahlrecht steht es Kapitalgesellschaften gemäß § 325 Abs. 2a HGB frei, für Zwecke der Veröffentlichung einen IFRS-Einzelabschluss zu erstellen und diesen beim Bundesanzeiger (BAnz) einzureichen. Indes werden für Zwecke der gesellschaftsrechtlichen Kapitalerhaltung und Ausschüttungsbemessung weiterhin stets ein Jahresabschluss nach den Vorschriften des HGB gefordert. D.h., ein HGB-Einzelabschluss ist auch im Falle der Erstellung eines IFRS-Einzelabschlusses unerlässlich.

Des Weiteren können die IFRS bei einem Zwischenabschluss, insbesondere einem Halbjahresfinanzbericht i.S, des § 115 WpHG, zum Tragen kommen. Diesbezüglich sind die Regelungen des IAS 34 zur Zwischenberichterstattung zu beachten.[4]

1.2 Anzuwendende Vorschriften

Gesamtheit der verbindlichen Vorschriften

Unabhängig davon, welcher der zuvor beschriebenen Wege zur Anwendung der IFRS-Normen führt, setzt sich die Gesamtheit der verbindlichen Vorschriften einerseits aus einem regelmäßig durch neue Verordnungen erweiterten Katalog in europäisches Recht übernommener internationaler Standards und Interpretationen sowie andererseits aus den in § 315e Abs. 1 HGB aufgeführten handelsrechtlichen Normen zusammen. Danach sind einzelne handelsrechtliche Vorschriften betreffend Sprache, Währung und Unterzeichnung des Abschlusses zu beachten. Zusätzlich müssen einzelne der gemäß §§ 313 und 314 HGB verpflichtenden Konzernanhangangaben gemacht werden. Darüber hinaus ist auch ein Konzernlagebericht gemäß § 315 HGB (ggf. unter Beachtung der Angaben nach § 315a HGB) zu erstellen. Zudem sind ggf. die Erklärungen gemäß §§ 315b-315d HGB abzugeben. Entsprechendes gilt für einen IFRS-Einzelabschluss i.S, von § 325 Abs. 2a HGB.

***Endorsement*-Prozess**

Die vom Standardsetter IASB und vom IFRS Interpretationskomitee (IFRS IC) erarbeiteten Vorschriften erhalten erst Rechtskraft durch die Übernahme in EU-Recht (*Endorsement*-Prozess).[5] Diese Übernahme erfolgt im Rahmen eines sog. Komitologieverfahrens.[6]

Gemäß Art. 3 VO 1606/2002 ist Voraussetzung für die Übernahme, dass die internationalen Rechnungslegungsstandards der Vermittlung eines den tatsächlichen Verhältnissen entsprechenden Bildes der Vermögens-, Finanz- und Ertragslage nicht zu-

---

[4] Hierzu ausführlich Abschn. 6.1.

[5] Zum *Endorsement*-Prozess ausführlich bspw. Pellens/Fülbier/Gassen/Selhorn, Internationale Rechnungslegung, 11. Aufl. 2021, S. 73ff.

[6] Zum Komitologieverfahren ausführlich Zülch/Hendler, Bilanzierung nach IFRS, 2. Aufl. 2017, S. 47-50.

widerlaufen, europäischem öffentlichen Interesse entsprechen und den Kriterien der Verständlichkeit, Erheblichkeit, Verlässlichkeit und Vergleichbarkeit insoweit genügen, als sich aus den resultierenden Finanzinformationen wirtschaftliche Entscheidungen ableiten lassen.

1.3 IFRS für kleine und mittelständische Unternehmen

Die IFRS sehen grundsätzlich keine größen- oder branchenspezifischen Erleichterungen bzw. Vereinfachungen vor. Um diesem Umstand zu begegnen, verabschiedete das IASB im Jahr 2009 einen eigenen Standard für sog. *Small and Medium-sized Entities* (*IFRS for SMEs*)[7].

Anwendungsbereich

Der Anwendungsbereich des *IFRS for SMEs* erstreckt sich auf solche Unternehmen, die zwar nicht öffentlich rechenschaftspflichtig sind, aber dennoch Abschlüsse veröffentlichen.

Eine Übernahme des *IFRS for SMEs* in europäisches Recht ist bisher nicht erfolgt, was insbesondere darin begründet ist, dass sich der Standard an jene Unternehmen wendet, die von der VO (EG) 1606/2002 als Grundlage der IFRS-Rechnungslegung in der EU nicht erfasst werden.

Freiwillige Anwendung

Einer freiwilligen Anwendung der *IFRS for SMEs* steht nichts entgegen, sie hat jedoch keinerlei befreiende Wirkung als Ersatz für einen Einzel- oder Konzernabschluss nach HGB. Daher ist die Bedeutung – zumindest für deutsche Unternehmen – als gering einzustufen, weshalb hier auf eine tiefergehende Auseinandersetzung verzichtet wird.[8]

1.4 Anzuwendende Vorschriften

Gesamtheit der verbindlichen Vorschriften

Unabhängig davon, welcher der zuvor beschriebenen Wege zur Anwendung der IFRS-Normen führt, setzt sich die Gesamtheit der verbindlichen Vorschriften einerseits aus einem regelmäßig durch neue Verordnungen erweiterten Katalog in europäisches Recht übernommener internationaler Standards und Interpretationen sowie andererseits aus den in § 315e Abs. 1 HGB aufgeführten handelsrechtlichen Normen zusammen. Danach sind einzelne handelsrechtliche Vorschriften betreffend Sprache, Währung und Unterzeichnung des Abschlusses zu beachten. Zusätzlich müssen einzelne der gemäß §§ 313 und 314 HGB verpflichtenden Konzernanhangangaben gemacht werden. Darüber hinaus ist auch ein Konzernlagebericht gemäß § 315 HGB (ggf. unter Beachtung der Angaben nach § 315a HGB) zu erstellen. Zudem sind ggf. die Erklärungen gemäß §§ 315b-315d HGB abzugeben. Entsprechendes gilt für einen IFRS-Einzelabschluss i.S, von § 325 Abs. 2a HGB.

---

[7] Hierzu bspw. Henselmann/Roos, KoR 2010, S. 318.

[8] Hierzu ausführlich bspw. Bischof/Bellert, in: Baetge/Wollmert/Kirsch/Oser, Rechnungslegung nach IFRS, 35. Erg. Lfg. 06/2018, Anhang II.

***Endorsement*-Prozess**

Die vom Standardsetter IASB und vom IFRS Interpretationskomitee (IFRS IC) erarbeiteten Vorschriften erhalten erst Rechtskraft durch die Übernahme in EU-Recht (*Endorsement*-Prozess).[9] Diese Übernahme erfolgt im Rahmen eines sog. Komitologieverfahrens.[10]

Gemäß Art. 3 VO 1606/2002 ist Voraussetzung für die Übernahme, dass die internationalen Rechnungslegungsstandards der Vermittlung eines den tatsächlichen Verhältnissen entsprechenden Bildes der Vermögens-, Finanz- und Ertragslage nicht zuwiderlaufen, europäischem öffentlichen Interesse entsprechen und den Kriterien der Verständlichkeit, Erheblichkeit, Verlässlichkeit und Vergleichbarkeit insoweit genügen, als sich aus den resultierenden Finanzinformationen wirtschaftliche Entscheidungen ableiten lassen.

1.5 IFRS für kleine und mittelständische Unternehmen

Die IFRS sehen grundsätzlich keine größen- oder branchenspezifischen Erleichterungen bzw. Vereinfachungen vor. Um diesem Umstand zu begegnen, verabschiedete das IASB im Jahr 2009 einen eigenen Standard für sog. *Small and Medium-sized Entities* (*IFRS for SMEs*)[11].

Anwendungsbereich

Der Anwendungsbereich des *IFRS for SMEs* erstreckt sich auf solche Unternehmen, die zwar nicht öffentlich rechenschaftspflichtig sind, aber dennoch Abschlüsse veröffentlichen.

Eine Übernahme des *IFRS for SMEs* in europäisches Recht ist bisher nicht erfolgt, was insbesondere darin begründet ist, dass sich der Standard an jene Unternehmen wendet, die von der VO (EG) 1606/2002 als Grundlage der IFRS-Rechnungslegung in der EU nicht erfasst werden.

Freiwillige Anwendung

Einer freiwilligen Anwendung der *IFRS for SMEs* steht nichts entgegen, sie hat jedoch keinerlei befreiende Wirkung als Ersatz für einen Einzel- oder Konzernabschluss nach HGB. Daher ist die Bedeutung – zumindest für deutsche Unternehmen – als gering einzustufen, weshalb hier auf eine tiefergehende Auseinandersetzung verzichtet wird.[12]

---

[9] Zum *Endorsement*-Prozess ausführlich bspw. Pellens/Fülbier/Gassen/Selhorn, Internationale Rechnungslegung, 11. Aufl. 2021, S. 73ff.

[10] Zum Komitologieverfahren ausführlich Zülch/Hendler, Bilanzierung nach IFRS, 2. Aufl. 2017, S. 47-50.

[11] Hierzu bspw. Henselmann/Roos, KoR 2010, S. 318.

[12] Hierzu ausführlich bspw. Bischof/Bellert, in: Baetge/Wollmert/Kirsch/Oser, Rechnungslegung nach IFRS, 35. Erg. Lfg. 06/2018, Anhang II.

2 Konzeption der IFRS-Rechnungslegung

2.1 System der IFRS

2.1.1 Verlautbarungen des IASB

2.1.1.1 Hierarchieebenen

2.1.1.1.1 Überblick

fair presentation

Als „Fundament" der Rechnungslegungshierarchie ist die Regelung des IAS 1.15 zu verstehen, nach der es oberste Aufgabe von IFRS-Abschlüssen ist, die Vermögens-, Finanz- und Ertragslage sowie die Zahlungsströme eines Unternehmens den tatsächlichen Verhältnissen entsprechend darzustellen (*fair presentation*). Unter bestimmten Umständen ist es nach Ansicht des IASB nicht auszuschließen, dass bestimmte Vorschriften der IFRS dieser obersten Aufgabe widersprechen. In diesen extrem seltenen Einzelfällen, in denen das Management eines Unternehmens zu diesem Schluss gelangt, soll zu Gunsten der *fair presentation* von der speziellen Einzelregel abgewichen (IAS 1.19) und darüber im Anhang berichtet werden (IAS 1.20f.)

In der Regel wird die in IAS 1.15 geforderte *fair presentation* aber durch das Befolgen der IFRS sichergestellt. So wird den Abschlusserstellern in IAS 8.7 explizit vorgeschrieben, bei konkreten Bilanzierungsfragen die Standards und Interpretationen heranzuziehen. Die Anwendungsleitlinien (*application guidance*) werden in IAS 8.9 aufgeführt. In diesem Zusammenhang ist darauf hinzuweisen, dass sie integraler Bestandteil eines Standards sein können, aber nicht müssen. Es kommt hier auf den einzelnen Standard an. Die Umsetzungsleitlinien (*implementation guidance*) haben zwar eine ähnliche Zielsetzung, dienen aber der konkreten Anwendung eines Standards.

Insgesamt besteht das Regelungssystem des IASB aus fünf Komponenten:

[1] dem *Preface of International Financial Reporting Standards* (Vorwort),
[2] dem *Conceptual Framework for Financial Reporting* (Rahmenkonzept),
[3] den Standards,[13]
[4] den Interpretationen,[14] sowie
[5] den Anwendungshilfen.

2.1.1.1.2 Vorwort

Das Vorwort enthält die Zielsetzung des IASB sowie dessen Aufgaben. Hiernach hat das IASB ein verständliches, durchsetzbares und weltweit anerkanntes Regelwerk zur Rechnungslegung von hoher Qualität zu entwickeln sowie diese Standards und deren Anwendung zu fördern. Dabei sollen alle Unternehmensgrößen sowie unterschied-

---

[13] Die bis zur endgültigen Restrukturierung vom IASC verabschiedeten und nunmehr vom IASB übernommenen Standards werden als *International Accounting Standards* (IAS) bezeichnet und die nach der Restrukturierung im Jahre 2001 erlassenen Standards tragen den Namen *International Financial Reporting Standards* (IFRS).

[14] Die Interpretationen des früheren *Standards Interpretation Committee* (SIC) werden SIC-Interpretationen, die des heutigen IFRS IC werden IFRIC-Interpretationen genannt.

liche ökonomische Rahmenbedingungen Berücksichtigung finden. Auch die Zusammenarbeit mit den nationalen Standardsetzern wird betont. Des Weiteren werden der Anwendungsbereich und die Funktionen der Standards, die Bestandteile eines vollständigen IFRS-Abschlusses, der Ablauf der Verabschiedung von neuen Standards sowie Abstimmungsregularien, der Zeitpunkt des In-Kraft-Tretens der Standards und die Arbeitssprache im Vorwort zu den Einzelstandards erläutert.

2.1.1.1.3 Rahmenkonzept

Konzeptioneller Bezugsrahmen

Das Rahmenkonzept ist der konzeptionelle Bezugsrahmen für das Rechnungslegungssystem des IASB. Es richtet sich an das Board, die Ersteller von IFRS-Abschlüssen, deren Prüfer sowie die Abschlussadressaten und sonstige an der Rechnungslegung interessierte. Es umschließt das System der allgemeinen Rechnungslegungsgrundsätze des IASB und dient somit als Grundlage für die Erarbeitung neuer sowie die Auslegung bereits bestehender Standards.

Sonderstellung

Die Sonderstellung des Rahmenkonzepts[15] besteht darin, dass es als konzeptionelle Basis der IFRS und ihrer Entwicklung selbst keinen Standard darstellt und es diesen nie vorgeht (CF SP 1.2f.). Demzufolge wurde es (bislang) nicht von der EU in europäisches Recht übernommen. Gleichwohl wird in einzelnen Standards auf das Rahmenkonzept verwiesen.[16] So schreibt z.B. IAS 8.11 vor, bei Fehlern (explizit oder analog) anwendbarer Standards zur Entscheidungsfindung auf die im Rahmenkonzept enthaltenen Definitionen und Erfassungskriterien sowie Bewertungskonzepte zurückzugreifen.[17]

2.1.1.1.4 Standards

Keine einheitliche Systematik

Kernstück des IFRS-Regelwerks sind die eigentlichen Rechnungslegungsstandards. Die IAS/IFRS befassen sich mit abgegrenzten Bereichen des IFRS-Rechnungslegungssystems. Sie folgen keiner einheitlichen Systematik und decken Bilanz- und GuV-Posten – z.B. IAS 2 zur Bilanzierung von Vorratsvermögen oder IFRS 15 zur Umsatzrealisierung – und Problembereiche der Rechnungslegung – z.B. IAS 20 zur Bilanzierung und Darstellung von Zuwendungen der öffentlichen Hand – ab. Teilweise behandeln sie die Gestaltung von Instrumenten der Rechnungslegung – z.B. IAS 7 zur Kapitalflussrechnung oder IFRS 8 zur Segmentberichterstattung – oder Sonderprobleme einzelner Branchen – z.B. IAS 41 zur Bilanzierung landwirtschaftlicher Güter und Erzeugnisse.

Schließung von Lücken

Werden bestimmte Sachverhalte nicht durch bestehende Standards abgedeckt, ist das IASB entsprechend seiner Zielsetzung bemüht, diese Lücken durch die Herausgabe neuer oder durch die Überarbeitung bestehender Standards zu schließen.

2.1.1.1.5 Interpretationen

Auslegungsregeln

Die SIC-/IFRIC-Interpretationen stellen die vom IASB autorisierten und daher verbindlich anzuwendenden Auslegungsregeln für bestehende Standards dar. Sie sollen gewährleisten, dass die Stan-

---

[15] Zuletzt verabschiedet in März 2018.

[16] Hierzu IDW, WPH, 17. Aufl. 2021, Kap. K Tz. 15.

[17] Hierzu Abschn. 2.1.1.2.

dards bei Bilanzierungsfragen, die in ihnen nicht ausdrücklich geregelt sind, einheitlich und zutreffend angewendet werden. IFRIC-Interpretationen werden möglichst zeitnah herausgegeben und beziehen sich nur auf Bilanzierungsfragen von allgemeinem Interesse.

Konsistente Entwicklung

Sie werden konsistent zum Rahmenkonzept und zu den bestehenden Standards entwickelt.

2.1.1.1.6 Anwendungshilfen

Unterschiedlicher Verpflichtungscharakter

Unter die Anwendungshilfen lassen sich die Anwendungsleitlinien (*application guidances* bzw. *application supplements*), Umsetzungsleitlinien (*implementation guidances*) sowie erläuternde Beispiele (*illustrative examples*) subsumieren. Während die Anwendungsleitlinien einen integralen Bestandteil des jeweiligen Rechnungslegungsstandards darstellen und dementsprechend verpflichtend anzuwenden sind, weisen die Umsetzungsleitlinien[18] und Anwendungsbeispiele[19] einen geringeren Verpflichtungscharakter auf. Sie gelten nicht als Standardbestandteil, weshalb ihnen jeweils lediglich Empfehlungscharakter beizumessen ist.

Ergänzung der Standards

Sie ergänzen den jeweiligen Rechnungslegungsstandard und stellen seine Umsetzbarkeit für die Bilanzierungspraxis klar, ihr Stellenwert ist aber nicht mit dem eines Standards oder einer Interpretation vergleichbar.[20]

2.1.1.2 Behandlung von Regelungslücken

Die Vorschriften des IAS 8.10-12 regeln die Auswahl und Anwendung der Bilanzierungs- und Bewertungsmethoden beim Vorliegen von Regelungslücken.[21] Obwohl die IFRS eine hohe Regelungsdichte aufweisen, finden sich immer wieder Sachverhalte, die in den IFRS nicht oder nicht vollständig geregelt werden. Vor diesem Hintergrund kommt den Regelungen in IAS 8.10-12 eine hohe Bedeutung zu.

Fehlender Standard oder Interpretation

Für den Fall, dass ein Standard oder eine Interpretation fehlt, der/die ausdrücklich auf einen Geschäftsvorfall oder sonstige Ereignisse oder Umstände zutrifft, hat nach IAS 8.10 das Management des bilanzierenden Unternehmens darüber zu entscheiden, welche Bilanzierungs- und Bewertungsmethode zu entwickeln und anzuwenden ist, die zu entscheidungsrelevanten und zuverlässigen Informationen führt. Gemäß IAS 8.10(a) sind solche Informationen entscheidungsrelevant, die für die

---

[18] Mit derartigen Anwendungsleitlinien sollen Probleme bei der Einführung und Anwendung inhaltlich komplexer Rechnungslegungsstandards reduziert werden. Sie sind so aufgebaut, dass sie Antworten auf die von Anwenderseite am häufigsten gestellten Fragen vermitteln.

[19] Sie liefern praktische Umsetzungsbeispiele für den jeweiligen, durch den Standard abzudeckenden, bilanziellen Sachverhalt und repräsentieren gerade nicht die einzigen zulässigen Umsetzungsmöglichkeiten der Standardregelungen. Sie sind daher nicht als abschließend zu betrachten.

[20] Hierzu Pellens/Fülbier/Gassen/Selhorn, Internationale Rechnungslegung, 11. Aufl. 2021, S. 66.

[21] Zur Schließung von Regelungslücken auch ausführlich Lüdenbach/Hofmann/Freiberg, Haufe IFRS-Kommentar, 21. Aufl. 2023, § 1 Rz. 79-82. Hierzu auch Roos, PiR 2018, S. 297ff.

Bedürfnisse der wirtschaftlichen Entscheidungsfindung der Adressaten Bedeutung haben.

Zuverlässigkeit von Informationen

Als zuverlässig gilt eine Information gemäß IAS 8.10(b), wenn der Abschluss durch diese Information

- die Vermögens-, Finanz- und Ertragslage sowie die *cashflows* des Unternehmens den tatsächlichen Verhältnissen entsprechend darstellt,
- den wirtschaftlichen Gehalt von Geschäftsvorfällen und sonstigen Ereignissen und Bedingungen widerspiegelt und nicht nur deren rechtliche Form,
- neutral und unverzerrt ist,
- vorsichtig ist, und
- in allen wesentlichen Gesichtspunkten vollständig ist.

Relevanz und Verlässlichkeit

Durch die Bezugnahme auf die bereits im Rahmenkonzept aufgeführten qualitativen Anforderungen – Relevanz und Verlässlichkeit – sollen Unternehmen bei der Auswahl und Anwendung ihrer Bilanzierungs- bzw. Bewertungsmethoden dieselben Prinzipien beachten, wie der Standardsetter bei der Entwicklung von Standards und Interpretationen. Darüber hinaus müssen kapitalmarktorientierte Unternehmen in Europa die Voraussetzung für die Anerkennung von Standards und Interpretationen im Rahmen des EU-Komitologieverfahrens berücksichtigen. Nach Art. 3 Abs. 2 der IAS-Verordnung ist dabei vor allem die Vermittlung eines den tatsächlichen Verhältnissen entsprechenden Bilds der Vermögens-, Finanz- und Ertragslage (*true and fair view*) als Leitlinie zur Schließung von Regelungslücken heranzuziehen. Insoweit ist bei der Lückenschließung stets von der einen richtigen und damit zweckgerechten Lösung auszugehen.

Entscheidungsfindung des Managements

Bei seiner Entscheidungsfindung muss bzw. kann sich das Management des bilanzierenden Unternehmens nach IAS 8.11 i.V.m. IAS 8.12 auf die nachfolgenden Quellen beziehen und deren Anwendbarkeit prüfen:

- die Anforderungen und Anwendungsleitlinien (*implementation guidances*) in Standards oder Interpretationen, die ähnliche und verwandte Fragen behandeln (IAS 8.11 (a));[22]
- die im Rahmenkonzept enthaltenen Ansatz- und Bewertungsgrundsätze als Deduktionsbasis (IAS 8.11 (b));
- die jüngsten Verlautbarungen anderer Standardsetter (IAS 8.12);
- wissenschaftliche Kommentarliteratur (IAS 8.12); sowie
- die anerkannte, allgemein übliche Bilanzierungspraxis (IAS 8.12).

---

[22] Auf gleicher Ebene wie die Anwendungsleitlinien werden ebenso die Begründungserwägungen zur Verabschiedung neuer Standards (*basis for conclusions*) gesehen, obwohl diese in IAS 8 nicht (explizit) zur Lückenschließung erwähnt werden. Diese Entscheidungsgrundlagen sind elementarer Bestandteil eines jeden IFRS und geben die Diskussion des IASB zur betreffenden Bilanzierungsregel wieder.

> **Hinweis**
> Die Anforderungen und Anwendungsleitlinien in Rechnungslegungsstandards oder -interpretationen sind verpflichtend zur Schließung von Lücken anzuwenden, wenn sie ähnliche oder verwandte Bilanzierungsfragen behandeln (sog. Fallanalogie). IAS 8 regelt indes nicht, wann ein geregelter Sachverhalt eine Ähnlichkeit oder Verwandtschaft zu einem ungeregelten Fall aufweist. Was als ähnlich bzw. verwandt gelten kann, liegt demnach zunächst im Ermessen des Managements des bilanzierenden Unternehmens, wobei die Kriterien des IAS 8.10 zwingend berücksichtigt werden müssen. Darüber hinaus können bereits praxisübliche Analogien auf eine gewisse „Ähnlichkeit" der zugrunde liegenden Sachverhalte hindeuten. Zu beachten ist indes, dass die Wahl der zur Lückenschließung angewandten Regelung stets intersubjektiv nachvollziehbar sein sollte.

Weitere Auslegungshilfen

Neben den in IAS 8.11 und IAS 8.12 explizit angeführten Quellen, kommen weiter auch das Vorwort zu den IFRS sowie die vom IASB veröffentlichten Standardentwürfe (*exposure drafts*), Diskussionspapiere (*discussion papers*) und weitergehenden Hintergrundinformationen (*information for observers*) als Auslegungshilfen für die Lückenschließung in Betracht.

Für europäische Unternehmen gilt, dass bei der Auslegung von Regelungslücken stets von Rechnungslegungsstandards zu sprechen ist, die von der EU anerkannt worden sind. Hierbei handelt es sich um die sog. „*endorsed*" IFRS, Bislang noch nicht auf europäischer Ebene anerkannte Standards können auch als Auslegungsgrundlage dienen, dies jedoch mit abgeschwächtem Verpflichtungscharakter.[23]

2.1.1.3 House of IFRS

Einen abschließenden Überblick über das unter Abschn. 2.1.1.1 und Abschn. 2.1.1.2 Dargestellte bietet das sog. *House of IFRS*:

Regelungslücken | Regulierung des IASB und der IFRS Foundation | Verbindlichkeitsgr.

Etage			
4. Etage	Vorwort zu den IFRS	Rahmenkonzept	
3. Etage	Verlautbarungen von anderen Standardsettern, sofern konsistent mit IAS 8.11	Anerkannte Branchenpraktiken und Literaturmeinungen, sofern konsistent mit IAS 8.11	IAS 8.12
2. Etage	Einzelne Ansatz- und Bewertungskriterien des Rahmenkonzepts als Deduktionsgrundlage		IAS 8.11
	Fallanalogien zu Standards und Interpretationen		
1. Etage	Leitlinien und Anhänge (AG, IE, IG, BC, DO), sofern nicht integraler Bestandteil		IAS 8.9
EG	Standards (IAS/IFFRS)	Interpretationen (IFRIC/SIC)	IAS 8.7, 8.9
Fundament	*Fair-Presentation (Overriding Principle)*		IAS 1.15

Abb. 1: *House of IFRS*

[23] Hierzu sowie zu den vorangegangenen Ausführungen Zülch/Hendler, Bilanzierung nach IFRS, 2. Aufl. 2017, S. 37-40.

2.1.2 Konzeption und Aufbau der Standards

Kasuistische Regelungen

Die Standards enthalten, der angloamerikanischen Tradition folgend, häufig noch kasuistische Regelungen von mehr oder weniger abgegrenzten konkreten Rechnungslegungsproblemen, ohne dabei eine Systematik aufweisen zu können. So beschäftigen sich einige Standards – wie z.B. IAS 16 „Sachanlagen" – mit einzelnen Bilanzposten, andere wiederum mit postenübergreifenden Bilanzierungsfragen – z.B. IFRS 13 „Bemessung des beizulegenden Zeitwerts" – oder, wie z.B. IAS 7 „Kapitalflussrechnung, mit ganzen Rechenwerken.

principle-based approach

Allerdings stellt die IFRS *Foundation* heraus, dass die Standards auf allgemeinen Grundsätzen basieren (*principle-based*) und nicht von Fall zu Fall angemessene Einzelfallregelungen gesucht werden sollen (*rule-based*).[24]

Einheitlicher Aufbau der Standards

Die einzelnen Standards folgen grundsätzlich einem festen Aufbau, beginnend mit einer Einleitung (*introduction*), der Zielsetzung (*objective*) sowie dem Anwendungsbereich (*scope*). Daran schließen sich die Regelungen zu Ansatz (*recognition*) und Bewertung (*measurement*) an, bevor auf die notwendigen Angaben (*disclosure*) eingegangen wird. Abschließend folgen die Übergangsvorschriften (*transitional provisions*) sowie die Bestimmungen zum Inkrafttreten des Standards (*effective date*).[25]

Appendices

Die eigentlichen Standards werden durch verschiedene Anhänge ergänzt, die zu integralen Bestandteilen eines Standards erklärt werden können und dann dieselbe Bindungswirkung entfalten. Diese Anhänge können neben den Definitionen der Kernbegriffe auch die unter Abschn. 2.1.1.1.6 dargestellten Anwendungsleitlinien, Umsetzungsleitlinien, erläuternde Beispiele sowie die Begründungserwägung zur Verabschiedung neuer Standards (*basis for conclusions*) und ggf. abweichende Meinungen einzelner Board-Mitglieder (*dissenting opinions*) enthalten.

Annual Improvement Projects

Zum Zwecke der Klarstellung bestimmter Sachverhalte sowie zur Ausräumung von Inkonsistenzen zwischen verschiedenen Regelungen innerhalb des IFRS-Regelwerks, stößt das IASB jährlich ein sog. *Annual Improvements Project* mit einem zwei Jahre dauernden Projektzyklus an. Dabei können die durch die Arbeit des IFRS IC aufgeworfenen Fragestellungen ebenso Berücksichtigung finden wie Anregungen des Mitarbeiterstabs oder aus der Praxis. Die in diesen Projektzyklen entwickelten Verbesserungsvorschläge durchlaufen dasselbe Standardsetzungsverfahren wie alle sonstigen Änderungen an den IFRS auch. Im Unterschied zum regulären Ablauf werden diese inhaltlich nicht in Zusammenhang stehenden Vorschläge auf Grund ihrer untergeordneten Bedeutung und des begrenzten Umfangs jedoch in einem einzigen Verfahren zusammen-

---

[24] Driesch, in: Beck IFRS-Handbuch, 6. Aufl. 2020, § 1 Rn. 4. Hierzu grundsätzlich Lüdenbach/Hofmann/Freiberg, Haufe IFRS-Kommentar, 21. Aufl. 2023, § 1 Rz. 42-48.

[25] Innerhalb der Standards finden sich sowohl Absätze in Fettdruck als auch Absätze in normaler Schriftstärke. Die Passagen in Fettdruck sind gemäß dem Vorwort zu den IFRS zwar als grundlegende Prinzipien zu interpretieren, Unterschiede in ihrer Bindungswirkung bestehen zwischen den beiden Darstellungsformen jedoch nicht.

gefasst. Die dadurch implizierte Sammlung der Änderungen über ein Jahr hinweg ermöglicht eine effektivere und übersichtlichere Verabschiedung der Änderungen.[26]

2.1.3 Standardsetzungsverfahren (Due Process)

due process

Die IFRS als offizielle Verlautbarungen des IASB sind das Ergebnis eines formellen Standardsetzungsverfahrens (*due process*) unter der strengen Aufsicht des *Due Process Oversight Committee.* Die einzelnen Schritte werden in nachfolgender Übersicht (Tabelle 1) dargestellt:[27]

Flexibler Entstehungsprozess

Der dargestellte idealtypische Entstehungsprozess ist keinesfalls als starrer, linearer Ablaufplan zu verstehen. Rückkopplungen oder zusätzliche Erörterungen sind durchaus möglich. So kann das IASB z.B. ohne weiteres ein zusätzliches *discussion paper* veröffentlichen, um weitere Stellungnahmen einzufordern oder bei Bedarf einen zusätzlichen Standardentwurf (sog. *re-exposure draft*) herausgeben, wodurch die Schleife aus Standardentwurf, Kommentierung sowie anschließende Auswertung und Beratung erneut angestoßen und durchlaufen wird. Diese Möglichkeit hat das IASB in der jüngeren Vergangenheit insbesondere bei komplexen und kontrovers diskutierten Projekten, wie z.B. „*leases*" oder „*insurance contracts*", verstärkt wahrgenommen. Somit kann das Standardsetzungsverfahren in Einzelfällen mehrere Jahre dauern.

Verkürztes Verfahren für Interpretationen

Die Interpretationen des IFRS IC durchlaufen hingegen ein verkürztes Standardsetzungsverfahren. Nach Abstimmung mit dem *Board* wird ein Interpretationsentwurf (*draft interpretation*) veröffentlicht und zur Diskussion gestellt, ehe das *Board* die Interpretation endgültig beschließt.

Zusatzmaterialen für komplexe Standards

Bei speziellen Standards, wie z.B. IFRS 9, haben sich in der Praxis viele Anwendungsfragen ergeben, da diese Standards komplexe Sachverhalte regeln. Daher veröffentlicht sowohl das IASB als auch des IFRS IC eine Reihe von Zusatzmaterialien (*supporting materials*), um den Erstellern das Verständnis der Regelungen und damit deren Implementierung zu erleichtern. Dazu gehören neben dem klassischen Lehrmaterial in Form eines „Frage-Antwort-Spiels" auch Webcasts, Webinare und Podcasts.

fast track due process

In Folge der Finanz- und Wirtschaftskrise von 2008/2009 wurde das Standardsetzungsverfahren mit der Zulassung eines sog. „*fast track due process*" flexibler gemacht. Demnach dürfen in Ausnahmesituationen und nur mit qualifizierter Mehrheit der Treuhänder die Perioden zur öffentlichen Stellungnahme verkürzt werden, sodass sie kürzer sind, als es im *Due Process Handbook* für das gewöhnliche Standardsetzungsverfahren vorgegeben ist. Solche *fast-track*-Verfahren wurden erneut mit Ausbruch der Covid-19-Pandemie angewendet. So wurden quasi über Nacht einige Änderungen u.a. zu IFRS 9 und IFRS 16 veröffentlicht, um Erstellern die Bilanzierung und Bewertung jener Sachverhalte zu erleichtern, die im direkten Zusammenhang mit dem Ausbruch der Pandemie standen.

---

[26] Hierzu Pellens/Fülbier/Gassen/Selhorn, Internationale Rechnungslegung, 11. Aufl. 2021, S. 58-59.

[27] Hierzu IFRS Foundation (Hrsg.), Due Process Handbook (updated August 2020), abrufbar unter: https://www.ifrs.org/content/dam/ifrs/about-us/legal-and-governance/constitution-docs/due-process-handbook-2020.pdf. (Stand 09.01.2022)

1. Schritt	**Projektvorschlag und Aufnahme ins Abreitsprogramm**
	IASB sammelt Vorschläge zu bestehenden Rechnungslegungsproblemen. Diese Anregungen können von allen interessierten Parteien, insbesondere auch vom IFRS *Advisory Council*, kommen. Das IASB wählt aus den Vorschlägen Problembereiche aus, zu denen es *Advisory Committees* einsetzt.
↓	
2. Schritt	**Informationssammlung und weitere Vorarbeiten**
	Themenrelevante Informationen werden gesammelt. Thema und Aufgabenstellung werden abgegrenzt. Festlegung der weiteren Vorgehensweise und Skizzierung möglicher Lösungsvarianten.
↓	
3. Schritt	**Discussion Paper**
	Das IASB veraschiedet und veröffentlicht ein erstes Discussion Paper. Dieses enthält die Darstellung und Kommentierung sämtlicher Lösungsansätze, die in dem späteren Standard Berücksichtigung finden könnten. Die interessierte Öffentlichkeit ist zur Kommentierung des DP aufgerufen. Die Kommentierungsfrist soll etwa drei, begründeten Ausnahmefällen zwei Monate betragen.
↓	
4. Schritt	**Auswertung und Beratung**
	Auswertung, Diskussion und Beratung der eingegangenen Stellungnahmen. Festlegung der zu diesem Zeitpunkt favorisierten Regelungen.
↓	
5. Schritt	**Exposure Draft**
	Das IASB verabschiedet und veröffentlicht einen Standardentwurf (Exposure Draft). Der ED stellt den vom IASB favorisierten Lösungssansatz dar. Die interessierte Öffentlichkeit ist zur Kommentierung des ED aufgerufen. Die Kommentierungsfrist soll auch hier etwa drei Monaten betragen.
↓	
6. Schritt	**Auswertung und Beratung**
	Auswertung, Diskussion und Beratung der eingegangenen Stellungnahmen. Ggf. Vornahme von Modifikationen an dem ED.
↓	
7. Schritt	**International Financial Reporting Standard**
	Das IASB verabschiedet und veröffentlicht einen neuen IFRS. Zusätzliche Veröffentlichung der sog. Basis for Conclusions, in der die Gründe für die Entwicklung des Standards erklärt werden. Im Anhang werden zudem die Änderungen beschrieben, die durch den verabschiedeten Standard in anderen Verlautbarungen verursacht werden. Neue Standards werden von eimem Projektüberblick und einer Stellungnahme zu den eingegangenen Kommentierungsschreiben begleitet.
↓	
8. Schritt	**Post-Implementation Review**
	Zeitlich nachgelagerte Überprüfung des implementieren Standards, Information über praktische Anwendungsprobleme und eventuell unbeabsichtigte (Neben-)Wirkkungen. Ergänzungen oder Anpassungen des Standards können hierdurch ebenso angeregt werden wie die Entwicklung zusätzlicher Leitlinien, Hinweise oder weiteren Trainingsmaterials.

Tab. 1: *Due Process* des IASB

Das IASB trägt die volle Verantwortung für die Entwicklung der IFRS, Es kann die jeweilige Vorgehensweise nach Effektivitäts- und Kostengesichtspunkten wählen und bestimmte Vorarbeiten nicht nur an *consultative groups*, sondern z.B. auch an sonstige externe Expertengruppen oder nationale Standardsetter delegieren. Zudem sind öffentliche Anhörungen oder auch die Durchführungen von Feldstudien möglich, um die Anwendbarkeit und Zweckmäßigkeit eines Standards sicherzustellen.

post implementation review

Im Anschluss an die Veröffentlichung eines jeden neuen Standards und nach grundlegenden Standardüberarbeitungen folgt deren zeitlich nachgelagerte Überprüfung, der sog. *post implementation review* (PIR). In regelmäßigen Treffen mit interessierten Parteien, insbesondere mit nationalen Standardsettern, informiert sich das IASB über praktische Anwendungsprobleme sowie eventuell unbeabsichtigte (Neben-)Wirkungen und kann hierzu fallweise auch Studien initiieren. Hierdurch können Ergänzungen oder Anpassungen des Standards ebenso angeregt werden, wie auch die Entwicklung zusätzlicher Leitlinien, Hinweise oder Trainingsmaterialien. Der PIR erfolgt in der Regel nach dem verpflichtenden Inkrafttreten des Standards nach Ablauf einer mindestens zweijährigen Anwendungsphase. Der Prozess soll hinsichtlich der Ergebnisse und der gegebenenfalls geplanten Schritte des IASB transparent gehalten werden. Die interessierte Öffentlichkeit ist durch ein Art Kommentierungsphase (*request for information*) erneut involviert.

2.1.4 Überblick über derzeit existierende Standards

IAS/IFRS	aktueller Titel	zugehörige Interpretationen
IAS 1	Darstellung des Abschlusses (*Presentation of Financial Statements*)	SIC-27, SIC-29, IFRRIC 17, IFRIC 20
IAS 2	Vorräte (*Inventories*)	IFRIC 20
IAS 7	Kapitalflussrechnung (*Cash Flow Statement*)	-
IAS 8	Bilanzierungs- und Bewertungsmethoden, Änderungen von Schätzungen und Fehler (*Accouning Policies, Changes in Accounting Estimates and Errors*)	-
IAS 10	Ereignisse nach dem Bilanzstichtag (*Events after the Balance Sheet Date*)	-
IAS 12	Ertragsteuern (*Income Taxes*)	SIC-21, SIC-25
IAS 16	Sachanlagen (*Property, Plant and Equipment*)	IFRIC 20
IAS 19	Leistungen an Arbeitnehmer (*Employee Benefits*)	IFRIC 14
IAS 20	Bilanzierung und Darstellung von Zuwendungen der öffentlichen Hand (*Accounting for Government*	SIC-10

	Grants and Disclosure of Government Assistance)	
IAS 21	Auswirkungen von Änderungen der Wechselkurse (*The Effects of Changes in Foreign Exchange Rates*)	SIC-7, IFRIC 16
IAS 23	Fremdkapitalkosten (*Borrowing Costs*)	-
IAS 24	Angaben über Beziehungen zu nahestehenden Unternehmen und Personen (*Related Party Disclosure*)	-
IAS 26	Bilanzierung und Berichterstattung von Altersversorgungsplänen (*Accounting and Reporting by Retirement Benefit Plans*)	-
IAS 27	Separate Abschlüsse (*Separate Financial Statements*)	-
IAS 28	Anteile an assoziierten Unternehmen und Joint Ventures (*Investments in Associates and Joint Ventures*)	-
IAS 29	Rechnungslegung in Hochinflationsländern (*Financial Reporting in Hyperinflationary Economies*)	IFRIC 7
IAS 32	Finanzinstrumente: Darstellung (*Financial Instruments: Disclosure and Presentation*)	IFRIC 2
IAS 33	Ergebnis je Aktie (*Earnings per Share*)	-
IAS 34	Zwischenberichterstattung (*Interim Financial Reporting*)	IFRIC 10
IAS 36	Wertminderung von Vermögensgegenständen (*Impairment of Assets*)	-
IAS 37	Rückstellungen, Eventualschulden und Eventualforderungen (*Provosions, Contingent Liabilities and Contingent Assets*)	SIC-27, SIC-29, IFRIC 1, IFRIC 5, IFRIC 6, IFRIC 17, IFRIC 21
IAS 38	Immaterielle Vermögenswerte (Intangible Assets)	SIC-32, IFRIC 12, IFRIC 20
IAS 39	Finanzinstrumente: Ansatz und Bewertung (*Financial Instruments: Recognition and Measurement*)	IFRIC 9, IFRIC 12, IFRIC 16
IAS 40	Als Finanzinvestition gehaltene Immobilien (*Investment Property*)	-
IAS 41	Landwirtschaft (*Agriculture*)	-

IFRS 1	Erstmalige Anwendung von International Financial Reporting Standards (*First-time adoption of International Financial Reporting Standards*)	-
IFRS 2	Anteilsbasierte Vergütung (*Share-based Payment*)	-
IFRS 3	Unternehmenszusammenschlüsse (*Business Combinations*)	-
IFRS 4	Versicherungsverträge (*Insurance Contracts*)	-
IFRS 5	Zur Veräußerung gehaltene langfristige Vermögensgegenstände und aufgegebene Geschäftsbereiche (*Non-current Assets Held for Sale and Discontinued Operations*)	-
IFRS 6	Exploration und Evaluierung von mineralischen Ressourcen (*Exploration for and Evaluation of Mineral Resources*)	-
IFRS 7	Finanzinstrumente: Angaben (*Financial Instruments: Disclosures*)	-
IFRS 8	Geschäftssegmente (*Operating Segments*)	-
IFRS 9	Finanzinstrumente (*Financial Instruments*)	-
IFRS 10	Konzernabschlüsse (*Consolidated Financial Statements*)	-
IFRS 11	Gemeinsame Vereinbarungen (*Joint Arrangements*)	-
IFRS 12	Angaben zu Beteiligungen an anderen Unternehmen (*Disclosure of Interests in Other Entities*)	-
IFRS 13	Bemessung des beizulegenden Zeitwerts (*Fair Value Measurement*)	-
IFRS 14	Regulatorische Abgrenzungsposten (*Regulatory Deferred Accounts*)*	-
IFRS 15	Erlöse aus Verträgen mit Kunden (*Revenue from Contracts with Customers*)	-
IFRS 16	Leasingverhältnisse ((Leases)	-
IFRS 17	Versicherungsverträge (*Insurance Contracts*)*	

* derzeit noch nicht in EU-Recht übernommen

Tab. 2: Übersicht über derzeit existierende Standards (Stand: 06.07.2020)

2.2 Zielsetzung, Zwecke und Grundprinzipien

Vermittlung entscheidungsrelevanter Informationen

Ein IFRS-Abschluss hat das Ziel, aktuellen und zukünftigen Eigen- und Fremdkapitalgebern sowie anderen Gläubigern entscheidungsrelevante Informationen zur Verfügung zu stellen.[28] Die im Abschluss enthaltenen Informationen sollen nach IAS 1.9 und CF 1.2f. die primären Abschlussadressaten[29] dabei unterstützen, eine Einschätzung über Höhe, zeitlichen Anfall und Unsicherheit von zukünftigen Nettozahlungsströmen des Unternehmens und eine Einschätzung über die Verwendung der ökonomischen Ressourcen des Unternehmens durch das Management vornehmen zu können, damit es ihnen möglich ist, ein Urteil über die (weitere) Bereitstellung von Eigen- oder Fremdkapital oder die Ausübung von Stimmrechten vorzunehmen.

Korrelation mit Rechenwerken

Das Ziel der Vermittlung entscheidungsrelevanter Informationen korrespondiert direkt mit den Rechenwerken des Abschlusses (IAS 1.10, CF 3.2-3):

- Die Bilanz soll Informationen über die Vermögens- und Finanzlage bieten, also über diejenigen Ressourcen und Verpflichtungen, aus denen sich zukünftige Ein- und Auszahlungen speisen.
- Die Gesamtergebnisrechnung spiegelt die Ertragskraft eines Unternehmens wider.
- Die Kapitalflussrechnung stellt die Entwicklung der Zahlungsströme dar.[30]

Anforderungen an IFRS-Abschluss

Um der genannten Zielsetzung gerecht werden zu können, enthalten das Rahmenkonzept sowie IAS 1 verschiedene Anforderungen an den IFRS-Abschluss, die durch die in der nachfolgenden Tabelle dargestellten Merkmale manifestiert werden:[31]

Merkmale		Inhalt
qualitativ	Relevanz (CF 2.6ff.)	Fähigkeit, Entscheidungen der Abschlussadressaten verändern zu können (i.S, eines Vorhersage- und/oder Bestätigungswerts)
	Glaubwürdige Darstellung (CF 2.12ff.)	Dies setzt Vollständigkeit, Neutralität (Vermeidung verzerrender Einflüsse, wobei Neutralität durch Ausübung von Vorsicht unterstützt wird) und Fehlerfreiheit voraus
	Vergleichbarkeit (CF 2.24ff.)	Adressaten sollen in die Lage versetzt werden, Gemeinsamkeiten und Differenzen zwischen verschiedenen Sachverhalten zu erkennen und zu verstehen. Unterstützend wirkt hier das Stetigkeitsprinzip

28 Hierzu bspw. Roos, PiR 2017, S. 297.

29 Primäre Adressaten eines IFRS-Abschlusses sind die Kapitalgeber, also sowohl Anteilseigner als auch Fremdkapitalgeber und andere Gläubiger. Des Weiteren zählen zum Adressatenkreis z.B. Lieferanten, Kunden, Arbeitnehmer, Finanzanalysten, Öffentlichkeit usw.

30 Hierzu Pellens/Fülbier/Gassen/Selhorn, Internationale Rechnungslegung, 11. Aufl. 2021, S. 93.

31 Weitestgehend übernommen aus IDW, WPH, 17. Aufl. 2021, Kap. K Tz. 19. Hierzu ausführlich auch Pellens/Fülbier/Gassen/Selhorn, Internationale Rechnungslegung, 11. Aufl. 2021, S. 99-100.

	Überprüfbarkeit (CF 2.30ff.)	Verschiedene sachkundige Adressaten sollten grundsätzlich zu einem Konsens gelangen können (entweder auf Basis des dargestellten Ergebnisses oder der Inputfaktoren eines ggf. genutzten Bewertungsverfahrens)
	Zeitnähe (CF 2.33)	Informationen müssen zu einem Zeitpunkt bereitgestellt werden, zu dem sie die betroffenen Entscheidungen nach beeinflussen können
	Verständlichkeit (CF 2.34ff.)	Klare und präzise Darstellung von Sachverhalten in angemessenem Umfang
	Abwägung von Kosten und Nutzen (CF 2.39ff.)	Die Bereitstellung einer Information erfolgt unter Abwägung von (direkten und indirekten) Kosten und Nutzen der Bereitstellung und Verbreitung (Wirtschaftlichkeit).
allgemein	Vermittlung eines den tatsächlichen Verhältnissen entsprechenden Bildes der VFE-lage sowie der Cashflows (IAS 1.15ff.)	Die Vermittlung eines den tatsächlichen Verhältnissen entsprechenden Bildes wird annahmegemäß regelmäßig erfüllt durch die Anwendung der IFRS, In äußerst seltenen Fällen kann es zu einer Abweichung von den IFRS mit zusätzlichen Angabepflichten kommen (sog. *overriding principle*).
	Unternehmensfortführung (CF 3.9; IAS 1.25f.)	Der Abschluss ist Basis der Annahme der Unternehmensfortführung aufzustellen, sofern nicht die Absicht oder die Notwendigkeit zur Auflösung des Unternehmens oder zur Einstellung des Geschäftsbetriebs dieser entgegensteht.
	Periodenabgrenzung (*accrual accounting*, IAS 1.27f.)	Mit Ausnahme der Kapitalflussrechnung sind unabhängig von den tatsächlichen Zahlungsströmen die einzelnen Posten dann im Abschluss zu erfassen, wenn die im CF enthaltenen entsprechenden Definitionen und Erfassungskriterien erfüllt sind.
	Wesentlichkeit und Zusammenfassung von Posten (CF 2.11; IAS 1.7; IAS 1.29ff. IAS 8.5)	Informationen sind wesentlich, wenn deren Unterlassen oder Falschangabe die Entscheidungsfindung der primären Abschlussadressaten beeinflussen könnte. Wesentliche Gruppen gleichartiger Posten sind gesondert darzustellen. Geschäftsvorfälle und sonstige Ereignisse sind nach ihrer Art und Funktion zu Gruppen zusammenzufassen. Wesentlichkeit gilt für alle Abschlussbestandteile.
	Saldierung (IAS 1.32ff.)	Die Saldierung von Vermögenswerten und Schulden bzw. Aufwendungen und Erträgen ist untersagt, es sei denn, ein Standard fordert oder erlaubt es (z.B. IAS 37.54).
	Häufigkeit der Berichterstattung (IAS 1.36f.)	Der IFRS-Abschluss ist mindestens jährlich aufzustellen. Die Regelung zu Rumpfgeschäftsjahren ist aufgrund gesellschaftsrechtlicher Vorgaben in Deutschland nicht relevant.

Tab. 3: Merkmale eines IFRS-Abschlusses

Kosten-Restriktion

Des Weiteren ist in diesem Zusammenhang das Merkmal der Kosten-Restriktion (CF 2.39ff.) zu nennen. Danach muss der zusätzliche Nutzen einer Information die durch die Beschaffung verursachten Kosten rechtfertigen. Dieser Wirtschaftlichkeitsgrundsatz bewirkt, dass Abschlussinformationen nur dann zu gewähren sind, wenn der mit ihnen verbundene Nutzen für die Abschlussadressaten größer ist als die mit der Informationsgewinnung und -vermittlung einhergehenden Kosten.

Der Wirtschaftlichkeitsgrundsatz erstreckt sich einerseits auf die konkrete Finanzberichterstattung der nach IFRS bilanzierenden Unternehmen. Andererseits ist dieser vor allem vom IASB selbst im Rahmen des Standardsetzungsprozesses zu berücksichtigen. Da schon das IASB selbst bei der Entwicklung der Standards den Wirtschaftlichkeitsgrundsatz zu beachten hat, dürften bei einer sachverständigen Anwendung der IFRS die Kosten der Informationsgewinnung und -vermittlung grundsätzlich nicht den Informationsnutzen übersteigen. Für bestimmte Sachverhalte enthalten die IFRS die Möglichkeit, aus Wirtschaftlichkeitsüberlegungen bestimmte Vorschriften nicht anwenden zu müssen. Voraussetzung hierfür ist allerdings, dass die konkrete Vorschrift nicht durchführbar oder deren Durchführung wirtschaftlich nicht vertretbar ist. Solche Ausnahmen, bei denen ggf. unverhältnismäßig hohe Kosten für die Informationsgewinnung und -vermittlung auftreten, bestehen z.B. bei der Angabe von Vergleichsinformationen nach IAS 1.41, bei der Korrektur grundlegender Fehler gemäß IAS 8.43 oder bei zahlreichen Übergangsvorschriften.

An dieser Stelle ist anzumerken, dass es schwierig ist, die Informationskosten und den mit den zu vermittelnden Abschlussinformationen verbundenen Informationsnutzen zu quantifizieren. Die Schätzung von Kosten und Nutzen ist daher eine Ermessensfrage, die sowohl von den bilanzierenden Unternehmen als auch vom IASB im Einklang mit dem Zweck eines IFRS-Abschlusses auszulegen ist.[32]

2.3 Aufbau eines IFRS-Abschlusses

2.3.1 Überblick über die Komponenten eines IFRS-Abschlusses

Komponenten des IFRS-Abschlusses

Nach IAS 1.10 besteht ein vollständiger IFRS-Abschluss aus den folgenden Komponenten:

- Bilanz zum Abschlussstichtag (*statement of financial position*),
- Gesamtergebnisrechnung (*statement of comprehensive income*), bestehend aus Gewinn- und Verlustrechnung (*profit and loss*) und sonstigem Ergebnis (*other comprehensive income*, OCI),
- Eigenkapitalveränderungsrechnung (*statement of change in equity*),
- Kapitalflussrechnung (*statement of cash flow*) und
- Anhang (*notes*).

Unternehmen mit Sitz in Deutschland, die der Pflicht zur Erstellung eines IFRS-Abschlusses unterliegen, erfüllen regelmäßig zugleich die Anwendungskriterien des

[32] Hierzu Zülch/Hendler, Bilanzierung nach IFRS, 2. Aufl. 2017, S. 73-74-

IFRS 8.2 zur Segmentberichterstattung sowie des IAS 33.2 zur Darstellung des Ergebnisses je Aktie.

Vorjahresvergleichsinformationen

Sofern die IFRS nicht anderes erlauben oder vorschreiben, sind für alle im Abschluss enthaltenen quantitativen Informationen Vergleichsinformationen für das Vorjahr anzugeben. Demzufolge haben auch die primären Abschlussbestandteile (mindestens) jeweils den entsprechenden Bestandteil für die Vergleichsperiode zu enthalten. Bei verbalen und beschreibenden Informationen sind Vorjahresvergleichsinformationen nur erforderlich, wenn sie für das Verständnis des Abschlusses von Bedeutung sind (IAS 1.10 (ea) i.V.m. IAS 1.38ff.).

Dritte Bilanz

Zusätzlich ist nach IAS 1.10(f) i.V.m. IAS 1.40A eine dritte Bilanz zum Beginn der Vergleichsperiode aufzustellen,

a) wenn eine Rechnungslegungsmethode retrospektiv angewendet wird, eine retrospektive Fehlerkorrektur oder ein Umklassifizierung von Bilanzposten vorgenommen wird und
b) diese rückwirkende Anwendung einen wesentlichen Effekt auf die Informationen der Eröffnungsbilanz der Vorperiode hat.[33]

In diesem Fall brauchen die Anhangangaben, die sich auf die dritte Bilanz beziehen, nicht gemacht werden. Gleichwohl sind nach IAS 1.40C die Angaben nach IAS 1.41ff. und IAS 8 zu beachten. Bei einer freiwillig veröffentlichten dritten Bilanz sind indes zwingend auch die Anhangangaben für diese Berichtsperiode erforderlich.[34]

2.3.2 Bilanz

Dem Bilanzierenden ist grundsätzlich freigestellt, die Bilanz in Konto- oder Staffelform aufzustellen. IAS 1.54 führt zunächst bestimmte in der Bilanz aufzunehmende Posten auf, die – sofern vorhanden und wesentlich – getrennt auszuweisen sind. Je nach Bedarf sind gemäß IAS 1.57 zusätzliche Posten, Überschriften oder Zwischensummen einzufügen. Die darzustellenden Posten müssen getrennt in Gruppen entsprechend ihrer Fristigkeit ausgewiesen werden, also als kurz- und langfristige Vermögenswerte bzw. Schulden, sofern nicht eine Anordnung nach Liquidität zuverlässigere und relevantere Informationen liefert (IAS 1.60). Die Einteilung nach der Fristigkeit richtet sich nach Verwendungszweck und rechtlichen Umständen.

Kurzfristige Vermögenswerte

Nach IAS 1.66 ist ein Vermögenswert als kurzfristig zu klassifizieren, wenn eines der folgenden Kriterien als erfüllt anzusehen ist:

a) Der Posten wird zum Verkauf oder Verbrauch innerhalb des normalen Verlaufs des Geschäftszyklus – z.B. bei einem Produktionsbetrieb der Zeitraum zwischen dem Erwerb von Materialien, die in die Herstellung eingehen und deren Realisation in Geld durch Veräußerung der Erzeugnisse an Dritte – gehalten.
b) Der Posten wird primär zu Handelszwecken gehalten.
c) Die Realisation des Postens wird innerhalb von 12 Monaten nach dem Bilanzstichtag erwartet.

---

[33] Hierzu ausführlich Roos, PiR 2012, S. 150ff.

[34] Hierzu IDW, WPH, 17. Aufl. 2021, Kap. K Tz. 23.

d) Bei dem Posten handelt es sich um Zahlungsmittel oder Zahlungsmitteläquivalente, die keiner Beschränkung unterliegen oder die auch nicht dazu verwendet werden, um eine Schuld nach Ablauf von 12 Monaten nach dem Bilanzstichtag zu begleichen.

Langfristige Vermögenswerte

Alle anderen Vermögenswerte sind als langfristig zu klassifizieren (Negativabgrenzung).

Hinweis
Vorräte, die voraussichtlich erst in 15 Monaten in den Produktionsprozess eingehen und anschließend unverzüglich veräußert werden, könnten mit Blick auf das Kriterium c) als langfristig eingestuft werden, da mit einer Realisation erst in mehr als 12 Monaten zu rechnen ist. Allerdings ist das Kriterium a) erfüllt, da Vorräte im normalen Verlauf des Geschäftszyklus (hier 15 Monate) verbraucht werden. IAS 1.68 bestätigt diese Klassifizierung, indem Vorräte explizit als kurzfristige Vermögenswerte deklariert werden.[35]

Kurzfristige Schulden

Analog zu den Vermögenswerten sind Schulden nach IAS 1.69 dann als kurzfristig einzustufen, wenn eines der folgenden Kriterien erfüllt ist:

a) Die Tilgung der Schuld wird innerhalb des normalen Verlaufs des Geschäftszyklus des Unternehmens erwartet.
b) Die Schuld wird primär zu Handelszwecken gehalten.
c) Die Tilgung der Schuld ist innerhalb von 12 Monaten nach dem Abschlussstichtag fällig.
d) Das Unternehmen hat nicht das uneingeschränkte Recht inne, die Begleichung der Schuld mindestens 12 Monate nach dem Bilanzstichtag hinauszuschieben.

Langfristige Schulden

Alle anderen Schulden sind als langfristig zu klassifizieren (Negativabgrenzung).

Finanzielle Verbindlichkeiten

Neben den Schulden enthält IAS 1.72-76 detaillierte Vorschriften für finanzielle Verbindlichkeiten. Nach IAS 1.72 sind die finanziellen Verbindlichkeiten als kurzfristig auszuweisen, wenn deren Erfüllung innerhalb von zwölf Monaten nach dem Abschlussstichtag fällig wird, selbst wenn

a) die ursprüngliche Laufzeit einen Zeitraum von mehr als zwölf Monaten umfasst, und
b) eine Vereinbarung zur langfristigen Refinanzierung bzw. Umschuldung der Zahlungsverpflichtung nach dem Abschlussstichtag, jedoch vor der Genehmigung zur Veröffentlichung des Abschlusses abgeschlossen wurde.[36]

Überdies sind für den Ausweis die im Rahmen der vorangegangenen Ausführungen dargestellten allgemeinen Merkmale zu beachten. Zur Illustration wird nachfolgend eine in Staffelform gegliederte exemplarische IFRS-Bilanz dargestellt:

---

[35] Hierzu Roos/Schmidt, PiR 2013, S. 47ff.

[36] Hierzu Maier/Roos, PiR 2013, S. 124.

Aktiva (*assets*)	**20X2**	**20X1**	**20X0**
	TEUR	**TEUR**	**TEUR**
Langfristige Vermögenswerte (*non-current assets*)			
Sachanlagen (*property, plant and equipment*)			
Geschäfts- oder Firmenwert (*goodwill*)			
Immaterielle Vermögenswerte (*intangible assets*)			
Ertragssteuererstattungsansprüche (*income tax receivable*)			
Finanzielle Vermögenswerte (*financial assets*)			
Latente Steuern (*deferred tax assets*)			
Summe			
Kurzfristige Vermögenswerte (current assets)			
Vorräte (*inventories*)			
Forderungen aus Lieferungen und Leistungen (*trade receivables*)			
Ertragssteuererstattungsansprüche (*income tax receivables*)			
Sonstige Vermögenswerte (*other assets*)			
Liquide Mittel (*cash*)			
Summe			
Gesamt Aktiva			

Passiva (*liabilities*)	**20X2**	**20X1**	**20X0**
	TEUR	**TEUR**	**TEUR**
Eigenkapital (*equity*)			
Gezeichnetes Kapital (*share capital*)			
Kapitalrücklage (*share premium*)			
Gewinnrücklage (*retained earnings*)			
Sonstige Rücklagen (*other reserves*)			
Jahresergebnis (*profit or loss for the period*)			
Minderheitenanteile (*non-controlling interests*)			
Summe			
Langfristige Schulden (non-current liabilities)			
Finanzverbindlichkeiten (*financial liabilities*)			
Rückstellungen (*provisions*)			
Sonstigen Verbindlichkeiten (*other liabilities*)			
Latente Steuern (*deferred tax liabilities*)			
Summe			
Kurzfristige Schulden (current liabilities)			
Finanzverbindlichkeiten (*financial liabilities*)			
Verbindlichkeiten aus Lieferungen und Leistungen (*accounts payable*)			
Erhaltene Anzahlungen (*advances received*)			
Rückstellungen (*provisions*)			
Ertragssteuerverbindlichkeiten (*income tax payable*)			
Sonstigen Verbindlichkeiten (*other liabilities*)			
Latente Steuern (*deferred tax liabilities*)			
Summe			
Gesamt Passiva			

Tab. 4: Grundgliederungsschema der IFRS-Bilanz

Daneben werden in IAS 1 zahlreiche Informationen – wie z.B. die Gruppierung von Sachanlagen oder die Aufgliederung von Rückstellungen – angeführt, die entweder in der Bilanz oder im Anhang darzustellen sind.

2.3.3 Gesamtergebnisrechnung

Die Gesamtergebnisrechnung beinhaltet neben der Gewinn- und Verlustrechnung auch das sonstige Ergebnis (*other comprehensive income*). Das Gesamtergebnis darf entweder in einer Darstellung (*single statement approach*) oder in getrennten Darstellungen (*two statement approach*) von Gewinn- und Verlustrechnung und sonstigem Ergebnis gezeigt werden. Zugleich ist nach IAS 1.81Af. grundsätzlich die Zurechnung von Gewinn und Verlust und dem sonstigen Ergebnis jeweils zu dem Mutterunternehmen und den nicht beherrschenden Anteilen darzustellen.[37]

Komponenten des Gesamtergebnisses

Die ergebniswirksamen Aufwendungen und Erträge addieren sich zum Gewinn oder Verlust (*profit or loss*), der Saldo der ergebnisneutralen Aufwendungen und Erträge stellt das sonstige Ergebnis dar. Das Gesamtergebnis (*comprehensive income*) ergibt sich aus der Summe beider Teilergebnisse.

Gliederungswahlrecht

Auch für die Gewinn- und Verlustrechnung wird gemäß IAS 1.82 lediglich die Darstellung bestimmter Posten vorgeschrieben. Der Bilanzierende besitzt nach IAS 1.99 grundsätzlich ein Wahlrecht zur Anwendung des Umsatz- oder des Gesamtkostenverfahrens, wobei die Entscheidung in Abhängigkeit von Historie, Branchenzugehörigkeit und der Art des Unternehmens zu treffen und danach auszurichten, welches Format verlässlichere und relevantere Informationen liefert (IAS 1.105). Die Aufgliederung der operativen Aufwendungen kann innerhalb der Gewinn- und Verlustrechnung oder im Anhang erfolgen, wobei in IAS 1.100 die erste Alternative empfohlen wird.

Gesamtkostenverfahren (*nature of expense method*)	**Umsatzkostenverfahren** (*cost of sales method*)	20X2 TEUR	20X1 TEUR
1. Umsatzerlöse			
2. + Sonstige Erträge (*other income*)	2. - Umsatzkosten (*revenue*)		
3. +/- Veränderung des Bestandes an fertigen und unfertigen Erzeugnissen (*changes in inventories of finished goods and work in progress*)	= Bruttoergebnis vom Umsatz (*gross profit*)		
4. + Andere aktivierte Eigenleistungen (*work performed by the entity and capitalised*)	3. + Sonstige Erträge (*other income*)		
5. - Materialaufwand (*raw materials and consumables used*)	4. - Vertriebskosten (*distribution costs*)		
6. - Personalaufwand (*employee benefits expenses*)	5. - Sonstige Verwaltungskosten (*administrative expenses*)		
7. - Planmäßige Abschreibungen und Abschreibungen auf immaterielle Vermögenswerte (*depreciation and amortization expenses and impairment of property, plant and equipment*)	6. - Sonstige Aufwendungen (*other expenses*)		
8. - Sonstige Aufwendungen (*other expenses*)			
9. = Ergebnis der betrieblichen Tätigkeit	7. = Ergebnis der betrieblichen Tätigkeit		
10. +/ Finanzierungskosten (IAS 1.82b)	8. Finanzierungskosten (*finance costs*, IAS 1.82b)		
11. + Finanzierungserträge (*finance revenues*, IAS 1.82b)	9. + Finanzierungserträge (*finance revenues*, IAS 1.82b)		
12. +/- Ergebnisanteile von nach der Equity-Methode bewerteten Finanzanlagen (*share of profit or loss of associates and joint ventures accounted for using the equity method*; IAS 1.82c)	10. +/- Ergebnisanteile von nach der Equity-Methode bewerteten Finanzanlagen (*share of profit or loss of associates and joint ventures accounted for using the equity method*; IAS 1.82c)		
13. = Ergebnis vor Steuern (*profit or loss before tax*)	11. = Ergebnis vor Steuern (*profit or loss before tax*)		
14. - Ertragsteueraufwand (*income tax expense*)	12. - Ertragsteueraufwand (*income tax expense*)		
15. = Ergebnis aus fortgeführten Geschäftsbereichen (*profit or loss for the period from continuing operations*)	13. = Ergebnis aus fortgeführten Geschäftsbereichen (*profit or loss for the period from continuing operations*)		
16. +/- Ergebnis nach Steuern aus aufgegebenen Geschäftsbereichen (*profit or loss from discontinuing operations*; IAS 1.82ea)	14. +/- Ergebnis nach Steuern aus aufgegebenen Geschäftsbereichen (*profit or loss from discontinuing operations*; IAS 1.82ea)		
17. = Jahresergebnis (*profit or loss for the period*)	15. = Jahresergebnis (*profit or loss for the period*)		

Tab. 5: Grundgliederungsschema der IFRS-Gewinn- und Verlustrechnung

[37] Hierzu ausführlich Coenenberg/Haller/Schultze, Jahresabschluss und Jahresabschlussanalyse, 25. Aufl. 2018, S. 562ff.

Darstellung des sonstigen Ergebnisses Die Darstellung des sonstigen Ergebnisses erfolgt nach Art der Beträge. Diese müssen gemäß IAS 1.82A derart gruppiert werden, dass zwischen Beträgen, die in nachfolgenden Perioden ggf. umgegliedert werden dürfen, und solchen, die nicht umgegliedert werden dürfen, unterschieden wird. Eine tatsächlich erfolgte Umgliederung in die Gewinn- und Verlustrechnung (*recycling*) ist nach IAS 1.92, IAS 1.94 in der Gesamtergebnisrechnung oder im Anhang anzugeben.

Komponenten des sonstigen Ergebnisses Zu den im sonstigen Ergebnis zusammengefassten ergebnisneutralen Aufwendungen und Erträgen zählen nach IAS 1.7 und IAS 1.82 im Wesentlichen:

- Differenzen aus der Währungsumrechnung der Einzelabschlüsse wirtschaftlich selbständiger ausländischer Tochterunternehmen (IAS 21.30),
- ergebnisneutrale *fair value*-Bewertungen von finanziellen Vermögenswerten nach IFRS 9,
- ergebnisneutrale Berücksichtigung eines Gewinns oder Verlusts aus dem effektiven Teil eines Geschäfts zur Absicherung von *cashflows* (*cashflow hedge*, IAS 39.95 (a) bzw. IFRS 9.6.5.11 (b)),
- Neubewertung von Sachanlagevermögen und immateriellen Vermögenswerten (IAS 16.39-40, IAS 38.85-86)[38],
- im Rahmen der *equity*-Bewertung assoziierter Unternehmen erfolgsneutral erfasste Ergebnisbestandteile (IAS 28.10),
- die Neubewertungseffekte der Nettoschuld aus leistungsorientierten Versorgungsplänen im Rahmen der Bilanzierung von Pensionsrückstellungen (IAS 19.120 (c))[39], sowie gegebenenfalls
- aus dem ergebnisneutral erfassten Grundsachverhalt entstehende latente Steuern, die ebenfalls ergebnisneutral zu erfassen sind (IAS 12.61A)[40].

Keine einheitliche Gewinnkonzeption Grundsätzlich kann festgehalten werden, dass bei der Frage, ob Erträge oder Aufwendungen ergebniswirksam mit Auswirkung auf den *profit or loss* oder ergebnisneutral über das *other comprehnsive income* zu verbuchen sind, auf die Einzelstandards zurückzugreifen ist. Eine einheitliche Gewinnkonzeption ist daher nicht erkennbar.[41]

Nachfolgend wird das sonstige Ergebnis als Überleitung vom *profit or loss* zum Gesamtergebnis der Periode dargestellt:

---

[38] Hierzu ausführlich Abschn. 4.1.2.3.2.4.

[39] Hierzu ausführlich Abschn. 4.2.3.3.5.4.

[40] Hierzu ausführlich Abschn. 5.2.3.

[41] Hierzu Ruhnke/Sievers/Simons, Rechnungslegung nach IFRS und HGB, 5. Aufl. 2023, S. 249-250. Dies gilt auch im Hinblick auf den Diskussionsentwurf IASB ED.F.BC7.35. Auf Grund der dominierenden Bedeutung des *profit or loss* als primäre Informationsquelle für die Abschlussadressaten wird vermutet, dass alle Aufwendungen und Erträge ergebniswirksam zu buchen sind (IASB EB F.7.23 (2015)). Eine Widerlegung dieser Vermutung ist gemäß Tz. 24 dann möglich, wenn das Herauslassen bestimmter Aufwendungen und Erträge aus der Gewinn- und Verlustrechnung zu relevanteren Informationen führen würde.

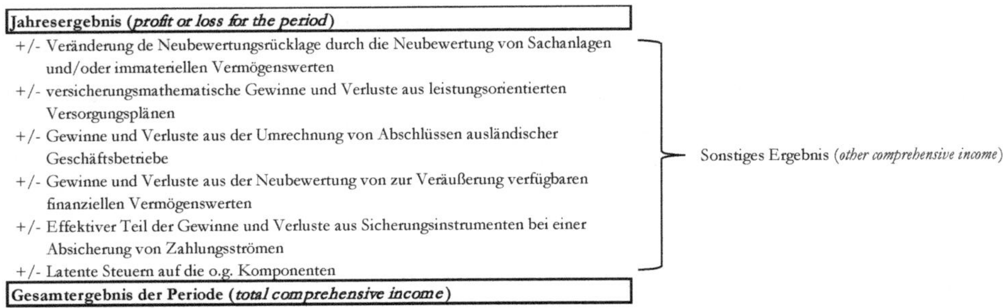

Jahresergebnis (*profit or loss for the period*)	
+/- Veränderung de Neubewertungsrücklage durch die Neubewertung von Sachanlagen und/oder immateriellen Vermögenswerten	Sonstiges Ergebnis (*other comprehensive income*)
+/- versicherungsmathematische Gewinne und Verluste aus leistungsorientierten Versorgungsplänen	
+/- Gewinne und Verluste aus der Umrechnung von Abschlüssen ausländischer Geschäftsbetriebe	
+/- Gewinne und Verluste aus der Neubewertung von zur Veräußerung verfügbaren finanziellen Vermögenswerten	
+/- Effektiver Teil der Gewinne und Verluste aus Sicherungsinstrumenten bei einer Absicherung von Zahlungsströmen	
+/- Latente Steuern auf die o.g. Komponenten	
Gesamtergebnis der Periode (*total comprehensive income*)	

Tab. 6: Überleitung vom Gewinn oder Verlust zum Gesamtergebnis[42]

Bei Aufstellung der Gesamtergebnisrechnung oder ggf. ihrer beiden Bestandteile sind nach IAS 1.85 ebenfalls zusätzliche Posten, Überschriften und Zwischensummen hinzuzufügen, sofern dies für das Verständnis der Ertragslage erforderlich ist. Überdies sieht IAS 1.98 Situationen vor, die eine gesonderte Angabe von Ertrags- und Aufwandsposten in der Gesamtergebnisrechnung oder im Anhang erfordern können. Hierzu zählen z.B. außerplanmäßige Abschreibungen von Vorräten oder Sachanlagen. Gemäß IAS 1.87 ist der Ausweis außerordentlicher Posten unzulässig.

2.3.4 Eigenkapitalveränderungsrechnung

Eigenkapitalveränderungen

Veränderungen des Eigenkapitals resultieren insbesondere aus Transaktionen mit Eigentümern, wie z.B. Kapitaleinlagen, Rückkauf von Eigenkapitalinstrumenten oder Dividendenzahlungen, aus der Gewinn- und Verlustrechnung und aus den erfolgsneutralen Bewegungen des sonstigen Ergebnisses. Ihre Darstellung erfolgt gemäß IAS 1.106 in einer Eigenkapitalveränderungsrechnung mit folgenden Pflichtbestandteilen:

a) das Gesamtergebnis für die Berichtsperiode, getrennt nach den auf die nicht beherrschenden Anteile und den auf die Eigentümer des Mutterunternehmens entfallenden Beträgen,
b) für jede Eigenkapitalkomponente – z.B. Kapital, Gewinnrücklagen, jede Kategorie des sonstigen Ergebnisses – die Beträge, die sich aus einer rückwirkenden Anwendung bzw. rückwirkenden Korrektur nach IAS 8 ergeben,
c) eine Überleitungsrechnung für jede Eigenkapitalkomponente vom Beginn der Berichtsperiode zum Ende der Berichtsperiode, getrennt nach den Ursachen Gewinn- und Verlustrechnung, sonstiges Ergebnis und Transaktionen mit Eigentümern.[43]

Nachstehend findet sich ein Beispiel für eine Eigenkapitalveränderungsrechnung nach IAS 1:[44]

---

[42] Übernommen aus Baetge/Kirsch/Thiele, Bilanzen, 16. Aufl. 2021, S. 654.

[43] Hierzu auch ausführlich Coenenberg/Haller/Schultze, Jahresabschluss und Jahresabschlussanalyse, 26. Aufl. 2021, S. 625ff.

[44] Zu einem ausführlichen Beispiel nebst Erläuterungen siehe IAS 1.IG6.

in TEUR	Gezeichnetes Kapital	Kapitalrücklage	Gewinnrücklagen	Währungsdifferenzen	Zur Veräußerung verfügbare Finanzinstrumente	Neubewertungsrücklag	Summe	Minderheitenanteile	Gesamtes Eigenkapital
Saldo zum 1.1.20X1									
Änderung der Rechnungslegngsmethode									
Angepasste Eröffbungsbilanzwerte									
Eigenkapitalveränderungen 20X1									
Kapitalerhöhungen									
Dividenden									
Gesamtperiodenerfolg 20X1									
Stand 31.12.20X1									
Eigenkapitalveränderungen 20X2									
Kapitalerhöhungen									
Dividenden									
Gesamtperiodenerfolg 20X2									
Stand 31.12.20X2									

Tab. 7: Grundgliederungsschema der Eigenkapitalveränderungsrechnung

Der Aufriss des sonstigen Ergebnisses für jede Eigenkapitalkomponente nach IAS 1.106(d)(ii) hat gemäß IAS 1.106A wahlweise im Anhang oder in der Eigenkapitalveränderungsrechnung zu erfolgen. Ein entsprechendes Ausweiswahlrecht gilt auch für die Höhe der Dividenden, die während der Berichtsperiode an die Anteilseigner ausgeschüttet wurden, sowie den entsprechenden Dividendenbetrag je Aktie (IAS 1.107).

2.3.5 Kapitalflussrechnung

Informationen zum Finanzmittelfonds

Die Kapitalflussrechnung informiert den Abschlussadressaten über die Herkunft und die Verwendung von Zahlungsmitteln und Zahlungsmitteläquivalenten, dem sog. Finanzmittelfonds. Zahlungsmittel umfassen dabei Barmittel und Sichteinlagen. Zahlungsmitteläquivalente sind kurzfristige – d.h. mit einer Restlaufzeit von nicht mehr als drei Monaten ab dem Erwerbszeitpunkt – hochliquide Finanzinvestitionen, die jederzeit in festgelegte Zahlungsmittelbeträge umgewandelt werden können und nur unwesentlichen Wertschwankungen unterliegen. Hierzu zählen nach IAS 7.6ff. u.U. auch Kontokorrentkredite gegenüber Kreditinstituten.

Untergliederung der Zahlungsströme

Um die Mittelherkunft und Mittelverwendung aufzuzeigen, sind die Zahlungsströme in der Kapitalflussrechnung nach IAS 7.10 in drei Bereiche zu untergliedern:

- Cashflow aus betrieblicher Tätigkeit,
- Cashflow aus Investitionstätigkeit und
- Cashflow aus Finanzierungstätigkeit.

Zuordnungswahlrechte

Zuordnungswahlrechte bestehen bei Zinsen, Dividenden (IAS 7.31ff.) und Ertragsteuern (IAS 7.35f.). Bewertungsänderungen, insbesondere Wechselkursänderungen bei Zahlungsmitteln und Zahlungsmitteläquivalenten, sind nicht einem der drei Tätigkeitsbereiche zuzuordnen, sondern werden nach IAS 7.28 als separate Zeile in der Kapitalflussrechnung ausgewiesen.

Cashflow aus betrieblicher Tätigkeit

Für die Darstellung des Cashflows aus betrieblicher Tätigkeit lässt IAS 7.18 die direkte und die indirekte Methode als Alternativen zu. Bei der direkten Methode sind die Hauptgruppen der Bruttoeinzahlungen und der Bruttoauszahlungen anzugeben, während bei der indirekten Methode die Ein- und Auszahlungen aus den Aufwendungen und Erträgen sowie aus den Veränderungen der Aktiva und Passiva abgeleitet werden.

Cashflow aus Investitions- und Finanzierungstätigkeit

Für die Darstellung der Cashflows aus Investitions- und Finanzierungstätigkeit schreibt IAS 7.21 die direkte Methode zwingend vor.

Aufgrund fehlender Gliederungsvorschriften in IAS 7 könnte die in DRS 21 angeführte Gliederung Anwendung finden:[45]

	Einzahlungen von Kunden für den Verkauf von Erzeugnissen, Waren und Dienstleistungen
-	Auszahlungen an Lieferanten und Beschäftigte
+	Sonstigen Einzahlungen, die nicht der Investitions- oder Finanzierungstätigkeit zuzuordnen sind
-	Sonstigen Auszahlungen, die nicht der Investitions- oder Finanzierungstätigkeit zuzuordnen sind
+	Einzahlungen aus außerordentlichen Posten
-	Auszahlungen aus außerordentlichen Posten
-	Gezahlte Ertragsteuern
=	**Cashflow aus laufender Geschäftstätigkeit (Summe aus: 1-14)**

Tab. 8: Direkte Darstellung des Cashflows aus laufender Geschäftstätigkeit

	Periodenergebnis (Konzernjahresüberschuss /-fehlbetrag einschließlich Ergebnisanteile anderer Gesellschafter)
+/-	Abschreibungen/Zuschreibungen auf Gegenstände des Anlagevermögens
+/-	Zunahme/Abnahme der Rückstellungen
+/-	Sonstige zahlungsunwirksame Aufwendungen/Erträge
-/+	Zunahme/Abnahme der Vorräte, der Forderungen aus Lieferungen und Leistungen sowie anderer Aktiva, die nicht der Investitions- oder Finanzierungstätigkeit zuzuordnen sind
+/-	Zunahme/Abnahme der Verbindlichkeiten aus Lieferungen und Leistungen sowie anderer Passiva, die nicht der Investitions- oder Finanzierungstätigkeit zuzuordnen sind
-/+	Gewinn/ Verlust
+/-	Zinsaufwendungen/Zinserträge
-	Sonstige Beteiligungserträge
+/-	Aufwendungen/Erträge aus außergewöhnlicher Größenordnung oder Bedeutung
+/-	Ertragsteueraufwand/Ertragsteuerertrag

[45] Hierzu bspw. Roos, Grundlagen der Bilanzierung, 2021, S. 398ff.

+	Einzahlungen aus außergewöhnlicher Größenordnung oder Bedeutung
-	Auszahlungen aus außergewöhnlicher Größenordnung oder Bedeutung
-/+	Ertragsteuerzahlungen
=	**Cashflow aus laufender Geschäftstätigkeit (Summe aus: 1-14)**

Tab. 9: Indirekte Darstellung des Cashflows aus laufender Geschäftstätigkeit

+	Einzahlungen aus Abgängen von Gegenständen des immateriellen Anlagevermögens
-	Auszahlungen für Investitionen in das immaterielle Anlagevermögen
+	Einzahlungen aus Abgängen von Gegenständen des Sachanlagevermögens
-	Auszahlungen für Investitionen in das Sachanlagevermögen
+	Einzahlungen aus Abgängen von Gegenständen des Finanzanlagevermögens
-	Auszahlungen für Investitionen in das Finanzanlagevermögen
+	Einzahlungen aus Abgängen aus dem Konsolidierungskreis
-	Auszahlungen für Zugänge zum Konsolidierungskreis
+	Einzahlungen aufgrund von Finanzmittelanlagen i.R.d. kurzfristigen Finanzdisposition
-	Auszahlungen aufgrund von Finanzmittelanlagen i.R.d. kurzfristigen Finanzdisposition
+	Einzahlungen im Zusammenhang mit Erträgen von außergewöhnlicher Größenordnung oder außergewöhnlicher Bedeutung
-	Auszahlungen im Zusammenhang mit Aufwendungen von außergewöhnlicher Größenordnung oder außergewöhnlicher Bedeutung
+	Erhaltene Zinsen
+	Erhaltene Dividenden
=	**Cashflow aus Investitionstätigkeit (Summe aus: 16-29)**

Tab. 10: Direkte Darstellung des Cashflows aus Investitionstätigkeit

+	Einzahlungen aus Eigenkapitalabführungen von Gesellschaftern des Mutterunternehmens
+	Einzahlungen aus Eigenkapitalzuführungen von anderen Gesellschaftern
-	Auszahlungen aus Eigenkapitalherabsetzungen an Gesellschafter des Mutterunternehmens
-	Auszahlungen aus Eigenkapitalherabsetzungen an andere Gesellschafter
+	Einzahlungen aus der Begebung von Anleihen und (Finanz-)Krediten
-	Auszahlungen aus der Tilgung von Anleihen und (Finanz-)Krediten
+	Einzahlungen aus erhaltenen Zuschüssen bzw. Zuwendungen

+	Einzahlungen im Zusammenhang mit Erträgen von außergewöhnlicher Größenordnung oder außergewöhnlicher Bedeutung
-	Auszahlungen im Zusammenhang mit Aufwendungen von außergewöhnlicher Größenordnung oder außergewöhnlicher Bedeutung
-	Gezahlte Zinsen
-	Gezahlte Dividenden an Gesellschafter des Mutterunternehmens
-	Gezahlte Dividenden an andere Gesellschafter
=	**Cashflow aus der Finanzierungstätigkeit (Summe aus: 31-42)**

Tab. 11: Direkte Darstellung des Cashflows aus Finanzierungstätigkeit

	Zahlungswirksame Veränderung des Finanzmittelfonds (Summe aus: 15, 30, 43)
+/-	Wechselkurs- und bewertungsbedingte Änderungen des Finanzmittelfonds
+/-	Konsolidierungskreisbedingte Änderungen des Finanzmittelfonds
+	Finanzmittelfonds am Anfang der Periode
=	**Finanzmittelfonds am Ende der Periode**

Tab. 12: Darstellung Endbestand Finanzmittelfonds

Zusätzlich zur Kapitalflussrechnung fordert IAS 7 erläuternde Anhangangaben.[46]

2.3.6 Anhang

Erläuterungsfunktion

Dem Anhang kommen nach IAS 1.112 eine Erläuterungsfunktion bezüglich der maßgeblichen Rechnungslegungsmethoden sowie eine Entlastungs- und Ergänzungsfunktion mit Blick auf die in den anderen Abschlussbestandteilen darzustellenden Informationen zu. Darüber hinaus sind nach IAS 1 weitere Angaben zu machen, u.a. zu den Quellen wesentlicher Schätzungsunsicherheiten (IAS 1.125ff.) und zum Kapitalmanagement (IAS 1.134ff.).

Systematische und stetige Darstellung

Die Darstellung des Anhangs soll, soweit durchführbar, systematisch und im Zeitablauf stetig erfolgen. Eine spezielle Reihenfolge der Anhangangaben sieht IAS 1 nicht vor, vielmehr betont das IASB, dass bei der Anordnung die Verständlichkeit und Vergleichbarkeit der Abschlüsse im Vordergrund stehen soll. Außerdem wird nach IAS 1.113 ein Querverweis für jeden Posten in den primären Abschlussbestandteilen auf sämtliche zugehörige Informationen im Anhang verlangt.

Wesentlichkeitsgrundsatz

Im Übrigen gilt gemäß IAS 1.113 der Wesentlichkeitsgrundsatz auch für den Anhang. Einer bestimmten Angabepflicht eines IFRS braucht damit dann nicht nachgekommen zu werden, wenn die anzugebende Information nicht wesentlich ist. Zudem soll die Verständlichkeit des Abschlusses nicht dadurch erschwert werden, dass wesentliche Infor-

46 So z.B. IAS 7.39ff., IAS 7.43f., IAS 7.45ff., IAS 7.47f.

mationen unterschiedlicher Art aggregiert, oder entscheidungsnützliche wesentliche Informationen durch unwesentliche Angaben verschleiert werden.

Angaben nach nationalem Recht

Inhaltlich umfasst der Anhang Informationen, die sich aus den Anforderungen des IAS 1 ergeben, aber auch aus sämtlichen anderen IFRS sowie ggf. zum Verständnis des Abschlusses zusätzlich erforderlichen Angaben. Darüber hinaus sind freiwillige Informationen zulässig, soweit sie die Verständlichkeit des Abschlusses nicht beeinträchtigen. Damit dürfen auch Angaben, die lediglich nach nationalem Recht verlangt werden – z.B. Angaben nach § 315e Abs. 1 HGB – in den IFRS-Anhang aufgenommen werden.[47]

2.4 Erstmalige Anwendung

Hinweis
Kapitalmarktorientierte Unternehmen, die dem Recht eines Mitgliedstaats der Europäischen Union unterliegen sind bereits seit 2005 dazu verpflichtet, ihre konsolidierten Abschlüsse nach IFRS aufzustellen. Insofern bilanzieren diese Unternehmen in Deutschland bereits seit nunmehr fast 20 Jahren nach IFRS, Die Regeln zur Erstanwendung sind daher insbesondere für diejenigen deutschen Unternehmen von Bedeutung, die z.B. durch eine erstmalige Wertpapieremission neu unter diese Anwendungspflicht fallen.[48]

Inter- und intraperiodische Vergleichbarkeit

Die Regelungen zur erstmaligen Anwendung der IFRS finden sich in IFRS 1. Dieser ist auf den ersten Abschluss anzuwenden, den ein Unternehmen nach IFRS erstellt und dient dazu, bereits diesen ersten Abschluss inter- und intraperiodisch vergleichbar zu machen, ohne dabei jedoch die Kosten der Umstellung zu vernachlässigen (IFRS 1.1). Die Umstellungskosten sind auch eine Ursache für die zahlreichen Ausnahmen von einer vollständigen rückwirkenden Anwendung der IFRS, die der Standard gewährt.[49]

Erster IFRS-Abschluss

Der erste IFRS-Abschluss eines Unternehmens ist der erste Abschluss des Geschäftsjahres, in welchem das Unternehmen die IFRS durch eine ausdrückliche und uneingeschränkte Bestätigung der Übereinstimmung mit den IFRS in diesem Abschluss anwendet. Dagegen liegt gemäß IFRS 1.3 kein IFRS-Abschluss vor, wenn der Abschluss

- nicht in vollständiger Übereinstimmung mit den IFRS (zum jeweiligen Rechtsstand) steht,
- zwar grundsätzlich nach den IFRS, aber nur zur internen Nutzung durch das Management oder nur zu Konsolidierungszwecken erstellt oder
- nicht veröffentlich wurde.

---

[47] Hierzu sowie zu den vorangegangenen Ausführungen unter Abschn. 2.3 ausführlich IDW, WPH, 17. Aufl. 2021, Kap. K Tz. 20ff.

[48] Hierzu Pellens/Fülbier/Gassen/Selhorn, Internationale Rechnungslegung, 11. Aufl. 2021, S. 219.

[49] Hierzu Spanheimer/Ebel/Stöckle in: Theile/von Keitz/Brücks, Internationales Bilanzrecht IFRS 1 Rz. 102-104.

IFRS-Eröffnungsbilanz

Ein IFRS-Erstanwender muss zunächst eine IFRS-Eröffnungsbilanz für den Zeitpunkt des Übergangs auf die Rechnungslegung nach IFRS erstellen, die nach IFRS 1.6 den Ausgangspunkt für die weitere Anwendung der IFRS bildet. Demnach sind gemäß IFRS 1.21 im erstmaligen IFRS-Abschluss mindestens drei Bilanzen sowie die sonstigen Bestandteile des Abschlusses für mindestens zwei Berichtsperioden zu erstellen. Bei vormaliger HGB-Anwendung ergibt sich folgender Ablauf:[50]

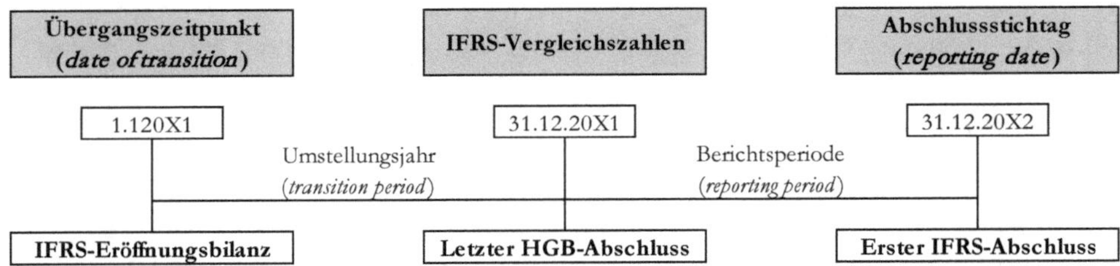

Abb. 2: Zeitraum der IFRS-Umstellung[51]

Retrospektive Anwendung

IFRS 1.7 sieht grundsätzlich eine retrospektive, d.h. rückwirkende Anwendung der IFRS vor. Demzufolge ist die Eröffnungsbilanz, die den Ausgangspunkt der weiteren Berichterstattung darstellt, so aufzustellen, als ob das Unternehmen schon immer nach den derzeit geltenden IFRS bilanziert hätte. Dabei müssen für sämtliche im erstmaligen Abschluss dargestellten Perioden einheitliche Rechnungslegungsmethoden gemäß der zum Ende der ersten IFRS-Berichtsperiode geltenden Standards zugrunde gelegt werden. Die retrospektive Anwendung der aktuell gültigen IFRS erfordert, dass Vermögenswerte und Schulden bis zu ihrer erstmaligen Erfassung zurückverfolgt werden müssen. Anschließend ist zu prüfen, ob der damalige Ansatz, die angewendete Bewertungsmethode und der Ausweis IFRS-konform waren. Ist dies nicht der Fall, müssen Ansatz, Ausweis und Bewertung bei der Aufstellung der Eröffnungsbilanz korrigiert werden. Ein dabei entstehender Korrekturbetrag ist unter Berücksichtigung latenter Steuern erfolgsneutral mit den Gewinnrücklagen oder einem anderen, besser geeigneten Eigenkapitalposten zu verrechnen.

Hinweis
IFRS 1 verbietet in bestimmten Bereichen eine retrospektive Anwendung einzelner IFRS, Anders als bei den optionalen Ausnahmen nach IFRS 1.18-19 und IFRS 1.C-E handelt es sich hier mithin um zwingende Ausnahmen vom Grundsatz der retrospektiven Anwendung. Ziel ist dabei die Vermeidung von Ermessensspielräumen infolge einer – bilanzpolitisch geleiteten – Neueinschätzung historischer Umstände.

---

[50] Übernommen aus IDW, WPH, 17. Aufl. 2021, Kap. K Tz. 70.

[51] In Anlehnung an Spanheimer/Ebel/Stöckle in: Theile/von Keitz/Brücks, Internationales Bilanzrecht IFRS 1 Rz. 111.

Umfang der IFRS-Eröffnungsbilanz

Im Allgemeinen sind daher in der IFRS-Eröffnungsbilanz

- sämtliche Vermögenswerte und Schulden, deren Ansatz nach IFRS verlangt wird, anzusetzen,
- sämtliche Vermögenswerte und Schulden, die nur nach nationalen Vorschriften anzusetzen wären, zu entfernen,
- alle Posten, die nach IFRS anderweitig auszuweisen sind als nach nationalen Vorschriften, umzugliedern, und
- die angesetzten Vermögenswerte und Schulden nach den Vorschriften der IFRS zu bewerten.

Beispiel – IFRS-Eröffnungsbilanz[52]

Die Franconian Wool AG (FWA), die bisher nach HGB bilanziert, möchte ihren Konzernabschluss zum 31.12.20X2 auf IFRS umstellen. Am Anfang des Geschäftsjahres 20X0 hatte sie Forschungs- und Entwicklungsausgaben in Höhe von EUR 1.000.000 als Aufwand verrechnet. Annahmegemäß stellen davon EUR 800.000 nach IFRS aktivierungspflichtige Entwicklungskosten dar. In der Vergangenheit noch zulässige Aufwandsrückstellungen gemäß § 249 Abs. 2 HGB a.F. bildete sie zudem in Höhe von EUR 1.500.000. Hierauf anfallende aktive latente Steuern wurden in Höhe von EUR 450.000 (Steuersatz 30%) angesetzt.

Bei der Aufstellung der IFRS-Eröffnungsbilanz zum 1.1.20X1 sind diesbezüglich folgende Anpassungen vorzunehmen:

Die Forschungs- und Entwicklungsausgaben sind retrospektiv nach IAS 38[53] zu behandeln. Die nach IAS 38.57 aktivierungspflichtigen Entwicklungsausgaben sind somit in der Eröffnungsbilanz unter Berücksichtigung latenter Steuern anzusetzen. Die Aufwandsrückstellungen einschließlich der abgegrenzten aktiven latenten Steuern ist vollständig auszubuchen, da sie nicht die Ansatzkriterien des IAS 37[54] erfüllt. Der Ansatz und die Ausbuchung erfolgen dabei gegen die Gewinnrücklagen.

Zum 1.1.202X1 ist dabei wie folgt zu buchen:

immaterielle Vermögenswerte	800.000	an	Gewinnrücklagen	560.000
			passive latente Steuern	240.000

sonstige Rückstellungen	1.5000.000	an	Gewinnrücklagen	1.050.000
			aktive latente Steuern	450.000

[52] In Anlehnung an Pellens/Fülbier/Gassen/Selhorn, Internationale Rechnungslegung, 11. Aufl. 2021, S. 219.

[53] Hierzu ausführlich Abschn. 4.1.1.3.

[54] Hierzu ausführlich Abschn. 4.2.2.2.

2.5 Methoden- und Schätzungsänderungen sowie Fehlerkorrekturen

Die Änderungen von Rechnungslegungsmethoden (*accounting policies*), Änderungen von Schätzungen (*accounting estimates*), Korrekturen von wesentlichen Fehlern (*errors*) aus Vorperioden sowie die Behandlung von Regelungslücken sind in IAS 8 geregelt. Der Standard setzt sich zum Ziel, die Zuverlässigkeit und Relevanz der durch den Abschluss vermittelten Informationen sowie die Vergleichbarkeit eines Abschlusses im Zeitablauf sowie zu anderen Unternehmen zu verbessern (IAS 8.1).[55]

Änderungen von Schätzungen

Änderungen von Schätzungen, die sich z.B. in Bezug auf die Bewertung von risikobehafteten Forderungen, die Einschätzung der Nutzungsdauer von abnutzbaren Vermögenswerten oder den Wertansatz von Gewährleistungsgarantien ergeben können (IAS 8.32), sind nach IAS 8.36 prospektiv, d.h. in der laufenden und ggf. den folgenden Perioden, und zwar grundsätzlich erfolgswirksam zu berücksichtigen. Vorjahresbeträge sind nach IAS 8.34ff. nicht anzupassen. Art und Betrag der erfolgten Änderung sind anzugeben, ebenso wie die Auswirkungen auf künftige Berichtsperioden, es sei denn, dies ist undurchführbar (IAS 8.39f.).

Änderungen von Rechnungslegungsmethoden

Gemäß IAS 8.13 sind Rechnungslegungsmethoden stetig anzuwenden. Änderungen von Rechnungslegungsmethoden sind daher nach IAS 8.14 nur im Falle neu anzuwendender Standards oder zur Verbesserung der Darstellung i.S, von zuverlässigeren, relevanteren Informationen zulässig. Sie sind grundsätzlich retrospektiv zu berücksichtigen, d.h. so, als sei die neu gewählte Methode auf die Geschäftsvorfälle von Anfang an angewandt worden, es sei denn, die Ermittlung der periodenspezifischen oder kumulierten Auswirkungen der Änderung ist nicht durchführbar (IAS 8.23f.). Bei einer Änderung von Rechnungslegungsmethoden ergeben sich umfangreiche Angabepflichten u.a. bezüglich der Art der Änderung, der Gründe für die Änderung sowie der Anpassungsbeträge der einzelnen betroffenen Posten des Abschlusses für die Berichtsperiode und, soweit bestimmbar, für jede frühere dargestellte Periode (IAS 8.28ff.). Ähnlichen Angaben sind auch im Falle eines freiwilligen Wechsels der Rechnungslegungsmethode zu machen, worunter nach IAS 8.20 eine freiwillige früher Anwendung eines Standards oder einer Interpretation allerdings nicht zu subsumieren ist.

Korrektur von Fehlern

Korrekturen von Fehlern aus früheren Perioden, d.h. Auslassungen oder fehlerhafte Darstellungen, die wesentlich sind oder bewusst herbeigeführt wurden, sind – soweit durchführbar – retrospektiv zu berücksichtigen (IAS 8.5, 8.42ff.). Eine Korrektur, ebenso wie ihr Unterlassen – z.B. bei Undurchführbarkeit – erfordert umfangreiche Angaben, u.a. bezüglich der Art des Fehlers und der Anpassungsbeträge der einzelnen betroffenen Posten des Abschlusses.[56]

Nach IAS 8.42 ist anders als nach Handelsrecht nur noch die erfolgsneutrale Korrektur von Fehlern zulässig. Folgende Feststellungen und Anpassungen sind erforderlich:

---

[55] Hierzu ausführlich Pellens/Fülbier/Gassen/Selhorn, Internationale Rechnungslegung, 11. Aufl. 2021, S. 224ff.

[56] Hierzu ausführlich z.B. Roos, PiR 2017, S. 297ff.

- Bilanzansatz und -wert sind so zu ermitteln, als ob der Fehler nie passiert wäre (retrospektive Anwendung).
- Daraus resultierende Differenzen gegenüber dem bisherigen Ansatz bzw. Wert sind nach IAS 8.42(b) in der Eröffnungsbilanz des betroffenen ersten im Abschluss präsentierten Jahres (bei nur einer Vergleichsperiode also des Vorjahres) gegen Gewinnrücklagen erfolgsneutral einzubuchen.
- Alle Vergleichsinformationen (Vorjahresbeträge) sind nach IAS 8.42(a) anzupassen.
- In der Bilanz müssen neben den aktuellen Zahlen und denen des (angepassten) Vorjahres auch die Eröffnungsbilanzwerte des Vorjahres präsentiert werden.[57]
- Für jeden betroffenen Posten der Bilanz, Gewinn- und Verlustrechnung etc. ist nach IAS 8.49(b) der Anpassungsbetrag offenzulegen und der Wert vor Anpassung dem Wert nach Anpassung gegenüberzustellen.

Hinweis
In einem Konzernabschluss kann der Vorstand die Korrektur von wesentlichen Fehlern spätestens bis zur Billigung durch den Aufsichtsrat veranlassen. Sofern wesentliche Fehler der Berichtsperiode erst nach diesem Datum entdeckt werden, sind diese in nachfolgenden Perioden grundsätzlich retrospektiv zu korrigieren.

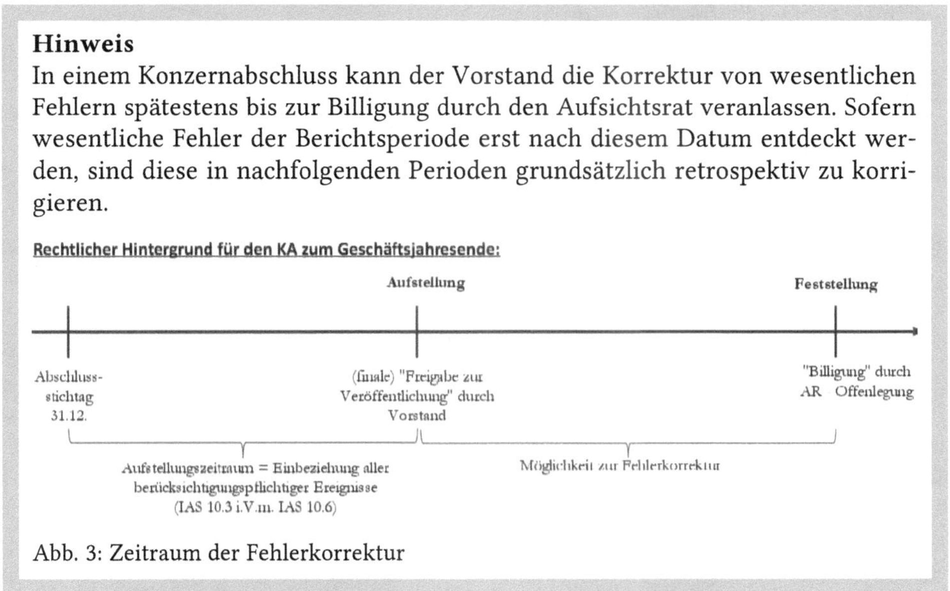

Abb. 3: Zeitraum der Fehlerkorrektur

Anhangangaben

Bei Fehlerkorrekturen sind im Anhang nach IAS 8.49 die Art des korrigierten Fehlers sowie die betroffenen Beträge anzugeben. Ziel ist eine verständliche Darstellung des Fehlers und seiner Korrektur.

Beispiel – Fehlerkorrektur[58]
Die FWA entdeckt in 2XX2, dass in 2XX1 irrtümlich eine lineare Abschreibung von EUR 100.000 auf ein Verwaltungsgebäude unterblieben ist. Die Vorsteuer-Gewinne 2XX1 und 2XX2 vor Aufdeckung des Fehlers betragen EUR 1.000.000 (Bruttoergebnis vom Umsatz EUR 1.200.000 abzüglich Verwaltungsaufwendungen EUR 200.000). Der Steuersatz liegt bei 50%. Es ergeben sich folgende Auswirkungen:

[57] Zur sog. „Dritten Bilanz" ausführlich Roos, PiR 2012, S. 150ff.

[58] Übernommen aus Lüdenbach/Hofmann/Freiberg, Haufe IFRS-Kommentar, 21. Aufl. 2023, § 24 Rz. 61.

TEUR	2XX2	2XX1 angepasst	2XX1 vorher
Ergebnis vor Steuern	1.000	900	1.000
Steuern	500	450	500
Periodengewinn	500	450	500

Im Anhang wäre anzugeben, dass die FWA in 2XX1 irrtümlich eine Gebäudeabschreibung von EUR 100.000 unterlassen hat und in Folge der Korrektur die Vergleichszahlen für das Jahr 2XX1 entsprechend angepasst worden sind.

Prospektive Korrekturen

Eine Bilanzkorrektur muss nach IAS 8.43ff. ausnahmsweise nicht retrospektiv durchgeführt werden, soweit die Ermittlung der kumulierten und/oder periodenbezogenen Anpassungsbeträge nicht durchführbar ist. Wie bei der Änderung von Bilanzierungs- und Bewertungsmethoden ist die Praktikabilität periodenbezogen zu beurteilen. Retrospektiv ist insoweit zu berichtigen, wie es praktikabel ist.

2.6 Ereignisse nach der Berichtsperiode

Der Abschluss ist eine stichtagsbezogene Darstellung der Vermögens-, Finanz- und Ertragslage eines Unternehmens. Ereignisse, die nach dem Bilanzstichtag eintreten oder erst zu diesem Zeitpunkt bekannt werden, können allerdings erhebliche Auswirkungen auf das Unternehmen haben. IAS 10 befasst sich mit der für die Bilanzierungspraxis bedeutsamen Frage, welche Ereignisse nach dem Bilanzstichtag im Abschluss zu berücksichtigen sind.[59]

Wertaufhellende vs. Wertbegründende Ereignisse

IAS 10 unterscheidet zwischen berücksichtigungspflichtigen (HGB: wertaufhellenden) und nicht zu berücksichtigenden (HGB: wertbegründenden) Ereignissen. Erstere sind Ereignisse, die weitere substanzielle Hinweise zu Gegebenheiten liefern, die bereits am Abschlussstichtag vorgelegen haben (IAS 10.3(a), IAS 10.8f.). Dagegen zeigen nicht zu berücksichtigende Ereignisse Gegebenheiten an, die nach dem Abschlussstichtag eingetreten sind. Sie lösen jedoch ggf. entsprechende Angabepflichten aus (IAS 10.3(b), IAS 10.10f., IAS 10.21f.).

Unternehmensfortführung

Zeigt sich nach dem Abschlussstichtag, dass es an der Fähigkeit oder dem Willen zur Unternehmensfortführung mangelt, darf ein Abschluss nicht mehr auf der Grundlage der Annahme der Unternehmensfortführung aufgestellt werden (IAS 10.14ff.). Die IFRS enthalten indes keine spezifischen Vorschriften, wie in diesem Falle zu bilanzieren ist.

Wertaufhellungszeitraum

Der Wertaufhellungszeitraum endet mit der Genehmigung zur Veröffentlichung (IAS 10.3ff.), bezogen auf den deutschen Rechtskreis also regelmäßig mit der Freigabe des Abschlusses durch den Vorstand bzw. die Geschäftsführung zum Zwecke der Billigung durch den Aufsichtsrat bzw. die Gesellschafterversammlung. Im Gegensatz zum deutschen Handelsrecht ist eine Aufstellung des Abschlusses nach vollständiger Ergebnisverwen-

---

[59] Hierzu auch Ruhnke/Sievers/Simons, Rechnungslegung nach IFRS und HGB, 5. Aufl. 2023, S, 345ff.

dung grundsätzlich nicht möglich. Ein nach dem Abschlussstichtag erfolgter Beschluss über die Ausschüttung von Dividenden führt lediglich zu einer Anhangangabe (IAS 10.12f.).[60]

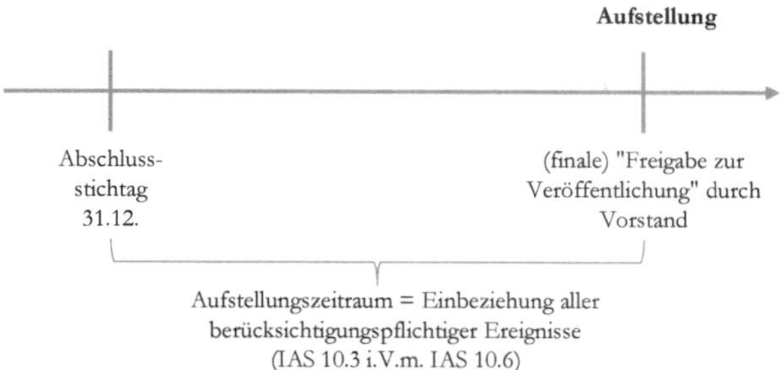

Abb. 4: Wertaufhellungszeitraum

[60] Hierzu IDW, WPH, 17. Aufl. 2021, Kap. K Tz. 63-66.

3 Bilanzierungs- und Bewertungsgrundsätze

3.1 Abschlussposten

Vermögenswert

Gemäß IAS 1.9 soll der Abschluss u.a. Informationen über Vermögenswerte, Schulden und das Eigenkapital liefern. CF 4.4a definiert einen Vermögenswert als eine gegenwärtige ökonomische Ressource, die aufgrund von vergangenen Ereignissen in der Verfügungsmacht des Unternehmens steht. Eine ökonomische Ressource ist ein Recht, welches das Potential hat, wirtschaftlichen Nutzen zu generieren (CF 4.3 ff.). Potential im vorliegenden Sinn setzt nicht voraus, dass es sicher oder (sogar nur) wahrscheinlich ist, dass das Recht wirtschaftlichen Nutzen generieren wird (CF 4.14 ff.). Das künftige Nutzenpotential eines Vermögenswerts dokumentiert sich regelmäßig im direkten oder indirekten künftigen Zufluss liquider Mittel. Dieses Potential kann z.B. im Einsatz als Produktionsfaktor, im Tausch gegen andere Vermögenswerte, im Einsatz zur Tilgung von Verbindlichkeiten oder in der Herausgabe an die Anteilseigner gegeben sein.

Hinweis
Es ist darauf hinzuweisen, dass unter die Vermögenswertdefinition sowohl materielle als auch immaterielle Vermögenswerte subsumiert werden. Dabei ist zu beachten, dass es sich bei den Definitionsmerkmalen weder um notwendige noch um hinreichende Bedingungen für den konkreten Bilanzansatz handelt. Ein Vermögenswert eines Unternehmens wird z.B. nicht in der Bilanz erfasst, wenn ein spezieller IFRS dies untersagt, ein künftiger Nutzenzufluss nicht ausreichend wahrscheinlich ist, er nicht glaubwürdig bewertbar oder unwesentlich ist. Andererseits können spezielle IFRS zumindest grundsätzlich den Ansatz von Sachverhalten fordern, welche die Definitionskriterien des Rahmenkonzepts nicht erfüllen.

Schuld

Eine Schuld hingegen stellt eine gegenwärtige Verpflichtung dar, aufgrund von vergangenen Ereignissen eine ökonomische Ressource übertragen zu müssen. Die Art der Verpflichtung ist sekundär, sie muss so gestaltet sein, dass das Unternehmen nicht die praktische Fähigkeit haben darf, deren Erfüllung zu vermeiden. Auf die hypothetische Vermeidbarkeit kommt es insoweit nicht an (CF 4.26 ff.).

Abgrenzung

Vor dem Hintergrund der Definitionen stellt sich die Frage, wie Vermögenswerte oder Schulden jeweils von einem anderen Vermögenswert oder einer anderen Schuld abgegrenzt werden, also wo z.B. der eine Vermögenswert „endet" und der andere „beginnt". Das sog. „*unit of account*"-Problem wird in CF 4.48-4.55 adressiert. Grundsätzlich lassen sich Rechte an Vermögenswerten nahezu beliebig aufspalten. So kann z.B. das Nutzungsrecht an einer Immobilie für Jahres-, Monats- oder sogar Tagesperioden übertragen werden. Es stellt sich insofern die Frage, ob nun die Immobilie als Ganzes als ein Vermögenswert anzusehen ist oder dies die jeweiligen Nutzungsrechte sind. Das IASB betont hierzu zunächst, dass wiederum das Postulat der entscheidungsnützlichen Information zentral ist. Vermögenswerte und Schulden sollen so aufgeteilt werden, dass eine glaubwürdige Bereitstellung von relevanten Informationen erreicht wird. Dies kann erforderlich machen, dass Vermögenswerte bzw. Schulden für Ansatzzwecke anders kombiniert werden als für Fragen der Bewertung (CF 4.49). Zudem nennt CF 4.51 einige Kriterien, die für das Bereitstellen von entscheidungsnützlichen Informationen sprechen. Danach spricht es für das Zusammenfassen von konzeptionell separierbaren Vermögenswerten bzw. Schulden, wenn es unwahrscheinlich ist, dass sie getrennt voneinander veräußert werden, wenn sie ähnliche Nutzungsdauern haben oder wenn sie ökonomisch ähnliche Risiken und Chancen aufweisen. Eine Auftrennung von Vermögenswerten bzw. Schulden ist vorteilhaft, wenn so eine glaubwürdigere Bewertung möglich ist.

Eigenkapital

Bei dritten Bilanzelement, dem Eigenkapital, handelt es sich um eine Residualgröße, welche definiert ist als Anspruch auf die nach Abzug aller Schulden verbleibenden Vermögenswerte, also auf das Nettovermögen. Die Höhe des Eigenkapitals wird dabei beeinflusst durch Vorgänge, die sich als Aufwand oder Ertrag in der Gewinn- und Verlustrechnung bzw. erfolgsneutral im sonstigen Ergebnis direkt im Eigenkapital niederschlagen (CF 4.63 ff.).

Hinweis
Trotz des Residualcharakters ist es in der Regel geboten, das Eigenkapital sinnvoll zu gliedern (CF 7.12). So ist für deutsche Aktiengesellschaften z.B. eine Unterteilung in Gezeichnetes Kapital, sowie Kapital-, Gewinn- und sonstige Rücklagen üblich.[61]

Ertrag

Ein Ertrag wird hiernach definiert als eine Zunahme der Vermögenswerte oder eine Abnahme der Schulden, welche sich werterhöhend auf das Eigenkapital auswirkt, jedoch nicht aus Transaktionen mit Eigenkapitalgebern resultiert.

Aufwand

Spiegelbildlich sind Aufwendungen als Zunahme der Schulden oder Abnahme der Vermögenswerte definiert, die zu einer Eigenkapitalminderung führen, jedoch nicht aus Ansprüchen von Eigenkapitalgebern resultieren (CF 4.68f.).

Hinweis
Die Definition von Aufwendungen und Erträgen ist im Rahmenkonzept sehr weit gehalten. Sie umfasst sämtliche Eigenkapitaländerungen, die nicht direkt durch Transaktionen mit den Eigentümern entstanden sind. CF 7.15-7.18 sehen vor, dass Aufwendungen und Erträge im Regelfall in der Gewinn- und Verlustrechnung nach IAS 1.81A(a) erfasst werden sollen. Das gilt insbesondere für Aufwendungen und Erträge, die auf historischen Kosten basieren. Aufwendungen und Erträge hingegen, die aus einer Bewertungsänderung auf Basis von Zeitwerten resultieren, können unter Umständen ergebnisneutral aufgewiesen werden. So ändern sie zwar das Eigenkapital, werden aber im sonstigen Ergebnis

[61] Hierzu Roos, DStR 2015, S. 842.

(*other comprehensive income*) in der Gesamtergebnisrechnung erfasst. Das Rahmenkonzept sieht für solche Fall regelmäßig vor, dass diese ergebnisneutralen Posten zu einem späteren Zeitpunkt ergebniswirksam aufgelöst werden (*recycling*, CF 7.19), erwähnt aber auch die Möglichkeit, dass Standards diese nicht vorsehen, etwa weil der Zeitpunkt der Auflösung nicht logisch nachvollziehbar zu bestimmen ist.

3.2 Erfassungsgrundsätze

Erfüllung der Definitionsmerkmale

In einem IFRS-Abschluss erfasst werden dürfen nur solche Vermögenswerte, Schulden, Eigenkapitalposten sowie Aufwendungen und Erträge, die die jeweiligen Definitionsmerkmale erfüllen. Grundsätzlich handelt es sich um folgende Kriterien, die kumulativ zu erfüllen sind:

- Der Sachverhalt muss die Definitionen eines Abschlusspostens hinreichend sicher erfüllen,
- es muss hinreichend wahrscheinlich sein, dass ein mit dem Sachverhalt verbundener Nutzen dem Unternehmen zufließen bzw. vom Unternehmen abfließen wird, und
- die glaubwürdige Bewertung des Sachverhalts muss möglich sein.

Vermittlung entscheidungsnützlicher Informationen

Indes ist das Erfüllen der Definitionsmerkmale nicht hinreichend für einen Ansatz im Abschluss (CF 5.6). Vielmehr sind Vermögenswerte und Schulden nur dann anzusetzen, wenn der Ansatz der Vermögenswerte und Schulden und die hieraus resultierenden Aufwendungen und Erträge sowie die Eigenkapitalveränderungen den Abschlussadressaten entscheidungsnützliche Informationen vermitteln: wenn damit also die Vermittlung von relevanten und zugleich glaubwürdigen Informationen einhergeht (CF 5.7). Relevanz kann z.B. dann zu verneinen sein, wenn die Wahrscheinlichkeit des Zu- oder Abflusses von wirtschaftlichem Nutzen als gering einzuschätzen ist (CF 5.12ff.). Einer glaubwürdigen Darstellung können z.B. Bewertungsunsicherheiten zuwider laufen (CF 5.18).

Möglichkeit der glaubwürdigen Darstellung

Um einen Ansatz zu rechtfertigen, müssen der Vermögenswert bzw. die Schuld zudem glaubwürdig darstellbar sein. Hier ist vor allem eine eventuelle Messungenauigkeit im Rahmen der Bewertung zu berücksichtigen. CF 5.20 diskutiert in diesem Zusammenhang Fälle, in denen die Messungenauigkeit so hoch sein kann, dass eine glaubwürdige Darstellung nicht mehr möglich ist. Dies kann vor allem der Fall sein, wenn die Bewertung auf mehr oder weniger subjektiven Cashflow-Schätzungen beruht, sie sensitiv auf die Änderung von Annahmen reagiert oder die Zahlungsströme nur schwer einzelnen Vermögenswerten bzw. Schulden zugeordnet werden können. In diesen Fällen ist zu prüfen, ob andere, weniger relevante Wertansätze gefunden werden können, die dafür aber glaubwürdig dargestellt werden können. Ist dies nicht der Fall, so bleibt nur die Anhangangabe, und ein Ansatz unterbleibt. Das IASB geht indes davon aus, dass diese Situation selten eintreten sollte (CF 5.22).[62]

---

[62] Hierzu Pellens/Fülbier/Gassen/Selhorn, Internationale Rechnungslegung, 11. Aufl. 2021, S. 110.

Ausbuchung

Die Ausbuchung (*derecognition*) von Abschlussposten folgt regelmäßig dem Verlust der Kontrolle über den Vermögenswert durch Verbrauch, Verkauf oder ähnliches bzw. wenn die entsprechende Schuld bedient oder an einem Dritten transferiert wurde und dadurch erloschen ist (CF 5.26). Allerdings ist es möglich, dass ein Vermögenswert bzw. eine Schuld die Bilanz nur teilweise verlässt oder dass durch den Abgang eines Bilanzpostens neue Vermögenswerte und Schulden entstehen. Zudem ist es denkbar, dass ein Vermögenswert bzw. eine Schuld zwar vordergründig das Unternehmen verlässt, während die Kontrolle bzw. Verpflichtung des Unternehmens in Wirklichkeit aber weiterbesteht, entweder weil entsprechende vertragliche Verpflichtungen bestehen oder weil ein weiteres Unternehmen im Auftrag und für Rechnung des ursprünglichen Unternehmens den Vermögenswert bzw. die Schuld übernimmt (CF 5.29). In diesem Fall handelt es sich nach CF 5.30 nicht um einen Abgang. In den anderen Fällen wird der transferierte Anteil des Vermögenswerts bzw. der Schuld ausgebucht, erhaltene bzw. neu entstandene Vermögenswerte bzw. Schulden eingebucht und weiterbestehende Vermögenswerte bzw. Schulden als eigenständige Posten weiter bilanziert.[63]

Aufwands- und Ertragsposten

Aufwands- und Ertragsposten sind grundsätzlich in der Gewinn- und Verlustrechnung zu erfassen. Das IASB kann jedoch bei der Standardentwicklung entscheiden, dass bestimmte Posten in außergewöhnlichen Fällen anstatt in der Gewinn- und Verlustrechnung im sonstigen Ergebnis zu erfassen sind. Diese Posten sind – wie bereits im vorherigen Gliederungspunkt beschrieben – später in die Gewinn- und Verlustrechnung umzugliedern (*recycling*), es sei denn, die Umgliederung führt nicht zu relevanteren Informationen oder einer glaubwürdigeren Darstellung. In diesen Fällen kann das IASB bei der Standardentwicklung entscheiden, dass bestimmte Posten nicht in die Gewinn- und Verlustrechnung umgegliedert werden (CF 7.15ff.).

3.3 Bewertungskonzepte

3.3.1 Rahmenkonzept

3.3.1.1 Bewertungsmethoden

Im Kapitel 6 des CF werden verschiedene Bewertungsmaßstäbe und die Informationen, die diese liefern, angesprochen sowie Faktoren für die Wahl von geeigneten sachverhaltsspezifischen Bewertungsmaßstäben dargestellt. Die konkrete Ausprägung bzw. Definition und deren Anwendungsbereich ergibt sich indes aus den einzelnen IFRS,

Dennoch geben die Ausführungen im CF einen guten Überblick über die grundsätzlich möglichen Bewertungsmethoden. Hierfür werden diese zunächst in solche, die auf historischen Kosten beruhen und solche, denen Zeitwerte zugrunde liegen, unterteilt.

[63] Hierzu Pellens/Fülbier/Gassen/Selhorn, Internationale Rechnungslegung, 11. Aufl. 2021, S. 111.

3.3.1.2 Historische Kosten

Historische Anschaffungs- oder Herstellungskosten umfassen alle im Austausch für den zu bewertenden Sachverhalt erbrachten Gegenleistungen. Bei Vermögenswerten sind das entweder die zum Erwerb aufgewendeten liquiden Mittel oder der Zeitwert der Gegenleistung zum Erwerbszeitpunkt. In Bezug auf Schulden entsprechen die historischen Kosten dem Betrag, der als Gegenleistung für die Verpflichtung erhalten wurde abzüglich Transaktionskosten (CF 6.5-6). In den Folgeperioden werden die historischen Kosten angepasst, um Wertverzehr und Zinseffekte widerzuspiegeln (CF 6.7-8).

3.3.1.3 Zeitwerte

Zeitwerte beziehen sich im Gegensatz zu historischen Kosten lediglich auf die zum Bewertungszeitpunkt vorliegenden Gegebenheiten. Dies führt dazu, dass sich Zeitwerte von Periode zu Periode ändern, wenn sich die äußeren Gegebenheiten, wie z.B. Marktpreise oder Cashflow-Schätzungen, ändern. CF 6.11 führte folgende Kategorien von Zeitwerten an:

Beizulegender Zeitwert (*fair value*)

Der beizulegende Zeitwert ist ein marktorientierter Wertansatz, der auf den Preis abzielt, den unabhängige Marktteilnehmer zum Bewertungszeitpunkt für einen Vermögenswert zu bezahlen bereit wären bzw. für den sie eine Schuld übernehmen würden (CF 6.12). Falls der Wert nicht direkt auf einem aktiven Markt beobachtbar ist, können beizulegende Zeitwerte auch indirekt durch die Anwendung geeigneter Bewertungsmodelle geschätzt werden.

Nutzungswert (*value in use*) bzw. Erfüllungswert (*fulfilment value*)

Der Nutzungswert bestimmt sich als Barwert der erwarteten *cashflows* oder anderen Nutzengrößen aus interner Nutzung im Unternehmen (CF 6.17). Er unterscheidet sich vom beizulegenden Zeitwert als (fiktivem) Marktpreis insbesondere durch die unternehmensspezifische, interne Sichtweise. Für Schulden ist der Erfüllungswert relevant. Dies ist der diskontierte Betrag, der voraussichtlich aufgewendet werden muss, um die Schuld im Rahmen des gewöhnlichen Geschäftsverlaufs zu tilgen.

Wiederbeschaffungskosten (*current cost*)

Die Wiederbeschaffungskosten entsprechen dem Betrag, der zum Stichtag für die Wiederbeschaffung eines identischen oder vergleichbaren Vermögenswerts aufgewendet werden müssen. Bei Schulden bestimmen sich die Wiederbeschaffungskosten durch den Betrag, den man am Stichtag für das erneute Eingehen einer derartigen Schuld zu erwarten hätte.

3.3.2 Zusammenhang zwischen Ansatz und Bewertung

Zusammenfassend ist folgendes festzuhalten: Aus Sicht des Rahmenkonzepts sind Ansatz und Bewertung zwei verbundene und sich gegenseitig bedingende Entscheidungen. Ein Ansatz ist nur möglich, wenn eine Bewertungsmethode identifiziert werden kann, die eine relevante und glaubwürdige Darstellung ermöglicht. Die hierfür erforderlichen Erwägungen sind häufig komplex und hängen vom jeweiligen Sachverhalt ab. Somit erstaunt es nicht, dass sich die konkreten Regeln zum Ansatz und zur Bewertung von Vermögenswerten und Schulden in den jeweiligen konkreten IFRS finden. Das Rahmenkonzept bietet hierfür lediglich die konzeptionelle Grundlage. Im Falle der Bestimmung des beizulegenden Zeitwerts wird diese zudem durch einen konkreten IFRS ergänzt, auf den im Folgenden noch näher eingegangen wird.

3.3.3 Regelung zur Bemessung des beizulegenden Zeitwerts

IFRS 13 gibt vor, wie der beizulegende Zeitwert (*fair value*) zu ermitteln ist, nicht aber, welche Vermögenswerte und Schulden zum beizulegenden Zeitwert zu bewerten sind.

Definition des *fair value*

IFRS 13.9 definiert den beizulegenden Zeitwert als den Preis, der in einem geordneten Geschäftsvorfall zwischen Marktteilnehmern am Bewertungsstichtag für den Verkauf eines Vermögenswerts eingenommen bzw. für die Übertragung einer Schuld gezahlt würde. Demnach handelt es sich um einen Veräußerungspreis, welcher vom Beschaffungspreis zu unterscheiden ist.[64]

Komponenten des *fair value*

Die wesentlichen Komponenten der Definition des beizulegenden Zeitwerts sind in IFRS 13.11-26 geregelt:

- Der Preis repräsentiert eine tatsächliche oder eine hypothetische Transaktion. IFRS 13.24 stellt klar, dass der Preis sowohl ein am Markt beobachtbarer Preis als auch ein mittels einer anderen Bewertungstechnik geschätzter Preis sein kann. Weitere Faktoren, die den Preis beeinflussen und konstituieren, sind Transport- und Transaktionskosten. Dabei stellen die Transaktionskosten ein Merkmal der Transaktion dar, während Transportkosten ein Merkmal des Bewertungsobjekts sind (IFRS 13.25-26). Die Transaktionskosten dürfen daher im Preis nicht enthalten sein, die Transportkosten nach IFRS 13.26 hingegen schon.
- Das Bewertungsobjekt kann ein Vermögenswert oder eine Schuld sein. Bei der Bemessung des beizulegenden Zeitwerts müssen nach IFRS 13.11 die Eigenschaften des Bewertungsobjekts berücksichtigt werden, die für die Marktteilnehmer bedeutsam sind. Solche Eigenschaften sind z.B. Beschaffenheit und Ort sowie ggf. vertragliche Beschränkungen. Die Frage, wie sich das konkrete Bewertungsobjekt (Bewertungseinheit) abgrenzt, wird vom IASB umgegangen. Einerseits wird zugelassen, dass sowohl ein einzelner Vermögenswert bzw. eine einzelne Schuld als auch eine Gruppe mehrerer Vermögenswerte das Bewertungsobjekt sein kann. Andererseits wird formal auf sonstige IFRS verwiesen, welche die Bewertungseinheit festlegen (IFRS 13.13-14).
- Der Bewertung muss nach IFRS 13.15 eine gewöhnliche Transaktion zugrunde liegen, die zwischen Marktteilnehmern am Bewertungstag zu aktuellen Marktbedingungen stattfindet:
  - Die Bewertung muss aus Sicht eines beliebigen Markteilnehmers erfolgen (IFRS 13.22-23.). Somit wird die Unternehmenssicht als unzulässig erachtet. Der Definition in IFRS 13.A folgend sind die Marktteilnehmer am Hauptmarkt unabhängig, hinreichend gut über das Bewertungsobjekt und die Transaktion informiert sowie bereit und fähig die Transaktion durchzuführen.

---

[64] Hierzu André/Deyerler in: Theile/von Keitz/Brücks, Internationales Bilanzrecht IFRS 13 Rz. 116-123.

- Die aktuellen Marktbedingungen sind insofern zu berücksichtigen, dass gemäß IFRS 13.69 an erster Stelle eine tatsächliche Transaktion heranzuziehen ist. Wenn allerdings keine tatsächlichen Transaktionen beobachtet werden können, kann nach IFRS 13.21 auch eine hypothetische Transaktion als Bewertungsbasis dienen.
- Als Referenzmarkt soll der Hauptmarkt dienen. Der Hauptmarkt umfasst das größte Volumen bzw. Aktivitätsniveau für das konkrete Bewertungsobjekt (IFRS 13.A) und ist auch derjenige, den das Unternehmen gewöhnlich nutzt (IFRS 13.17). Wichtig ist auch, dass das Unternehmen am Bewertungsstichtag Zugang zu diesem Markt hat (IFRS 13.19). Sofern der Hauptmarkt nicht vorhanden ist, ist der vorteilhafteste Markt einzubeziehen (IFRS 13.16ff.). Auf diesem Markt ist der höchste Preis für einen Vermögenswert bzw. der niedrigste Preis für eine Schuld zu realisieren (IFRS 13.A).

Beobachtbarer Marktpreis

Zusammenfassend handelt es sich beim beizulegenden Zeitwert nicht um einen unternehmensspezifischen Wert, sondern vielmehr um einen beobachtbaren oder durch andere Bewertungstechniken approximierten Marktpreis.

Der Anwendungsbereich von IFRS 13 lässt sich zusammenfassend wie folgt abgrenzen:

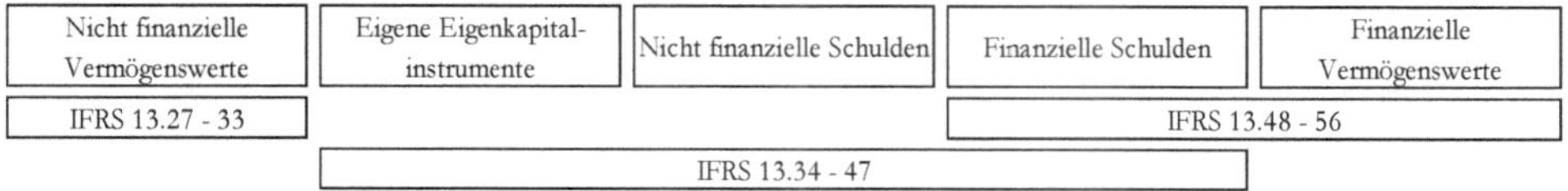

Abb. 5: Anwendungsbereich des IFRS 13[65]

Bei der Bewertung eines nicht finanziellen Vermögenswerts hat der Bilanzierende die bestmögliche Verwendung des betroffenen Vermögenswerts zu unterstellen, wobei ggf. das Vorhandensein der ergänzenden Vermögenswerte und Schulden beim Käufer unterstellt werden muss (IFRS 13.31ff.). Bei der Bewertung von Schulden liegt der Gedanken der Übertragung einer Schuld auf einen Marktteilnehmer, nicht aber deren Tilgung zugrunde (IFRS 13.34). Zudem ist das (eigene) Nichterfüllungsrisiko zu berücksichtigen, welches vor und nach der (hypothetischen) Übertragung als konstant anzusehen ist (IFRS 13.42). Sollte der Marktpreis einer identischen oder ähnlichen Schuld nicht verfügbar sein, erfolgt ein Perspektivwechsel in dem Sinne, dass die Bewertung der Schuld aus Sicht eines Marktteilnehmers, der den korrespondierenden Vermögenswert hält, durchzuführen ist. Ist auch ein korrespondierender Vermögenswert nicht vorhanden, was z.B. bei einer *fair value*-Bewertung von Rückstellungssachverhalten gemäß IFRS 3 anzunehmen wäre, erfolgt hingegen eine unmittelbare Bewertung der Schuld unter Zugrundelegung eines Erfüllungsbetrags oder Emissionserlöses (IFRS 13.40ff.). [66]

---

[65] Übernommen aus Ruhnke/Sievers/Simons, Rechnungslegung nach IFRS und HGB, 5. Aufl. 2023, S. 286.

[66] Hierzu IDW, WPH, 17. Aufl. 2021, Kap. K Tz. 53-54.

***fair value*-Hierarchie**

Den Kern von IFRS 13 bilden die Paragraphen 57-90, in denen die Bewertungstechniken und die sog. *fair value*-Hierarchie zum Vorgehen bei der Ermittlung der Inputfaktoren (auch Stufenkonzeption) für die Bewertung beschrieben sind. Die Ermittlung des beizulegenden Zeitwerts wird hierbei durch die Möglichkeiten der Datenbeschaffung bestimmt und erfolgt – wie im Rahmen der nachfolgenden Ausführungen gezeigt wird – auf verschiedenen Stufen:

- **Stufe 1**: die erste Stufe umfasst die Marktpreise, die für identische Vermögenswerte oder Schulden auf einem aktiven Markt dem Unternehmen zugänglich sind
- **Stufe 2**: die zweite Stufe umfasst zusätzlichen zu den Marktpreisen auch andere am Markt beobachtbare Faktoren
- **Stufe 3**: die dritte Stufe lässt auch nicht-beobachtbare Faktoren zu

Mehrstufiges Bewertungskonzept

Durch dieses Vorgehen soll der Anteil nicht beobachtbarer Inputs bei der Ermittlung des beizulegenden Zeitwerts minimiert werden. Das hierarchisch angelegte mehrstufige Bewertungskonzept des IFRS 13 zur Ermittlung des beizulegenden Zeitwerts lässt sich wie folgt zusammenfassen:

<table>
<tr><th>Stufe</th><th colspan="2">Inputfaktoren
IFRS 13.67ff.</th><th>Bewertungstechniken
IFRS 13.61ff.; IFRS 13.B5ff.</th></tr>
<tr><td>Stufe 1</td><td>Marktpreis für identischen Posten auf einem aktiven Markt</td><td rowspan="5">Beobachtbare Inputfaktoren</td><td rowspan="6">Marktbasierter Ansatz
Kostenbasierter Ansatz
Einkommensbasierter Ansatz
a) Bewertungstechniken (z.B. DCF-Verfahren)
b) Optionspreismodelle</td></tr>
<tr><td>Stufe 2a</td><td>Marktpreis für ähnliche Posten auf einem aktiven Markt</td></tr>
<tr><td>Stufe 2b</td><td>Marktpreis für identsiche oder ähnliche Posten auf einem inaktiven Markt</td></tr>
<tr><td>Stufe 2c</td><td>Andere direkte, marktbasierte Parameter</td></tr>
<tr><td>Stufe 2d</td><td>Andere indirekte, marktbasierte Parameter</td></tr>
<tr><td>Stufe 3</td><td colspan="2">Nicht-beobachtbare Inputfaktoren</td></tr>
</table>

Abb. 6: Stufenkonzeption des IFRS 13[67]

Auf den einzelnen Stufen gestaltet sich das Vorgehen wie folgt:

Stufe 1

Inputfaktoren der Stufe 1 sind im Idealfall unveränderte Marktpreise für identische Vermögenswerte oder Schulden, die auf einem aktiven Markt dem Unternehmen zugänglich sind (IFRS 13.76). Ein aktiver Markt liegt vor, wenn Transaktionshäufigkeit und -volumen hinreichend sind, um laufend Preisinformationen bereitstellen zu können (IFRS 13.A). Aktive Märkte sind vor allem Kapitalmärkte, aber auch Märkte für landwirtschaftliche Produkte und Rohstoffe, wie z.B. Edelmetalle oder Erdöl und -gas.[68]

---

[67] Übernommen aus Ruhnke/Sievers/Simons, Rechnungslegung nach IFRS und HGB, 5. Aufl. 2023, S. 287.

[68] IFRS 13 bietet z.B. mit den Paragrafen B37-B42 auch Leitlinien für die Anwendung des Standards, wenn am Markt abnehmende Marktaktivitäten und Volumen festzustellen sind. Eine

Stufe 2 Lässt sich ein Marktpreis der ersten Stufe nicht ermitteln, kommen ersatzweise andere als die auf Stufe 1 genannten Marktpreisnotierungen in Betracht, die für den Vermögenswert oder die Schuld entweder unmittelbar oder mittelbar beobachtbar sind (IFRS 13.81). In Anlehnung an IFRS 13.82 können die Inputfaktoren wie folgt konkretisiert werden:

- **Stufe 2a**: unveränderte Marktpreise für ähnliche Vermögenswerte/Schulden auf einem aktiven Markt,
- **Stufe 2b**: unveränderte Marktpreise für identische oder ähnliche Vermögenswerte/Schulden auf einem inaktiven Markt,
- **Stufe 2c**: direkt beobachtbare Parameter, z.B. Zinssätze und -kurven, implizite Volatilitäten und *credit spreads*,
- **Stufe 2d**: direkt beobachtbare Parameter (abgeleitet aus beobachtbaren Daten).

Ist z.B. eine implizite Volatilität einer Dreijahresoption auf börsennotierte Aktien nicht berechenbar, könnte man diese mittels Hochrechnung aus der impliziten Volatilität der Ein- und Zweijahresoptionen herleiten, die dann durch einen Vergleich mit der impliziten Volatilität von Dreijahresoptionen vergleichbarer Unternehmen zu bestätigen wären (IFRS 13.B35). Falls notwendig, sind Anpassungen vorzunehmen: hier könnte z.B. der bekannte Marktpreis einer Immobilie A angepasst werden, um einen angemessenen beizulegenden Zeitwert nach Stufe 2d für eine vergleichbare Immobilie an einem anderen Standort zu gewinnen.

Stufe 3 Lässt sich mit Hilfe des Inputs der ersten beiden Stufen kein geeigneter Marktpreis bestimmen, ist der beizulegende Zeitwert unter Rückgriff auf alle nicht-beobachtbaren Parameter bei Anwendung anerkannter Bewertungstechniken zu ermitteln.

Bewertungstechniken Für die Ermittlung des beizulegenden Zeitwerts kommen verschiedene Bewertungstechniken in Betracht. IFRS 13.61ff. unterscheidet diesbezüglich drei Arten, die entsprechend ihrer einzelfallbezogenen Eignung und unter Berücksichtigung der verfügbaren Daten stetig und gemäß der Stufenkonzeption dergestalt einzusetzen sind, dass die Verwendung beobachtbarer Inputs maximiert und nicht-beobachtbarer Inputs minimiert wird (IFRS 13.61ff., IFRS 13.BC139ff., IFRS 13.B5ff.). Im Einzelnen sind zu nennen:

Marktbasierter Ansatz Der marktbasierte Ansatz verwendet beobachtbare Informationen. Hierbei wird regelmäßig auf marktbasierte Preise und andere relevante Daten aus Markttransaktionen von identischen oder ähnlichen Vermögenswerten oder Schulden zurückgegriffen.

Kostenbasierter Ansatz Im Rahmen des kostenbasierten Ansatzes wird der Wert widergespiegelt, der gegenwärtig notwendig wäre, um die Nutzenkapazität des Vermögenswerts zu ersetzen. Dieser Wert wird gemäß IFRS 13.B8 oftmals auch als aktuelle Wiederbeschaffungskosten bezeichnet, d.h. die Wiederbeschaffungskosten stellen in der Systematik des IFRS 13 einen beizulegenden Wert dar, obwohl sie konzeptionell einen beschaffungsmarktorientieren Wert i.S, eines Tageswerts des Frameworks i.d.F. 2010 darstellen (IFRS 13.BC141).

---

solche Feststellung führt nicht automatisch zu dem Schluss, dass der Transaktionspreis keinen beizulegenden Zeitwert mehr darstellt, allerdings muss der Transaktionspreis überprüft und ggf. angepasst werden.

Einkommensbasierter Ansatz

Hier sind als Bewertungstechniken Barwerttechniken und Optionspreismodelle zu nennen (IFRS 13.B11ff.). Eine Barwerttechnik stellt das DCF-Verfahren dar. Bei Anwendung dieses Verfahrens sollen die Rechenparameter „Künftige Ein- und Auszahlungen" sowie „Kapitalkosten" marktorientiert ermittelt werden. Bei immateriellen Vermögenswerten[69] sind als weitere Barwerttechniken die Mehrgewinnmethode[70] und die Lizenzpreisanalogie[71] zu nennen. Die Residualwertmethode ähnelt der Lizenzpreisanalogie (berücksichtigt aber zusätzlich fiktive Auszahlungen für unterstützende Vermögenswerte) und ist ebenfalls eine Barwerttechnik. Optionspreismodelle gelangen z.B. zur Anwendung, um mit Hilfe des Black-Scholes-Merton-Modells den Marktwert einer Aktienoption zu bestimmen.

Keine Bewertungstechnikhierarchie

Auch wenn das IASB in IFRS 13 bewusst keine Hierarchie der Bewertungstechniken festgelegt hat (IFRS 13.BC142) lassen sich anhand der obenstehenden Definitionen die Bewertungstechniken den Inputfaktoren teilweise zuordnen, so z.B. die Stufe 1 der Bewertungstechnik dem marktbasierten Ansatz.

Beispiel – Unterschiedliche Bewertungstechniken bei der Ermittlung eines *fair value*[72]

Die FWA kauft im Rahmen eines Unternehmenszusammenschlusses mit der ThaiNova Yarn Corp. eine Maschine, die weiterhin im Rahmen der gewöhnlichen Geschäftstätigkeit der FWA zu nutzen ist. Die Maschine wurde von der ThaiNova vor dem Unternehmenszusammenschluss erworben und an die Bedürfnisse des Unternehmens in geringem Maße angepasst. Die Maschine wird auch nach ihrer Anpassung bestmöglich verwendet:

- Die Anwendung des einkommensbasierten Ansatzes (IFRS 13.B10-11) erweist sich als problematisch, da die Maschine keine separat identifizierbaren Einnahmen generiert, die zur Bestimmung der zukünftigen *cashflows* notwendig sind.
- Die FWA stellt fest, dass die Anpassungen der Maschine geringfügig sind, sodass der marktbasierte Ansatz (IFRS 13.B5ff.) angewendet werden kann. Für die Bestimmung des *fair value* unter Anwendung des marktbasierten Ansatzes nimmt die FWA öffentlich verfügbare Marktpreise für ähnliche Maschinen und passt diese an. Die Bewertung reflektiert den Preis für Maschinen in ähnlichem Zustand (installiert, konfiguriert und gebraucht) und liegt zwischen 40.000 EUR und 48.000 EUR.

Gleichzeitig sind Daten zu den Herstellungskosten einer gleichartigen Maschine zur Ermittlung eines Reproduktionswerts verfügbar, was die Anwendung des Kostenansatzes (IFRS 13.B8-9) ermöglicht. Bei dem kostenbasierten Ansatz wird der Betrag bestimmt, der für die Konstruktion der gleichen Maschine benötigt würde. Es werden die folgenden Faktoren berücksichtigt: Zustand der Maschine und ihre

---

[69] Hierzu ausführlich Abschn. 4.1.1.3.

[70] Vereinfacht handelt es sich hierbei um den Barwert des Mehrgewinns, der sich beim Verkauf eines Markenproduktes gegenüber einem sog. *no name*-Produkt erzielen lässt.

[71] Hierbei handelt es sich um den Barwert der ersparten Lizenzzahlungen.

[72] Übernommen aus IFRS 13.IE11ff.

Umgebung, physischer Verschleiß, technische und gewerbliche Überholung aufgrund von Änderungen oder Verbesserungen in der Produktion oder von Änderungen in der Marktnachfrage nach Gütern, die von der Maschine erzeugt werden, sowie die Installationskosten der Maschine. Der berechnete *fair value* liegt zwischen 40.000 EUR und 46.000 EUR.

Insofern sind der markt- und der kostenbasierte Ansatz bei der Wertermittlung zu berücksichtigen. Dabei ist Folgendes festzustellen: Die Inputfaktoren beim marktbasierten Ansatz (verfügbarer Preis für ähnliche Maschinen) erfordern weniger Anpassungen, die gleichzeitig weniger subjektiv sind, als die Inputfaktoren beim kostenbasierten Ansatz. Es liegen keine unerklärlichen Differenzen zwischen der zu bewertenden Maschine und ähnlichen Maschinen vor. Dies spricht für eine stärkere Berücksichtigung des marktbasierten Ansatzes. Weiterhin fällt die Wertspanne des marktbasierten Ansatzes teilweise mit der Wertspanne des kostenbasierten Ansatzes zusammen. Gleichzeitig ist sie aber geringer. Dies führt dazu, dass die FWA es für sachgerecht erachtet, den *fair value* der Maschine an der oberen Grenze der nach dem marktbasierten Ansatz vertretbaren Wert anzusetzen, d.h. zu 48.000 EUR.

Bei einer hohen kundenspezifischen Anpassung wäre es denkbar, dass keine ausreichenden Daten für die Anwendung des marktbasierten Ansatzes verfügbar sind. In diesem Fallen ist die ausschließliche Anwendung des kostenbasierten Ansatzes angezeigt. Hier könnte z.B. ein Wertansatz zum Mittelpunkt der Bandbreite (46.000) als vertretbar erachtet werden.

Unterschiedliche Ausprägungsformen des *fair value*

Wie die vorangegangenen Ausführungen gezeigt haben, wird der beizulegende Zeitwert je nach Anwendungsfall durch unterschiedliche Bewertungstechniken ermittelt, die durch mehr oder weniger marktnahe Inputfaktoren bestimmt und ausgefüllt werden. Insofern handelt es sich beim beizulegenden Zeitwert nicht um einen eigenständigen, einheitlichen Bewertungsmaßstab. Dieser tritt vielmehr in unterschiedlichen Ausprägungsformen auf.

Weitere Spezifika

Die auf Basis von IFRS 13 ermittelten beizulegenden Zeitwerte finden in zahlreichen IFRS Anwendung. In diesen finden sich teilweise noch konkretere Vorschriften zur Bestimmung, die weitere Spezifika der jeweiligen relevanten Sachverhalte berücksichtigen. D.h., dass sich unabhängig von der konkreten Ermittlung des beizulegenden Zeitwerts gemäß IFRS 13 in den Einzelstandards teilweise also auch Bewertungsmaßstäbe finden, welche sich aus dem beizulegenden Zeitwert ableiten lassen. So ist z.B. der beizulegende Zeitwert abzüglich Veräußerungskosten (*fair value less costs of disposal*) im Rahmen des Wertminderungstests bei der Bewertung von Sachanlagen bedeutsam und konzeptionell mit dem Nettoveräußerungswert eng verwandt. Zudem können Sachanlagen gemäß IAS 16 im Zuge der Folgebewertung entweder zu ihren Kosten abzüglich kumulierter Abschreibungen und der kumulierten Wertminderungsaufwendungen oder zum Neubewertungsbetrag angesetzt werden (IAS 16.29).[73] Der Neubewertungsbetrag entspricht dabei gemäß IAS 16.31 dem beizulegenden Zeitwert am Tage der Neubewertung abzüglich nachfolgender kumulierter planmäßiger Abschreibungen und nachfolgend kumulierter Wertminderungsaufwendungen.

---

[73] Hierzu ausführlich Abschn. 4.1.1.3.2.

3.4 Fremdwährungsumrechnung

3.4.1 Grundlagen

Die notwendigen Regelungen zur Umrechnung von Fremdwährungstransaktionen bzw. von in Fremdwährung aufgestellter Abschlüsse von verbundenen Unternehmen sind in IAS 21 enthalten. Im Mittelpunkt steht dabei gemäß IAS 21.2

a) die Bestimmung des relevanten Wechselkurses sowie
b) die sachgerechte Abbildung der Auswirkungen von Wechselkursänderungen.

Nach Ansicht des IASB soll die buchhalterische Erfassung und Bewertung der unternehmerischen Tätigkeit in der Währung des primären wirtschaftlichen Umfeldes des Unternehmens erfolgen, in der dieses seine wesentlichen Transaktionen durchführt. Die Währung des primären wirtschaftlichen Umfeldes eines Unternehmens wird als funktionale Währung bezeichnet. Diese funktionale Währung kann von der Darstellungswährung – also der Währung, in der der Abschluss aufgestellt wird – abweichen. Zwar stellt das IASB den IFRS-Anwendern grundsätzlich frei, welche Darstellungswährung sie in ihren Abschlüssen verwenden. Allerdings ist für deutsche Unternehmen gemäß § 315a Abs. 1 i.V.m. § 298 Abs. 1 und § 244 HGB der Euro als Darstellungswährung vorgeschrieben.[74]

Die Notwendigkeit der Währungsumrechnung ergibt sich also immer dann, wenn

- nicht alle Geschäfte in der funktionalen Währung, sondern fallweise in Fremdwährung abgeschlossen werden;
- ausländische Geschäftsbetriebe innerhalb eines Konzernverbunds in unterschiedlichen Währungsräumen tätig sind, sodass eine Umrechnung der in Landeswährung aufgestellten Abschlüsse in die funktionale Währung des Mutterunternehmens bzw. des Konzerns notwendig wird. Die Wahl der Umrechnungsmethode bestimmt sich hierbei anhand der funktionalen Währung des Tochterunternehmens.

3.4.2 Funktionale Währung

Zentraler Bestandteil der Währungsumrechnung nach IAS 21 ist das Konzept der funktionalen Währung. Denn erst wenn die funktionale Währung bestimmt wurde, zeigt sich, welche Geschäfte aus der Perspektive eines Unternehmens als Fremdwährungstransaktionen i. S. von IAS 21.8 zu qualifizieren sind. Zudem kann nur so ermittelt werden, ob die funktionale Währung eines ausländischen Tochterunternehmens mit der des Mutterunternehmens übereinstimmt. Damit kommt der Festlegung der funktionalen Währung auch entscheidende Bedeutung für den Ablauf der Konzernabschlusserstellung zu.[75]

Definition Gemäß IAS 21.8 ist die funktionale Währung eines Unternehmens die Währung des wirtschaftlichen Umfelds, in dem das Unternehmen hauptsächlich tätig ist und seine Zahlungsmittel erwirtschaftet. IAS 21.9 nennt die primären Faktoren zur Bestimmung der funktionalen Währung. Diese orientieren

[74] Hierzu Pellens/Fülbier/Gassen/Selhorn, Internationale Rechnungslegung, 11. Aufl. 2021, S, 772-773.

[75] Hierzu Pellens/Fülbier/Gassen/Selhorn, Internationale Rechnungslegung, 11. Aufl. 2021, S. 774.

sich an den Erlösen und Kosten des Unternehmens. Demnach ist auf die Währung abzustellen, die nach IAS 21.9(a) den größten Einfluss auf die Verkaufspreise bzw. nach IAS 21.9(b) auf die Lohn-, Material- und sonstigen Kosten hat. IAS 21.10 nennt als weitere Faktoren die Währung, in der die Finanzierungstätigkeiten des Unternehmens abgewickelt werden, sowie die Währung, in der Einnahmen aus betrieblicher Tätigkeit normalerweise einbehalten werden.

Bestimmung

Zur Bestimmung der funktionalen Währung ausländischer Tochterunternehmen sind zusätzlich noch die in IAS 21.11 aufgeführten Indikatoren zu berücksichtigen. Hierbei geht es insbesondere um eine Beurteilung der Selbständigkeit des Tochterunternehmens sowie den Einfluss seiner Geschäftsvorfälle und *cashflows* auf die des Mutterunternehmens. In Zweifelsfällen sollen nach IAS 21.BC9 die in IAS 21.9 enthaltenen Kriterien gegenüber den in IAS 21.10-11 genannten Faktoren in den Vordergrund treten, da in ihnen der Gedanke einer wirtschaftlichen Betrachtungsweise stärker zum Ausdruck kommt. Darüber hinaus obliegt es bei Unklarheiten nach IAS 21.12 dem Ermessen des Managements, diejenige Währung als funktionale Währung festzulegen, welche die unternehmensindividuelle Situation am glaubwürdigsten darstellt.

Änderung der funktionalen Währung

Einmal bestimmt, darf die funktionale Währung nach IAS 21.13 nur dann geändert werden, wenn sich das wirtschaftliche Umfeld des Unternehmens grundlegend wandelt. In IAS 21.35-37 wird geregelt, dass eine Änderung der funktionalen Währung prospektiv zu erfassen ist. Folglich werden die bisherigen Beträge mit dem zum Zeitpunkt der Änderung geltenden Wechselkurs in die neue funktionale Währung umgerechnet.[76]

3.4.3 Bilanzielle Abbildung von Fremdwährungstransaktionen

Zeitbezugssmethode

Als Fremdwährungstransaktionen werden nach IAS 21.20 Geschäfte verstanden, die nicht auf die funktionale Währung des Unternehmens lauten oder in dieser abgerechnet werden. Hierunter fallen z.B. in Fremdwährung getätigte Käufe und/oder Verkäufe von Gütern und Dienstleistungen oder auf Fremdwährung lautende Forderungen und Verbindlichkeiten. Zur Umrechnung von Fremdwährungstransaktionen in die funktionale Währung des bilanzierenden Unternehmens wird die Zeitbezugsmethode genutzt.[77] Gemäß IAS 21.34 sind Fremdwährungstransaktionen so zu erfassen, als wären sie originär in der funktionalen Währung gebucht worden. Die Zeitbezugsmethode sieht einen Erstansatz zum Stichtagskurs im Transaktionszeitpunkt vor, während bei der Folgebewertung je nach Art der zu bewertenden Position differenziert vorzugehen ist.

Ansatz und Erstbewertung

Für ihre erstmalige buchhalterische Erfassung in der funktionalen Währung werden Fremdwährungstransaktionen nach IAS 21.21 mit dem Stichtagskurs im Transaktionszeitpunkt umgerechnet. Hierbei handelt es sich um den zum Transaktionszeitpunkt gültigen Devisenkassakurs. Als Transaktionszeitpunkt gilt dabei nach IAS 21.22 derjenige Zeitpunkt, zu dem der betreffende Geschäftsvorfall nach IFRS erstmalig zu erfassen ist.

[76] Hierzu u.a. Roos, PiR 2014, S. 206.

[77] Zur Zeitbezugsmethode Roos, KoR 2014, S. 275 m.w.N.

Aus Vereinfachungsgründen dürfen wöchentliche oder monatliche Durchschnittskurse für die Umrechnung aller Geschäftsvorfälle der jeweiligen Periode verwendet werden, außer bei signifikanten Schwankungen des Wechselkurses innerhalb der Betrachtungsperiode.

Folgebewertung

Im Rahmen der Folgebewertung nach der Zeitbezugsmethode ist nach IAS 21.23 zwischen monetären und nicht monetären Bilanzposten zu unterscheiden:[78]

Monetäre Posten

Monetäre Posten sind nach IAS 21.8 Währungsbestände des Unternehmens sowie Vermögenswerte bzw. Schulden, für die das Unternehmen einen festen oder bestimmten (Nominal-)Betrag an Währungseinheiten erhalten wird oder zahlen muss. Hierunter fallen alle finanziellen Fremdwährungsforderungen und -verbindlichkeiten. Zu den in IAS 21.16 genannten Beispielen für monetäre Posten gehören Renten und andere Leistungen an Arbeitnehmer, die in bar zu begleichen sind, sowie zu zahlende Dividenden. Auch wenn das Unternehmen z.B. verpflichtet ist, eine variable Anzahl seiner eigenen Anteile oder anderer Vermögenswerte anstelle von Geldmitteln zu übereignen, liegt ein monetärer Posten vor, wenn sich der geschuldete Betrag als feste oder bestimmbare Menge an Währungseinheiten ausdrücken lässt. Monetäre Posten in Fremdwährung werden mit dem Stichtagskurs am Bilanzstichtag umgerechnet.

Umrechnungsdifferenzen

Wenn ein Fremdwährungsbetrag im Zeitablauf mit sich ändernden Wechselkursen umgerechnet wird, entstehen nach IAS 21.8 Umrechnungsdifferenzen in Form von Umrechnungsgewinnen oder -verlusten. Im Falle von monetären Posten kommt es zu Umrechnungsgewinnen bzw. -verlusten, wenn sich die Kurse zum Transaktionszeitpunkt von denen am Bilanzstichtag unterscheiden. Solche Wechselkursgewinne bzw. -verluste, die aus der Umrechnung mit unterschiedlichen Stichtagskursen resultieren, sind erfolgswirksam in der Gewinn- und Verlustrechnung zu erfassen.

Nicht monetäre Posten

Zu den nicht monetären Posten zählen gemäß IAS 21.16 all diejenigen Posten, die keinen Anspruch auf Zahlung von Geld beinhalten. Hierzu gehören Sachanlagen, immaterielle Vermögenswerte (z.B. Goodwill), Vorräte und erhaltene oder geleistete Anzahlungen. Aber auch Anteile und Beteiligungen sind als nicht monetäre Posten zu klassifizieren.[79] Bei der Umrechnung nicht monetärer Posten ist danach zu differenzieren, nach welchem Folgebewertungsverfahren diese behandelt werden:

- Nicht monetäre Posten, die zu fortgeführten Anschaffungs- oder Herstellungskosten zu bilanzieren sind, werden mit dem historischen Wechselkurs umgerechnet, der zum Zeitpunkt des Anschaffungs- bzw. Herstellungsvorgangs galt. Dies gilt auch für die Aufwendungen und Erträge, die mit diesem Posten in Zusammenhang stehen, wie etwa Abschreibungen.
- Demgegenüber werden nicht monetäre Posten, die mit dem beizulegenden Zeitwert bewertet werden, mit dem Wechselkurs zum Zeitpunkt der letztmaligen Wertermittlung – also z.B. zum Zeitpunkt der Neubewertung nach IAS 16 – umgerechnet. Insofern ist hier auf den Stichtagskurs abzustellen. Gleiches gilt für die korrespondierenden Aufwendungen und Erträgen.

---

78 Hierzu auch Lübbig/Kühnel, in: Beck-IFRS-HB, 6. Aufl. 2020, § 2 Rn. 210-211.

79 Hierzu Lüdenbach/Hoffmann/Freiberg, Haufe IFRS-Kommentar, 21. Aufl. 2023, § 27 Rz. 25-26.

Umrechnungsdifferenzen

Treten bei der Umrechnung von nicht monetären Posten Wechselkursgewinn oder -verluste auf, so werden die hierin enthaltenen Wechselkurskomponenten analog wie der entsprechende Gewinn oder Verlust aus der regulären Bewertung nach IAS 21.30 entweder erfolgswirksam oder innerhalb des OCI erfolgsneutral erfasst.

- Bei nicht monetären Posten, deren Wertänderungen regulär erfolgswirksam erfasst werden, sind auch die entsprechenden Wechselkurskomponenten erfolgswirksam zu buchen. Hierzu zählen etwa Aktien, die nach IFRS 9 zu Handelszwecken gehalten werden, oder als Finanzinvestitionen gehaltene Immobilien, die nach IAS 40 nach dem Modell des beizulegenden Zeitwerts bewertet werden.
- Entsprechend sind bei nicht monetären Posten, deren Wertänderungen regulär im OCI erfasst werden, auch die entsprechenden Wechselkurskomponenten erfolgsneutral zu buchen. Hiervon betroffen sind z.B. Sachanlagen, die nach der Neubewertungsmethode gemäß IAS 16 bilanziert werden oder bestimmte Finanzinstrumente, die nach den Regelungen des IFRS 9 als FVOCI kategorisiert werden.

Nettoinvestition in ausländischen Geschäftsbetrieb

IAS 21.15 sowie IAS 21.32-33. sehen für monetäre Posten, die im Wesentlichen Teil einer Nettoinvestition in einen ausländischen Geschäftsbetrieb darstellen, Ausnahmeregelungen bezüglich der Erfassung von Umrechnungsdifferenzen vor. Ursache hierfür ist das Ziel, die monetären Posten – i.d.R. langfristige Finanzierungen – und die Beteiligungsinvestition bilanziell als Bewertungseinheit zusammenzufassen.[80]

Nach IAS 21.15 kann ein Unternehmen über monetäre Posten in Form ausstehender Forderungen oder Verbindlichkeiten gegenüber einem ausländischen Geschäftsbetrieb verfügen. Ein Posten, dessen Abwicklung auf absehbare Zeit weder geplant noch wahrscheinlich ist, stellt im Wesentlichen einen Teil der Nettoinvestition in diesen ausländischen Geschäftsbetrieb dar und wird gemäß IAS 21.32 und IAS 21.33 behandelt. Zu solchen monetären Posten können langfristige Forderungen oder Darlehen, nicht jedoch Forderungen oder Verbindlichkeiten aus Lieferungen und Leistungen gezählt werden. IAS 21 lässt allerdings offen, was unter der Begrifflichkeit „Absehbare Zeit“ zu verstehen ist. Eine mögliche Interpretation wäre, dass dieser Zeitraum die Dauer der Zugehörigkeit einer Nettoinvestition zum Konzern umfasst. Folglich wären monetäre Posten nur dann Teil der Nettoinvestitionen, wenn diese erst bei Abgang der Nettoinvestition beglichen werden. Da eine derartige Interpretation indes nicht praktikabel erscheint, können Anhaltspunkte für die Dauer eines absehbaren Zeitraums aus der beim berichtenden Unternehmen vorliegenden langfristigen Finanzplanung gewonnen werden.[81] Nach anderer Auffassung ist für die Qualifizierung von

---

[80] Hierzu Holzwart/Wendlandt, in: Baetge u.a., Rechnungslegung nach IFRS, 40. Erg. Lfg. Februar 2020, IAS 21 Tz. 75. Ein enger Zusammenhang mit der Beteiligung setzt indes nicht zwingend voraus, dass zwischen dem berichtenden Unternehmen und dem ausländischen Geschäftsbetrieb ein unmittelbares Schuldverhältnis in Bezug auf die Forderung bzw. Verbindlichkeit besteht. Der enge Zusammenhang kann genauso über ein in den Konzernabschluss einbezogenes Tochterunternehmen hergestellt werden. Hierzu ausführlich Holzwart/Wendlandt, in: Baetge u.a., Rechnungslegung nach IFRS, 40. Erg. Lfg. Februar 2020, IAS 21 Tz. 78.

[81] Hierzu Holzwart/Wendlandt, in: Baetge u.a., Rechnungslegung nach IFRS, 40. Erg. Lfg. Februar 2020, IAS 21 Tz. 76. Ein langfristiges Darlehen mit einem fixen Fälligkeitszeitpunkt kann nach der von *Holzwart/Wendlandt* vertretenen Auffassung dann als Teil einer Nettoinvestition

Darlehen ohne bereits fixierten Tilgungstermin als Nettoinvestition mindestens ein erwarteter Zeitraum von mehr als einem Jahr zu fordern. Steht hingegen die Tilgung des Darlehens zu einem bestimmten Zeitpunkt fest kommt eine Qualifizierung als Nettoinvestition nicht in Betracht, auch wenn die Laufzeit deutlich über einem Jahr liegt.[82]

Nach IAS 21.32 sind Umrechnungsdifferenzen aus einem monetären Posten, der nach IAS 21.15 Teil einer Nettoinvestition des berichtenden Unternehmens in einen ausländischen Geschäftsbetrieb ist, im Einzelabschluss des berichtenden Unternehmens oder gegebenenfalls im Einzelabschluss des ausländischen Geschäftsbetriebs im Gewinn oder Verlust zu erfassen.[83] In dem Abschluss, der den ausländischen Geschäftsbetrieb und das berichtende Unternehmen enthält (z.B. dem Konzernabschluss, wenn der ausländische Geschäftsbetrieb ein Tochterunternehmen ist), werden solche Umrechnungsdifferenzen zunächst im sonstigen Ergebnis (OCI) erfasst und bei einer Veräußerung der Nettoinvestition gemäß IAS 21.48 vom Eigenkapital in den Gewinn oder Verlust umgegliedert.[84]

3.4.4 Umrechnung von in Fremdwährung aufgestellten Abschlüssen

Abschlüsse mit abweichender funktionaler Währung

Die Umrechnung von Abschlüssen mit abweichender funktionaler Währung in die Darstellungswährung erfolgt ebenso wie die Umrechnung von Abschlüssen ausländischer Geschäftsbetriebe zum Zwecke der Einbeziehung in einen Konzernabschluss nach der modifizierten Stichtagskursmethode (IAS 21.39 i.V.m. IAS 21.44). Demnach sind

- Vermögenswerte und Schulden zum Abschlussstichtagskurs,
- Erträge und Aufwendungen zum Tag des Geschäftsvorfalls bzw. vereinfachend zum Durchschnittskurs der Periode

umzurechnen.

Umrechnungsdifferenzen werden hierbei im sonstigen Ergebnis erfasst (IAS 21.39(c); IAS 21.41). Der Anteil am Geschäfts- oder Firmenwert, der im Zusammenhang mit dem Erwerb eines ausländischen Geschäftsbetriebs entsteht, sowie sämtliche im Rahmen der Erstkonsolidierung vorgenommenen am *fair value* ausgerichteten Wertänderungen sind nach IAS 21.47 als Vermögenswerte und Schulden des ausländischen Geschäftsbetriebs zu behandeln. Bei Abgang eines ausländischen Geschäftsbetriebs sind die entsprechenden Beträge nach IAS 21.48 aus dem sonstigen Ergebnis in die Gewinn- und Verlustrechnung umzugliedern.

---

klassifiziert werden, wenn das Management des berichtenden Unternehmens nachweisen kann, dass sie dieses Darlehen zum Fälligkeitszeitpunkt durch ein neues Darlehen oder durch Eigenkapitalzuführung beim ausländischen Geschäftsbetrieb ersetzen will.

[82] Hierzu Lüdenbach/Hoffmann/Freiberg, Haufe IFRS-Kommentar, 21. Aufl. 2023, § 27 Rz. 70.

[83] Zu den hier möglichen Fallkonstellationen siehe Holzwart/Wendlandt, in: Baetge u.a., Rechnungslegung nach IFRS, 40. Erg. Lfg. Februar 2020, IAS 21 Tz. 80.

[84] Hierzu auch Roos, KoR 2014, S. 274. Sowie ausführlich Lüdenbach/Hoffmann/Freiberg, 20. Aufl. 2022, § 27 Rz. 68.

4 Bilanzierung wichtiger Bilanzposten

4.1 Aktivposten

4.1.1 Immaterielle Vermögenswerte

4.1.1.1 Grundlagen

4.1.1.1.1 Relevante Normen

IAS 38

Den zentralen Standard zur Bilanzierung von immateriellen Vermögenswerten stellt IAS 38 „Immaterielle Vermögenswerte" dar. Dieser ist bereits seit 2004 verbindlich anzuwenden. Als weitere relevante Rechnungslegungsnorm ist IAS 36 zu nennen, sowie im Zusammenhang mit Kosten von Internetseiten SIC-32. Bei der Abbildung von Unternehmenszusammenschlüssen ist zudem IFRS 3 relevant.

In IAS 38.2-7 wird der Anwendungsbereich von IAS 38 festgelegt. Der umfangreiche Ausnahmenkatalog führt dazu, dass IAS 38 eigentlich nur noch eine nachrangige Rolle spielt. So werden von IAS 38 nicht erfasst z.B. immaterielle Vermögenswerte, die gemäß IAS 2 oder IFRS 15 zum Verkauf im normalen Geschäftsgang bestimmt sind oder langfristige Vermögenswerte, die gemäß IFRS 5 als zur Veräußerung gehalten klassifiziert werden. Den aus einem Unternehmenszusammenschluss ggf. resultierenden Geschäfts- oder Firmenwert sowie gesondert zu aktivierende immaterielle Posten, wie z.B. Markennamen, behandelt IFRS 3.[85]

4.1.1.1.2 Definition immaterieller Vermögenswerte

Fehlende physische Substanz

Definiert sind immaterielle Vermögenswerte nach IAS 38.8 als identifizierbare, nicht monetäre Vermögenswerte, die sich in Abgrenzung zu materiellen Vermögenswerten durch fehlende physische Substanz auszeichnen. Sofern der Vermögenswert auf oder in einer physischen Substanz enthalten ist, ist nach IAS 38.4 zur Charakterisierung als materieller oder immaterieller Vermögenswert eine Beurteilung notwendig, welches Element wesentlicher für den Gesamtwert ist. Um der Definition zu genügen, müssen insbesondere die in IAS 38.10 angeführten drei Bedingungen erfüllt sein:

Identifizierbarkeit (IAS 38.11-12)

Identifizierbarkeit liegt bei Erfüllung mindestens einer von zwei Bedingungen vor: Separierbarkeit und Vorliegen eines vertraglichen oder sonstigen rechtlichen Anspruchs (IAS 38.12). Separierbarkeit ist nach IAS 38.12(a) gegeben, wenn der Vermögenswert, ggf. zusammen mit weiteren Vermögenswerten und Schulden, vom Unternehmen getrennt und, z.B. durch Verkauf oder Lizensierung, an Andere übertragen werden kann. Die zweite alternative Bedingung ist nach IAS 38.12(b) das Vorliegen eines Vertrags oder anderer konkreter Rechte, die den Vermögenswert identifizieren, auch wenn diese Rechte nicht separierbar oder einzeln veräußerbar sind. So dürfen beispielsweise manche Lizenzen nicht einzeln weiterveräußert werden. Trotzdem stellen sie konkrete Rechte dar und sind damit identifizierbar (IAS 38.BC10). Ist keine der beiden Bedingungen erfüllt, liegt kein immaterieller Vermögenswert i.S, des IAS 38 vor.

---

[85] Hierzu Ruhnke/Sievers/Simons, Rechnungslegung nach IFRS und HGB, 5. Aufl. 2023, S. 445.

Verfügungsmacht (IAS 38.13-16)

Ein Unternehmen übt Verfügungsmacht über einen Vermögenswert aus, wenn es in der Lage ist, sich den daraus künftig zu erwartenden wirtschaftlichen Nutzen anzueignen und es den Zugriff Dritter auf diesen Nutzen beschränken kann. Dies ist in der Regel bei juristisch durchsetzbaren Ansprüchen der Fall. Dabei ist zu beachten, dass ein Unternehmen über bestimmte immaterielle Werte, wie z.B. das *know-how* der Mitarbeiter/-innen oder Kundenbeziehungen, keine hinreichende Verfügungsgewalt ausüben kann und diese somit nicht als immaterielle Vermögenswerte ansatzfähig sind.

Künftiger wirtschaftlicher Nutzen (IAS 38.17)

Der künftige wirtschaftliche Nutzen ist durch in der Zukunft erwartete Mehreinnahmen oder Minderausgaben zu konkretisieren.

Wenn ein immaterielles Gut eines oder mehrere dieser Kriterien nicht erfüllt, so handelt es sich nicht um einen immateriellen Vermögenswert i.S, von IAS 38.8. Folglich scheidet eine Aktivierung aus. Die diesem Wert zuzuordnenden Ausgaben sind stattdessen in der Periode ihres Anfalls aufwandswirksam zu erfassen.[86]

4.1.1.2 Ansatz und Ausweis

Abstrakte Ansatzbedingungen

Sofern die Definition eines immateriellen Vermögenswerts erfüllt ist, entscheiden die abstrakten Ansatzbedingungen nach IAS 38.21, ob er zu aktivieren ist (IAS 38.18). Die Ansatzkriterien lauten wie folgt:[87]

Wahrscheinlicher künftiger Nutzenzufluss (IAS 38.21(a))

Der Zufluss des künftigen wirtschaftlichen Nutzens setzt bei erworbenen immateriellen Vermögenswerten zunächst wirtschaftliches Eigentum an dem Vermögenswert voraus. Darüber hinaus muss das Unternehmen gemäß IAS 38.22 anhand von vernünftigen und begründeten Annahmen beurteilen, ob ein künftiger wirtschaftlicher Nutzen erwartet werden kann. Maßgeblich ist die Einschätzung der Rahmenbedingungen, die während der Nutzungsdauer des Vermögenswerts bestehen werden. Dabei sind nach IAS 38.23 externe Hinweise stärker zu gewichten als unternehmensinterne Informationen.

Zuverlässige Ermittelbarkeit der Kosten (IAS 38.21(b))

Die Anschaffungs- oder Herstellungskosten des immateriellen Vermögenswerts müssen sich zuverlässig ermitteln lassen.

Zusätzliche Konkretisierungen

Da sich die Beurteilung, ob ein immaterieller Vermögenswert anzusetzen ist oder nicht, oftmals schwierig gestaltet, finden sich in IAS 38.25ff. zusätzliche Ausführungen, welche Konkretisierungen für bestimmte Zugangsarten immaterieller Vermögenswerte vornehmen. Dabei behandeln IAS 38.25ff. einzeln erworbene, IAS 38.33ff. im Rahmen von Unternehmenszusammenschlüssen erworbene, IAS 38.44 durch Zuwendungen der öffentlichen Hand erlangte, IAS 38.45ff. durch Tausch erworbene und IAS 38.51ff. selbst geschaffene immaterieller Vermögenswerte.

---

[86] Hierzu IDW, WPH, 17. Aufl. 2021, Kap. K Tz. 75-76; Pellens/Fülbier/Gassen/Selhorn, Internationale Rechnungslegung, 11. Aufl. 2021, S. 363-364.

[87] Hierzu u.a. Madeja/Roos, KoR 2008, S. 343.

Forschungs- und Entwicklungsausgaben

Die nachfolgenden Ausführungen konzentrieren sich auf die selbst geschaffenen Vermögenswerte. Bei den selbst geschaffenen Vermögenswerten handelt es sich zumeist um Patente oder Verfahren sowie um Software.

Im Hinblick auf den Ansatz bzw. die Aktivierung unterscheidet IAS 38 Ausgaben, die in der Forschungsphase und in der Entwicklungsphase angefallen sind. Für Forschungsausgaben besteht nach IAS 38.54 ein Aktivierungsverbot und für Entwicklungsausgaben unter den in IAS 38.57 angeführten Voraussetzungen eine Aktivierungspflicht.

Aus Entwicklung entstehender Vermögenswert

Nach IAS 38.57 ist ein aus der Entwicklung entstehender immaterieller Vermögenswert dann anzusetzen, wenn ein Unternehmen Folgendes nachweisen kann:

- technische Realisierbarkeit,
- Absicht zur Fertigstellung,
- Fähigkeit zum Verkauf / zur Nutzung,
- Nachweis der Art des Nutzungszuflusses,
- Verfügbarkeit technischer und finanzieller Ressourcen zur Fertigstellung,
- zuverlässige Messbarkeit der Kosten.

Hieraus ergibt sich ein faktisches Aktivierungswahlrecht.

Keine eindeutige Abgrenzung von Forschung und Entwicklung

Kann ein Unternehmen die Forschungsphase nicht eindeutig von der Entwicklungsphase unterscheiden, sind die angefallenen Ausgaben als Aufwand der Periode zu erfassen, d.h. im Zweifel sind die Ausgaben nach IAS 38.53 nicht zu aktivieren.

Forschung und Entwicklung sind diesbezüglich wie folgt voneinander abzugrenzen:

- Forschung ist nach IAS 38.8 definiert als die eigenständige und planmäßige Suche mit der Aussicht, zu neuen wissenschaftlichen oder technischen Erkenntnissen zu gelangen. Beispiele sind die Grundlagen- und die angewandte Forschung sowie die Suche nach Produkt- und Prozessalternativen (IAS 38.56).
- Entwicklung ist die Anwendung von Forschungsergebnissen oder von anderem Wissen auf einen Plan oder Entwurf für die Produktion von neuen oder beträchtlich verbesserten Materialien, Vorrichtungen, Produkten, Verfahren, Systemen oder Dienstleistungen. Die Entwicklung findet gemäß IAS 38.8 vor Beginn der kommerziellen Produktion oder Nutzung statt. Beispiele sind der Entwurf, die Konstruktion und das Testen von Prototypen, der Entwurf von Werkzeugen sowie der Entwurf, die Konstruktion und der Betrieb von Pilotanlagen, die von ihrer Größe her für eine kommerzielle Produktion nicht geeignet sind (IAS 38.59). Entwicklungsausgaben sind nach IAS 38.57 dann zu aktivieren, wenn ein Unternehmen die folgenden Nachweise kumulativ erbringen kann:
  - Die technische Realisierbarkeit des immateriellen Vermögenswerts muss gegeben sein. Dies ist z.B. durch Konstruktionspläne, Programmdesign, Modelle, Verfahrens- oder Produktbeschreibungen gewährleistet.
  - Die Absicht, das Projekt zu vollenden und den immateriellen Vermögenswert zu verkaufen oder zu nutzen, muss gegeben sein. Beispiele dafür sind projektbezo-

gene Finanzierungspläne, welche die Kosten für die Fertigstellung und Markteinführung beinhalten.

- Die Fähigkeit des Unternehmens, den immateriellen Vermögenswert zu nutzen oder zu verkaufen, muss z.B. durch bereits bestehende Erfahrungen in der Produktvermarktung gegeben sein.
- Der Nachweis ist zu führen, wie mit dem immateriellen Vermögenswert wahrscheinlich ein künftiger Nutzen erzielt wird. Nachzuweisen ist u.a. die Existenz eines Marktes für die Produkte des immateriellen Vermögenswerts oder für den Vermögenswert selbst oder sein Nutzen bei interner Verwendung.
- Technische, finanzielle und sonstige Ressourcen müssen verfügbar sein, um das Projekt abzuschließen, z.B. Finanzierungspläne oder -zusagen für die Vermarktung.
- Die während der Entwicklung anfallenden Ausgaben müssen sich dem Vermögenswert verlässlich zurechnen lassen. Dafür ist z.B. eine Projektkostenrechnung mit phasenbezogener Kostenmessung notwendig.

Nachaktivierungsverbot

Ab dem Zeitpunkt, an dem die Nachweise kumulativ erbracht wurden, sind alle Auszahlungen zu aktivieren. Nach IAS 38.71 besteht ein Nachaktivierungsverbot für bereits vor diesem Zeitpunkt als Aufwand verrechnete Ausgaben.

Ermessensspielräume

Das Erbringen der angeführten Nachweise birgt erhebliche Ermessensspielräume und stellt aus diesem Grund einen bedeutsamen abschlusspolitischen Gestaltungsparameter dar. Nachfolgend einige Gründe hierfür:

- Die Entscheidung der Unternehmensleitung, den immateriellen Vermögenswert zu nutzen oder zu verkaufen, bestimmt den Ansatz. Allerdings wird z.T. davon ausgegangen, dass bereits mit der Fortsetzung der Entwicklung zum Zeitpunkt der Aufstellung des Jahresabschlusses dieser Nachweis als erbracht gilt.
- Zudem lässt sich der Nachweis der technischen Machbarkeit oftmals nur schwer erbringen. Da faktisch keine Verpflichtung zum aktiven Erbringen eines Nachweises besteht, wird sich das Unternehmen bereits durch das Nichterbringen eines Nachweises einer Aktivierung entziehen können.
- Auch der Nachweis, ob ein Markt vorliegt, kann häufig erst nach einer versuchsweisen Einführung der (bereits entwickelten) Produkte in kleiner Stückzahl erbracht werden, was dazu führt, dass die Entwicklungskosten nur zu einem sehr geringen Anteil angesetzt werden.
- Die Unternehmensleitung sieht Schwierigkeiten in der Trennung der Forschungs- und Entwicklungsphase, was wiederum zu einer Nicht-Aktivierung führt.[88]

Zusammenfassend bleibt folgendes festzuhalten: Es besteht formal eine Ansatzpflicht. Faktisch ist allerdings häufig von einem Ansatzwahlrecht auszugehen.[89]

Aktivierungsverbote

Eingeengt werden die abschlusspolitischen Gestaltungsmöglichkeiten durch IAS 38.63 und IAS 38.69, die für

[88] Zu den vorangegangenen Ausführungen Ruhnke/Sievers/Simons, Rechnungslegung nach IFRS und HGB, 5. Aufl. 2018, S. 449-450.

[89] Hierzu Lüdenbach/Hofmann/Freiberg, Haufe IFRS-Kommentar, 21. Aufl. 2023, § 13 Rz. 36.

bestimmte originäre immaterieller Vermögenswerte und damit verbundene Aufwendungen explizit ein Aktivierungsverbot vorsehen:

- IAS 38.63 nennt selbst geschaffenen Markennamen, Drucktitel, Verlagsrechte, Kundenlisten und ähnliche Sachverhalte.
- Explizit ausgeschlossen ist gemäß IAS 38.69 weiterhin die Aktivierung von Ingangsetzungsaufwendungen, Aufwendungen für Trainingsaktivitäten, Werbung sowie für Unternehmensverlagerungen und Reorganisationen.

Die grundsätzliche Behandlung selbst erstellter immaterieller Vermögenswerte lässt sich wie folgt zusammenfassen:

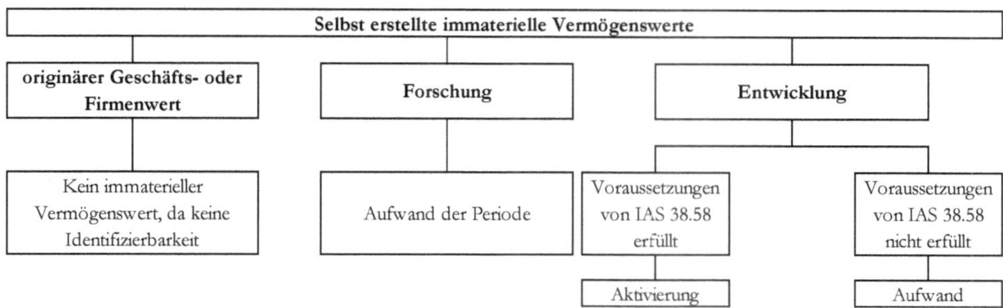

Abb. 7: Behandlung selbst erstellter immaterieller Vermögenswerte

Ausweis

Nach IAS 1.54(c) sind immaterielle Vermögenswerte gesondert in der Bilanz auszuweisen. Der Ausweis des Vermögenswerts ist nach der Brutto- oder der Nettomethode möglich. Der Bruttoausweis erfolgt durch die historischen Anschaffungs- oder Herstellungskosten auf der Aktivseite und den korrespondierenden kumulierten Abschreibungen auf der Passivseite. Der Nettoausweis trennt nicht nach Anschaffungskosten auf der Aktivseite und Abschreibungen auf der Passivseite. Hier wird lediglich der Restbuchwert, d.h. die historischen Anschaffungs- oder Herstellungskosten vermindert um die kumulierten Abschreibungen, gezeigt.

4.1.1.3 Bewertung

4.1.1.3.1 Zugangsbewertung

Anschaffungs- oder Herstellungskosten

Gemäß IAS 38.24 erfolgt die Zugangsbewertung immaterieller Vermögenswerte grundsätzlich zu Anschaffungs- oder Herstellungskosten. Eine Ausnahme hiervon bildet z.B. IAS 38.45, wonach bei Tauschgeschäften mit wirtschaftlicher Substanz der durch den Tausch erhaltene immaterielle Vermögenswert grundsätzlich zum beizulegenden Zeitwert im Zugangszeitpunkt zu bewerten ist, sofern sich dieser verlässlich ermitteln lässt. Nur wenn der beizulegende Zeitwert des hingegebenen Vermögenswerts verlässlicher ermittelbar ist als der Zeitwert des erhaltenen Vermögenswerts, so ist auf Ersteren abzustellen. Lediglich für den Fall, dass es dem Tauschgeschäft an wirtschaftlicher Substanz mangelt oder der Zeitwert von keinem der beiden Tauschgegenstände ermittelbar ist, muss von diesem Ansatz abgewichen werden. Unter diesen Umständen wird nach IAS 38.45 der Buchwert des hingegebenen Vermögenswerts als Anschaffungskosten berücksichtigt.[90] Auch für den Fall, dass ein immaterieller Vermögenswert bei einem Unternehmenszusammenschluss erworben wird, entsprechen die Anschaffungskosten des immateriellen Vermögenswerts seinem beizulegenden Zeitwert im Erwerbszeitpunkt.

Abb. 8: Zugangsbewertung immaterieller Vermögenswerte

Relevanz der Zugangsart

Die Bestimmung der Anschaffungs- oder Herstellungskosten richtet sich im Einzelnen nach der Zugangsart des immateriellen Vermögenswerts. Wird dieser einzeln erworben, unterstellt IAS 38.26, dass sich die Anschaffungskosten normalerweise verlässlich ermitteln lassen.[91] Allerdings dürfen nicht alle mit dem Vermögenswert in Verbindung stehende Kosten aktiviert werden. IAS 38.27 konkretisiert die Ermittlung der Anschaffungskosten. Diese umfassen danach den Kaufpreis[92] sowie alle weiteren direkt zurechenbaren Kosten[93], die erforderlich sind, um den Vermögenswert in den betriebsbereiten Zustand zu versetzen.

Sobald sich der Vermögenswert im gewünschten betriebsbereiten Zustand befindet, sind keine weiteren Ausgaben mehr zu aktivieren. Nach diesem Zeitpunkt anfallende Ausgaben sind unmittelbar als Aufwand zu erfassen, soweit sie nicht (wieder separat) die Aktivierungskriterien erfüllen. Dies gilt gemäß IAS 38.30 insbesondere für Nutzungs- oder Verlagerungskosten. IAS 38.29 weist auf einige Beispiele für Aufwendungen hin, die ebenfalls nicht zurechenbar sind. Darunter fallen u.a. Verwaltungs- und Gemeinkosten sowie Kosten für Produkteinführungen (insbesondere Werbemaßnahmen).

Erwerb auf Ziel

Sollte die Bezahlung des Vermögenswerts erst nach dem normalen Zahlungsziel erfolgen, d.h. der immaterielle Vermögenswert wird auf Ziel erworben, so ist nach IAS 38.32 nur der Barwert des Kaufpreises als Anschaffungskosten zu aktivieren. Die Differenz zwischen Barwert und tatsächlich zu leistendem Kaufpreis, also dem Nominalbetrag des Kaufpreises, ist in der Folge als Zinsaufwand zu erfassen.

---

[90] Hierzu Pellens/Fülbier/Gassen/Selhorn, Internationale Rechnungslegung, 11. Aufl. 2021, S. 368.

[91] Hierzu Zülch/Hendler, Bilanzierung nach IFRS, 2. Aufl. 2017, S. 191.

[92] Inklusive Einfuhrzölle und nicht erstattungsfähige Umsatzsteuern nach Abzug von Rabatten, Boni und Skonti.

[93] Hierbei handelt es sich nach IAS 38.28 z.B. um Aufwendungen für Leistungen an Arbeitnehmer, die direkt anfallen, wenn der Vermögenswert in seinen betriebsbereiten Zustand versetzt wird oder Honorare, die direkt anfallen, wenn der Vermögenswert in seinen betriebsbereiten Zustand versetzt wird und Kosten für Testläufe, ob der Vermögenswert ordentlich funktioniert.

Öffentliche Zuwendungen

Falls der Erwerb durch eine öffentliche Zuwendung, wie etwa eine Subvention (teil)finanziert wird, so ist IAS 20[94] anzuwenden. Grundsätzlich besteht nach IAS 20.24 ein Wahlrecht zwischen Brutto- und Nettoansatz. Nach dem Bruttoansatz sind sowohl der Vermögenswert zum beizulegenden Zeitwert als auch der beizulegende Zeitwert der öffentlichen Zuwendung (als passivischer Abgrenzungsposten) anzusetzen. Nach dem Nettoansatz ist der Vermögenswert zum vom Unternehmen geleisteten Betrag, also abzüglich der Subvention, anzusetzen.

Selbst geschaffene immaterielle Vermögenswerte

Selbst geschaffene immaterielle Vermögenswerte sind nach IAS 38.65 zu Herstellungskosten zu bewerten. Anzusetzen sind die Kosten, die ab dem Zeitpunkt anfallen, an dem der immaterielle Vermögenswert erstmals ansatzpflichtig ist. Auf diesen Fall bezogene Konkretisierungen der Herstellungskostenermittlung finden sich in IAS 38.66-67:

- eine nachträgliche Aktivierung von Ausgaben, die bereits in den Vorperioden als Aufwand erfasst wurden, ist unzulässig (Nachaktivierungsverbot).[95]
- vom Ansatz selbst geschaffener Vermögenswerte ist die Behandlung von Entwicklungskosten im Rahmen der Herstellung z.B. einer Sachanlage oder eines Produkts zu unterscheiden. Diese auftrags- und objektgebundenen Entwicklungskosten stellen Sondereinzelkosten der Fertigung dar. Sind diese Kosten nicht als separater Vermögenswert aktivierbar, so erfolgt eine Aktivierung im Rahmen der hergestellten Sachanlage oder des hergestellten Produkts.

Herstellungskosten

Nach IAS 38.66 umfassen die Herstellungskosten zunächst sämtliche direkt zurechenbaren Kosten, so z.B. für Material, Dienstleistungen, Löhne und Gehälter, die Registrierung von Rechtsansprüchen sowie die Abschreibungen auf Patente und Lizenzen. IAS 38.67(a) legt weiterhin fest, dass Vertriebs- und Verwaltungsgemeinkosten kein Bestandteil der Herstellungskosten sind. Allerdings gilt dies wohl nicht für alle Gemeinkosten. Zurechenbare Gemeinkosten, die der Vorbereitung des Vermögenswerts auf seine Nutzung dienen, sind wohl einzubeziehen.[96] Ausgeschlossen von den Herstellungskosten selbsterstellter immaterieller Vermögenswerte sind weiterhin identifizierte Ineffizienzen, die sich bis zur vollständigen Betriebsfähigkeit ergeben (IAS 38.67(b)), sowie Kosten für Mitarbeiterschulungen (IAS 38.67(c)).

4.1.1.3.2 Folgebewertung

4.1.1.3.2.1 Allgemeines

Wahlrecht

Für die Folgebewertung immaterieller Vermögenswerte besteht nach IAS 38.72 ein Wahlrecht zur Anwendung entweder des Anschaffungskosten- oder des Neubewertungsmodells. Bei Ersteren erfolgt die Folgebewertung nach IAS 38.74 auf Basis fortgeführter Anschaffungs- oder Herstellungskos-

---

[94] Hierzu ausführlich Abschn. 4.1.2.3.1.3.

[95] Dies hat zur Folge, dass ein selbst geschaffener immaterieller Vermögenswert zumeist nur mit einem Bruchteil seiner „eigentlichen“ Herstellungskosten aktiviert wird.

[96] Hierzu Pellens/Fülbier/Gassen/Selhorn, Internationale Rechnungslegung, 11. Aufl. 2021, S. 372.

ten, wobei planmäßige Abschreibungen und außerplanmäßige Wertminderungen zu berücksichtigen sind. Wohingegen bei Letzteren auf den Neubewertungsbetrag (IAS 38.75-87) abzustellen ist.

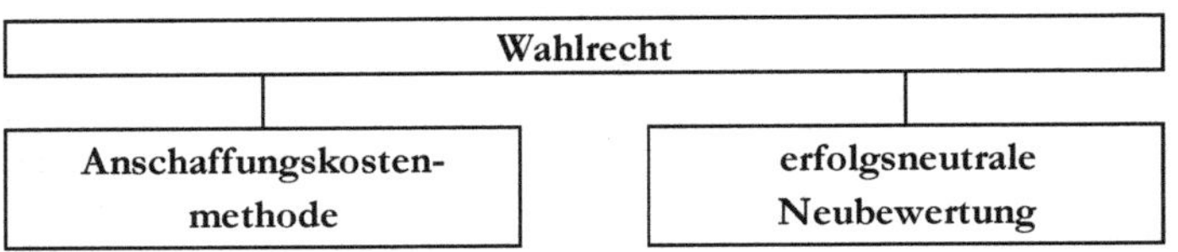

Abb. 9: Folgebewertungswahlrecht

4.1.1.3.2.2 Anschaffungskostenmodell

Planmäßige Abschreibung

Da ein aktiver Markt für immaterielle Vermögenswerte nur selten vorliegt, besitzt das Anschaffungskostenmodell die weitaus größere praktische Relevanz als das Neubewertungsmodell. Wie bereits einleitende dargelegt, sind bei Anwendung des Anschaffungskostenmodells die Anschaffungs- oder Herstellungskosten des immateriellen Vermögenswerts durch Abschreibungen planmäßig über die Dauer seiner Nutzung zu verteilen. Demzufolge müssen eine Nutzungsdauer und eine Abschreibungsmethode bestimmt werden.

Nutzungsdauer

Dabei ist nach IAS 38.88 zunächst zu prüfen, ob von einer begrenzten oder unbegrenzten Nutzungsdauer auszugehen ist, wobei IAS 38.91 klarstellt, dass eine unbegrenzte Nutzungsdauer nicht unendlich sein muss. Eine Nutzungsdauer ist immer dann unbegrenzt, wenn es keine Anhaltspunkte dafür gibt, dass der Vermögenswert von einem bestimmten Zeitpunkt an keine positiven *cashflows* für das Unternehmen mehr erwirtschaften wird. Hierfür ist es unerheblich, ob der Vermögenswert regelmäßig Aufwendungen erforderlich macht, solange diese Aufwendungen den bisherigen Status quo erhalten und das bilanzierende Unternehmen auch in Zukunft plant, sie in Kauf zu nehmen. Eine unbegrenzte Nutzungsdauer kann gemäß IAS 38.91 allerdings nicht durch künftig geplante Aufwendungen begründet werden, die den bisherigen Zustand des Vermögenswerts erheblich verbessern sollen.

Unbegrenzte Nutzungsdauer

Falls die Nutzungsdauer unbegrenzt ist, darf der immaterielle Vermögenswert gemäß IAS 38.107 nicht planmäßig abgeschrieben werden. Stattdessen ist jährlich ein Werthaltigkeitstest (*impairment test*) durchzuführen. Ein solcher Test ist auch dann vorzunehmen, wenn Hinweise auf eine Wertminderung des immateriellen Vermögenswerts vorliegen (IAS 38.108). Des Weiteren ist zu jedem Bilanzstichtag zu überprüfen, ob sich eine Nutzungsdauer mittlerweile bestimmen lässt. Sofern dies der Fall ist, hat die Änderung der Einschätzung der Nutzungsdauer von unbegrenzt auf begrenzt prospektiv als Schätzungsänderung nach IAS 8 zu erfolgen. Der Restbuchwert ist dann auf die nunmehr begrenzte Nutzungsdauer zu verteilen.

Begrenzte Nutzungsdauer

Liegt eine begrenzte Nutzungsdauer vor, ist der immaterielle Vermögenswert planmäßig abzuschreiben. Die Abschreibung beginnt nach IAS 38.97 mit der Betriebsbereitschaft des immateriellen Vermögenswerts. Die Nutzungsdauer ist gemäß IAS 38.90 anhand von internen und externen Faktoren zu bestimmen.

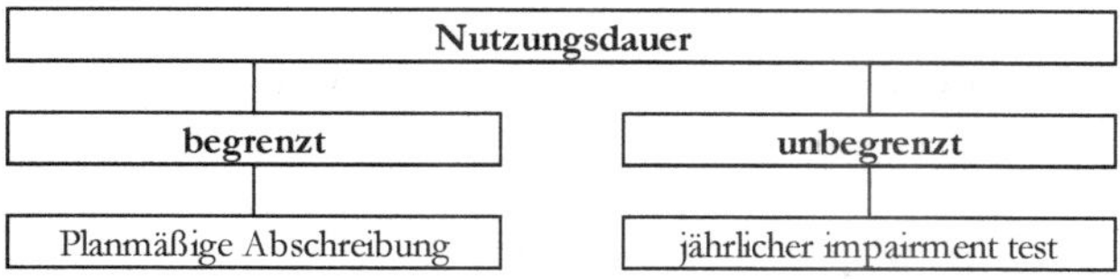

Abb. 10: Folgebewertung in Abhängigkeit von der Nutzungsdauer

Hinweis
Die Bestimmung der voraussichtlichen Nutzungsdauer einer abnutzbaren Anlagegegenstands (*useful life*) nach IAS 38.97 (für immaterielle Vermögenswerte) und IAS 16.50 (für sachliches Anlagevermögen) ist ein typischer Anwendungsfall von Schätzungsprozessen und damit der Ausübung von Ermessensspielräumen durch das Management überlassen. In den Definitionsnormen von IAS 38.8 und IAS 16.6 wird *useful life* alternativ als mutmaßliche Nutzungsdauer oder als produktionsbezogen nach der Anzahl ausgebrachter Stückzahl umschrieben.

Der Schätzungscharakter für die Nutzungsdauer macht nach IAS 16.51 deren (wenigstens) jährliche Überprüfung erforderlich. Bei Neueinschätzungen ist IAS 8 anzuwenden. Danach führt die Neueinschätzung nicht zu einer Anpassung des Buchwerts auf den Betrag, der sich ergeben hätte, wenn von Anfang an mit der revidierten Nutzungsdauerannahme gerechnet worden wäre. Die Neueinschätzung wirkt nur prospektiv, d.h. sie führt zur Änderung des jährlichen Abschreibungsbetrags in den Folgeperioden.

Vor diesem Hintergrund behilft sich die Rechnungslegungspraxis in weiten Bereichen der Anlagenwirtschaft mit mehr oder weniger fest vorgegebenen Nutzungsdauern. So sind in den von größeren Unternehmen regelmäßig verwendeten Bilanzierungshandbüchern feste Abschreibungsdauern (und -methoden) vorgegeben, von denen nach den internen Vorgaben nur in Ausnahmefällen abgewichen werden darf. Vergleichbare Dienste leisten die AfA-Tabellen der deutschen Finanzverwaltung, an denen sich auch die handelsrechtliche Bilanzierungspraxis orientieren. In der IFRS-Rechnungslegung besteht allerdings keine Bindung an solche Richtgrößen. Zum Teil wird man ihre Übernahme aber sogar auch ablehnen müssen, jedenfalls nicht pauschal befürworten können, etwa bei den typisierten steuerlichen Gebäudeabschreibungsdauern von 25, 40 bzw. 50 Jahren.[97] Wird in der internen Kostenrechnung mit anderen Abschreibungszeiträumen kalkuliert, sollten diese auch in der externen IFRS-Rechnungslegung beachtet werden. Ein Zwang hierzu besteht allerdings ebenfalls nicht.[98]

Immaterielle Vermögenswert auf Basis von Rechten

Wenn der immaterielle Vermögenswert auf Basis von Rechten besteht, so darf dessen Nutzungsdauer grundsätzlich nicht über die Gültigkeit der Rechte hinausgehen. Ausgenommen sind Fälle, in denen die Rechts-

[97] Hierzu auch Wobbe, IFRS: Sachanlagen und Leasing, 2008, S. 57 sowie Tanski, Sachanlagen nach IFRS, 2005, S. 68.

[98] Hierzu ausführlich Lüdenbach/Hofmann/Freiberg, Haufe IFRS-Kommentar, 21. Aufl. 2023, § 10 Rz. 33-35.

ansprüche erneuerbar sind, eine Erneuerung so gut wie sicher und im Vergleich mit dem zukünftig aus dem Vermögenswert erwarteten Nutzen nicht mit wesentlichen Kosten verbunden ist (IAS 38.94).

Maßgeblichkeit der Realisierung des Nutzens

Die Abschreibungsmethode hat der Realisierung des Nutzens zu folgen. Dies kann nach IAS 38.98 z.B. im Rahmen einer leistungsorientierten, linearen oder degressiven Abschreibung erfolgen. Ist der Verlauf der Nutzenrealisierung nicht zuverlässig bestimmbar, so ist der Vermögenswert linear abzuschreiben. Ein Restwert ist grundsätzlich nicht anzusetzen, es sei denn, eine dritte Partei hat sich verpflichtet, den Vermögenswert am Ende der Nutzungsdauer zu erwerben. Alternativ ist der Restwert auch dann anzusetzen, wenn es keinen aktiven Markt für den Vermögenswert gibt, der wahrscheinlich auch am Ende der Nutzungsdauer noch bestehen wird (IAS 38.100).

Grundsätzlich erfolgswirksame Erfassung

Die Differenz zwischen Anschaffungs- oder Herstellungskosten und einem ggf. anzusetzenden Restwert ist als Abschreibung auf die Perioden der Nutzung zu verteilen. Die jeweilige Abschreibung des Jahres ist erfolgswirksam zu erfassen, es sei denn, sie wird nach anderen IFRS aktiviert (z.B. im Rahmen eines Herstellungsprozesses).

Anpassung künftiger Abschreibungen

Stellt sich im Laufe der Nutzungsdauer heraus, dass Abschreibungszeitraum oder -methode wesentlich falsch geschätzt wurde, so sind nach IAS 38.104 i.V.m. IAS 8 aktuelle und ggf. künftige Abschreibungen anzupassen.

4.1.1.3.2.3 Neubewertungsmodell

Fortführung mit Neubewertungsbetrag

Als Alternative zum Anschaffungskostenmodell ist in IAS 38.75-87 das sog. Neubewertungsmodell beschrieben. Bei Anwendung des Neubewertungsmodells ist der immaterielle Vermögenswert nach erstmaligem Ansatz gemäß IAS 38.75 mit einem Neubewertungsbetrag fortzuführen, der sein beizulegender Zeitwert im Zeitpunkt der Neubewertung ist, abzüglich späterer kumulierter Abschreibungen und späterer kumulierter Wertminderungen.

Voraussetzung für Neubewertung

Voraussetzung für die Neubewertung ist nach IAS 38.75 das Vorliegen eines aktiven Marktes. Ein aktiver Markt ist gemäß IFRS 13.A ein Markt, auf dem Geschäftsvorfälle mit dem Vermögenswert oder der Schuld mit ausreichender Häufigkeit und Volumen auftreten, so dass fortwährend Preisinformationen zur Verfügung stehen. Da ein solcher aktiver Markt für immaterielle Vermögenswerte nach IAS 38.78 nur selten existiert, erlangt das Neubewertungsmodell nur geringe praktische Bedeutung. Ein aktiver Markt kann nach IAS 38.78 ausnahmsweise existieren z.B. für Taxi- oder Fischereilizenzen und für Produktionsquoten. Es wird auch klargestellt, dass es für Markennamen, Drucktitel bei Zeitungen, Musik- und Filmverlagsrechte, Patente oder Warenzeichen keinen aktiven Markt gibt, da jeder dieser Vermögenswerte einzigartig ist.

Beizulegender Zeitwert als Wertmaßstab

Wird eine Neubewertung durchgeführt, ändert sich die Bewertungsbasis nach erstmaliger Erfüllung der Ansatzkriterien grundlegend, d.h., es sind nicht mehr die Ausgaben für den Erwerb oder die Herstellung des immateriellen Vermögenswerts (Anschaffungs- oder Herstellungskosten), sondern der beizulegende Zeitwert relevant.

Regelmäßige Neubewertungen

Wird ein immaterieller Vermögenswert zum Neubewertungsbetrag angesetzt, sind gemäß IAS 38.75 in den Folgeperioden in regelmäßigen Abständen weitere Neubewertungen durchzuführen, um zu vermeiden, dass der (fortgeführten) Buchwert wesentlich von dem beizulegenden Zeitwert abweicht.

Behandlung von Neubewertungsdifferenzen

Die Behandlung von sog. Neubewertungsdifferenzen erfolgt nach IAS 38.85-86 imparitätisch. So sind Wertminderungen grundsätzlich erfolgswirksam zu erfassen, wohingegen Wertsteigerungen über die ursprünglichen Anschaffungs- oder Herstellungskosten hinaus erfolgsneutral zu behandeln sind. So ist eine Buchwerterhöhung in eine Neubewertungsrücklage einzustellen. Dabei sind ggf. auch latente Steuern zu bilden. Bei dieser Vorgehensweise sind Ereignisse der Vorperioden zwingend zu beachten:

- Wenn ein Abwertungsbedarf vorliegt, in den Vorperioden aber eine Zuschreibung gegen das sonstige Ergebnis gebucht und dieses in eine Neubewertungsrücklage eingestellt wurde, dann ist diese Rücklage zunächst ergebnisneutral über das sonstige Ergebnis auszulösen.
- Wenn ein Aufwertungsbedarf vorliegt, in den Vorperioden allerdings eine Abwertung erfolgswirksam erfasst wurde, muss diese zunächst auch erfolgswirksam kompensiert werden.

Neue Abschreibungsbasis

Grundsätzlich stellt der neubewertete Wertansatz des Vermögenswerts die neue Abschreibungsbasis dar. Diese wird planmäßig auf die Restnutzungsdauer verteilt.

Wegfall des aktiven Marktes

Sobald kein aktiver Markt mehr existiert, wird nach IAS 38.82 der zuletzt ermittelte Neubewertungsbetrag abzüglich späterer kumulierter Abschreibungsbeträge und Wertminderungsaufwendungen als Buchwert angesetzt. Zudem ist nach IAS 38.83 – unabhängig davon ob das Anschaffungskosten- oder das Neubewertungsmodell zur Anwendung kommt – auf Wertminderung zu prüfen. Hier gelten neben der normalen Folgebewertung die Vorschriften des IAS 36 zur Wertminderung von Vermögenswerten. So werden in IAS 36.12 externe und interne Indikatoren angeführt, die einen Test auf Wertminderung notwendig machen. Zusätzlich zu diesen Anlässen sind bestimmte immaterielle Vermögenswerte gemäß IAS 36.10 regelmäßig an jedem Abschlussstichtag auf Wertminderung zu überprüfen:

- immaterielle Vermögenswerte, die noch nicht gebrauchsbereit sind, deren planmäßige Abschreibung also noch nicht begonnen hat, und

Grundsätzlich erfolgswirksame Erfassung von Wertminderungen

- immaterielle Vermögenswerte, die eine unbestimmte Nutzungsdauer haben. Nach IAS 36.60 sind Wertminderungen grundsätzlich erfolgswirksam zu erfassen.[99]

[99] Das Gliederungsschema des IAS 1.82 i. V. m. IAS 1.102 für die Gewinn- und Verlustrechnung sieht keine gesonderte Position für den Ausweis der Wertminderungen auf nicht finanzielle Vermögenswerte vor. Dies ergibt sich aus IAS 36.126 a), der eine Angabe des Postens der

Allerdings stellt auch IAS 36.61 klar, dass für den Fall, dass im Rahmen des Neubewertungsmodells zuvor eine Neubewertungsrücklage gebildet wurde, diese zunächst über das sonstige Ergebnis auszulösen ist. Wenn der Grund für eine Wertminderung in den Folgejahren wegfällt, dann ist die Wertminderung ebenfalls erfolgswirksam rückgängig zu machen. Eine sich daran ggf. anschließende, über die fortgeführten Anschaffungs- oder Herstellungskosten hinausgehende Neubewertung erfolgt nach IAS 36.120 wiederum erfolgsneutral.

4.1.1.4 Ausbuchung

Wird ein immaterieller Vermögenswert veräußert oder ist ein künftiger Nutzen aus diesem Posten nicht mehr zu erwarten, ist dieser aus der Bilanz auszubuchen. Ein aus dem Abgang entstehender Gewinn oder Verlust, d.h. die Differenz zwischen dem Nettoveräußerungserlös und dem Buchwert, ist nach IAS 38.112-113 ergebniswirksam zu erfassen. Eine ggf. vorhandene Neubewertungsrücklage ist nach IAS 38.87 ergebnisneutral in die Gewinnrücklagen umzubuchen.

4.1.1.5 Angaben

IAS 38.118ff. gibt für jede Gruppe von immateriellen Vermögenswerten umfangreiche Angabepflichten vor. Eine Gruppe umfasst dabei Gegenstände, die hinsichtlich ihrer Art und ihres Verwendungszwecks ähnlich sind. Beispiele für eine Gruppe sind nach IAS 38.119 Markennamen, Software, Lizenzen, Urheberrechte sowie in der Entwicklung befindliche immaterielle Vermögenswerte. Immaterielle Vermögenswerte sind ggf. in den Anlagenspiegel aufzunehmen.

Als weitere bedeutsame Angabepflicht ist z.B. die gemäß IAS 38.126 erforderliche Angabe des Gesamtbetrags der als Aufwand berücksichtigten Ausgaben der Periode für Forschung und Entwicklung anzuführen. Falls die Unternehmensleitung zu der Einschätzung gelangt, dass die Nutzungsdauer eines immateriellen Postens unbestimmt ist, sind gemäß IAS 38.122(a) die Gründe hierfür darzulegen sowie die für diese Einschätzung wesentlichen Faktoren zu beschreiben.

Gewinn- und Verlustrechnung fordert, welcher die Wertminderungsaufwendungen enthält. Der Ausweis der Wertminderungsaufwendungen – bei fehlender Erweiterung des Gliederungsschemas um einen eigenen Posten „Wertminderungsaufwendungen" – war in der Literatur umstritten. Gleichwohl neigt die wohl herrschende Meinung inzwischen zu der Auffassung, dass bei fehlender Erweiterung des Gliederungsschemas der Gewinn- und Verlustrechnung die Wertminderungen unter den Abschreibungen auszuweisen sind. Gleichwohl ist ein separater Ausweis in der Gewinn- und Verlustrechnung möglich und bei Wesentlichkeit der Wertminderungen zu präferieren. In diesem Falle sollte aus Gründen der Klarheit dann der die planmäßigen Abschreibungen enthaltene Posten entsprechend als "planmäßige Abschreibungen" bezeichnet werden. Vereinzelt wurde früher im Schrifttum auch die Meinung vertreten, die Wertminderungsaufwendungen unter den sonstigen Aufwendungen zu erfassen. Unabhängig davon, ob Wertminderungen auf Sachanlagen und immaterielle Vermögenswerte gesondert ausgewiesen oder unter den Abschreibungen dargestellt sind, dürfen aufgrund des Saldierungsverbots Wertaufholungen grundsätzlich nicht mit den Wertminderungen verrechnet werden.

4.1.1.6 Wertminderung im Anlagevermögen

4.1.1.6.1 Definition einer Wertminderung

Eine Wertminderung (*impairment*) liegt vor, wenn der Buchwert (*carrying amount*) eines Vermögenswerts dessen erzielbaren Betrag (*recoverable amount*) übersteigt. Nach IAS 36.6. ist der Wertminderungsaufwand in Höhe dieser Differenz i.d.R. erfolgswirksam zu erfassen.

4.1.1.6.2 Auslöser eines Wertminderungstests

Regelmäßiger Vergleich von Buchwert und erzielbarem Betrag

Die Anwendung des Niederstwertprinzips gemäß IAS 36 erfordert einen regelmäßigen Vergleich zwischen dem Buchwert und dem erzielbaren Betrag von Vermögenswerten, um mögliche Wertminderungen festzustellen und mit entsprechenden Wertberichtigungen auf diese reagieren zu können. Theoretisch müssten solche Tests zu jedem Abschlussstichtag für jeden Vermögenswert durchgeführt werden. Da ein solches Erfordernis allerdings zu einem unvertretbaren Aufwand führen würde, lässt es das IASB aus Wirtschaftlichkeitsgründen dabei bewenden, die Unternehmen fallweise zur Durchführung von Werthaltigkeitstests zu verpflichten.

Hinweis

Eine Ausnahme besteht diesbezüglich – wie bereits dargelegt – für immaterielle Vermögenswerte, die noch nicht nutzungsbereit sind oder eine unbestimmte Nutzungsdauer aufweisen. Diese sind gemäß IAS 36.10 wie ein erworbener Geschäfts- oder Firmenwert jährlich auf Werthaltigkeit zu prüfen, und zwar unabhängig davon, ob Anzeichen für eine Wertminderung vorliegen. Diese Werthaltigkeitsprüfung kann zu einem beliebigen Zeitpunkt innerhalb des Geschäftsjahres erfolgen, vorausgesetzt, sie wird stets zum gleichen Zeitpunkt eines Jahres durchgeführt.

Vorliegen von *triggering events*

Wenn keine jährlichen Wertminderungstests vorgeschrieben sind, wird die Pflicht, einen Vermögenswert auf Wertminderung zu untersuchen, alleine durch das Vorliegen bestimmter Indikatoren (*triggering events*) ausgelöst. Hierzu enthält IAS 36.12-14 eine als nicht abschließend zu betrachtende Liste. Es handelt sich dabei um Ereignisse, deren Eintritt aller Voraussicht nach eine Wertminderung hervorruft, oder die signalisieren, dass eine Wertminderung vorliegen könnte, ohne selbst für diese ursächlich zu sein. IAS 36.9 verlangt, dass an jedem Abschlussstichtag zu überprüfen ist, ob Hinweise auf eine Wertminderung vorliegen. Dies gilt auch für o.g. Vermögenswerte, die einer jährlichen Werthaltigkeitsprüfung unterliegen, sofern der jährlich pflichtmäßig durchzuführende Werthaltigkeitstest nicht ohnehin am Abschlussstichtag vorgenommen wird. Liegen Anzeichen für eine Wertminderung vor, ist ein Werthaltigkeitstest durchzuführen. Bei der Bestimmung von Indikatoren, die auf eine Wertminderung hindeuten können, werden unternehmensinterne und -externe Informationsquellen unterschieden.

Externe Auslöser

Zu den externen Auslösern eines Werthaltigkeitstests zählen Entwicklungen außerhalb des Unternehmens. Als Beispiele lassen sich in diesem Zusammenhang anführen:

- der unerwartet starke Marktwertrückgang eines Vermögenswerts in der Berichtsperiode, der nicht durch Zeitablauf oder normale Nutzung zu erklären ist,
- nachteilige Veränderungen im Unternehmensumfeld, die bereits eingetreten sind oder mit deren Eintritt in naher Zukunft gerechnet wird,
- Erhöhungen von Kalkulationszinssätzen, die für die Ermittlung des erzielbaren Betrags verwendet werden, und
- ein Marktwert-Buchwert-Verhältnis des Unternehmens von weniger als eins.

Interne Auslöser

Weiterhin können unternehmensinterne Hinweise auf die Wertminderung eines Vermögenswerts hindeuten. Als Beispiele lassen sich in diesem Zusammenhang anführen:

- Überalterung oder physische Beschädigung,
- nachteilige Änderungen in der Art und Weise, wie ein Vermögenswert (künftig) genutzt wird, z.B. aufgrund geplanter Stilllegung oder Restrukturierung, und
- Hinweise aus dem internen Berichtswesen auf eine verschlechterte Ertragskraft eines Vermögenswerts, z.B. erhöhte Mittelerfordernisse für dessen Betrieb bzw. Unterhaltung oder eine Verringerung der tatsächlichen und/oder erwarteten Rückflüsse aus seiner Nutzung.

Beachtung des Wesentlichkeitsgrundsatzes

Bei der Prüfung der genannten Kriterien ist nach IAS 36.15-16 stets der Wesentlichkeitsgrundsatz zu beachten. Nachteilige Entwicklungen müssen so signifikant sein, dass ein deutlicher Wertverlust des betreffenden Vermögenswerts wahrscheinlich ist. Auch ist kein Werthaltigkeitstest erforderlich, wenn frühere Berechnungen einen deutlichen „Puffer" erkennen ließen, der durch etwaige Negativentwicklungen (noch) nicht aufgezehrt sein dürfte. Ferner ist es denkbar, dass die Werte einzelner Aktiva von einigen der genannten Kriterien generell nicht beeinflusst werden.

Beispiel – Auslöser eines Wertminderungstest

Die FWA erwirtschaftet mit einer neu erworbenen Färbeanlage jährliche Einzahlungsüberschüsse in Höhe von EUR 10.000. Die Nutzungsdauer der Anlage beträgt zehn Jahre. Die Realisierung eines Veräußerungserlöses am Ende der Laufzeit ist unwahrscheinlich. Unter Verwendung eines aus Marktdaten abgeleiteten Kalkulationszinssatzes von 5% und des Rentenbarwertfaktors $\frac{(1+i)^n-1}{i*(1+i)^n}$, ergibt sich ein erzielbarer Betrag für die Anlage von (EUR 10.000 * 7,7217 =) EUR 77.217. Der Buchwert soll EUR 75.000 betragen. Marktentwicklungen führen nun dazu, dass der Kalkulationszinssatz auf 10% steigt.

Die Zinsänderung beeinflusst den erzielbaren Betrag der Anlage. Der sich nach Zinsänderung ergebende erzielbare Betrag (EUR 10.000 * 6,1445 =) EUR 61.445 liegt unter dem Buchwert und dadurch wird eine Pflicht zur Durchführung eines Werthaltigkeitstests ausgelöst.

4.1.1.6.3 Quantifizierung einer Wertminderung

4.1.1.6.3.1 Erzielbarer Betrag

Vergleichsmaßstab Erzielbarer Betrag

Beim Werthaltigkeitstest ist nach IAS 36.8 der Buchwert des betreffenden Vermögenswerts mit seinem erzielbaren Betrag zu vergleichen. Übersteigt der Buchwert den erzielbaren Betrag, ist eine Abschreibung (Wertminderung) auf den erzielbaren Betrag vorzunehmen.

Definition des erzielbaren Betrags

IAS 36.6 definiert den erzielbaren Betrag als den höheren der beiden Beträge aus

- beizulegendem Zeitwert abzüglich Kosten der Veräußerung (*fair value less costs of disposal*), und
- Nutzungswert (*value in use*).

Zuordnung eines angemessenen Werts

Die Konkretisierung des erzielbaren Betrags durch die beiden genannten Wertkonstrukte verfolgen das Ziel, unabhängig von der Art seiner Nutzung und seinen konkreten Eigenschaften, einen angemessenen Wert zuordnen zu können. Die simultane Betrachtung dieser beiden Werte folgt dem Gedanken, dass sich einem Unternehmen als Besitzer eines Vermögenswerts stets die Alternativen „Veräußerung oder Eigennutzung" bieten. Zum einen wird deshalb der absatzmarktorientierte beizulegende Zeitwert abzüglich Veräußerungskosten herangezogen, der die Rückflüsse aus einer hypothetischen Transaktion zwischen fremden Dritten widerspiegelt. Da die unter IAS 36 fallenden Vermögenswerte jedoch i.d.R. dauerhaft vom Unternehmen selbst genutzt werden, ist zum anderen der Nutzungswert relevant, sofern er den beizulegenden Zeitwert abzüglich Veräußerungskosten übersteigt. Da unterstellt wird, dass ein Unternehmen jeweils die beste Verwendungsmöglichkeit für einen Vermögenswert wählt, ist auf den höheren der beiden dargestellten Werte abzustellen.

> **Hinweis**
> In Einzelfällen ist lediglich die Ermittlung eines der beiden Wertansätze sachgerecht. So kann z.B. für Vermögenswerte, deren kurzfristige Veräußerung geplant ist, und die folglich keine *cashflows* aus fortgesetzter Nutzung mehr generieren werden, der Nutzungswert irrelevant sein. In diesem Fall wird nach IAS 36.21 der erzielbare Betrag ohne weitere Prüfung dem beizulegenden Zeitwert abzüglich Veräußerungskosten gleichgesetzt.

4.1.1.6.3.2 Beizulegender Zeitwert abzüglich Veräußerungskosten

Veräußerungskosten i.S, des IAS 36

Für die Ermittlung des beizulegenden Zeitwerts abzüglich der Veräußerungskosten verweist IAS 36 auf die Regelungen des IFRS 13.[100] Die Bezeichnung impliziert, dass Kosten der Veräußerung bzw. des Abgangs (*costs of disposal*) vom beizulegenden Zeitwert in Abzug zu bringen sind. IAS 36.28 zählt exemplarisch auf, was unter Kosten der Veräußerung im Sinne von IAS 36 zu verstehen ist: Rechtsberatungskosten,

---

[100] Hierzu Abschn. 3.3.3.

Transaktionssteuern, Entsorgungskosten, und direkt zurechenbare zusätzliche Kosten, um den Vermögenswert in seinen verkaufsbereiten Zustand zu versetzen. Nicht einzubeziehen sind Abfindungen und sonstigen Aufwendungen, die aus Restrukturierungsmaßnahmen nach der Veräußerung eines Vermögenswerts resultieren. Veräußerungskosten, die bereits Gegenstand einer passivierten Verbindlichkeit oder Rückstellung sind, bleiben ebenfalls unberücksichtigt.

Ermittlung

Zusammengefasst lässt sich die Ermittlung des beizulegenden Zeitwerts abzüglich Kosten der Veräußerung wie folgt darstellen:

	Veräußerungspreis (Ermittlung nach IFRS 13)
-	Kosten der Veräußerung (direkt zurechenbar)
=	**Beizulegender Zeitwert abzüglich Kosten der Veräußerung**

4.1.1.6.3.3 Nutzungswert

Barwert aus erwarteten *cashflows*

Der Nutzungswert als Barwert der aus einem Vermögenswert erwarteten *cashflows* setzt sich nach IAS 36.31 aus künftig erwarteten *cashflows* aus der Nutzung sowie dem Abgang unter Anwendung eines angemessenen Diskontierungszinses zusammen. Um bilanzpolitische Ermessensspielräume bei der Barwertermittlung weitestgehend einzuschränken, enthält IAS 36 Vorgaben für die *cashflow*-Bestimmung (IAS 36.33ff.) und für die Ermittlung des Diskontierungszinses (IAS 36.55ff.).

Objektivierter Wert

Die Vorschriften zur *cashflow*-Ermittlung sind geprägt vom Bestreben des IASB, diese subjektiven Werte durch auf den ersten Blick restriktiv anmutende Regeln zu objektivieren. So sollen die der *cashflow*-Prognose zugrunde liegenden Annahmen gemäß IAS 36.33 vernünftig und vertretbar sein und die bestmöglichen Schätzungen des Managements über die relevanten, im Verlauf der Nutzungsdauer des Vermögenswerts vorherrschenden wirtschaftlichen Bedingungen widerspiegeln. Grundsätzlich ist hier auf die jüngst vom Management genehmigten Finanzpläne/Vorhersagen abzustellen. Die hierauf basierenden Prognosen sollen zudem aktuell sein und einen Detailprognosezeitraum von fünf Jahren nicht überschreiten. Jedoch dürfen nach IAS 36.35 längere Zeiträume verwendet werden, wenn das Management nachweisen kann, dass Prognosen in der Vergangenheit über einen Fünfjahreshorizont hinaus verlässlich waren.

Detailplanungszeitraum

Für die dem Detailprognosezeitraum nachgelagerte Restwertermittlung soll nach IAS 36.36 von einer gleichbleibenden oder fallenden Wachstumsrate der *cashflows* ausgegangen werden. Von dieser Regel darf nur dann abgewichen werden, wenn eine steigende Wachstumsrate objektiven Informationen über den Verlauf des Lebenszyklus eines Produkts oder einer Branche entspricht und damit vertretbar ist. Keinesfalls soll diese jedoch das relevante, in der Vergangenheit langfristig gemessene Durchschnittswachstum überschreiten, es sei denn, eine höhere Wachstumsrate lässt sich rechtfertigen. Hier kommen die Bestrebungen des IASB zum Ausdruck, den Ermessensspielraum des Managements einzuengen.

Komponenten der *cashflow*-Prognose

In die *cashflow*-Prognosen sind gemäß IAS 36.39 erwartete Einzahlungen aus der laufenden Nutzung des Vermögenswerts, notwendige und dem Vermögenswert einzeln oder zumindest über nachvollziehbare Schlüsselungen zurechenbare erwartete Auszahlungen sowie erwartete Zahlungen anlässlich seines Abgangs einzubeziehen. Je nachdem, ob der Diskontierungszinssatz inflationsbereinigt ist oder nicht, sind entweder reale oder nominale *cashflows* zu verwenden. Bei den Prognosen sind ausschließlich der derzeitige Zustand des Vermögenswerts sowie künftige Erhaltungsmaßnahmen zu berücksichtigen. Der (erhoffte) Effekt künftiger geplanter Erweiterungen oder noch nicht verpflichtende Restrukturierungen sind nach IAS 36.44 nicht einzubeziehen. Weiterhin soll nach IAS 36.50 die *cashflow*-Ermittlung – konsistent mit der nachfolgend beschriebenen Festlegung des Diskontierungszinses – vor Steuern erfolgen und Zahlungen aus Finanzierungstätigkeit ausklammern. Die Zahlungen aus dem Abgang des Vermögenswerts am Ende seiner Nutzungsdauer sind unter der Annahme einer Transaktion zu Marktbedingungen zwischen sachverständigen, vertragsbereiten Parteien zu schätzen. Veräußerungskosten sind nach IAS 36.52 wiederum abzuziehen. Generell sind künftige *cashflows* in der jeweiligen Landeswährung, in der sie voraussichtlich generiert werden, zu prognostizieren und mit einem entsprechenden Zins zu diskontieren. Der solchermaßen ermittelte Barwert ist dann gemäß IAS 36.54 mit dem aktuellen Devisenkassamittelkurs in die Berichtswährung umzurechnen.

Diskontierungszins

Der Diskontierungszins muss mit den prognostizierten *cashflows* konsistent sein, damit es nicht zu einer Doppelerfassung oder Vernachlässigung bestimmter Effekte, wie Steuern, Risiken, Wechselkursänderungen oder Inflation kommt. IAS 36.55 legt diesbezüglich fest, dass ein Vorsteuerzins zu verwenden ist, der sowohl für den Zeitwert des Geldes als auch für die inhärenten Risiken des Vermögenswerts zu adjustieren ist. Klarstellend wird ergänzt, dass sich die im Zinssatz berücksichtigten Risiken nicht erneut in den *cashflows* widerspiegeln dürfen. Bei der Ermittlung des angemessenen Diskontierungszinses soll sich das Unternehmen, soweit verfügbar, an beobachtbaren Marktrenditen oder an den Kapitalkosten vergleichbarer Unternehmen orientieren. Ziel ist es dabei, eine Verzinsung zu ermitteln, die ein Anleger für eine Investition in den betreffenden Vermögenswert fordern würde. Diese setzt sich zusammen aus einem risikolosen Zins als Vergütung für die Überlassung von Kapital im Zeitablauf (*time value of money*) und aus einer Prämie für die Übernahme des dem Vermögenswert inhärenten Risikos. Bei der Herleitung eines angemessenen Zinssatzes kann das Unternehmen als Basis seine eigenen Kapitalkosten zugrunde legen. Analog zu der Wachstumsrate ergibt sich bei der Ermittlung des Diskontierungszinses Ermessensspielraum für das Management.[101]

> ***Beispiel*** – Nutzungswert
>
> Die FWA hat im Geschäftsjahr 2XX1 eine neue Website errichtet. Die Website ermöglicht Online-Bestellungen aufgrund der direkten Anbindung des Internetauftritts an das neue Kundenbestell- und Kundenbuchungssystem. Hierbei sind folgende Kosten angefallen:

[101] Hierzu Pellens/Fülbier/Gassen/Selhorn, Internationale Rechnungslegung, 11. Aufl. 2021, S, 342-343.

		Klassifizierung	Aktivierung
Konzepterstellung zur Auswahl der Funktionalitäten der Website und Identifizierung der notwendigen Hardware und Webapplikationen	10.000	Planung	0
Prüfung von Alternativen	3.000	Planung	0
Erstellung eines Projektplans: Festlegung der Verantwortlichkeiten, Zeitplan, internes/externes Personal, Selektion der Soft- und Hardwarelieferanten und Berater	15.000	Planung	0
Fremdentwicklung von Multimedia-Software für die Infrastrukturierung der Website	29.000	Entwicklung	29.000
Fremdprogrammierung der Betriebssoftware für die Webserver	25.000	Entwicklung	25.000
Erwerb der Hardware	60.000	IAS 16	60.000
Erwerb und Registierung eines Internet Domain Namens	11.000	Entwicklung	11.000
Eigenprogammierung der Infrastruktur, Integration von Datenbanksoftware	40.000	Entwicklung	40.000
Graphische Aufbereitung der Website	10.000	Entwicklung	10.000
Test der Website	5.000	Entwicklung	5.000
Schulund der Mitarbeiter	8.000	Andere Kosten	0
Registrierung der Website mit Suchmaschinen	5.000	Lfd. Betrieb	0

Analog der Aktivierung selbsterstellter Software sind Ausgaben für selbsterstellte Websites nach SIC-32.8 zu aktivieren, wenn

- die allgemeinen Ansatzkriterien des IAS 38.21 sowie die für selbst erstellte immaterielle Vermögenswerte geltenden Kriterien des IAS 38.57 erfüllt sind, und
- die Ausgaben für selbsterstellte Websites der Entwicklungsphase zuzuordnen sind.

Der nach IAS 38.57(d) geforderte Nachweis des voraussichtlichen künftigen wirtschaftlichen Nutzens der selbsterstellten Website setzt nach SIC-32.8 voraus, dass mittels der Website Erträge generiert werden können, z.B. durch die Möglichkeit der direkten Bestellung durch Kunden. Wurde dagegen die Website für Zwecke der Werbung bzw. Verkaufsförderung eigener Produkte und Dienstleistungen des Unternehmens entwickelt, ist gemäß SIC 32.8 i.V.m. IAS 38.69(c) der Nachweis des Nutzens der Website ausgeschlossen. Sämtliche angefallene Ausgaben zur Entwicklung der Website sind dann als Aufwand zu erfassen. Vorliegend handelt es sich um die Verbesserung der direkten Bestellung, weshalb eine Aktivierung zu erfolgen hat.

Anhand der einzelnen Phasen der Entwicklung einer Website ist wie folgt zu unterscheiden:[102]

- Kosten der Planungsphase sind gemäß SIC-32.9(a) vergleichbar mit den Forschungskosten i. S. des IAS 38.54-56 und damit aufwandswirksam zu erfassen.
- Kosten der Entwicklung von Applikations- und Infrastruktursoftware, des graphischen Designs und dem Testen der Website sind nach SIC-31.9(b) vergleichbar mit der Entwicklungsphase und haben daher für die Aktivierung die Voraussetzungen des IAS 38.57 zu erfüllen.
- Kosten aus dem Erwerb von Hardware sind nach IAS 16 als Sachanlagen zu aktivieren.

[102] Hierzu Lüdenbach/Hofmann/Freiberg, Haufe IFRS-Kommentar, 21. Aufl. 2023, § 13 Rz. 43.

- Kosten aus dem laufenden Betrieb der Website sind Aufwand, es sei denn, die Aktivierungsvoraussetzungen des IAS 38.18 und IAS 38.21 sind erfüllt.
- Andere Kosten, wie z.B. Schulung von Mitarbeitern, sind aufwandswirksam zu erfassen.

Folglich sind im Geschäftsjahr 2XX1 Sachanlagen in Höhe von EUR 60.000 und immaterielle Vermögenswerte in Höhe von EUR 120.000 zu aktivieren.

Die Fertigstellung der Website erfolgt am 30.09.2XX1. Die Inbetriebnahmemöglichkeit verzögerte sich allerdings bis zum 03.01.2XX2, weil die zentralen Schnittstellen zur Verknüpfung von Internetauftritt und Kundenbuchungssystem noch nicht funktionierten. Die Nutzungsdauer der Website wird vom Management auf sechs Jahre geschätzt. Es werden folgende Ergebnisse aus der Website erwartet:

	2XX1	2XX2	2XX3	2XX4	2XX5	2XX6	2XX7
Umsatzerlöse	0	120.000	80.000	70.000	60.000	40.000	40.000
Operative Aufwendungen	0	-85.000	-77.000	-62.000	-48.000	-30.000	-25.000

Der laufzeitäquivalente risikoadjustierte Zinssatz für sechs Jahre beträgt 12%.

Bei Anwendung des Anschaffungskostenmodells stellt sich die Bewertung zum 31.12.2XX1 wie folgt dar:

- Nach IAS 38.97 erfolgt eine planmäßige Abschreibung nur dann, wenn der Abschreibungszeitraum bestimmbar ist. Vorliegend beträgt dieser sechs Jahre. Der Abschreibungszeitraum beginnt zu dem Zeitpunkt, ab dem der Vermögenswert zum Gebrauch verfügbar ist. Damit sind im Geschäftsjahr 2XX1 keine Abschreibungen vorzunehmen, da die Nutzungsmöglichkeit der neuen Website erst im Geschäftsjahr 2XX2 beginnt.
- Da der Vermögenswerte am Bilanzstichtag 31.12.2XX1 noch nicht genutzt werden kann, ist dieser nach IAS 36.10(a) auf Wertminderungen hin zu überprüfen. Dabei muss der Buchwert der für die Website aktivierten Kosten mit dem erzielbaren Betrag verglichen werden.
- Der erzielbare Betrag eines Vermögenswerts ist der höhere Wert aus seinem beizulegenden Zeitwert abzüglich Kosten der Veräußerung und seinem Nutzungswert. Der erzielbare Betrag ist für alle einzelnen Vermögenswerte zu bestimmen. Nur wenn dem Vermögenswert keine unabhängigen Zahlungsströme zugeordnet werden können, erfolgt der Wertminderungstest auf Ebene einer zahlungsmittelgenerierenden Einheit[103].

Vorliegend wird nun – in Ermangelung einer kurzfristig geplanten Veräußerung des Vermögenswerts – nur der Nutzungswert ermittelt:

Wie bereits dargestellt, wird der Nutzungswert in IAS 36.6 definiert als der Barwert der künftigen Zahlungsströme, die durch die fortlaufende Nutzung eines Vermögenswerts erwartet werden. Zu berücksichtigende Parameter sind dabei u.a. neben den zukünftig erwarteten *cashflows* nach IAS 36.30 auch Erwartungen im Hinblick auf die Veränderungen dieser zukünftigen *cashflows*, der Zeitwert des Geldes in Form eines risikolosen Zinssatzes und der Preis für die dem Vermögenswert inne-

[103] Hierzu ausführlich Abschn. 4.1.1.6.5.

wohnende Unsicherheit und sonstige Faktoren, die Marktteilnehmer in ihre Überlegungen einbeziehen würden.

IAS 36.30(a) folgenden sind bei der Ermittlung der künftigen *cashflows* die Abschreibungen als nicht zahlungswirksame Aufwendungen aus den operativen Aufwendungen herauszurechnen. Bei der Höhe der Abschreibungen ist allerding zu berücksichtigen, dass Abschreibungen für eine erworbene Domain-Adresse allerdings nicht vorgenommen werden, da eine Domain-Adresse in den Anwendungsbereich des IAS 38.88 fallen und keine vorhersehbare Begrenzung der Nutzungsdauer haben dürfte. Vorliegenden betragen die aus den operativen Aufwendungen zu korrigierenden Abschreibungen daher (EUR 120.000 - EUR 11.000 = EUR 109.000) / 6 Jahre = EUR 18.167.

Bei der Ermittlung des Nutzungswerts wird mit der Nutzung und dem Abgang des betrachteten Vermögenswerts verbundene Zahlungsreihe nach IAS 36.31 mit einem angemessenen Zinssatz auf ihren Barwert abgezinst. Hierbei handelt es sich gemäß IAS 36.55 um einen Vorsteuer-Zinssatz. Dieser dient dazu, die gegenwärtigen Einschätzungen des Marktes hinsichtlich des Zinseszinseffekts und das spezifische dem Vermögenswert innewohnende Risiko abzubilden. Der Nutzungswert errechnet damit wie folgt:

	2XX1	**2XX2**	**2XX3**	**2XX4**	**2XX5**	**2XX6**	**2XX7**
Umsatzerlöse	0	120.000	80.000	70.000	60.000	40.000	40.000
Operative Aufwendungen	0	-85.000	-77.000	-62.000	-48.000	-30.000	-25.000
Abschreibungen Website	0	18.167	18.167	18.167	18.167	18.167	18.167
Cashflows	0	53.167	21.167	26.167	30.167	28.167	33.167
	0	47.470	16.874	18.625	19.171	15.983	16.803
Nutzungswert	**134.926**						

Da der erzielbare Betrag in seiner Ausprägung als Nutzungswert über dem Buchwert liegt, ist kein Abschreibungsbedarf gegeben. Folglich kann der Wertansatz mit EUR 120.000 beibehalten werden.

Sofern man das Neubewertungsmodells anwenden möchte, stellt sich die Frage, ob die Website grundsätzlich auch zum Zeitwert bilanziert werden könnte, wenn zum 31.12.2XX1 ein seriöses Kaufangebot über EUR 200.000 vorliegen würde:

Konzeptionell stimmen die Vorschriften zur Neubewertung von Sachanlagen in IAS 16 mit denjenigen zu den immateriellen Vermögenswerten in IAS 38 überein. Allerdings besteht eine entscheidende Besonderheit: IAS 38.75 verlang zur Bestimmung des *fair value* eines immateriellen Vermögenswerts eine Bezugnahme auf einen aktiven Markt (IFRS 13.A). Ein solcher liegt bei kumulativer Erfüllung folgender Tatbestände vor:

- Handel mit homogenen Gütern,
- Käufer und Verkäufer sind üblicherweise verfügbar,
- Preise werden der Öffentlichkeit verfügbar gemacht.

Diese Voraussetzungen sind – wie bereits dargestellt – für immaterielle Vermögenswerte nur in Ausnahmefällen gegeben. Als Beispiel sind frei handelbare Taxi- und Fischer-Lizenzen, Produktionsquoten sowie Emissionsrechte zu nennen. Ein aktiver Markt ist dagegen für Warenzeichen, Verlags- und Filmrechte, Patente oder Handelsmarken ausgeschlossen. Dies gilt auch dann, wenn solche immateriellen Vermögenswerte wertmäßig durch einen Verkauf unter Dritten nachgewiesen werden. Deshalb ist im vorliegenden Fall eine Zeitbewertung nicht möglich.

4.1.1.6.4 Erfassung einer Wertminderung

Eine Wertminderung liegt – wie bereits dargestellt – vor, wenn der Buchwert eines Vermögenswerts seinen erzielbaren Betrag überschreitet. In Höhe der Differenz zwischen den beiden Werten ist ein Wertminderungsaufwand zu erfassen. Dies kann nach IAS 36.59-61 in unterschiedlicher Weise erfolgen:

Erfolgswirksame Erfassung

Grundsätzlich schreibt IAS 36 eine erfolgswirksame Erfassung vor, die (unter Vernachlässigung latenter Steuern) wie folgt gebucht wird:

Wertminderungsaufwand	an	Vermögenswert

Ergebnisneutrale Auflösung

Demgegenüber ist bei Vermögenswerten, die gemäß einem anderen IFRS (etwa IAS 16 oder IAS 38) zum Neubewertungsbetrag bilanziert sind, eine zuvor im sonstigen Ergebnis erfasste Wertsteigerung (unter Vernachlässigung latenter Steuern) zunächst wie folgt ergebnisneutral aufzulösen:

Sonstiges Ergebnis (OCI)	an	Vermögenswert

Nur eine den erfolgsneutral im sonstigen Ergebnis erfassten Betrag übersteigende Wertminderung wäre dann erfolgswirksam zu erfassen.

Negativer erzielbarer Betrag

Ist der erzielbare Betrag eines Vermögenswerts negativ, so wird der Vermögenswert vollständig abgeschrieben. Eine darüberhinausgehende Schuld ist nur dann zu passivieren, wenn dies in einem anderen Standard, etwa IAS 37, gefordert wird.

Änderung der Abschreibungsplans

Bei planmäßig abzuschreibenden Vermögenswerten löst eine Wertminderung eine Änderung des Abschreibungsplans aus. Der erzielbare Betrag bildet dabei den neuen Buchwert abzüglich eines etwaigen Restwerts, auf dessen Basis nach IAS 36.63 die künftig zu verrechnenden planmäßigen Abschreibungsbeträge ermittelt werden.

Beispiel – Erfassung einer Wertminderung
Der Nutzungswert der Website soll zum 31.12.2XX1 nun bei EUR 90.000 und damit unter dem Buchwert liegen. Unter Vernachlässigung latenter Steuern ist wie folgt zu buchen:

Wertminderungsaufwand	30.000	an	Website	30.000

In den Folgejahren ist die Website mit jährlichen Beträgen von EUR 15.000 planmäßig abzuschreiben.

4.1.1.6.5 Zahlungsmittelgenerierende Einheiten

Definition

Sofern für einen einzelnen Vermögenswert kein erzielbarer Betrag ermittelt werden kann, weil dieser nur im Verbund mit anderen Vermögenswerten Mittelzuflüsse generiert, ist der Werthaltigkeitstest gemäß IAS 36.66 auf die zahlungsmittelgenerierende Einheit (ZGE; *cash-generating-unit*) zu beziehen, zu der der Vermögenswert gehört. Als ZGE gilt nach IAS 36.6 die kleinste identifizierbare Gruppe von Vermögenswerten, die Mittelzuflüsse erzeugen, die weitestgehend unabhängig von den Mittelzuflüssen anderer Vermögenswerte oder anderer Gruppen von Vermögenswerten sind. Eine ZGE kann entsprechend der exemplarischen Aufzählung in IAS 36.130(d) als Produktlinie, Werk, Geschäftstätigkeit, geographischer Bereich oder berichtspflichtiges Segment gemäß IFRS 8 definiert sein. Allerdings darf die betroffene Einheit nach IAS 36.80 nicht größer sein als ein Geschäftssegment i.S, von IFRS 8.5.[104]

> **Hinweis**
> Aufgrund vielfältiger Geschäftsmodelle und aufbauorganisatorischer Entscheidungen eröffnet die Abgrenzung einer ZGE dem Management erhebliche Ermessensspielräume, die bilanzpolitisch genutzt werden können.[105]

Begrenzung der Gestaltungsmöglichkeiten

In IAS 36 finden sich jedoch Vorgaben, um diese Spielräume einzuengen: eine ZGE liegt nach IAS 36.70 immer dann vor, wenn für die von einem Vermögenswert oder einer Gruppe von Vermögenswerten hergestellten Erzeugnisse ein aktiver Markt existiert. Die angewendeten Abgrenzungskriterien für ZGE sind nach IAS 36.73 im Zeitablauf stetig anzuwenden, es sei denn, eine abweichende Vorgehensweise ist gerechtfertigt.

Ermittlung des erzielbaren Betrags einer ZGE

Für die Ermittlung des erzielbaren Betrags einer ZGE verweist IAS 36.74 auf die Bestimmungen zur Ermittlung des erzielbaren Betrags eines einzelnen Vermögenswerts. Der diesem gegenüber zu stellende Buchwert einer ZGE soll nach IAS 36.75 übereinstimmend mit der Vorgehensweise bei der Ermittlung des erzielbaren Betrags festgelegt werden. Dementsprechend sind nach IAS 36.76 nur die Buchwerte solcher Vermögenswerte einzubeziehen, die der ZGE direkt zugeordnet oder nachvollziehbar auf sie geschlüsselt werden können und die künftige Mittelzuflüsse erzeugen werden, die bei der Bestimmung des Nutzungswerts der ZGE verwendet wurden. Der Buchwert einer ZGE enthalt jedoch nicht den Buchwert irgendeiner angesetzten Schuld, es sei denn, dass der erzielbare Betrag der ZGE nicht ohne die Berücksichtigung dieser Schuld bestimmt werden kann.

IAS 36 führt zwei Kategorien von Vermögenswerten an, bei denen ein Werthaltigkeitstest problematisch ist, weil sie

1. nicht separat bewertungsfähig sind
2. sich oft nicht willkürfrei einer oder mehrerer ZGE zuordnen lassen.

---

[104] Hierzu IDW, WPH, 17. Aufl. 2021, Kap. K Tz. 132.

[105] Hierzu Pellens/Fülbier/Gassen/Selhorn, Internationale Rechnungslegung, 11. Aufl. 2021, S, 342-343.

Hierbei handelt es sich um den (erworbenen) Geschäfts- oder Firmenwert eines Unternehmens (IAS 36.80-99) sowie die sog. gemeinschaftlichen Vermögenswerte (*corporate assets*, IAS 36.100-103).

Zurechnungsprobleme

Die Zurechnung des Geschäfts- oder Firmenwerts ist schwierig, weil er wirtschaftliche Vorteile widerspiegelt, die oftmals aus erwarteten Verbundeffekten mehrerer ZGE entstehen. Bei den gemeinschaftlichen Vermögenswerten handelt es sich demgegenüber um andere Vermögenswerte, die nach IAS 36.6 keine unabhängigen *cashflows* generieren und sich häufig nicht willkürfrei einem Vermögenswert oder einer ZGE zuordnen lassen, sondern die ggf. zu den künftigen *cashflows* mehrerer ZGE beitragen. Diese Eigenschaften weisen etwa das Verwaltungsgebäude eines Unternehmens oder Geschäftsbereiche, eine zentrale EDV-Ausstattung oder ein Forschungszentrum auf. Enthält die ZGE gemeinschaftliche Vermögenswerte, dann müssen bei der Berechnung des erzielbaren Betrags der ZGE auch die zahlungswirksamen Kosten der gemeinschaftlichen Vermögenswerte („Overheadkosten") einbezogen werden, sofern diese nicht bereits in der Planung der entsprechenden ZGE verrechnet wurden.

Zuteilung durch Schlüsselung

Ein Geschäfts- oder Firmenwert und gemeinschaftliche Vermögenswerte lassen sich aufgrund ihrer Eigenschaften nur durch Schlüsselung auf eine oder mehrere ZGE zuteilen. Das Unternehmen legt dabei eine vernünftige und stetige Vorgehensweise fest, nach der diese Aufteilung vorzunehmen ist, und grenzt die ZGE auf der niedrigstmöglichen Aggregationsebene ab. Diese Vorgehensweise ist in zwei Fällen erforderlich:

1. Es können Hinweise dafür vorliegen, dass der Geschäfts- oder Firmenwert oder ein gemeinschaftlicher Vermögenswert selbst im Wert gemindert sind.
2. Bei einem Werthaltigkeitstest einer ZGE ist zu überprüfen, ob in den Buchwerten dieser ZGE möglicherweise Teile des Geschäfts- oder Firmenwerts oder gemeinschaftliche Vermögenswerte einbezogen werden müssen, um eine konsistente Vergleichsebene für erzielbaren Betrag und Buchwert zu erreichen.

Beispiel – Erzielbarer Betrag einer zahlungsmittelgenerierenden Einheit
Die FWA als börsennotiertes Unternehmen ist mit den beiden Segmenten „Bekleidung" und „Automotive" am Markt. Beide Segmente haben zuletzt eher unbefriedigende Ergebnisse erzielt. Um sich ein genaueres Bild von der möglichen künftigen Entwicklung des Konzerns machen zu können, lässt sich Wirtschaftsprüferin Dr. Häkchen im Rahmen der Abschlussprüfung für das Geschäftsjahr 2XX0 die Planung des Managements über die künftigen Netto-*cashflows* der beiden Segmente geben:

		Netto-Zuflüsse (+) und -abflüsse (-) (in Mio. EUR)					
Segment	**Buchwert 2XX0**	**2XX1**	**2XX2**	**2XX3**	**2XX4**	**2XX5**	**ab 2XX6 bis unendlich**
Bekleidung	65	10	-20	20	15	18	5 p.a.
Automotive	80	0	10	15	20	25	6 p.a.

Folgende Details zur Planung sind bekannt:

- Der hohe Zahlungsmittelabfluss im Segment Bekleidung in 2XX2 erklärt sich durch eine Investitionsausgabe von EUR 30.000.000. Diese wird sich voraussichtlich in den künftigen Perioden mit 15% verzinsen, also jährlich zu EUR 4.500.000 Nettoeinzahlungen führen. Diese sind in der Planung schon berücksichtigt.
- Die Planung beruht auf *cashflows* vor Finanzierungskosten.

- Für beide Segmente wird ein WACC-basierter Kapitalisierungszinssatz von 10% angenommen.
- Aufgrund einer unlängst durchgeführten Vergleichstransaktion eines italienischen Textilkonzerns wird für das Segment Bekleidung ein *fair value* von EUR 72.000.000 angenommen, während der *fair value* des Segments Automotive nicht ermittelt werden kann.

Gemäß IAS 36.9 hat ein Unternehmen zu jedem Bilanzstichtag einzuschätzen, ob bestimmte Anhaltspunkte für die Wertminderung eines Vermögenswerts oder einer zahlungsmittelgenerierenden Einheit vorliegen, um dann ggf. einen Werthaltigkeitstest durchzuführen. Ein Beispiel für einen Anhaltspunkt sind nach IAS 36.12 schlechtere Ertragsaussichten. Für die beiden Segmente der FWA bedeute dies vor dem Hintergrund der zuletzt ehr unbefriedigenden Ergebnisse, dass eine Werthaltigkeitstest durchzuführen ist:

Für das Segment Bekleidung ist der *fair value* in Höhe von EUR 72.000.000 bekannt, sodass dieser mit dem Buchwert in Höhe von EUR 65.000.000 zu vergleichen und nicht notwendigerweise der Nutzungswert zu ermitteln ist. Soweit die erwarteten Veräußerungskosten EUR 7.000.000 nicht übersteigen, liegen trotz der zuletzt ehr unbefriedigenden Ergebnisse des Segments keine Anzeichen für eine Wertminderung vor.

	2XX0	2XX1	2XX2	2XX3	2XX4	2XX5	ab 2XX6
Nominal	80	0	10	15	20	25	6
Berechnung Barwert	-	$^{0}/_{1,1^1}$	$^{10}/_{1,1^2}$	$^{15}/_{1,1^3}$	$^{20}/_{1,1^4}$	$^{25}/_{1,1^5}$	$^{(6/0,1)}/_{1,1^6}$
Barwert	82,59	0	8,26	11,27	13,66	15,52	33,87

Für das Segment Automotive beträgt der Buchwert EUR 80.000.000. Da hier der *fair value* nicht bekannt ist, muss der Nutzungswert ermittelt werden. Anhand der nachstehenden Tabelle ist die Ermittlung des Nutzungswerts ersichtlich:

Der Nutzungswert (Barwert) in Höhe von EUR 82,59 Mio. liegt über dem Buchwert, sodass auch für das Segment Automotive keine Wertminderung zu erfassen ist.

Keine planmäßige Abschreibung des Geschäfts- oder Firmenwerts

Ganz wesentlich ist der Werthaltigkeitstest für den Geschäfts- oder Firmenwert, da dieser nach IFRS nicht planmäßig abgeschrieben wird. Geschäfts- oder Firmenwerte sind gemäß IAS 36.18 einzelnen zahlungsmittelgenerierenden Einheiten oder Gruppen von zahlungsmittelgenerierenden Einheiten nach ihren erwarteten Synergieeffekten zuzuordnen, weil ein Geschäfts- oder Firmenwert keine Zahlungsströme generieren kann. Bei den erwarteten Synergieeffekten handelt es sich z.B. um Kosteneinsparungen im Gemeinkostenbereich oder Kostenvorteile aus größeren Einkaufsbestellvolumen.[106]

Erfassung des Wertminderungsaufwands

Die Buchung eines Wertminderungsaufwands, der bei der Werthaltigkeitsprüfung einer ZGE festgestellt wird, erfolgt analog zur Vorgehensweise bei einzelnen Vermögenswerten. Die Buchwerte der einzelnen Vermögenswerte der ZGE werden hierbei jedoch in einer bestimmten Reihenfolge abgeschrieben (IAS 36.104-108):

---

[106] Hierzu ausführlich Abschn. 4.1.1.7.

1. Eine Wertminderung wird zuerst erfolgswirksam im Geschäfts- oder Firmenwert der ZGE erfasst. Letztlich liegt dem die Annahme zugrunde, dass die Wertminderung der ZGE primär dem Geschäfts- oder Firmenwert anzulasten ist, dass also der Geschäfts- oder Firmenwert die „flüchtigste“ Wertkomponente ausmacht.
2. Ein verbleibender Betrag mindert die übrigen unter IAS 16 fallenden Vermögenswerte der ZGE im Verhältnis ihrer Buchwerte. Dabei ist, wie auch bei der Wertminderung einzelner Vermögenswerte, entweder erfolgswirksam oder erfolgsneutral (über das Eigenkapital) zu buchen. Der Buchwert eines einzelnen Vermögenswerts darf dabei nach IAS 36.105 allerdings nicht unter den höchsten Wert aus beizulegendem Zeitwert abzüglich Kosten des Abgangs und Nutzungswert – sofern jeweils bestimmbar – und null vermindert werden.

Buchwertuntergrenze

Die Untergrenze für den Buchwert eines einer ZGE zugeordneten Vermögenswerts liegt auch dann bei null, wenn der erzielbare Betrag negativ ist. Probleme entstehen dabei möglicherweise dadurch, dass Werthaltigkeitsprüfungen teilweise gerade deshalb auf das Aggregat ZGE abstellen, weil die einzelnen Vermögenswerte nicht einzeln bewertungsfähig sind. Für diese Fälle bestimmt IAS 36.106 explizit, dass der Wertminderungsbetrag dann über eine „willkürliche Zuordnung“ auf die Vermögenswerte der ZGE (außer Geschäfts- oder Firmenwert) verteilt wird. Dies sei unproblematisch, weil alle Vermögenswerte der ZGE „zusammenarbeiten“. Wenn nach der Abwertung aller Vermögenswerte auf ihre jeweilige Untergrenze weiterer Wertminderungsaufwand verbleibt, so ist nach IAS 36.108 in dieser Höhe (nur) dann eine Schuld zu buchen, wenn ein anderer Standard – etwa IAS 37 – dies verlangt.

4.1.1.6.6 Wertaufholung

Regelmäßige Überprüfung

Bei wertgeminderten Vermögenswerten ist nach IAS 36.110 an jedem Abschlussstichtag zu überprüfen, ob eine frühere Wertminderung noch (in voller Höhe) gerechtfertigt ist oder ob eine Zuschreibung erforderlich ist. Die hierbei zu berücksichtigenden Indikatoren gleichen spiegelbildlich weitgehend denjenigen, die in IAS 36.12-14 als Hinweise auf eine Wertminderung angeführt werden. So können z.B. günstige Veränderungen im Unternehmensumfeld darauf hindeuten, dass eine Wertminderung nicht mehr vorliegt, insbesondere wenn eine solche Entwicklung die ursprüngliche Ursache der Wertminderung in ihr Gegenteil verkehrt hat. Bei der Überprüfung ist auch nach IAS 36.113 zu berücksichtigen, ob möglicherweise eine Anpassung des Abschreibungsplans erforderlich ist.

Spiegelbildliche Umkehrung

Die Umkehrung einer Wertminderung erfolgt spiegelbildlich zur ursprünglichen Abwertung. So ist gemäß IAS 36.114 wiederum der erzielbare Betrag zu ermitteln und dem – durch die Wertminderung verringerten – (Rest-)Buchwert gegenüberzustellen. Das Management hat nachzuweisen, dass sich die den erzielbaren Betrag bestimmenden Faktoren, Schätzungen und Bewertungsparameter seit der Wertminderung zum Positiven entwickelt haben. Nicht zulässig ist hingegen eine Zuschreibung nur aus dem Grund, dass der Nutzungswert eines Vermögenswerts im Zeitablauf steigt, weil die aus seiner Nutzung erwarteten künftigen *cashflows* zeitlich näher rücken und sich daher der Diskontierungseffekt weniger stark auswirkt (IAS 36.116).

Zuschreibungsobergrenze

Als Obergrenze für die Zuschreibung ist bei Vermögenswerten, die nicht nach der Neubewertungsmethode folgebewertet werden, derjenige Wert maßgeblich, mit dem der Vermögenswert am Abschlussstichtag zu Buche stünde, wenn die ursprüngliche Wertminderung nicht eingetreten wäre (IAS 36.117). Dies bedeutet, dass planmäßige Abschreibungen auf den ursprünglichen Buchwert in einem Nebenbuch mitgeführt werden müssen und diese fortgeführten historischen Anschaffungs- oder Herstellungskosten die Wertaufholung limitieren.

Maßgeblichkeit des angewendeten Folgebewertungsverfahrens

Analog zur Buchung der ursprünglichen Wertminderung ist nach IAS 36.119 auch bei der bilanziellen Erfassung der Wertaufholung dahingehend zu unterscheiden, ob der betreffende Vermögenswert zu fortgeführten Anschaffungs- oder Herstellungskosten oder zum Neubewertungsbetrag zu Buche steht. Dementsprechend ist die Wertaufholung nur erfolgswirksam oder zusätzlich erfolgsneutral im sonstigen Ergebnis zu erfassen. Nach der Wertaufholung ist gemäß IAS 36.121 wiederum der Abschreibungsplan anzupassen.

Wertaufholung bei ZGE

Auch bei einer ZGE erfolgt die Wertaufholung spiegelbildlich zur ursprünglichen Wertminderung (IAS 36.122-123). Der Geschäfts- oder Firmenwert einer ZGE profitiert von einer Wertaufholung allerdings auch dann nicht, wenn alle anderen Vermögenswerte auf ihre erzielbaren Beträge bzw. ihre Höchstgrenze in Form der fortgeführten historischen Anschaffungs- oder Herstellungskosten zugeschrieben wurden. Gemäß IAS 36.124 besteht für den Geschäfts- oder Firmenwert ein Wertaufholungsverbot, welches eine Aktivierung originären Geschäfts- oder Firmenwerts verhindern soll.[107]

4.1.1.7 Sonderprobleme

4.1.1.7.1 Geschäfts- oder Firmenwert

Definition Unternehmenszusammenschluss

IFRS 3 gilt für sämtliche rechtlichen Formen von Unternehmenszusammenschlüssen und damit für die Behandlung des derivativen, d.h. entgeltlich erworbenen Geschäfts- oder Firmenwerts. Bei einem Unternehmenszusammenschluss handelt es sich gemäß IFRS 3.A um ein Ereignis, bei dem ein Erwerber Kontrolle über einen oder mehrere Geschäftsbetriebe erlangt, wobei die physische Zusammenführung der Geschäftsbetriebe für die Kontrollerlangung nicht zwingend ist.[108]

Ausprägungsformen von Zusammenschlüssen

Als mögliche Ausprägungen von Unternehmenszusammenschlüssen sind nach IFRS 3.B6 im Wesentlichen zu unterscheiden:

- Anteilserwerbe (*share deals*), die zu einer Mutter-Tochter-Beziehung führen. Die Vorschriften von IFRS 3 gelten in diesem Fall nur für den Konzernabschluss.

---

[107] Zu den vorangegangenen Ausführungen Pellens/Fülbier/Gassen/Selhorn, Internationale Rechnungslegung, 11. Aufl. 2021, S. 353-354.

[108] Zur beispielhaften Beschreibung des Vorliegens eines Unternehmenszusammenschlusses und eines Geschäftsbetriebs siehe IFRS 3.B5ff.

- Unternehmenskäufe (*asset deals*), bei denen ein Unternehmen ein anderes Unternehmen (oder wesentliche Teile des anderen Unternehmens einschließlich Firmenwert) erwirbt, ohne dass es zum Anteilserwerb und zu einer Mutter-Tochter-Beziehung kommt. In diesem Fall werden die einzelnen Vermögenswerte und Schulden auf einen neuen Rechtsträger übertragen. Insofern bedarf es bei einem *asset deal* auch nicht der Erstellung eines Konzernabschlusses.

asset deal

Da die Thematik Konzernabschluss hier nicht weiterverfolgt werden soll, konzentrieren sich die folgenden Ausführungen auf einen *asset deal*. Die hier der Ermittlung eines erworbenen Geschäfts- oder Firmenwerts zugrundeliegende Logik soll anhand eines Beispiels aufgezeigt werden:

Beispiel – Berechnung des Geschäfts- oder Firmenwerts bei einem *asset deal*[109]

Die FWA kauft alle einzelnen Vermögensgegenstände und Schulden der B-GmbH und gliedert diese in ihr Unternehmen ein (*asset deal*). Eingehende Untersuchungen der nachstehenden Bilanz haben ergeben, dass in den Grundstücken stille Reserven von EUR 50.000 enthalten sind. Die Schulden sind mit dem Zeitwert angesetzt. Der Kaufpreis beträgt EUR 800.000.

Aktiva	**Bilanz**	**B-GmbH**	**Passiva**
Grundstücke	100.000	Eigenkapital	500.000
Vorräte	1.200.000	Rückstellungen	500.000
Flüssige Mittel	100.000	Verbindlichkeiten	400.000
Summe	**1.400.000**	**Summe**	**1.400.000**

Der Geschäfts- oder Firmenwert ermittelt sich sodann wie folgt:

Kaufpreis	800.000
Zeitwert der Aktiva	1.450.000
Zeitwert der Schulden	900.000
Geschäfts- oder Firmenwert	250.000

Der erworbene (derivative) Geschäfts- oder Firmenwert ist demnach formal betrachtet ein verfahrensbedingter, technischer Unterschiedsbetrag (Restgröße). Im Einzelabschluss der FWA nach der Übernahme erscheinen auch die zu Zeitwerten angesetzten Vermögenswerte und Schulden der (ehemaligen) B-GmbH sowie zusätzlich der Geschäfts- oder Firmenwert.

Im Folgenden wird nun der Frage nachgegangen, warum bei einem *asset deal* im Einzelabschluss ggf. ein Geschäfts- oder Firmenwert zu aktivieren ist. Im vorliegenden Beispiel hat die FWA EUR 800.000 für die B-GmbH gezahlt, obwohl das Eigenkapital nach Auflösung der stillen Reserven nur EUR 550.000 beträgt. Die FWA war bereit mehr zu zahlen, weil der tatsächliche Unternehmenswert der B-GmbH (regelmäßig ermittelt als Barwert der zukünftigen *cashflows* der B-GmbH aus Sicht der FWA) zumindest EUR 800.000 betrug. Die Bilanz der B-GmbH zeigt lediglich das Eigenkapital, nicht aber die künftigen *cashflows*, welche die B-GmbH unter Einsatz dieses Eigenkapitals erzielen könnte. Auch immaterielle Werte, wie

[109] In Anlehnung an Ruhnke/Sievers/Simons, Rechnungslegung nach IFRS und HGB, 5. Aufl. 2023, S. 459.

z.B. eine gut eingespielte Organisation, gute Vertriebskanäle sowie ein fester Kundenstamm finden sich nicht in der Bilanz der B-GmbH.

Durch die Bereitschaft der FWA, einen zusätzlichen Betrag von EUR 250.000 für die B-GmbH zu entrichten, wurde der Unternehmenswert objektiviert. Würde die FWA nicht die B-GmbH tatsächlich erwerben, so müsste man den Unternehmenswert berechnen. Die hierfür erforderliche Unternehmensbewertung geht allerdings mit erheblichen Unsicherheiten einher, wie z.B. die Bestimmung der künftigen *cashflows* sowie eines geeigneten Diskontierungszinssatzes. Mithin lässt sich der selbst geschaffene Geschäfts- oder Firmenwert nicht zuverlässig ermitteln, was die Regelung des IAS 38.48 erklärt, dass ein originärer Geschäfts- oder Firmenwert nicht aktiviert werden darf.

Hinweis
Vom *asset deal* in der sog. *share deal* zu unterscheiden, bei dem ein Unternehmen als Ganzes durch den Erwerb von Anteilen übernommen wird (Beteiligungserwerb). Ist eine Transaktion als *share deal* zu klassifizieren, sind die erworbenen Anteile im Einzelabschluss des erwerbenden Unternehmens als Beteiligung zu aktivieren und gemäß IAS 27.38 wahlweise zu Anschaffungskosten oder zum beizulegenden Zeitwert anzusetzen. Im dann zu erstellenden Konzernabschluss[110] werden diese Anteile allerdings nicht gezeigt, sondern die hinter den Anteilen stehenden Vermögenswerte und Schulden des erworbenen Unternehmens. Im vorliegenden Beispiel ergibt sich der in der Konzernbilanz zu zeigende Geschäfts- oder Firmenwert durch Verrechnung der Beteiligung der FWA an der B-GmbH (EUR 800.000) mit dem konsolidierungspflichtigen Eigenkapital der B-GmbH nach Auflösung der stillen Reserven (EUR 550.000). Dieser beträgt gleichfalls EUR 250.000.

Geschäfts- oder Firmenwert nach IFRS 3

Da ein Geschäfts- oder Firmenwert nur bei Anwendung von IFRS 3 entstehen kann, konzentrieren sich die folgenden Ausführungen auf diesen Standard.

IFRS 3 schreibt zur Ermittlung des Geschäfts- oder Firmenwerts folgende vereinfachte Berechnung vor:

	Kaufpreis (beizulegender Zeitwert der übertragenen Gegenleistung im Erwerbszeitpunkt gemäß IFRS 3.37-38)
-	Identifizierbare Vermögenswerte und übernommene Schulden zum beizulegenden Zeitwert im Erwerbszeitpunkt (IFRS 3.18)
+	nicht beherrschbare Anteile (a) oder (b) (IFRS 3.19)
	(a *full goodwill*-Ansatz: zum beizulegenden Zeitwert (IFRS 3.B44-B45)
	(b *purchased goodwill*-Ansatz: zum Wert des anteiligen identifizierbaren Nettovermögens (IFRS 3.19)
=	**Geschäfts- oder Firmenwert**

110 Unter welchen Voraussetzungen ein Konzernabschluss zu erstellen ist vgl. stellvertretend Küting/Weber, Konzernabschluss, 14. Aufl. 2018, S. 143ff.

Geschäfts- oder Firmenwert als Vermögenswert

Für einen solchen (derivativen) Geschäfts- oder Firmenwert besteht eine Aktivierungspflicht. Der aktivierte Geschäfts- oder Firmenwert stellt nach IAS 36.81 und CF 4.51 zweifelsfrei einen Vermögenswert dar.

Bei der Abbildung von Unternehmenszusammenschlüssen ist grundsätzlich folgendes zu beachten:

- Bei Anwendung von IFRS 3 ist zu beachten, dass erworbene Vermögenswerte, übernommene Schulden und Anteile nicht-beherrschender Gesellschafter nach IFRS 3.10, IFRS 3.18-19 gesondert vom Geschäfts- oder Firmenwert anzusetzen sind. Dies kann dazu führen, dass vorher nicht angesetzte Vermögenswerte und Schulden, z.B. (selbst geschaffene) immaterielle Vermögenswerte, nun zu erfassen sind. Hierzu zählen z.B. nicht patentierte Technologien, Zeitungsnamen und Kundenlisten (IFRS 3.IE16ff.).
- Weiterhin sind Eventualschulden (*contingent liabilities*) anzusetzen, wenn diese aus einem vergangenen Ereignis resultieren und der beizulegende Zeitwert verlässlich bestimmt werden kann (IFRS 3.23, IFRS 3.56). Der Ansatz der Eventualschulden erhöht im Erwerbszeitpunkt einen ggf. zu zeigenden Geschäfts- oder Firmenwert.

impairment-only-approach

Ein aktivierter Geschäfts- oder Firmenwert ist nach IAS/IFRS in den Folgeperioden nicht planmäßig abzuschreiben. Es kommen nur außerplanmäßige Wertminderungen nach IAS 36 in Betracht, d.h. der Geschäfts- oder Firmenwert ist zu Anschaffungskosten abzüglich (kumulierter) Wertminderungen anzusetzen (*impairment-only-approach* nach IFRS 3.B63(a) i.V.m. IAS 36).

Wertminderungstest

Außerplanmäßige Wertminderungen werden durch einen sog. Wertminderungstest ermittelt. Hier geht es darum, den Geschäfts- oder Firmenwert zunächst einer oder mehreren zahlungsmittelgenerierenden Einheit(en) zuzuordnen und (in den folgenden Perioden) bei Vorliegen bestimmter Indikatoren einen Wertminderungstest durchzuführen. Unterschreitet der erzielbare Betrag einer zahlungsmittelgenerierenden Einheit ihren bisherigen Buchwert (einschließlich Geschäfts- oder Firmenwert), ist der Geschäfts- oder Firmenwert zu reduzieren. Lässt sich der im Rahmen des Wertminderungstest ermittelte Abwertungsbedarf nicht vollumfänglich ausgleichen, sind auch die einzelnen Vermögenswerte der zahlungsmittelgenerierenden Einheit in ihrem Wert zu mindern. Eine Wertaufholung oder Zuschreibung kommt bei einem Geschäfts- oder Firmenwert nach IAS 36.124 nicht in Betracht.

> ***Beispiel 2*** – Erfassung eines Wertminderungsaufwands
>
> Der FWA-Konzern besteht bisher aus den Segmenten Bekleidung und Automotive. Anfang 2XX1 wird die Dye+TreatmentCo. erworben, welche hochmoderne Färbereien betreibt. Die Dye+TreatmentCo. bildet im Konzern das dritte Segment Ausrüstung und ist in die Sparten Färben und Plasmaausrüstung ausgeteilt. Bei der Erstkonsolidierung der Dye+TreatmentCo. entstand ein Geschäfts- oder Firmenwert von EUR 700.000, wovon EUR 500.000 dem Segment Ausrüstung insgesamt zugeordnet wurden, weil man eine Einzelaufteilung auf die beiden Sparten Färben und Plasmaausrüstung nicht für möglich hält. Allerdings glaubt man wegen Einkaufsvorteilen auch an Synergieeffekte im Segment Automotive, so dass man die-

sem Segment den verbleibenden Geschäfts- oder Firmenwert von EUR 200.000 zugewiesen hat.

Im Laufe von 2XX1 erfährt das Management der FWA, dass die in der Wollausrüstungstechnologie tätige Textile Treatment Corp. erstaunliche Entwicklungserfolge erzielt hat, wonach die Preise von Plasmaausrüstungen um 80% reduziert werden können. Das Management der FWA befürchtet daraufhin, dass der Technologievorsprung der Sparte Plasmaausrüstung dezimiert ist und sieht sich aufgrund dieses Wertminderungsindikators veranlasst, die zahlungsmittelgenerierende Einheit Plasmaausrüstung (ZGE P) auf eine eventuelle Wertminderung hin zu überprüfen. Demgegenüber sieht man die Position der Sparte Färben (ZGE F) als nicht gefährdet an.

Die relevanten Daten stellen sich wie folgt dar:

	Segment Ausrüstung (in TEUR)					
Ausgangsdaten 31.12.2XX1	ZGE P	ZGE F		HV	GoF	Summe
Buchwert gemäß Bilanz	650	500	1.150	220	500	1.870
Nettoveräußerungspreis	-	-	-	-	200	200
Nutzungswert	600	650	1.250	-100	-	1.150

Da der Geschäfts- oder Firmenwert keiner der beiden ZGE zugeordnet wurde, ist nicht nur die ZGE P, sondern zusätzlich das gesamte Segment Ausrüstung einen Werthaltigkeitstest zu unterziehen. Weiterhin ist dem Segment als gemeinschaftlicher Vermögenswert seine Hauptverwaltung (HV) zuzurechnen, wobei eine vernünftige und stetige Aufteilung ihres Buchwerts auf die beiden ZGE P und ZGE F annahmegemäß nicht möglich ist. Für die Hauptverwaltung kann ein Nettoveräußerungspreis, und, weil sie nur Auszahlungen verursacht, ein negativer Nutzungswert ermittelt werden. Diese Auszahlungen sind dem Segment Ausrüstung insgesamt anzulasten, so dass sich ein Nutzungswert von insgesamt EUR 1.150.000 ergibt.

Werthaltigkeitstest ZGE P

Die ZGE P stellt eine zahlungsmittelgenerierende Einheit ohne zugeordneten Geschäfts- oder Firmenwert dar. Gemäß IAS 36.12(b) existiert ein Wertminderungsindikator, da die Ertragsaussichten der ZGE P durch das technische Umfeld – Entwicklungserfolg der Textile Treatment Corp. – gemindert sind. Folglich ist ein Werthaltigkeitstest durchzuführen.

Nach IAS 36.104 ist im Rahmen eines Werthaltigkeitstests eine Wertminderung zu erfassen, wenn der Buchwert der ZGE über ihrem erzielbaren Betrag liegt. Dabei stellt der erzielbare Betrag den höheren der beiden Werte aus Nettoveräußerungspreis und Nutzungswert dar. Im vorliegenden Fall kann für die ZGE P annahmegemäß nur der Nutzungswert ermittelt werden. Somit stellt nach IAS 36.20 dieser den erzielbaren Betrag dar. Als Resultat des Werthaltigkeitstests ergibt sich beim Vergleich von erzielbarem Betrag (EUR 600.000) und Buchwert (EUR 650.000) nach IAS 36.74 ein Wertminderungsaufwand in Höhe von EUR 50.000.

Der Wertminderungsaufwand ist nur innerhalb der ZGE P zu verteilen, obwohl diese mit der ZGE F das Segment Ausrüstung bildet und diesem ein Geschäfts- oder Firmenwert zugeordnet wurde. Auf der höheren Ebene wird das Segment Ausrüstung zwingend einem jährlichen *Goodwill-impairment-test* unterzogen.

Die Verteilung des Wertminderungsaufwands innerhalb der ZGE P hat grundsätzlich proportional zu den Buchwerten der dazugehörigen Vermögenswerte im Anwendungsbereich des IAS 36 zu erfolgen. Der erzielbare Betrag des einzelnen Vermögenswerts, sofern ermittelbar, darf dabei jedoch nicht unterschritten werden. Dies trifft insbesondere auf Vermögenswerte zu, die bereits einzeln wertgemindert wurden. In diesem Fall ist der anteilige Wertminderungsaufwand der Vermögenswerte auf die anderen Vermögenswerte innerhalb der ZGE P im Rahmen des IAS 36 zu verteilen.

Da vorliegend keine Informationen über bereits vorgenommene Wertminderungsaufwendungen für einzelne Vermögenswerte der ZGE P sowie über die erzielbaren Beträge der Vermögenswerte bekannt sind, müssen die EUR 50.000 Wertminderungsaufwendungen buchwertproportional verteilt werden.

Werthaltigkeitstest Segment Ausrüstung

Beim Segment Ausrüstung handelt es sich um eine ZGE inklusive Geschäfts- oder Firmenwert, so dass ein jährlicher Werthaltigkeitstest zwingend vorzunehmen ist. Dabei ist das Segment Ausrüstung insgesamt zu testen, da der Geschäfts- oder Firmenwert nicht auf die ZGE F und die ZGE P verteilt wurde.

Die Vorgehensweise zu Ermittlung der Wertminderung sowie deren Behandlung stellt sich wie folgt dar:

	ZGE P	ZGE F	HV	GoF	Ausrüstung
Buchwert nach Wertminderung ZGE P	600	500	220	500	1.820
Nutzungswert Segment Ausrüstung gesamt	600	650	-100	-	1.150
Wertminderung Segment Ausrüstung					**-670**
davon vorab GoF					-500
davon nach Relation der Buchwerte					-170
Buchwert nach Wertminderung ZGE P	600	500	220	500	1.820
vorab GoF				-500	-500
Zwischensumme	600	500	220	0	1.320
Relation der Buchwerte	45%	38%	17%		100%
Rest nach Relation der Buchwerte	-77	-64	-29		-171
Zwischensumme	523	436	191	0	1.150
Relation der Buchwerte	55%	45%	100%		
Umschichtung	-5	-4	9		
Buchwerte nach Wertminderung	**518**	**432**	**200**	**0**	**1.150**

Durch Addition der Nutzungswerte der ZGE F und ZGE P nach Subtraktion des Nutzungswerts der Hauptverwaltung ergibt sich ein erzielbarer Betrag des Segments Ausrüstung in Höhe von EUR 1.150.000. Nach Gegenüberstellung mit dem Segmentbuchwert ergibt sich ein Wertminderungsaufwand von EUR 670.000. Dieser ist zuerst mit dem Geschäfts- oder Firmenwert in Höhe von EUR 500.000 zu verrechnen. Anschließend wird der überschießende Betrag in Höhe von EUR 170.000 entsprechend der Relation der Buchwerte auf die ZGE P (45% x EUR 170.000 = EUR 77.000), die ZGE F (38% x EUR 170.000 = EUR 64.000) und die gemeinschaftliche Hauptverwaltung (17% x EUR 170.000 = EUR 28.000) verteilt. Bei der Hauptverwaltung darf der Buchwert nach Wertminderung jedoch den Nettoveräußerungspreis von EUR 200.000 nicht unterschreiten, so dass der überschießende Teil der Wertminderung in Höhe von EUR 9.000 entsprechend der anteiligen Buchwerte von der Hauptverwaltung auf die ZGE P mit EUR 5.000 (= 55% von EUR 9.000) und auf die ZGE F mit EUR 4.000 (= 45% von EUR 9.000) umgeschichtet werden.

Dass die ZGE P trotz eines, auf dieser Ebene bereits durchgeführten Werthaltigkeitstests auch noch aufgrund des Werthaltigkeitstests auf Ebene des Segments Ausrüstung einen Wertminderungsaufwand tragen muss, lässt sich wie folgt erklären: es gilt zu beachten, dass die von den beiden ZGEs gemeinschaftlich genutzte Hauptverwaltung bei dem Wertminderungstest auf der unteren Ebene nicht berücksichtigt wurde. Wäre der Buchwert der Hauptverwaltung anteilig auf die beiden ZGEs aufgeteilt worden, so wäre bereits beim Werthaltigkeitstest auf Ebene der ZGE P ein höherer Wertminderungsaufwand entstanden.

Die ZGE F muss anteilig Wertminderungsaufwand tragen, obwohl ihr Nutzungswert über ihrem Buchwert liegt. Eine Beschränkung der Abwertung liegt nämlich nur vor, falls sich für einen einzelnen Vermögenswert im Anwendungsbereich des IAS 36 innerhalb der ZGE ein Nutzungswert oder Nettoveräußerungspreis ermitteln lässt. Letzteres trifft jedoch nur auf die Hauptverwaltung, nicht aber auf die Vermögenswerte innerhalb der ZGE F zu.

Zusammenfassend gilt folgendes: Insgesamt wird das Segment Ausrüstung künftig voraussichtlich EUR 1.150.000 erzielen. Dann kann auch der Buchwert der dem Segment zugeordneten Vermögenswerte nicht höher sein.

Negativer Geschäfts- oder Firmenwert

Unterschreitet die Gegenleistung des erwerbenden Unternehmens, bewertet zum beizulegenden Zeitwert zum Erwerbszeitpunkt (Kaufpreis), zuzüglich des Wertes der Anteile nicht-beherrschender Gesellschafter, das neubewertete Eigenkapital (Nettovermögen des erworbenen Unternehmens zum beizulegenden Zeitwert), entsteht (zunächst) ein negativer Geschäfts- oder Firmenwert (*badwill*). Das Erfordernis zur Passivierung von Eventualschulden nach IFRS 3.23 kann dabei dazu führen, dass ein auf negativen Ergebniserwartungen beruhender (vorläufiger) negativer Geschäfts- oder Firmenwert als Eventualschuld zu passivieren ist. Ergibt sich ein negativer Geschäfts- oder Firmenwert, hat der Erwerber gemäß IFRS 3.36 kritisch zu hinterfragen, ob der Ansatz und die Bewertung der übernommenen Vermögenswerte und Schulden wirklich zutreffend sind. Ein nach kritischer Prüfung verbleibender negativer Geschäfts- oder Firmenwert ist nach IFRS 3.34 sofort ergebniserhöhend zu erfassen. Es handelt sich hierbei um einen Ertrag aus einem günstigen Kauf (sog. *bargain purchase* gemäß IFRS 3.34ff.).

4.1.1.7.2 Ingangsetzungs- und Erweiterungs- sowie Gründungs- und Eigenkapitalbeschaffungsaufwendungen

Nach IAS 36.38.69(a) besteht für Ingangsetzungs-, Gründung-, und Erweiterungsaufwendungen (sog. *start-up activities*) grundsätzlich ein Aktivierungsverbot. Sie belasten damit als Aufwendungen in vollen Umfang das Ergebnis der Periode ihres Entstehens. Eigenkapitalbeschaffungskosten sind mit den Einzahlungen aus der Kapitalaufnahme zu verrechnen, d.h., liegt der Ausgabekurs von Aktien über dem Nennbetrag, kommt es nach IAS 32.35 zu einer Kürzung der Kapitalrücklage.

4.1.1.7.3 Cloud-Computing

software-as-a-service

Wird eine Lizenzvereinbarung zur Nutzung von Software geschlossen (*software-as-a-service*, SaaS) und wird diese dem Unternehmen als Lizenznehmer über eine öffentliche *cloud*-Lösung zur Verfügung gestellt, so erfüllen die damit einhergehenden nicht-exklusiven Nutzungsrechte nicht die Ansatzvoraussetzungen des IAS 38. Damit einher geht die Konsequenz, dass diese Lizenzvereinbarungen aufgrund des Aktivierungsverbotes des IAS 38.68 entsprechend einem klassischen Miet- bzw. Dauerschuldverhältnis abzubilden sind. Die geleisteten Zahlungen sind insofern zu periodisieren und als laufender Aufwand im operativen Ergebnis zu zeigen.[111]

Aktivierungsfähigkeit Bei SaaS ist ein immaterieller Vermögenwert nur dann zu aktivieren, wenn das Unternehmen das Recht hat, die Software während der Vertragslaufzeit durch Download oder Kopie auf einem physischen Speichermedium in Besitz zu nehmen (Umwandlung in eine *on-premise*-Lösung).

Implementierungskosten Kosten im Zusammenhang mit der Implementierung, des *customizing* und der Datenmigration usw. sind bei einer als Servicevertrag zu qualifizierenden *cloud-computing*-Lizenzvereinbarung als laufender Aufwand zu erfassen. Im Falle externer Leistungen für die Implementierung usw. ist dabei auf den Zeitpunkt abzustellen, an dem die externe Leistung bezogen wird.

4.1.1.8 Beispielsachverhalte - Selbst erstellte immaterielle Vermögenswerte

Die FWA nimmt an einer Ausschreibung des Bundesamt für Informationstechnik und Nutzung Bundesamt für Ausrüstung, der Bundeswehr (BAAINBw) teil, und möchte für die deutsche Bundeswehr ein feuerresistentes, hauptsächlich aus Schafwolle bestehendes Garn entwickeln. Anfang 2XX0 wird mit der Entwicklung (Projektname: „*Fireproof*") begonnen. Folgende Aufwendungen sind im Zeitablauf angefallen:

Nr.	Sachverhalt	Datum	TEUR
1	Angewandte Forschung	10.01.X0	2.350
2	Suche nach Produktalternativen	25.01.X0	620
3	Test verschiedener Materialen	20.03.X0	2.250
4	Entwurf und Konstruktion eines Prototypen	06.04.X0	6.700
5	Entwurf von Fertigungsanlagen	12.06.X0	1.500
6	Revision des Prototypen	15.07.X0	5.600
7	Anpassung des Produktionsverfahrens	25.08.X0	3.100
8	Test des Prototypen	24.10.X0	4.550
9	Ausgaben für Patentierung	10.11.X0	50
	Summe		**26.720**

Die Arbeiten am Konzernabschluss des Geschäftsjahres 2XX0 sind am 18.02.X1 beendet. Das BAAINBw entscheidet bereits im November 2XX1, ob das neue Garn ab 2XX4 eingesetzt werden soll. Angesichts der hohen Unsicherheit, ob „*Fireproof*" den Zuschlag erhält – einige andere renommierte Garnhersteller haben ebenfalls an der Ausschreibung teilgenommen – stellt das Management der FWA im Januar 2XX1 zwei Absatzszenarien auf. Dabei betragen die vorab vom Vorstand geschätzten Eintrittswahrscheinlichkeiten für die Entscheidung des BAAINBw pro „*Fireproof*" 0,3 und contra „*Fireproof*" 0,7. Wegen erforderlicher Umstellungsarbeiten in der Produktion

[111] Hierzu Roos, PiR 2019, S. 99.

kann mit Herstellung und Absatz von *„Fireproof"* erst im Januar 2XX2 begonnen werden, wobei sich die Schätzwerte der nachfolgend angegebenen Zahlungsströme aus Vereinfachungsgründen jeweils auf das Jahresende beziehen:

	2XX1	2XX2	2XX3	2XX4
Szenario 1 - BAAINBw entscheidet sich für "*Fireproof*"				
Absatz in Stück	0	2.000	8.000	5.000
Preis in EUR/Stück	0	40	50	30
Produktionsauszahlungen in EUR/Stück	0	40	35	30
Szenario 2 - BAAINBw entscheidet sich gegen "*Fireproof*"				
Absatz in Stück	0	1.000	3.000	3.000
Preis in EUR/Stück	0	38	42	33
Produktionsauszahlungen in EUR/Stück	0	40	37	33

Das Management der FWA kalkuliert mit durchschnittlichen Kapitalkosten von 14% pro Jahr.

a. Aktivierung der Entwicklungskosten zum 31.12.2XX0 unter Berücksichtigung von latenten Steuern (Steuersatz 30%)[112]

Zunächst sind die für die Entwicklung getätigten Ausgaben zu addieren:

Nr.	Sachverhalt	Datum	TEUR
3	Test verschiedener Materialen	20.03.X0	2.250
4	Entwurf und Konstruktion eines Prototypen	06.04.X0	6.700
5	Entwurf von Fertigungsanlagen	12.06.X0	1.500
6	Revision des Prototypen	15.07.X0	5.600
7	Anpassung des Produktionsverfahrens	25.08.X0	3.100
8	Test des Prototypen	24.10.X0	4.550
9	Ausgaben für Patentierung	10.11.X0	50
	Summe		**23.750**

Sodann ist zu prüfen, ob der erwartete künftige Nutzenzufluss über den zu aktivierenden Entwicklungskosten liegt. Um dies beurteilen zu können, sind die Absatzszenarien heranzuziehen, wobei der Unsicherheit über die beiden möglichen Zukunftslagen über die Bildung eines Erwartungswertes begegnet werden kann, da (subjektive) Wahrscheinlichkeiten vorliegen (IAS 36.A7ff.). Der erwartete künftige Nutzenzufluss pro Szenario ermitteln sich dabei wie folgt: es ist gemäß IAS 38.60 auf die Grundsätze des IAS 36 abzustellen. Demnach ist über ein DCF-Verfahren der erzielbare Betrag aus der Vermarktung von *„Fireproof"* zu berechnen. Hierzu sind die künftigen finanziellen Zu- und Abflüsse zu ermitteln und mit den durchschnittlichen Kapitalkosten in Höhe von 14% p.a. zu diskontieren. Aus der Prognoseplanung des Managements ergeben sich in Abhängigkeit vom jeweiligen Szenario folgende Barwerte per 31.12.2XX0:

112 Es wird unterstellt, dass sämtliche Ansatzvoraussetzungen für die Entwicklungskosten gemäß IAS 38.57 erfüllt sind.

Szenario 1[113]

$$\text{Barwert} = \frac{8.000 \text{ x } (50 - 35)}{1{,}14^3} = 80.996.582$$

Szenario 2[114]

$$\text{Barwert} = \frac{1.000 \text{ x } (38 - 40)}{1{,}14^2} + \frac{3.000 \text{ x } (42 - 37)}{1{,}14^3} = 8.585.638$$

Auf dieser Grundlage ergibt sich folgender Erwartungswert zum 31.12.2XX0:

	Barwert		Erwartungswert
Szenario 1	80.996.582	30%	24.298.975
Szenario 2	8.585.638	70%	6.009.946
Erwartungswert 31.12.2XX0			**30.308.921**

Da der Erwartungswert der künftigen Nutzenzuflüsse die Entwicklungskosten übersteigt, müssen diese in voller Höhe aktiviert werden. Die Gegenbuchung erfolgt im Gesamtkostenverfahren an „andere aktivierte Eigenleistungen". Beim Umsatzkostenverfahren ist entsprechend der zuvor erfasste Primäraufwand zu reduzieren.[115] Demnach ist wie folgt zu buchen:

Gesamtkostenverfahren				
Immaterielle Vermögenswerte	23.750.000	an	andere aktivierte Eigenleistungen	23.750.000

Umsatzkostenverfahren				
Immaterielle Vermögenswerte	23.750.000	an	Sonstige Aufwendungen	23.750.000

Die Entwicklungskosten dürfen in der Steuerbilanz nach § 5 Abs. 2 EStG nicht aktiviert werden. Damit ist das Vermögen im IFRS-Abschluss um 23.750.000 EUR höher als das Vermögen in der Steuerbilanz. Folglich sind nach IAS 12 passive latente Steuern anzusetzen. Da die Differenz zwischen der IFRS- und der Steuerbilanz erfolgswirksam entstanden ist, sind auch die passiven latenten Steuern in Höhe von EUR 23.750.000 x 30% = EUR 7.125.000 erfolgswirksam zu buchen:

Gesamt- und Umsatzkostenverfahren				
Steueraufwand	7.125.000	an	Passive latente Steuern	7.125.000

---

[113] Hier ist lediglich das dritte Jahr zu betrachten, da in den anderen Perioden der Nettozahlungsstrom gleich null ist.

[114] Hier ist das zweite und dritte Jahr zu betrachten, da in den anderen Perioden der Nettozahlungsstrom gleich null ist

[115] Hierzu ausführlich Roos, IRZ 2018, S. 183-188. Im vorliegenden Beispiel wird ein Ausweis im Sonstigen Aufwand unterstellt.

b. Ermittlung der planmäßigen linearen Abschreibungen auf die aktivierten Entwicklungskosten für die Geschäftsjahre, die nach dem 31.12.2XX0 beginnen, bis zum Ende der planmäßigen Abschreibungen jeweils unter Berücksichtigung latenter Steuern

Immaterielle Vermögenswerte mit begrenzter Nutzungsdauer werden planmäßig über ihre Nutzungsdauer abgeschrieben. Die Abschreibung nach IAS 38.97 beginnt, sobald der Vermögenswert subjektiv genutzt werden kann. Dies ist vorliegend ab Januar 2XX2 der Fall. In 2XX1 erfolgt demnach noch keine planmäßige Abschreibung, sondern ein Test auf Werthaltigkeit.

Der Absatz ist vorgesehen für die Jahre 2XX2 bis 2XX4, die Nutzungsdauer beträgt drei Jahre. Die lineare Abschreibung beträgt jährlich EUR 7.916.667 (= EUR 23.750.000 / 3). Es ist jährlich wie folgt zu buchen:

Gesamtkostenverfahren				
Abschreibung	7.916.667	an	Immaterielle Vermögenswerte	7.916.667

Umsatzkostenverfahren				
Umsatzkosten	7.916.667	an	Immaterielle Vermögenswerte	7.916.667

Die passiven latenten Steuern in Höhe von EUR 2.375.000 (= 7.125 / 3) werden über die drei Jahre aufgelöst:

Gesamt- und Umsatzkostenverfahren				
Passive latente Steuern	2.375.000	an	Steuerertrag (latent)	2.375.000

Unter Berücksichtigung der beiden Sachverhalte stellen sich Bilanz und GuV wie folgt dar:[116]

Bilanz		31.12.2XX				
	Ref.	0	1	2	3	4
Aktiva						
Langfristige Vermögenswerte						
…						
Immaterielle Vermögenswerte	a.	23.750				
	b.			15.833	7.917	0
…						
Kurzfristige Vermögenswerte						
…						
Liquide Mittel	a.	-26.720				
…						
Passiva						
Eigenkapital						
…						
Jahresergebnis		-10.095	0	-5.542	-5.542	-5.542
…						
Langfristige Schulden						
…						
Latente Steuern	a.	7.125				
	b.			4.750	2.375	0
…						

[116] Auf eine Unterteilung der Schulden in lang- und kurzfristig wird aus Vereinfachungsgründen verzichtet.

Gewinn- und Verlustrechnung nach GKV		1.1. - 31.12.2XX				
	Ref.	0	1	2	3	4
...						
4. Andere aktivierte Eigenleistungen	a.	23.750				
7. Abschreibungen	b.			-7.917	-7.917	-7.917
8. Sonstige Aufwendungen	a.	-26.720				
...						
14. Ertragsteueraufwand	a.	-7.125				
	b.			2.375	2.375	2.375
...						
17. Jahresüberschuss/Jahresfehlbetrag		-10.095	0	-5.542	-5.542	-5.542

Gewinn- und Verlustrechnung nach UKV		1.1. - 31.12.2XX				
	Ref.	0	1	2	3	4
...						
2. Umsatzkosten				-7.917	-7.917	-7.917
...						
6. Sonstige Aufwendungen	a.	-25.720				
	a.	23.750				
...						
12. Ertragsteueraufwand	a.	-7.125				
	b.			2.375	2.375	2.375
...						
16. Jahresüberschuss/Jahresfehlbetrag.		-10.095	0	-5.542	-5.542	-5.542

c. Werthaltigkeitstest

Es wird nun unterstellt, dass sich das BAAINBw im November 2XX1 gegen „*Fireproof*" entscheidet. Die Entscheidung des BAAINBw gegen „*Fireproof*" hat eine andere Absatzprognose zur Folge, so dass der Vermögenswert wertgemindert sein könnte. Es liegt insofern ein für die Durchführung eines Werthaltigkeitstests (*impairment test*) auslösendes Ereignis gemäß IAS 36.12 vor.[117] Für die Zahlungsströme ist nun ausschließlich die Absatzprognose für Szenario 2 relevant.

Hier beträgt der Barwert zum 31.12.2XX1:

$$\text{Barwert} = \frac{1.000.000 \text{ x } (38 - 40)}{1{,}14} + \frac{3.000.000 \text{ x } (42 - 37)}{1{,}14^2} = 9.787.627$$

Da allerdings Entwicklungskosten in Höhe von EUR 23.750.000 aktiviert worden sind, ist eine außerplanmäßige Abschreibung auf den Nutzungswert vorzunehmen:

Gesamtkostenverfahren				
Außerplanmäßige Abschreibung	13.962.373	an	Immaterielle Vermögenswerte	13.962.373

Umsatzkostenverfahren				
Sonstige Aufwendungen	13.962.373	an	Immaterielle Vermögenswerte	13.962.373

117 Im Übrigen hätte auch ohne die Entscheidung des BAAINBw ein Werthaltigkeitstest durchgeführt werden müssen, weil immaterielle Vermögenswerte, die (noch) nicht genutzt werden und deshalb noch nicht planmäßig abgeschrieben werden, nach IAS 36.10 jährlich auf Wertminderung zu testen sind.

Da hierdurch die Differenz zwischen IFRS- und Steuerbilanz gemindert wird, sind passive latente Steuern in Höhe von EUR 13.962.373 x 30% = EUR 4.188.712 aufzulösen:

Gesamt- und Umsatzkostenverfahren				
Passive latente Steuern	4.188.712	an	Steuerertrag (latent)	4.188.712

Unter Berücksichtigung der Abwandlung stellen sich Bilanz und GuV wie folgt dar:[118]

Bilanz		31.12.2XX				
	Ref.	0	1	2	3	4
Aktiva						
Langfristige Vermögenswerte						
…						
Immaterielle Vermögenswerte	a.	23.750	9.788			
	b.			6.525	3.263	0
…						
Kurzfristige Vermögenswerte						
…						
Liquide Mittel	a.	-26.720				
…						
Passiva						
Eigenkapital						
…						
Jahresergebnis		-10.095	-9.774	-2.284	-2.284	-2.284
…						
Langfristige Schulden						
…						
Latente Steuern	a.	7.125				
	c.		2.936	1.958	979	0

Gewinn- und Verlustrechnung nach GKV		1.1. - 31.12.2XX				
	Ref.	0	1	2	3	4
…						
4. Andere aktivierte Eigenleistungen	a.	23.750				
…						
7. Abschreibungen	c.		-13.962	-3.263	-3.263	-3.263
8. Sonstige Aufwendungen	a.	-26.720				
…						
14. Ertragsteueraufwand	a.	-7.125				
	c.		4.189	979	979	979
…						
17. Jahresüberschuss/Jahresfehlbetrag		-10.095	-9.774	-2.284	-2.284	-2.284

Gewinn- und Verlustrechnung nach UKV		1.1. - 31.12.2XX				
	Ref.	0	1	2	3	4
…						
2. Umsatzkosten	c.		-13.962	-3.263	-3.263	-3.263
…						
6. Sonstige Aufwendungen (*other expenses*)	a.	-26.720				
	a.	23.750				
…						
12. Ertragsteueraufwand (*income tax expense*)	a.	-7.125				
	c.		4.189	979	979	979
…						
16. Jahresüberschuss/Jahresfehlbetrag		-10.095	-9.774	-2.284	-2.284	-2.284

4.1.2 Sachanlagevermögen

4.1.2.1 Grundlagen

4.1.2.1.1 Relevante Normen

IAS 16

International regelt schwerpunktmäßig IAS 16 die Bilanzierung von Sachanlagen. Dieser Standard behandelt den Ansatz, die Zugangs- und die planmäßige Folgebewertung des materiellen Sachanlagevermögens. Ergänzt wird

---

118 Auf eine Unterteilung der Schulden in lang- und kurzfristig wird aus Vereinfachungsgründen verzichtet.

IAS 16 durch IFRIC 1, welcher sich mit Bilanzierungsfragen im Zusammenhang mit der Änderung von Entsorgungs-, Wiederherstellungs- und ähnlichen Verpflichtungen befasst. Außerplanmäßige Wertminderungen von Sachanlagen sind Gegenstand von IAS 36. Sachanlagen, die zum Verkauf bestimmt sind (*non-current assets held for sale*) fallen in den Anwendungsbereich von IFRS 5.

4.1.2.1.2 Definition Sachanlagen

Definition

IAS 16.6 definiert Sachanlagen als Vermögenswerte, die ein Unternehmen zur Herstellung oder Lieferung von Gütern oder Dienstleistungen, zur Vermietung an Dritte oder für Verwaltungszwecke besitzt und die erwartungsgemäß länger als eine Berichtsperiode genutzt werden.

Beispiele

Zu den Sachanlagen gehören nach IAS 16.37 insbesondere Grundstücke und Gebäude, Maschinen und technische Anlagen, andere Anlagen sowie Betriebs- und Geschäftsausstattung. Nicht anzuwenden ist IAS 16 z.B. auf Vermögenswerte wie Waldbestände und ähnliche regenerative natürliche Ressourcen und Abbaurechte, die in den Anwendungsbereich von IAS 41 fallen. Weiterhin kommt für als Finanzinvestitionen gehaltene Immobilien neben IAS 16 auch IAS 40 in Betracht, welcher grundsätzlich eine Bewertung zum beizulegenden Zeitwert vorschreibt.

4.1.2.2 Ansatz und Ausweis

Ansatz

Nach IFRS ist eine Sachanlage dann als Vermögenswert in der Bilanz anzusetzen, wenn die beiden in IAS 16.7 genannten Ansatzkriterien erfüllt sind:

- Es muss wahrscheinlich sein, dass dem Unternehmen hieraus ein künftiger wirtschaftlicher Nutzen zufließt und
- die Anschaffungs- oder Herstellungskosten des Vermögenswerts können verlässlich ermittelt werden.

Veräußerungsgruppe

Stehen in einer einzigen Transaktion mehrere Vermögenswerte, sowie ggf. zugehörige Schuldposten zur Veräußerung an, ist eine sog. Veräußerungsgruppe (*disposal group*) zu bilden, die gemeinsam (als Bewertungseinheit) zu bewerten und gesondert in der Bilanz auszuweisen ist (IFRS 5.4, IFRS 5.38).

Ausweis

Explizite Ausweisvorschriften für Sachanlagen enthält IAS 16 nicht. Für den Ausweis empfiehlt IAS 1.60f. eine Untergliederung in kurz- und langfristige Vermögenswerte. Sachanlagen sind naturgemäß als langfristig zu klassifizieren und nach IAS 1.54(a) in der Bilanz zumindest als ein Posten auszuweisen. Weitere Untergliederungen sind gemäß der in IAS 16.37 genannten Gruppen nach IAS 1.78(a) entweder in der Bilanz oder im Anhang vorzunehmen. Beispiele für solche Gruppen sind unbebaute Grundstücke, Grundstücke und Gebäude, Maschinen und technische Anlagen, Schiffe, Flugzeuge und Kraftfahrzeuge.

Gesamtergebnisrechnung

Für die Gesamtergebnisrechnung gilt analog zum Bilanzausweis, dass wesentliche Posten gesondert darzustellen sind. Dies könnte insbesondere planmäßige und außerplanmäßige Abschreibungen, Zuschreibungen sowie Gewinne bzw. Verluste aus Abgängen von Sachanlagen betreffen. Gemäß IAS 16.88 ist der Gewinn aus der Ausbuchung einer Sachanlage nicht als Erlös, sondern als sonstiger betrieblicher Ertrag zu verbuchen. Ferner besteht für Unternehmen das Wahlrecht, entweder in der Gesamtergebnisrechnung oder im Anhang eine Analyse der Aufwendungen anhand des Gesamtkosten- oder des Umsatzkostenverfahrens vorzunehmen.

4.1.2.3 Bewertung

4.1.2.3.1 Zugangsbewertung

4.1.2.3.1.1 Anschaffungs- oder Herstellungskosten

Anschaffungs- oder Herstellungskosten

Aktivierungspflichtige Sachanlagen sind bei der erstmaligen Erfassung gemäß IAS 16.15 mit ihren Anschaffungs- oder Herstellungskosten anzusetzen. Diese umfassen gemäß IAS 16.6 den Betrag an Zahlungsmitteln oder Zahlungsmitteläquivalenten, der zum Erwerb oder zur Herstellung eines Vermögenswerts entrichtet wurde oder den beizulegenden Zeitwert einer anderen Gegenleistung zum Zeitpunkt des Erwerbs oder der Herstellung. Sofern die Zahlung für eine Sachanlage die übliche Zahlungsfrist überschreitet, stellt nach IAS 16.23 der Barwert des Barpreises die Anschaffungs- oder Herstellungskosten dar.

Im Gegensatz zum HGB differenziert IAS 16 nicht zwischen Anschaffungs- und Herstellungskosten, sondern verwendet den Oberbegriff „*cost*". Demnach sind die Kosten selbst erstellter Vermögenswerte nach denselben Grundsätzen wie für erworbene Vermögenswerte zu ermitteln.

Ermittlung

Im Wesentlichen sind die Anschaffungs- oder Herstellungskosten für Sachanlagen nicht anders zu ermitteln als beim Vorratsvermögen. Für die Ermittlung der Herstellungskosten verweist IAS 16.22 explizit auf die Vorschriften des IAS 2,[119] für die Ermittlung der Anschaffungskosten gilt aber Entsprechendes.[120]

<table>
<tr><th>Anschaffungskosten</th><th>Herstellungskosten</th></tr>
<tr><td>Anschaffungspreis
- Anschaffungspreisminderungen</td><td>Bestandteile der Herstellungskosten gemäß IAS 2</td></tr>
<tr><td colspan="2">+ alle direkt zurechenbaren Kosten, die anfallen, um den Vermögenswert in den vom Management vorgesehenen Zustand und Umgebung zu versetzen
+ Ausgaben für zukünftige Entsorgungs-, Rekultivierungs- oder ähnliche Verpflichtungen
+/- (Wahl-)Bestandteile aufgrund anderer Standards
+ nachträgliche Anschaffungs- oder Herstellungskosten</td></tr>
<tr><td colspan="2">= Anschaffungs- oder Herstellungskosten einer Sachanlage</td></tr>
</table>

Abb. 11: Bestandteile der Anschaffungs- oder Herstellungskosten[121]

---

[119] Hierzu ausführlich Abschn. 4.1.3.3.1.3.

[120] Hierzu Lüdenbach/Hofmann/Freiberg, Haufe IFRS-Kommentar, 21. Aufl. 2023, § 14 Rz. 11.

[121] Übernommen aus Pellens/Fülbier/Gassen/Selhorn, Internationale Rechnungslegung, 11. Aufl. 2021, S. 395.

Ausgangspunkt

Ausgangspunkt für die Ermittlung bildet nach IAS 16.16(a) der Erwerbspreis einschließlich Einfuhrzölle und abzüglich erstattungsfähiger Umsatzsteuer sowie direkt zurechenbarer Rabatte, Boni und Skonti. Darüber hinaus werden die Anschaffungs- oder Herstellungskosten gemäß IAS 16.16(b) um alle direkt zurechenbaren Kosten erhöht, die anfallen, um den Vermögenswert an den gewünschten Standort und in den vom Management beabsichtigten, betriebsbereiten Zustand zu versetzen.

Direkt zurechenbare Kosten

Als Beispiele für direkt zurechenbare Kosten nennt IAS 16.17 u.a. Ausgaben für die Standortvorbereitung, für die erstmalige Lieferung und Leistung (z.B. Transportkosten, Transportversicherung etc.), Installations- und Montagekosten sowie Honorare, z.B. für Architekten oder Ingenieure. Die Berücksichtigung dieser Nebenkosten als Anschaffungs- oder Herstellungskosten endet gemäß IAS 16.22 folglich i.d.R. mit der Inbetriebnahme des angeschafften oder hergestellten Vermögenswerts. Die Betriebsbereitschaft beendet den Anschaffungs- oder Herstellungsvorgang auch dann, wenn der Vermögenswert noch nicht genutzt wird. Die dann noch anfallenden Kosten sind nicht mehr aktivierbar und insofern sofort aufwandswirksam zu erfassen.[122]

4.1.2.3.1.2 Entsorgungsverpflichtungen

Sofern einem Unternehmen bei der Anschaffung oder Nutzung von Sachanlagen eine Verpflichtung entsteht, der es sich in späteren Perioden nicht entziehen kann, hat es die damit verbundenen künftigen Ausgaben nach IAS 16.16(c) bereits im Zeitpunkt der Verpflichtungsentstehung in den Anschaffungs- oder Herstellungskosten zu aktivieren. Derartige Verpflichtungen können Entsorgungs-, Rekultivierungs- oder ähnliche Verpflichtungen nach Stilllegung der Sachanlage darstellen, um den Standort in seinen ursprünglichen Zustand zurückzuversetzen. Für die Aktivierung dieser (zukünftigen) Ausgaben wird indes vorausgesetzt, dass die Verpflichtung eine Rückstellungsbildung gemäß IAS 37 hervorruft und nicht im Rahmen der Herstellung von Vorräten entstanden ist.[123]

Rückstellung

Für letzteren Fall regelt IAS 16.18 das IAS 2 i.V.m. IAS 37 zur Anwendung kommt. Sofern die Voraussetzungen jedoch erfüllt sind, sind die künftigen Ausgaben mit ihrem Barwert in den Anschaffungs- oder Herstellungskosten der Sachanlage anzusetzen und anschließend über die Nutzungsdauer mit abzuschreiben. Gleichzeitig ist eine Rückstellung für die künftige Entsorgungs-, Rekultivierungs- oder ähnliche Verpflichtung zu passivieren und in den Folgejahren aufzuzinsen. Sollten sich die erwarteten Ausgaben im Laufe der Nutzungsdauer ändern, sind sowohl die Rückstellung als auch der Barwert der Sachanlage entsprechend anzupassen.

> ***Beispiel*** – Abbruchverpflichtung
>
> Die FWA nimmt am 1.1.2XX1 in einem gemieteten Gebäude eine Mietereinbaute vor, deren Nutzungsdauer fünf Jahre betragen soll. Die Anschaffungs- oder Herstellungskosten belaufen sich auf EUR 100.000. Die geschätzten Abbruchkosten am 31.12.2XX5 belaufen sich auf EUR 10.000 (inkl. erwarteter Kostensteigerungen). Der Diskontierungszins soll an allen Stichtagen 10% betragen.

[122] Hierzu Lüdenbach/Hofmann/Freiberg, Haufe IFRS-Kommentar, 21. Aufl. 2023, § 14 Rz. 10.

[123] Hierzu Pellens/Fülbier/Gassen/Selhorn, Internationale Rechnungslegung, 11. Aufl. 2021, S. 396.

Die Bewertung der Mietereinbauten und der Abbruchverpflichtung im Zugangszeitpunkt sowie in den Folgeperioden stellt sich wie folgt dar:

	Rückstellung (= Barwert Abbruchverpflichtung)	Anschaffungskosten	Abschreibung	Restbuchwert	Aufzinsung Rückstellung
01.01.2XX1	6.209	106.209	-	-	-
31.12.2XX1	6.830		21.242	84.967	621
31.12.2XX2	7.513		26.552	79.657	683
31.12.2XX3	8.264		35.403	70.806	751
31.12.2XX4	9.091		53.105	53.105	826
31.12.2XX5	10.000		106.209	0	909

Zum 01.01.2XX1 ist wie folgt zu buchen:

Sachanlagen	106.209	an	Bank	100.000
			Rückstellungen	6.209

Zum 31.12.2XX1 ist wie folgt zu buchen:

Abschreibungen	21.242	an	Sachanlagen	21.242
Zinsaufwand	621	an	Rückstellungen	621

Zum 31.12. der Folgeperioden ist analog vorzugehen.

Fremdkapitalkosten

Bezüglich der Aktivierung von Zinsen als Bestandteil der Anschaffungs- oder Herstellungskosten verweist IAS 16.22 auf IAS 23. Fremdkapitalkosten, die direkt dem Erwerb oder der Herstellung eines qualifizierten Vermögenswerts (*qualifying asset*) zugeordnet werden können, müssen nach IAS 23.8 als Teil der Anschaffungs- oder Herstellungskosten aktiviert werden. Als qualifizierte Vermögenswerte werden gemäß IAS 23.5 solche Vermögenswerte bezeichnet, die erst nach einem längeren Zeitraum in einen betriebs- oder verkaufsbereiten Zustand versetzt werden können. Direkt zurechenbare Fremdkapitalkosten sind Kosten, die hätten vermieden werden können, wenn die Ausgaben für den qualifizierten Vermögenswert nicht getätigt worden wären. Wird z.B. der voraussichtlich mehrjährige Bau einer anschließend selbstgenutzten Spezial-Lagerhalle durch Aufnahme eines Kredits finanziert, sind die anfallenden Kreditzinsen in den Herstellungskosten der Lagerhalle zu aktivieren.[124] Finanzielle Vermögenswerte inklusive Beteiligungen sind keine qualifizierten Vermögenswerte.

Beispiel – Fremdkapitalkosten

Zum 01.01.20XX1 beträgt der Buchwert einer unfertigen Anlage – bei der es sich annahmegemäß um einen qualifizierten Vermögenswert handelt – EUR 200.000. Zur Fertigstellung der Anlage wird zum 01.10.2XX1 eine zusätzliche Investition in Höhe von EUR 400.000 erforderlich. Hierzu wird zum 01.10.2XX1 ein Kredit über EUR 100.000 mit einem Zinssatz von 10% aufgenommen. Der gewichtete Durchschnittszinssatz sämtlicher anderer Finanzierungen nach IAS 23.14 soll bei 5% liegen.

---

[124] Hierzu ausführlich Lüdenbach/Hofmann/Freiberg, Haufe IFRS-Kommentar, 21. Aufl. 2023, § 9 Rz. 1ff. Zur Identifikation von qualifizierten Vermögenswerten auch Esser/Brendle, IRZ 2010, S. 249ff. Weiterführend zudem Landgraf/Roos, PiR 2013, S. 147ff.

Die zum 31.12.2XX1 in den Herstellungskosten zu aktivierenden Fremdkapitalkosten ermitteln sich wie folgt:

Zeitraum	Kapitalbindung	Zinssatz	Zeitraum anteilig	Fremdkapitalkosten
01.01. - 30.09.	200.000	5%	0,75	7.500
01.10 - 31.12.	*600.000*			
davon	100.000	10%	0,25	2.500
davon	500.000	5%	0,25	6.250
	zu aktivierende Fremdkapitalkosten			**16.250**

4.1.2.3.1.3 Zuwendungen der öffentlichen Hand

Erhält ein Unternehmen bei Erwerb oder Herstellung einer Sachanlage eine Zuwendung von öffentlichen Stellen, so kann diese gemäß IAS 20.24 als Minderung des Buchwerts der Sachanlage erfasst werden. Alternativ kann die Zuwendung nach IAS 20.24 i.V.m. IAS 20.26 aber auch passivisch abgegrenzt und über die Nutzungsdauer der Sachanlage planmäßig als Ertrag verteilt werden.

Ansatz

Bilanzansatzfähig sind öffentliche Zuwendungen nach IAS 20.7 zu dem Zeitpunkt, an dem mit angemessener Sicherheit gewährleistet ist, dass

- das Unternehmen die Förderungsvoraussetzungen erfüllt und
- die Zuwendungen auch tatsächlich fließen werden (also z.B. bei einem Rechtsanspruch auf Förderung die Anträge gestellt werden).

Gleiche Gewichtung der Kriterien

Beide Ansatzkriterien sind gleichermaßen bedeutsam. Dabei ist es unerheblich, in welcher Technik die Zuwendung gewährt wird. Es kann sich nach IAS 20.9 um eine Barzahlung handeln oder aber um den Erlass einer Verbindlichkeit gegenüber der öffentlichen Hand. Auch die Übertragung von Sachwerten materieller oder immaterieller Art kommt in Betracht. Auch die bereits erfolgte Vereinnahmung des Zuwendungsbetrags erlaubt nach IAS 20.8 nicht zwingend den Schluss, dass die mit der Zuwendung verbundenen Auflagen erfüllt sind oder später erfüllt werden. Die bereits vereinnahmte Zuwendung ist dann ggf. als Verbindlichkeit zu passivieren.

Zuwendungen mit und ohne Rechtsanspruch

Zu unterscheiden sind öffentliche Zuwendungen mit Rechtsanspruch (Beispiel: Investitionszulagen nach dem InvZulG) – bei Erfüllung bestimmter Voraussetzungen – von denjenigen, deren Gewährung von Ermessensausübungen einer Behörde abhängt. Die Erstgenannten sind bei Erfüllung der rechtlichen Kriterien, die Letztgenannten i.d.R. erst nach Ergehen eines Bewilligungsbescheids anzusetzen.[125]

Beispiel – Investitionszuschuss

Ende 2XX2 schafft die FWA eine schlüsselfertig für EUR 5.000.000 an und nimmt diese bis zum Bilanzstichtag bezahlte Abwasserreinigungsanlage in Betrieb. Ein Umweltschutzprogramm der EU fördert derartige Investitionen mit 20% der

[125] Hierzu ausführlich Lüdenbach/Hofmann/Freiberg, Haufe IFRS-Kommentar, 21. Aufl. 2023, § 12 Rz. 1ff.

Investitionssumme. Rechtsanspruch auf die Förderung besteht, wenn die einzige Bedingung – die Inbetriebnahme der Anlage – erfüllt ist. Daher hat das Management der FWA schon im Sommer in Brüssel entsprechende Fördermittel beantragt und später auch die Inbetriebnahme der Anlage angezeigt. Jedoch liegt bei Bilanzaufstellung weder der Bewilligungsbescheid vor, noch ist das Fördergeld bereits geflossen.

Vorliegend ist die Bedingung – nämlich die Inbetriebnahme der Abwasserreinigungsanlage – erfüllt. Da demnach ein Rechtsanspruch auf die Förderung besteht, kann nicht daran gezweifelt werden, dass die Zuwendung auch gewährt wird: die FWA ist für die Verzögerung im Brüsseler Verwaltungsapparat nicht verantwortlich.

Im Falle der Bildung eines Passivpostens ist zum 31.12.2XX2 wie folgt zu buchen:

Sachanlagen	5.000.000	an	Bank	5.000.000
Sonstige Forderungen	1.000.000	an	Abgrenzungsposten	1.000.000

Der Abgrenzungsposten ist sodann über die Nutzungsdauer des Vermögenswerts erfolgswirksam aufzulösen. Zum 31.12.2XX3 wäre bei einer unterstellten Nutzungsdauer von zehn Jahren für diesen wie folgt zu buchen:

Abgrenzungsposten	100.000	an	Sonstiger Ertrag	100.000

Würde sich die FWA dazu entscheiden, den Zuschuss von den Anschaffungskosten abzusetzen, so wäre zum 31.12.2XX2 wie folgt zu buchen:

Sachanlagen	5.000.000	an	Bank	5.000.000
Sonstige Forderungen	1.000.000	an	Sachanlagen	1.000.000

4.1.2.3.1.4 Nachträgliche Anschaffungs- oder Herstellungskosten

Erhöhung der ursprünglichen Kosten

Nachträgliche Kosten fallen nach dem eigentlichen Anschaffungs- oder Herstellungsprozess gemäß IAS 16.10 an, um eine Sachanlage zu erweitern, teilweise zu ersetzen oder in Betrieb zu halten. Sie erhöhen dann die ursprünglichen Anschaffungs- oder Herstellungskosten, wenn die allgemeinen Ansatzkriterien des IAS 16.7 (wahrscheinlicher zukünftiger Nutzenzufluss und verlässliche Messung der Kosten) erfüllt sind. Dies gilt auch für Kosten, die für eine planmäßige Generalüberholung einzelner Bestandteile einer Sachanlage anfallen, wie z.B. der regelmäßige Austausch von Sitzen in einem Flugzeug, sowie für Großinspektionen, welche Voraussetzung für die Fortführung des Betriebs der Sachanlage sind. Die Buchwerte jener Teile, welche ersetzt wurden, bzw. im Buchwert verbleibende Kosten für vorhergehende Großinspektionen sind in diesem Fall auszubuchen (IAS 16.13-14).

Laufende Wartungskosten

Von Großinspektionen abzugrenzen sind jedoch laufende Wartungskosten, welche sich vor allem aus Kosten für Lohn und Verbrauchsgüter zusammensetzen. Diese erfüllen nicht die Ansatzkriterien des IAS 16.7 und sind gemäß IAS 16.12 sofort erfolgswirksam zu erfassen.

4.1.2.3.1.5 Nicht anzusetzende Kostenbestandteile

Nicht aktivierungsfähige Kosten

IAS 16.19 enthält Beispiele für Kosten, die explizit keine Bestandteile der Anschaffungs- bzw. Herstellungskosten sind und somit im Zeitpunkt ihres Anfalls Aufwand darstellen. Dazu gehören:

- Kosten der Neueröffnung einer Betriebsstätte,
- Einführungskosten neuer Produkte oder Dienstleistungen (einschließlich Kosten für Werbung und verkaufsfördernde Maßnahmen),
- Kosten, die bei der Schaffung neuer Geschäfts- oder Kundenbeziehungen anfallen (einschließlich Schulungskosten), sowie
- Verwaltungs- und andere nicht allokierte Gemeinkosten.

Allgemeinen Verwaltungs- und nicht allokierte Gemeinkosten

Gemäß dem Wortlaut von IAS 16.19 (d) sind demnach im Unterschied zur Ermittlung der Herstellungskosten von Vorräten, bei welchen Verwaltungs- und andere nicht allokierte Gemeinkosten einbezogen werden können, wenn sie für die Her- bzw. Bereitstellung der Vorräte erforderlich waren, grundsätzlich keine allgemeinen Verwaltungs- und nicht allokierte Gemeinkosten in die Herstellungskosten von Sachanlagen einzubeziehen. Der Anschaffungs- bzw. Herstellungsprozess endet, sobald sich die Sachanlage betriebsbereit an dem vom Management gewünschten Standort befindet. Demzufolge stellen Kosten, die während der Nutzung der Sachanlagen – z.B. Kosten, die durch nicht ausgelastete Kapazitäten entstehen – oder aufgrund deren Verlagerung – z.B. durch nachträgliche Änderung des Standorts der Sachanlage – anfallen, ebenfalls keine in den Anschaffungs- oder Herstellungskosten zu erfassenden Bestandteile dar (IAS 16.20). Nutzt ein Unternehmen eine noch nicht fertig gestellte Sachanlage in der Herstellungszeit anderweitig als eigentlich geplant, sind die damit verbundenen Einnahmen und Ausgaben ebenfalls ergebniswirksam zu erfassen (IAS 16.21).

4.1.2.3.1.6 Erwerb durch Tausch

Anschaffungskosten

Beim Erwerb einer Sachanlage im Tausch gegen einen nicht monetären Vermögenswert oder eine Kombination aus monetären und nicht monetären Vermögenswerten bestimmen sich die Anschaffungskosten nach IAS 16.24 i.V.m. IAS 16.26 auf Basis des beizulegenden Zeitwerts des abgehenden Vermögenswerts. Durchbrochen wird dieses Prinzip allerdings dann, wenn dem Tauschgeschäft kein wirtschaftlicher Gehalt zukommt oder die beizulegenden Zeitwerte weder der abgehenden noch der erhaltenen Sachanlage verlässlich bestimmbar sind. Dann entsprechen die Anschaffungskosten der erhaltenen Sachanlage dem Buchwert des abgegebenen Vermögenswerts.

Wirtschaftlicher Gehalt

Ein wirtschaftlich gehaltvolles Tauschgeschäft liegt nach IAS 16.25 dann vor, wenn sich die Struktur der *cashflows* (bzgl. Risiko, zeitlichen Anfalls und Betrag) der erhaltenen Sachanlage von der des abgegebenen Vermögenswerts unterscheiden und sich der unternehmensspezifische Wert des von den Transaktionen betroffenen Unternehmensteils durch den Tauschvorgang verändert, sodass die beizulegenden Zeitwerte beider Vermögenswerte wesentlich voneinander abweichen. Der unternehmensspezifische Wert stellt dabei gemäß IAS 16.6 den Barwert der aus der Nutzung des Vermögenswerts und seinem Abgang am Ende der Nutzungsdauer resultierenden *cashflows* im Unternehmen – d.h. inklusive z.B. Synergien – dar.

Zuverlässige Ermittlung des beizulegenden Zeitwerts

Eine zuverlässige Ermittlung des beizulegenden Zeitwerts als zweite Voraussetzung kann auch bei fehlenden Marktpreisen vorliegen.

Sofern eine Intervallschätzung von beizulegenden Zeitwerten möglich ist und die Varianz der Zeitwerte innerhalb des Intervalls unbedeutend ist oder aber die Eintrittswahrscheinlichkeiten der verschiedenen Szenarien innerhalb dieser Bandbreite vernünftig geschätzt und bei der Bemessung des beizulegenden Zeitwerts verwendet werden können, liegt nach IAS 16.26 Verlässlichkeit vor. Kann der beizulegende Zeitwert der erhaltenen Sachanlage verlässlicher bestimmt werden als der des abgehenden Vermögenswerts, stellt dieser die Anschaffungskosten dar.[126]

4.1.2.3.2 Folgebewertung

4.1.2.3.2.1 Bewertungsverfahren

Grundsatz der Stetigkeit

Nach dem erstmaligen Ansatz können Sachanlagen nach IAS 16.29 entweder mit dem Anschaffungskosten- oder dem Neubewertungsmodell folgebewertet werden. Aufgrund des Stetigkeitsgebots ist eine einmal ausgewählte Methode für eine Gruppe von Sachanlagen[127] in den Folgeperioden beizubehalten.

Zulässigkeit eines Methodenwechsels

Ein Methodenwechsel ist nach IAS 8.14 nur dann zulässig, wenn ein anderer Standard oder eine Interpretation dies ausdrücklich verlangt oder mit dem Wechsel eine verbesserte Darstellung der Vermögens-, Finanz- und Ertragslage sowie der *cash-flows* erreicht werden kann.

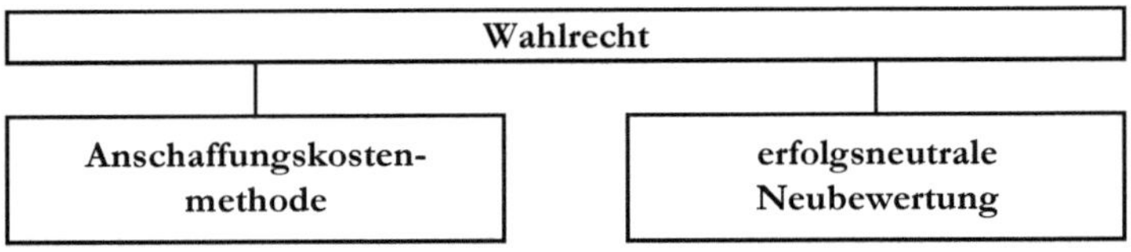

Abb. 12: Folgebewertung Sachanlagen

4.1.2.3.2.2 Anschaffungskostenmodell

Fortgeführte Anschaffungs- oder Herstellungskosten

Nach dem Anschaffungskostenmodell ist die Folgebewertung von Sachanlagen zu fortgeführten Anschaffungs- oder Herstellungskosten vorzunehmen. Folglich sind die Anschaffungs- oder Herstellungskosten abnutzbarer Sachanlagen planmäßig über die voraussichtliche Nutzungsdauer abzuschreiben und ggf. um außerplanmäßige Wertminderungen nach IAS 36 zu korrigieren. Im Falle nicht abnutzbarer Sachanlagen sind nach IAS 16.30 dagegen lediglich außerplanmäßige Wertminderungen zu berücksichtigen.

Planmäßige Abschreibungen

Durch die planmäßige Abschreibung wird das Abschreibungsvolumen eine Vermögenswerts gemäß IAS 16.6 systematisch über dessen Nutzungsdauer verteilt. Die planmäßige Abschreibung beginnt, sobald der Vermögenswert zur Nutzung zur Verfügung steht.

[126] Hierzu Pellens/Fülbier/Gassen/Selhorn, Internationale Rechnungslegung, 11. Aufl. 2021, S. 398-399. Zu Tauschvorgängen ausführlich Roos, IRZ 2016, S. 203-207.

[127] Zu einer Gruppenbildung kommt es, wenn Vermögenswerte in Funktion und Art ähnlich sind. Beispiele für solche Gruppen finden sich im IAS 16.37.

Nach IAS 16.55 bezeichnet dies den Zeitpunkt, in dem der Vermögenswert in den notwendigen Zustand und die Umgebung gebracht worden ist, um in der vom Management gewünschten Weise in Betrieb genommen zu werden. Folglich ist der Zeitpunkt der operativen Einsatzfähigkeit für den Abschreibungsbeginn entscheidend.

Zur Bestimmung des Abschreibungsbetrags bedarf es der Ermittlung der drei Bewertungsparameter

- Abschreibungsvolumen,
- Abschreibungsmethode und
- Nutzungsdauer.

Abschreibungsvolumen

Das Abschreibungsvolumen entspricht nach IAS 16.6 i.V.m. IAS 16.53 grundsätzlich den Anschaffungs- oder Herstellungskosten einer Sachanlage vermindert um einen etwaigen Restwert bei seinem Abgang.[128] Die Abschreibung einer Sachanlage muss über die voraussichtliche Nutzungsdauer des Vermögenswerts erfolgen und mit seiner Ausbuchung oder Klassifikation als zum Verkauf bestimmter Vermögenswert nach IFRS 5 enden. Die Abschreibung ist indes weiterzuführen, wenn der Vermögenswert zwischenzeitlich stillgelegt werden soll (IAS 16.55).

Nutzungsdauer

Die voraussichtliche Nutzungsdauer ist nach IAS 16.56 u.a. auf Grundlage des erwarteten Verbrauchs und unter Berücksichtigung von physischem Verschleiß, technischer Alterung sowie rechtlicher oder ähnlicher Nutzungsbeschränkungen zu schätzen. Dabei können sich voraussichtliche und wirtschaftliche Nutzungsdauer durchaus unterscheiden. So kann z.B. die Investitionspolitik eines Unternehmens vorsehen, bestimmte Sachanlagen grundsätzlich nach der Hälfte der wirtschaftlichen Nutzungsdauer zu ersetzten. Damit eine Veränderung der Nutzugsdauer und des Restwerts rechtzeitig antizipiert werden kann, sind sie nach IAS 16.51 am Ende jedes Geschäftsjahres zu überprüfen und ggf. für die aktuelle und die folgenden Perioden anzupassen. Damit verbundene Anpassungsbeträge sind als Schätzungsänderungen gemäß IAS 8.36 und damit erfolgswirksam zu behandeln.[129]

Abschreibungsmethode

Als Abschreibungsverfahren kommen sämtliche Methoden in Betracht, die den erwarteten wirtschaftlichen Nutzenverlauf korrekt abbilden. IAS 16.62 schlägt hier lineare, degressive oder leistungsabhängige Verfahren vor, wobei eine eindeutige Präferenz für eine Methode nicht erfolgt. Aus rein steuerlichen Gründen vorgenommene Abschreibungen sind nicht erlaubt. Das gilt auch für den aus rein steuerlichen Motiven vorgenommenen Wechsel von der degressiven auf die lineare Abschreibung. Grundsätzlich ist ein Methodenwechsel nur erlaubt, wenn hiermit der tatsächlich erwartete wirtschaftliche Nutzenverlauf zutreffender dargestellt wird. Daher ist das angewendete Abschrei-

---

[128] In der Praxis ist der Restwert von Sachanlagen aber oft unbedeutend und deshalb für die Ermittlung des Abschreibungsbetrags meist unwesentlich (IAS 16.53). Eine mögliche Ausnahme stellt z.B. der Restwert eines Flugzeugs dar, welcher sich durch dessen Schrottwert bestimmt. Sofern ein solcher, wahrscheinlich wesentlicher Restwert im Erwerbszeitpunkt geschätzt werden kann, mindert dieser das Abschreibungsvolumen und damit den periodisch zu erfassenden Abschreibungsbetrag.

[129] Hierzu Lüdenbach/Hofmann/Freiberg, Haufe IFRS-Kommentar, 21. Aufl. 2023, § 10 Rz. 33ff. Zur Nutzungsdauer auch ausführlich Tanski, Sachanlagen nach IFRS, 2005, S. 65-68, 86-88

bungsverfahren stets am Ende eines Geschäftsjahres zu überprüfen. Ein Wechsel des Abschreibungsverfahrens ist nach IAS 16.61 analog zur Änderung der Nutzungsdauer oder des Restwerts als Schätzungsänderung gemäß IAS 8.36 zu behandeln.

Komponentenansatz

Besteht eine Sachanlage aus mehreren Komponenten, sind diese nach IAS 16.43 gesondert abzuschreiben, sofern ihre Anschaffungs- oder Herstellungskosten im Verhältnis zu den Gesamtkosten der Sachanlage einen bedeutenden Anteil darstellen.[130] Allerdings enthält IAS 16 keine Hinweise darauf, ab wann es sich um einen „bedeutenden Anteil" handelt. Nach diesem sog. Komponentenansatz sind bedeutende Komponenten selbst dann getrennt voneinander abzuschreiben, wenn diese in einem einheitlichen Nutzungs- und Funktionszusammenhang stehen. So kann es z.B. erforderlich sein, Triebwerke gesondert vom dazugehörigen Flugzeugrahmen abzuschreiben. Eine Ausnahme von diesem Komponentenansatz tritt dann ein, wenn bedeutende Komponenten die gleiche Nutzungsdauer sowie Abschreibungsmethode aufweisen. In diesem Fall können sie gemäß IAS 16.45 bei der Bestimmung des Abschreibungsbetrags zusammengefasst werden. Des Weiteren bietet IAS 16.47 das Wahlrecht, auch nicht bedeutende Komponenten gesondert abzuschreiben.[131]

Beispiel – Komponentenabschreibung

Um die Schafswolle von Australien nach Deutschland zu transportieren, schafft die FWA am 01.01.2XX1 ein Schiff an. Die Anschaffungskosten betragen EUR 32.500.000, die Nutzungsdauer liegt bei 20 Jahren. Der Motor muss voraussichtlich nach 15 Jahren ersetzt werden. Zum 01.01.2XX1 liegen die geschätzten Kosten für einen neuen Motor bei EUR 7.500.000 Das Schiff muss alle fünf Jahre zur Generalüberholung (GÜ) ins Dock. Zum 01.01.2XX1 liegen die geschätzten Kosten hierfür bei EUR 1.000.000 Die tatsächlichen Kosten des Motors und der Generalüberholungen sind höher.

	tatsächliche Kosten Motor	tatsächliche Kosten GÜ	BW Motor	BW GÜ	BW Rest	BW Gesamt	Abschreibung Motor	Abschreibung GÜ	Abschreibung Rest	Abschreibung Gesamt
01.01.2XX1			7.500.000	1.000.000	24.000.000	32.500.000				
31.12.2XX1			7.000.000	800.000	23.200.000	31.000.000	500.000	200.000	800.000	1.500.000
31.12.2XX2			6.500.000	600.000	22.400.000	29.500.000	500.000	200.000	800.000	1.500.000
31.12.2XX3			6.000.000	400.000	21.600.000	28.000.000	500.000	200.000	800.000	1.500.000
31.12.2XX4			5.500.000	200.000	20.800.000	26.500.000	500.000	200.000	800.000	1.500.000
31.12.2XX5		1.200.000	5.000.000	1.200.000	20.000.000	26.200.000	500.000	200.000	800.000	1.500.000
31.12.2XX6			4.500.000	960.000	19.200.000	24.660.000	500.000	240.000	800.000	1.540.000
31.12.2XX7			4.000.000	720.000	18.400.000	23.120.000	500.000	240.000	800.000	1.540.000
31.12.2XX8			3.500.000	480.000	17.600.000	21.580.000	500.000	240.000	800.000	1.540.000
31.12.2XX9			3.000.000	240.000	16.800.000	20.040.000	500.000	240.000	800.000	1.540.000
31.12.2X10		1.300.000	2.500.000	1.300.000	16.000.000	19.800.000	500.000	240.000	800.000	1.540.000
31.12.2X11			2.000.000	1.040.000	15.200.000	18.240.000	500.000	260.000	800.000	1.560.000
31.12.2X12			1.500.000	780.000	14.400.000	16.680.000	500.000	260.000	800.000	1.560.000
31.12.2X13			1.000.000	520.000	13.600.000	15.120.000	500.000	260.000	800.000	1.560.000
31.12.2X14			500.000	260.000	12.800.000	13.560.000	500.000	260.000	800.000	1.560.000
31.12.2X15	9.000.000	1.400.000	9.000.000	1.400.000	12.000.000	22.400.000	600.000	260.000	800.000	1.660.000
31.12.2X16			8.400.000	1.120.000	11.200.000	20.720.000	600.000	280.000	800.000	1.680.000
31.12.2X17			7.800.000	840.000	10.400.000	19.040.000	600.000	280.000	800.000	1.680.000
31.12.2X18			7.200.000	560.000	9.600.000	17.360.000	600.000	280.000	800.000	1.680.000
31.12.2X19			6.600.000	280.000	8.800.000	15.680.000	600.000	280.000	800.000	1.680.000
31.12.2X20		1.500.000	6.000.000	1.500.000	8.000.000	15.500.000	600.000	280.000	800.000	1.680.000
31.12.2X21			5.400.000	1.200.000	7.200.000	13.800.000	600.000	300.000	800.000	1.700.000
31.12.2X22			4.800.000	900.000	6.400.000	12.100.000	600.000	300.000	800.000	1.700.000
31.12.2X23			4.200.000	600.000	5.600.000	10.400.000	600.000	300.000	800.000	1.700.000
31.12.2X24			3.600.000	300.000	4.800.000	8.700.000	600.000	300.000	800.000	1.700.000

130 Nach IAS 16.14 sind auch regelmäßig durchzuführende Wartungen (Generalüberholung, kostenintensive Inspektionen) als Komponenten zu behandeln. Etwaige (Rest-)Bestandteile des ausgewiesenen Wertansatzes betreffender Vermögenspositionen, die noch auf vorhergehende Wartungen zurückzuführen sind, müssen korrespondierend dazu ausgebucht werden.

131 Hierzu ausführlich Wobbe, IFRS: Sachanlagen und Leasing, 2008, S. 53-55.

31.12.2X25	1.600.000	3.000.000	1.600.000	4.000.000	8.600.000	600.000	300.000	800.000	1.700.000
31.12.2X26		2.400.000	1.280.000	3.200.000	6.880.000	600.000	320.000	800.000	1.720.000
31.12.2X27		1.800.000	960.000	2.400.000	5.160.000	600.000	320.000	800.000	1.720.000
31.12.2X28		1.200.000	640.000	1.600.000	3.440.000	600.000	320.000	800.000	1.720.000
31.12.2X29		600.000	320.000	800.000	1.720.000	600.000	320.000	800.000	1.720.000
31.12.2X30		0	0	0	0	600.000	320.000	800.000	1.720.000

Unterstellt man, dass der Motor während der Nutzungsdauer, z.B. nach 13 Jahren, auszubuchen ist, wäre wie folgt zu buchen:

Sonstiger Aufwand	1.000.000	an	Schiff	7.500.000
Kumulierte Abschreibung	6.500.000			

Der neue Motor ist dann entsprechend einzubuchen.

Wertminderungen und -aufholungen Am Ende eines Geschäftsjahres hat ein Unternehmen zusätzlich zu überprüfen, ob Anhaltspunkte für eine Wertminderung gemäß IAS 36 vorliegen und somit Sachanlagen ggf. außerplanmäßig abzuschreiben sind.[132] Eine Wertaufholung ist gemäß IAS 36.111 immer dann vorzunehmen, wenn die Umstände für eine frühere Wertminderung entfallen sind bzw. externe oder interne Quellen auf einen erhöhten erzielbaren Betrag hindeuten. Dabei darf die Wertaufholung maximal bis zu den fortgeführten historischen Anschaffungs- oder Herstellungskosten erfolgen, die bei der Folgebewertung nach dem Anschaffungskostenmodell die Wertobergrenze darstellen (IAS 36.117).

4.1.2.3.2.3 Sonderthemen

GWG Explizite Regelungen zur Abschreibung geringwertiger Vermögenswerte, wie sie das deutsche Steuerrecht in § 6 Abs. 2 EStG für Wirtschaftsgüter mit Anschaffungs- oder Herstellungskosten von weniger als EUR 800 (netto) kennt, enthält IAS 16 nicht. Aufgrund des Wesentlichkeitsgrundsatzes können geringwertige Sachanlagen jedoch analog zum deutschen Steuerrecht im Jahr der Anschaffung oder Herstellung vollständig abgeschrieben werden.[133]

Entschädigungszahlungen Erhält ein Unternehmen Entschädigungszahlungen von Dritten für eine Wertminderung, einen Verlust oder eine außer Betrieb genommene Sachanlage, sind diese nach IAS 16.65 in der Gewinn- und Verlustrechnung als Ertrag zu erfassen, sobald sie zu Forderungen werden. Dabei ist es unerheblich, ob es sich um monetäre oder nicht monetäre Entschädigungsleistungen handelt. So sind z.B. Versicherungsleistungen aufgrund beschädigter Sachanlagen als Erträge zu behandeln und heben nicht die aufgrund der Beschädigung vorgenommene Wertminderung auf.

Festbewertung Eine wie nach deutschem Handelsrecht unter bestimmten Voraussetzungen zulässige Festbewertung enthalten die IFRS nicht. Eine Festbewertung ist insofern nur dann zulässig, wenn der Festwertansatz unwesentlich ist. Wird z.B. eine Wesentlichkeitsgrenze von 0,5% der Bilanzsumme angenommen, so ist es erforderlich, die Höhe des Festwertansatzes zu bestimmen, um eine Beurteilung der Wesentlichkeit vornehmen zu können. Da die Wesentlichkeitsbeurteilung jedes Jahr zu erfolgen hat, stellt die Festbewertung nach IFRS letztlich keine wirkliche Arbeitserleichterung dar.

---

[132] Hierzu ausführlich Abschn. 4.1.1.6.

[133] Hierzu ausführlich Roos, in: Festschrift Lüdenbach, Behandlung von Geringwertigen Vermögenswerten, S. 189ff.

4.1.2.3.2.4 Neubewertungsmodell

Beizulegender Zeitwert

Anstelle der Bewertung zu fortgeführten Anschaffungs- oder Herstellungskosten können Sachanlagen im Rahmen der Folgebewertung auch zu einem Neubewertungsbetrag bilanziert werden, der ihrem beizulegenden Zeitwert zum Neubewertungszeitpunkt abzüglich nachfolgender kumulierter planmäßiger und außerplanmäßiger Abschreibungen entspricht. Voraussetzung für die Anwendung des sog. Neubewertungsmodells[134] ist nach IAS 16.31, dass der beizulegende Zeitwert verlässlich ermittelt werden kann. Im Gegensatz zu Neubewertungsmethode bei immateriellen Vermögenswerten ist das Vorliegen eines aktiven Marktes nicht erforderlich. Gemäß der Definition aus IAS 16.6 entspricht der beizulegende Zeitwert dem Preis, der in einem geordneten Geschäftsvorfall zwischen Marktteilnehmern am Bemessungsstichtag für den Verkauf eines Vermögenswerts eingenommen bzw. für die Übertragung einer Schuld gezahlt würde. Die Ermittlung des beizulegenden Zeitwerts hat im Einklang mit IFRS 13 zu erfolgen.[135]

Umfang der Neubewertung

Um die Neubewertung einzelner Sachanlagen einer Gruppe von Sachanlagen und die daraus resultierende Vermischung unterschiedlicher Wertmaßstäbe zu vermeiden, ist nach IAS 16.36 i.V.m. IAS 16.38 stets die gesamte Gruppe von Sachanlagen neu zu bewerten. Unter einer Gruppe von Sachanlagen versteht man eine Zusammenfassung von Vermögenswerten, die sich durch ähnliche Art und ähnliche Verwendung in einem Unternehmen auszeichnen. Als Beispiele führt IAS 16.37 u.a. Grundstücke und Gebäude, Maschinen und technische Anlagen, Schiffe, Flugzeuge, Kraftfahrzeuge oder Betriebs- und Geschäftsausstattung an. Vereinfachend darf eine Gruppe von Sachanlagen nach IAS 16.38 auch auf fortlaufender bzw. rollierender Basis neubewertet werden, sofern die Neubewertung dann innerhalb einer kurzen Zeitspanne erfolgt und zeitgerecht durchgeführt wird.

Frequenz der Neubewertung

Neubewertungen von Sachanlagen sind stets notwendig, wenn der beizulegende Zeitwert und der aktuelle Buchwert wesentlich voneinander abweichen. Wie häufig eine Neubewertung vorgenommen werden sollte, ist folglich abhängig von den Schwankungen des beizulegenden Zeitwerts im Verhältnis zum jeweiligen Buchwert. Bei starken Schwankungen ist nach IAS 16.34 eine jährliche Neubewertung durchzuführen, während bei geringfügigen Bewegungen eine Neubewertung alle drei bis fünf Jahre ausreichend ist.

Bruttomethode

Die Neubewertung kann gemäß IAS 16.35 brutto oder netto erfolgen. Bei der Bruttomethode nach IAS 16.35(a) wird ein aus dem Vergleich von historischen Anschaffungs- oder Herstellungskosten mit dem beizulegenden Zeitwert eines vergleichbaren Vermögenswerts ermittelter Prozentsatz der Neubewertung auch auf die kumulierten Abschreibungen angewandt. D.h., es sind die bis zum Neubewertungszeitpunkt angefallenen kumulierten Abschreibungen proportional zur Änderung des Buchwerts anzupassen.

Es ergeben sich folgende Rechenschritte:

---

[134] Zum Neubewertungsmodell ausführlich bspw. Tanski, Sachanlagen nach IFRS, 2005, S. 90ff.

[135] Hierzu ausführlich Abschn. 3.3.3.

1. Historische Anschaffungs- oder Herstellungskosten x Index = Wiederbeschaffungskosten
2. Kumulierte Abschreibungen x Index = angepasste Abschreibungen
3. Wiederbeschaffungskosten
   - Angepassten Abschreibungen

   = Neubewertungsbetrag

Beispiel – Bruttomethode

Anfang 2XX1 schafft die FWA eine Verpackungsanlage für EUR 100.000 an. Die Nutzungsdauer dieser Anlage soll fünf Jahre betragen und sie wird linear abgeschrieben. Am Ende des zweiten Jahres soll eine Neubewertung zum beizulegenden Zeitwert vorgenommen werden, da sich der Neuwert dieser Anlage indexbasiert um 20% (= Faktor 1,2) erhöht hat.

Die kumulierten Abschreibungen belaufen sich am Ende 2XX2 auf EUR 40.000 und der Restbuchwert beträgt demzufolge EUR 60.000. Die Indexveränderung wird nach der Bruttomethode auch auf die kumulierten Abschreibungen angewandt. Es ergeben sich folglich neue kumulierte Abschreibungen in Höhe von EUR 40.000 x 1,2 = EUR 48.000. Nun werden diese kumulierten Abschreibungen von den um 20% erhöhten Wiederbeschaffungskosten in Höhe von EUR 120.000 abgezogen. Demnach beträgt der neue Buchwert der Anlage EUR 120.000 - EUR 48.000 = EUR 72.000.

Die EUR 72.000 entsprechen dem beizulegenden Zeitwert der Anlage am Ende 2XX2 und damit ergibt sich ein Neubewertungsbetrag von EUR 12.000 (= EUR 72.000 - EUR 60.000).

Der Sachverhalt ist wie folgt zu buchen:

Sachanlage	20.000	an	Neubewertungsrücklage	12.000
			Kumulierte Abschreibungen	8.000

Die indexbasierte Bruttomethode erscheint allerdings wenig praktikabel, da es für die meisten Sachanlagen i.d.R. keinen geeigneten Index geben dürfte, um eventuelle Wertänderungen feststellen zu können.

Nettomethode

Bei der Nettomethode werden gemäß IAS 16.35(b) die kumulierten Abschreibungen mit dem Bruttobuchwert des Vermögenswerts saldiert und die Neubewertung auf Basis des Nettobuchwerts durchgeführt. Diese Methode findet Anwendung, wenn die Neubewertung durch eine direkte Ermittlung des beizulegenden Zeitwerts für einen gebrauchten Vermögenswert erfolgt. IAS 16.35(b) nennt hier z.B. die Neubewertung von Gebäuden oder Grundstücken mit ihrem Marktpreis. Diese Methode kommt vor allem in Betracht, wenn der aktuelle Marktwert den beizulegenden Zeitwert darstellt.

Es ergeben sich folgende Rechenschritte:

1. Bruttobuchwert (= historische Anschaffungs- oder Herstellungskosten)
   - Kumulierte Abschreibungen

   = Nettobuchwert

2. Beizulegender Zeitwert
   - Nettobuchwert

   = Neubewertungsbetrag

Beispiel – Nettomethode

Für die im vorangegangenen Beispiel genannten Verpackungsmaschine wird der beizulegende Zeitwert am Ende 2XX2 direkt mit EUR 72.000 bestimmt. Diese EUR 72.000 entsprechen dem neuen Ausgangsbuchwert der Anlage.

Zur Ermittlung des Neubewertungsbetrags werden im ersten Schritt die bisher angefallenen kumulierten Abschreibungen von den historischen Anschaffungs- oder Herstellungskosten abgezogen. Damit ergibt sich ein Wert von EUR 100.000 - EUR 40.000 = EUR 60.000. Der Neubewertungsbetrag von EUR 12.000 ergibt sich nunmehr aus der Differenz zwischen dem beizulegenden Zeitwert und den fortgeführten Anschaffungs- oder Herstellungskosten (EUR 72.000 - EUR 60.000 = EUR 12.000).

Es ist wie folgt zu buchen:

Kumulierte Abschreibungen	40.000	an	Sachanlage	40.000

Sachanlage	12.000	an	Neubewertungsrücklage	12.000

Der Unterschied zwischen den beiden Methoden besteht in einer abweichenden Darstellung der Sachanlage und der kumulierten Abschreibungen im Anlagenspiegel. Bei der Bruttomethode werden aktivisch die historischen Anschaffungs- oder Herstellungskosten zuzüglich des Neubewertungsbetrags und passivisch die die erhöhten kumulierten Abschreibungen gezeigt. Dagegen startet die Nettomethode aktivisch mit dem beizulegenden Zeitwert der Sachanlage und hat demzufolge passivisch keine kumulierten Abschreibungen, da diese sich erst in den Jahren nach der Neubewertung wieder ansammeln. Obwohl materiell zwischen den beiden Methoden keine Unterschiede bestehen, hat die unterschiedliche Darstellung Auswirkungen auf die Bilanzanalyse, was insbesondere zwischenbetriebliche Vergleiche erschwert.[136]

Erfassung des Neubewertungsbetrags

Bei der Folgebewertung von Sachanlagen anhand des Neubewertungsmodells ist analog zur Neubewertung von immateriellen Vermögenswerten vorzugehen.[137] Nach der Ermittlung des beizulegenden Zeitwerts im Neubewertungszeitpunkt stellt dieser den neuen Bilanzwert dar. Der Differenzbetrag zum bisherigen Buchwert der Sachanlage ist gemäß IAS 16.39-40 unter Beachtung der Vorperioden wie folgt zu verrechnen:

- Sofern der beizulegende Zeitwert über dem Buchwert liegt, ist der Differenzbetrag im sonstigen Ergebnis (*other comprehensive income*) zu verbuchen und als Neubewertungsrücklage (*revaluation surplus*) im Eigenkapital zu kumulieren. Wurde in den Vorjahren allerdings ein Neubewertungsverlust erfolgswirksam erfasst, ist dieser bei einer aktuellen Werterhöhung zunächst ebenfalls erfolgswirksam zu kompensieren. Sämtliche Wertsteigerungen darüber hinaus sind im sonstigen Ergebnis zu erfassen und erhöhen damit die Neubewertungsrücklage. Demnach ist ein Neubewertungsgewinn über die fortgeführten Anschaffungs- oder Herstellungskosten hinaus niemals erfolgswirksam zu erfassen.

---

136 Hierzu Tanski, Sachanlagen nach IFRS, 2005, S. 125-126.

137 Hierzu ausführlich Abschn. 4.1.1.3.2.3.

- Liegt der beizulegende Zeitwert hingegen unter dem Buchwert, ist der Neubewertungsverlust sofort erfolgswirksam zu erfassen. Existiert aufgrund von Neubewertungsgewinnen der Vorjahre eine Neubewertungsrücklage, so ist diese bei einem aktuellen Neubewertungsverlust zunächst durch eine erfolgsneutrale Erfassung der Wertminderung im sonstigen Ergebnis aufzulösen. Der darüberhinausgehende Neubewertungsverlust ist dann erfolgswirksam zu erfassen.

Sich aus der Neubewertung ergebende Konsequenzen für latente Steuern sind nach IAS 16.42 gemäß IAS 12 zu erfassen.[138]

Abschreibungen und Wertminderungen

Nach der Neubewertung sind abnutzbare Sachanlagen analog zur Folgebewertung zu fortgeführten Anschaffungs- oder Herstellungskosten unter Berücksichtigung eines wahrscheinlich wesentlichen Restwerts planmäßig über die voraussichtliche Nutzugsdauer abzuschreiben. Der Neubewertungsbetrag stellt dabei die neue Abschreibungsgrundlage dar. Am Ende eines Geschäftsjahres sind Restwert, voraussichtliche Nutzungsdauer und Abschreibungsmethode zu überprüfen und bei Bedarf anzupassen. Zudem sind am Bilanzstichtag sämtliche Sachanlagen unabhängig von einer vorgenommenen Neubewertung auf Anhaltspunkte für eine Wertminderung i.S, des IAS 36 zu kontrollieren. Die Neubewertung ersetzt somit nicht die jeweilige Prüfung, ob Anhaltspunkte für eine Wertminderung bestehen. Liegen diese vor, ist eine außerplanmäßige Abschreibung in dem Fall notwendig, dass der erzielbare Betrag kleiner als der beizulegende Zeitwert ist. Die Verrechnung einer identifizierten Wertminderung ist analog zu der im Rahmen der vorangegangenen Ausführungen beschriebenen Vorgehensweise vorzunehmen.

Hinweis

Aufgrund der erhöhten erfolgswirksamen Abschreibung des beizulegenden Zeitwerts bei gleichzeitiger erfolgsneutraler Verrechnung der Neubewertungsgewinne ist die Summe der erfolgswirksamen Gewinne (Verluste) am Ende der Nutzungsdauer geringer (höher) als bei der Bewertung zu fortgeführten Anschaffungs- oder Herstellungskosten. Dadurch ergibt sich ein Verstoß gegen das sog. Kongruenzprinzip, wonach die Summe aller Periodengewinne stets den Totalgewinn entsprechen muss.[139] Allerdings wird hierbei auf das Ergebnis der Gewinn- und Verlustrechnung, also der Jahresüberschuss abgestellt, der z.B. auch der Ergebnis-je-Aktie-Berechnung zugrunde liegt. Die Durchbrechung des Kongruenzprinzips tritt indes nicht auf, wenn stattdessen auf die Gesamtergebnisrechnung abgestellt wird, die sämtliche Neubewertungsbeträge über Veränderungen des sonstigen Ergebnisses berücksichtigt. Dafür müsste jedoch nicht mehr auf den Gewinn oder Verlust als zentrale Ergebnisgröße, sondern auf das Gesamtergebnis abgestellt werden.[140]

---

[138] Hierzu ausführlich Abschn. 5.2.3.

[139] Zum Kongruenzprinip ausführlich Roos, Rechnungslegung bei Strukturänderungen, 2009, S. 182ff.

[140] Hierzu Pellens/Fülbier/Gassen/Selhorn, Internationale Rechnungslegung, 11. Aufl. 2021, S. 409.

Behandlung einer Neubewertungsrücklage Die Neubewertungsrücklage ist nach IAS 16.41 bei Stilllegung bzw. Verkauf des Vermögenswerts in die Gewinnrücklage umzubuchen. Alternativ besteht für abnutzbare Sachanlagen die Möglichkeit einer anteiligen Umbuchung über die Nutzungsdauer des Vermögenswerts. Im Falle nicht abnutzbare Sachanlagen, wie z.B. Grundstücken, stellt Ersteres die einzig mögliche Vorgehensweise dar.

4.1.2.4 Abgänge

Ausbuchung Der Buchwert einer Sachanlage ist nach IAS 16.67 aus der Bilanz auszubuchen, sobald sie veräußert wird oder kein künftiger wirtschaftlicher Nutzenzufluss von ihrem weiteren Gebrauch oder Verkauf zu erwarten ist. Die Differenz zwischen dem Nettoveräußerungserlös und dem Restbuchwert stellt den damit Gewinn bzw. Verlust dar, welcher nach IAS 16.68 i.V.m. IAS 16.71erfolgswirksam zu erfassen ist. Zur Ermittlung des Verkaufszeitpunkts sind die Kriterien des IFRS 15 anzuwenden.[141]

Verkauf langfristiger Vermögenswerte Beabsichtig ein Unternehmen den Verkauf langfristiger Vermögenswerte, so sind diese nach den Vorschriften des IFRS 5 zu bewerten und gesondert als „zum Verkauf stehend" auszuweisen.[142]

4.1.2.5 Beispielsachverhalte - Neubewertung von Sachanlagen

a. Zugangsjahr 2XX0

Die FWA kauft zu Beginn des Geschäftsjahres 2XX0 ein Transportschiff zu Anschaffungskosten von EUR 60.000.000 in bar mit einer voraussichtlichen Nutzungsdauer von sechs Jahren. Für die Folgebewertung kommt das Neubewertungsmodell zur Anwendung. Die planmäßigen Abschreibungen erfolgen linear über die voraussichtliche Nutzungsdauer.

Zu Beginn des Geschäftsjahres ist zunächst der Kauf des Schiffes zu verbuchen:

Sachanlagen	60.000.000	an	Liquide Mittel	60.000.000

Anschließend ist das Schiff zum Bilanzstichtag planmäßig über die Nutzungsdauer abzuschreiben, wobei Anhaltspunkte für eine Wertminderung annahmegemäß nicht vorliegen sollen:

Gesamtkostenverfahren				
Abschreibungen	10.000.000	an	Sachanlagen	10.000.000

Umsatzkostenverfahren				
Umsatzkosten	10.000.000	an	Sachanlagen	10.000.000

b. Folgejahr 2XX1

Aufgrund günstiger Marktentwicklungen beträgt der Marktwert des Schiffs zum Bilanzstichtag 31.12.2XX1 EUR 45.000.000. Der Ertragsteuersatz der FWA beträgt 30%.

---

[141] Hierzu ausführlich Abschn. 5.1.4.

[142] Hierzu ausführlich Abschn. 4.1.2.6.3.

Zunächst sind auch am Ende des Geschäftsjahres 2XX1 planmäßige Abschreibungen vorzunehmen:

Gesamtkostenverfahren				
Abschreibungen	10.000.000	an	Sachanlagen	10.000.000

Umsatzkostenverfahren				
Umsatzkosten	10.000.000	an	Sachanlagen	10.000.000

Aufgrund des gestiegenen Marktwerts des Schiffes ist der bisherige (Rest-)Buchwert von nunmehr EUR 40.000.000 (= EUR 60.0000.000 - EUR 10.000.000 - EUR 10.000.000) um EUR 5.000.000 zu erhöhen (Nettomethode). Die Zuschreibung muss erfolgsneutral unter Berücksichtigung passiver latenter Steuern im sonstigen Ergebnis verrechnet werden. Passive latente Steuern sind deshalb zu bilden, weil in der Steuerbilanz keine derartige Zuschreibung erfolgen darf. Der Vorgang ist wie folgt zu verbuchen:

Sachanlagen	5.000.000	an	Sonstiges Ergebnis	3.500.000
			Passive latente Steuern	1.500.000

Das sonstige Ergebnis wird dann gemäß IAS 16.39 durch eine Abschlussbuchung als Neubewertungsrücklage in das Eigenkapital eingestellt:

Sonstiges Ergebnis	3.500.000	an	Neubewertungsrücklage	3.500.000

c. Folgejahr 2XX2

In den Folgejahren ist das Schiff nun auf Grundlage des Neubewertungsbetrags über die noch verbleibende Nutzungsdauer abzuschreiben. Der jährliche Abschreibungsbetrag beträgt folglich EUR 11.250.000 (= EUR 45.000.000 / 4 Jahre). Die abgegrenzten passiven latenten Steuern sind gemäß allgemeiner Auffassung anteilig mit der Abschreibung erfolgswirksam aufzulösen. Darüber hinaus kann die gebildete Neubewertungsrücklage ebenfalls anteilig in die Gewinnrücklage umgebucht werden:

Gesamtkostenverfahren				
Abschreibungen	11.250.000	an	Sachanlagen	11.250.000

Umsatzkostenverfahren				
Umsatzkosten	11.250.000	an	Sachanlagen	11.250.000

Gesamt- und Umsatzkostenverfahren				
Passive latente Steuern	375.000	an	Ertragsteueraufwand	375.000

Neubewertungsrücklage	875.000	an	Gewinnrücklage	875.000

d. Folgejahr 2XX3

Zum Geschäftsjahresende 2XX3 wird festgestellt, dass der Marktwert des Schiffs auf EUR 18.000.000 gesunken ist. Der niedrigere Marktwert wird auch steuerrechtlich angesetzt.

Zunächst sind in 2XX3 die planmäßige Abschreibung, die erfolgswirksame Auflösung der passiven latenten Steuern und die anteilige Vereinnahmung der Neubewertungsrücklage zu verrechnen. Aufgrund des gesunkenen Marktwerts des Schiffes ist anschließend der bisherige (Rest-)Buchwert von EUR 22.500.000 (= EUR 45.000.000 - EUR 11.250.000 - EUR 11.250.000) um EUR 4.500.000 außerplanmäßig abzuschreiben. Dazu ist zunächst die Neubewertungsrücklage inklusive der damit verbundenen passiven latenten Steuern in voller Höhe erfolgsneutral aufzulösen. Der überschüssige außerplanmäßige Abschreibungsbetrag ist erfolgswirksam zu verrechnen. Es ist wie folgt zu buchen:

Gesamtkostenverfahren				
Abschreibungen	11.250.000	an	Sachanlagen	11.250.000

Umsatzkostenverfahren				
Umsatzkosten	11.250.000	an	Sachanlagen	11.250.000

Gesamt- und Umsatzkostenverfahren				
Passive latente Steuern	375.000	an	Ertragsteueraufwand	375.000

Neubewertungsrücklage	875.000	an	Gewinnrücklage	875.000

Gesamtkostenverfahren				
Sonstiges Ergebnis	1.750.000	an	Sonstiges Ergebnis	4.500.000
Passive latente Steuern	750.000			
Abschreibungen[143]	2.000.000			

Umsatzkostenverfahren				
Sonstiges Ergebnis	1.750.000	an	Sonstiges Ergebnis	4.500.000
Passive latente Steuern	750.000			
Umsatzkosten	2.000.000			

e. Folgejahre 2XX4 und 2XX5

Der neue Buchwert von EUR 18.000.000 ist über die restliche Nutzungsdauer planmäßig abzuschreiben. In den Jahren 2XX4 und 2XX5 beträgt die Abschreibung folglich EUR 9.000.000. Latente Steuern entstehen dabei nicht, da auch steuerlich auf den niedrigeren Markt- bzw. Teilwert abgeschrieben wird. In den beiden Jahren ist wie folgt zu buchen:

---

[143] Das GuV-Rechnungsschema des IAS 1.82 i. V. m. IAS 1.102 sieht keine gesonderte Position für den Ausweis der Wertminderungen auf nicht finanzielle Vermögenswerte vor. Dies ergibt sich aus IAS 36.126 a), der eine Angabe des GuV-Rechnungspostens fordert, welcher die Wertminderungsaufwendungen enthält. Der Ausweis der Wertminderungsaufwendungen – bei fehlender Erweiterung des Gliederungsschemas um einen eigenen Posten „Wertminderungsaufwendungen“ – war in der Literatur umstritten. Gleichwohl neigt die wohl herrschende Meinung inzwischen zu der Auffassung, dass bei fehlender Erweiterung des GuV-Gliederungsschemas die Wertminderungen unter den Abschreibungen auszuweisen sind. Gleichwohl ist ein separater Ausweis in der GuV-Rechnung möglich und bei Wesentlichkeit der Wertminderungen zu präferieren; in diesem Falle sollte aus Gründen der Klarheit dann der die planmäßigen Abschreibungen enthaltene GuV-Posten entsprechend als "planmäßige Abschreibungen" bezeichnet werden. Vereinzelt wurde früher im Schrifttum auch die Meinung vertreten, die Wertminderungsaufwendungen unter den sonstigen Aufwendungen zu erfassen.

Gesamtkostenverfahren				
Abschreibungen	9.000.000	an	Sachanlagen	9.000.000

Umsatzkostenverfahren				
Umsatzkosten	9.000.000	an	Sachanlagen	9.000.000

Unter Berücksichtigung der Sachverhalte stellen sich Bilanz und GuV wie folgt dar:[144]

Bilanz		31.12.2XX				
	Ref.	0	1	2	3	4
Aktiva						
Langfristige Vermögenswerte						
...						
Sachanlagen		50.000	45.000	33.750	18.000	9.000
	a.	60.000				
		-10.000	-10.000			
	b.		5.000			
	c.			-11.250	-11.250	
	d.				-4.500	
	e.					-9.000
...						
Kurzfristige Vermögenswerte						
...						
Liquide Mittel	a.	-60.000				
...						
Passiva						
Eigenkapital						
...						
Gewinnrücklage		0	0	875	1.750	1.750
	c.			875	875	
Neubewertungsrücklage		0	3.500	2.625	0	0
	b.		3.500			
	c.			-875	-875	
	d.				-1.750	
Jahresergebnis		-10.000	-10.000	-10.875	-15.375	-9.000
...						
Schulden						
...						
Latente Steuern		0	1.500	1.125	0	0
	b.	0	1.500			
	c.			-375	-375	
	d.				-750	
...						

Gesamtergebnisrechnung nach GKV		1.1. - 31.12.2XX				
	Ref.	0	1	2	3	4
...						
7. Abschreibungen	a.	-10.000	-10.000			
	c.			-11.250	-11.250	
	d.				-4.500	
	e.					-9.000
...						
14. Ertragsteueraufwand	c.			375	375	
				0	0	0
...						
17. Jahresüberschuss/Jahresfehlbetrag		-10.000	-10.000	-10.875	-15.375	-9.000
...						
Veränderung de Neubewertungsrücklage durch die Neubewertung von Sachanlagen und/oder immateriellen Vermögenswerten	b.		3.500	2.625	1.750	
	d.				-1.750	
...						
Gesamtergebnis der Periode		-10.000	-6.500	-8.250	-15.375	-9.000

144 Auf eine Unterteilung der Schulden in lang- nach kurzfristig wird aus Vereinfachungsgründen verzichtet.

Gesamtergebnisrechnung nach UKV		1.1. - 31.12.2XX				
	Ref.	0	1	2	3	4
…						
2. Umsatzkosten	a.	-10.000	-10.000			
	c.			-11.250	-11.250	
	d.				-4.500	
	e.					-9.000
…						
12. Ertragsteueraufwand	c.	0		375	375	
…						
16. Jahresüberschuss/Jahresfehlbetrag.		-10.000	-10.000	-10.875	-15.375	-9.000
…						
Veränderung de Neubewertungsrücklage durch die Neubewertung von Sachanlagen und/oder immateriellen Vermögenswerten	b.		0	3.500	-1.000	
	d.				1.000	
…						
Gesamtergebnis der Periode		-10.000	-10.000	-7.375	-15.375	-9.000

4.1.2.6 Sonderprobleme

4.1.2.6.1 Leasingverhältnisse

4.1.2.6.1.1 Definition von Leasingverhältnissen und Anwendungsbereich des IFRS 16

Leasingverhältnisse werden in IFRS 16 geregelt. IFRS 16 ist grundsätzlich auf alle Leasingverhältnisse i.S, des Standards anzuwenden.[145] Ausgenommen hiervon sind nach IAS 16.3 Leasingvereinbarungen über Vermögenswerte für Exploration und Evaluierung (IFRS 6), biologische Vermögenswerte (IAS 41), Dienstleistungskonzessionsvereinbarungen (IFRIC 12), Lizenzvereinbarungen über geistiges Eigentum, sofern beim Leasinggeber im Anwendungsbereich des IFRS 15, sowie Lizenzrechte, die beim Leasingnehmer in den Anwendungsbereich des IAS 38 fallen. Zudem gewährt IFRS 16.5 Anwendungserleichterungen in Form von expliziten Wahlrechten bei kurzfristigen Leasingverhältnissen[146] und Leasingverhältnissen über geringwertige Vermögenswerte[147]. Bei entsprechender Wahlrechtsausübung werden diese Leasingverhältnisse beim Leasingnehmer ausschließlich erfolgswirksam berücksichtigt.

Definition Leasingverhältnis

IFRS 16.A definiert ein Leasingverhältnis als Vertrag oder Teil eines Vertrags, der gegen Zahlung eines Entgelts für einen bestimmten Zeitraum zur Nutzung eines Vermögenswerts (des zugrunde liegenden Vermögenswerts) berechtigt.[148] Nach IFRS 16.9 qualifiziert

---

[145] Zum Anwendungsbereich ausführlich Pellens/Fülbier/Gassen/Selhorn, Internationale Rechnungslegung, 11. Aufl. 2021, S. 733-736.

[146] Gemäß IFRS 16.A dürfen diese eine Leasinglaufzeit von maximal 12 Monaten (inkl. Mietfreier Zeit) umfassen und keine Kaufoption beinhalten.

[147] Weiterführend hierzu IFRS 16.B3-B8. Nach IFRS 16.8 kann die Entscheidung, den Wert eines zugrunde liegenden Vermögenswerts als gering einzustufen, auf Einfallbasis erfolgen. Als „geringwertig" sieht das IASB einen Neupreis von 5.000 US-Dollar an, der beizulegende Zeitwert bei Zugang spielt damit keine Rolle. Dieser Wert findet sich allerdings nur in der *Basis for Conclusions* (IFRS 16.BC100) ohne weitere Erläuterungen hinsichtlich operationeller Fragestellungen wie Fremdwährungsumrechnung oder Berücksichtigung von Inflation. Hierzu auch IDW, WPH, 17. Aufl. 2021, Kap. K Tz. 111.

[148] Zahlreiche Konkretisierungen und Anwendungsleitlinien – insbesondere App. B – präzisieren diese Definition, um eine einheitliche Anwendung der Leasingbilanzierung, auch im Einklang mit anderen Standards, zu erreichen. So soll das im Kontext von IFRS 10 und IFRS 15 entwickelte Kontrollkonzept auch eine eindeutige Abgrenzung von (bilanzwirksamen) Leasingverhältnissen und (bilanzunwirksamen) Dienst-

sich ein Leasingverhältnis dadurch, dass der Lieferant (Leasinggeber) im Austausch für eine Gegenleistung dem Kunden (Leasingnehmer) über einen vereinbarten Zeitraum vertraglich das Recht einräumt, die Nutzung eines identifizierten Vermögenswerts zu kontrollieren.

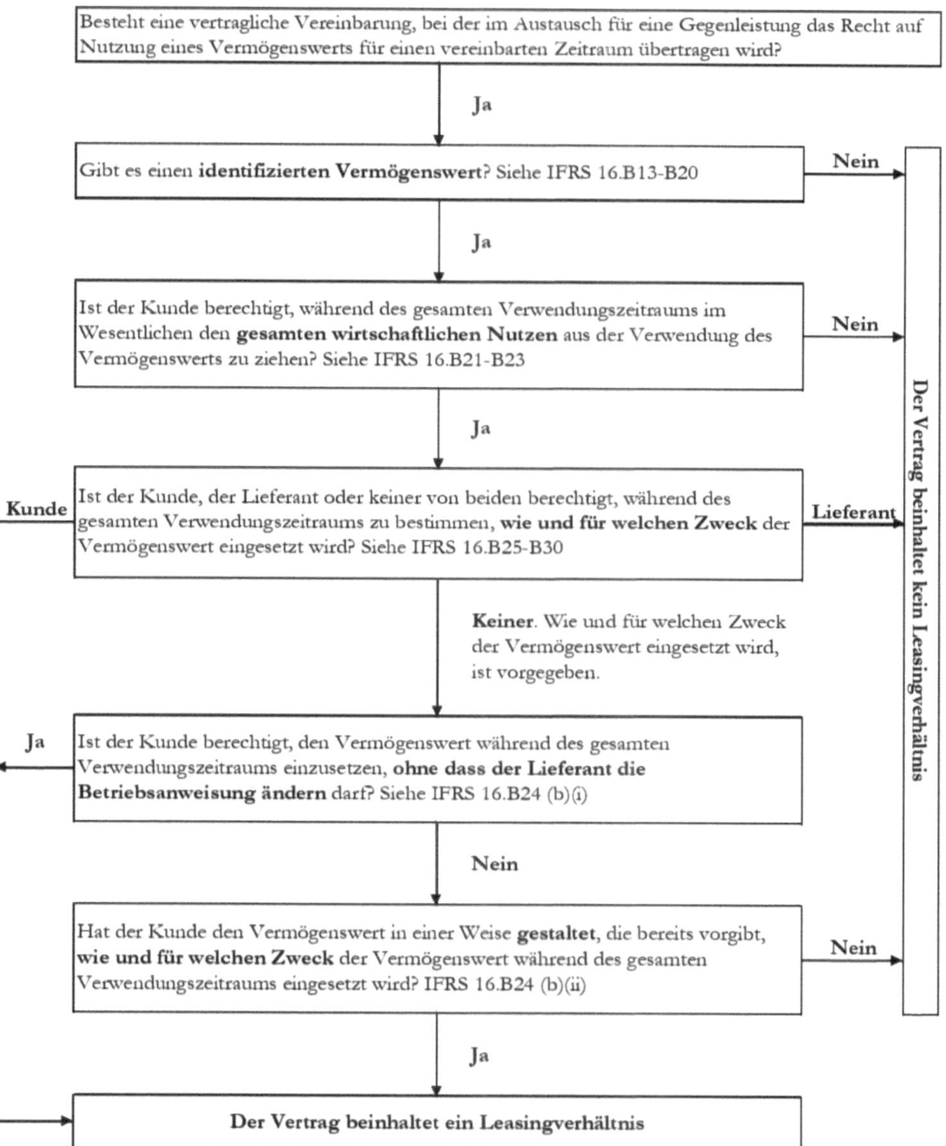

Abb. 13: Definition eines Leasingverhältnisses nach IFRS 16

---

leistungen sicherstellen. Wesentliches Unterscheidungsmerkmal hierfür ist, ob der Kunde die Nutzung des der Leistung zugrunde liegenden Vermögenswerts kontrolliert (Leasing) oder die Kontrolle bei dem Lieferanten der Leistung liegt (Dienstleistung).

Definitionsmerkmale

Dabei stehen die folgenden zwei Definitionsmerkmale im Vordergrund und müssen kumulativ erfüllt sein:

- Dem Vertrag liegt ein identifizierter Vermögenswert zugrunde (*identified asset*) und
- der Leasinggeber überträgt dem Kunden das Recht zur Kontrolle der Nutzung des identifizierten Vermögenswerts (*right to control the use*).

Beispiel – Abgrenzung Leasing

Die FWA kann auf der Grundlage eines Leasingverhältnisses einen Lkw mieten bzw. leasen. Um die Transportkapazitäten zu erweitern, kann aber alternativ darüber nachgedacht werden, bei einer Spedition eine bestimmte Frachttonnage (auf welche Lkws der Spedition auch immer) in Anspruch zu nehmen. Bei letzterem Arrangement handelt es sich dann um einen Dienstleistungsvertrag.

Anhand der vorstehenden Abbildung 13 kann beurteilt werden, ob ein Vertrag ein Leasingverhältnis begründet oder beinhaltet.[149]

4.1.2.6.1.2 Abgrenzung wichtiger Begrifflichkeiten

Identifizierbarer Vermögenswert

Ein Vermögenswert gilt nach IFRS 16.B13-B14 als identifiziert, wenn dieser explizit oder implizit (stillschweigend) im Vertrag spezifiziert ist und der Leasinggeber kein substanzielles Recht besitzt, den Vermögenswert während der Vertragslaufzeit auszutauschen. Ein Substitutionsrecht wird nach IFRS 16.B14 dann als substanziell eingestuft, wenn es dem Leasinggeber tatsächlich erlaubt, den Vermögenswert auszutauschen. Zudem muss sich dieser Austausch für den Leasinggeber als wirtschaftlich vorteilhaft erweisen, so z.B., wenn der Leasinggeber den Vermögenswert zeitnah durch alternative Vermögenswerte ersetzen kann[150] und die damit verbundenen Auf- und Abbaukosten die wirtschaftlichen Vorteile des Austausches voraussichtlich nicht übersteigen.[151] Es wird insofern unterstellt, dass dann das Kontrollrecht nicht auf den Leasingnehmer übergegangen, und damit weiterhin dem Leasinggeber zuzurechnen ist.[152]

Ist für den Kunden nicht unmittelbar erkennbar, ob der Lieferant über ein substanzielles Substitutionsrecht verfügt, hat er gemäß IFRS 16.B19 davon auszugehen, dass das Substitutionsrecht nicht substanziell ist. Weiterhin ist es nach IFRS 16.B15-B18 als nicht substanziell einzustufen, wenn der Leasinggeber den Vermögenswert nur zu bestimmten Zeitpunkten oder bei bestimmten Ereignissen austauschen kann oder der Austausch lediglich Instandhaltung, Reparatur oder eine technische Nachrüstung ermöglichen soll.

---

[149] Übernommen aus IFRS 16.B31.

[150] Das ist z.B. dann der Fall, wenn sich der Kunde eine Substitution des Vermögenswerts seines Lieferanten nicht widersetzen kann und dem Lieferanten alternative Vermögenswerte jederzeit zur Verfügung stehen oder er sich diese innerhalb eines angemessenen Zeitraums beschaffen kann.

[151] Das bedeutet, der wirtschaftliche Nutzen, der dem Lieferanten durch die Substituierung des Vermögenswerts erwächst, überwiegt voraussichtlich die dadurch verursachten Kosten.

[152] Hierzu Pellens/Fülbier/Gassen/Selhorn, Internationale Rechnungslegung, 11. Aufl. 2021, S. 730.

Teile von Vermögenswerten Auch ein Kapazitätsanteil eines Vermögenswerts gilt nach IFRS 16.B20 als identifizierbarer Vermögenswert, wenn er – z.B. wie ein Geschoss eines Gebäudes – physisch unterschieden werden kann. Ein Kapazitätsanteil oder ein anderer Bestandteil eines Vermögenswerts, der – z.B. wie ein Kapazitätsanteil eines Glasfaserkabels – nicht physisch unterschieden werden kann, gilt nicht als identifizierbarer Vermögenswert, sofern er nicht den wesentlichen Kapazitätsanteil des Vermögenswerts darstellt und somit dem Kunden das Recht verleiht, im Wesentlichen den gesamten wirtschaftlichen Nutzen[153] aus der Verwendung des Vermögenswerts zu ziehen.

Kontrollrecht Der Leasingnehmer hat nach IFRS 16.B9 das Recht, die Nutzung des identifizierten Vermögenswerts zu kontrollieren, wenn er während des gesamten Verwendungszeitraums sowohl dessen Verwendung bestimmen als auch direkt oder indirekt den im Wesentlichen gesamten wirtschaftlichen Nutzen aus dem identifizierten Vermögenswert zieht. Die Verwendung des identifizierten Vermögenswerts kann der Leasingnehmer nach IFRS 16.B24 dann bestimmen, wenn er festlegen und ändern kann, wie und für welchen Zweck der Vermögenswert genutzt wird. Dies gilt u.a. hinsichtlich Einsatzart und -zweck sowie Produktionsmengen, -ort und -zeitpunkt. Alternativ können die Verwendung und damit alle einhergehenden Entscheidungen bereits vorbestimmt sein. Dies ist entweder der Fall, wenn der Leasingnehmer den identifizierten Vermögenswert nach seinen spezifischen Anforderungen entwickelt hat oder ihm das Recht zusteht, den Vermögenswert zu nutzen, ohne dass der Leasinggeber Änderungen an der Verwendung vornehmen kann.

Wirtschaftlicher Nutzen Nach IFRS 16.B21 erlangt der Leasingnehmer wirtschaftliche Nutzenvorteile aus dem *output* eines Vermögenswerts. So zählen zum wirtschaftlichen Nutzen aus der Verwendung eines Vermögenswerts sowohl dessen Produktionsergebnis als auch Nebenprodukte (einschließlich der möglicherweise damit erzielten *cashflows*) sowie anderer wirtschaftlicher Nutzen, der bei einem Geschäft mit einem Dritten aus der Verwendung des Vermögenswerts gezogen werden könnte. Gemäß IFRS 16.B22 sind vertragliche Restriktionen des Nutzungsrechts z.B. in Form von territorialen oder kapazitiven Einschränkungen unerheblich, solange der Leasingnehmer innerhalb des im vertraglich zugesicherten Nutzungsrahmens im Wesentlichen den gesamten wirtschaftlichen Nutzen für sich beanspruchen kann.

4.1.2.6.1.3 Bilanzierung beim Leasingnehmer

Ansatz Nach Maßgabe des sog. *right of use approach* setzt der Leasingnehmer gemäß IFRS 16.22 am Bereitstellungsdatum, d.h. zu Beginn des Leasingverhältnisses, grundsätzlich einen Vermögenswert für das gewährte Nutzungsrecht am Leasinggegenstand (*right of use asset*) und eine korrespondierende Leasingverbindlichkeit zur Zahlung der Leasingraten an. Der Leasingnehmer hat damit am Bereitstellungsdatum wie folgt zu buchen:

Nutzungsrecht	an	Leasingverbindlichkeit

[153] Als Schwellenwert für den gesamten wirtschaftlichen Nutzen ist hier „mehr als 90%“ anzulegen. Hierzu Lüdenbach/Hofmann/Freiberg, Haufe IFRS-Kommentar, 21. Aufl. 2023, § 15a Rz. 39.

Erfüllungsbetrag

Schuldrechtlich spiegelt die Leasingverbindlichkeit den Erfüllungsbetrag wider, den der Leasingnehmer aufgrund der Erlangung des Kontrollrechts dem Leasinggeber schuldet. Nach IFRS 16.47 ist das Nutzungsrecht separat von den im rechtlichen Eigentum befindlichen Vermögenswerten und die Leasingverbindlichkeit separat von anderen finanziellen Verpflichtungen entweder in der Bilanz oder im Anhang darzustellen.

Erstmalige Bewertung der Leasingverbindlichkeit

Nach IFRS 16.26 hat der Leasingnehmer die Leasingverbindlichkeit zum Barwert der zu diesem Zeitpunkt noch nicht geleisteten Leasingzahlungen, d.h. mit dem Barwert der noch ausstehenden Leasingzahlungen, zu bewerten. In die Bemessung der (noch zu leistenden) Leasingzahlungen fließen gemäß IFRS 16.27 neben fixen Zahlungen auch variable, d.h. an einen Index (z.B. Verbraucherpreisindex) oder Zinssatz (z.B. LIBOR) gekoppelte Zahlungen ein. Hinreichend sichere Zahlungen im Rahmen einer Kaufoption oder Kündigungsentschädigung sind ebenso zu berücksichtigen wie Beträge, die ein Leasingnehmer aufgrund von Restwertgarantien voraussichtlich zahlen muss. Bei der Berechnung der Leasingverbindlichkeit ist somit nicht der gesamte garantierte Betrag der Restwertgarantie einzubeziehen, sondern lediglich die Differenz zwischen voraussichtlichem Restwert und der Restwertgarantie.

Abzinsung

Abzuzinsen sind diese Zahlungen über die Leasinglaufzeit mit dem zugrunde liegenden Zinssatz des Leasingverhältnisses – nach IFRS 16.A definiert als interner Zinssatz, bei dem der Barwert von (a) den Leasingzahlungen und (b) des nicht garantierten Restwerts der Summe aus beizulegendem Zeitwert des Leasinggegenstands zuzüglich der anfänglichen direkten Kosten des Leasinggebers entspricht.

> ***Beispiel*** – Bestimmung des internen Zinssatzes[154]
>
> Die FWA schließt am 1.1.20X1 ein Leasingverhältnis über eine Maschine ab. Die Laufzeit beträgt zwei Jahre. Die Maschinen hat zu diesem Zeitpunkt einen beizulegenden Zeitwert von EUR 20.911. Es sind jährliche nachschüssige Leasingzahlungen von EUR 12.000 vereinbart und es bestehen weder anfängliche direkte Kosten des Leasinggebers noch ein Restwert bzw. eine Restwertgarantie.
>
> Der interne Zinssatz (r) ergibt sich durch Auflösung folgender Formel:
>
> $- FV0 + \sum_{t=1}^{n} LR_t\ (1+r)^{-t} = 0$,
>
> mit FV0 als beizulegender Zeitwert der Maschine sowie LR_t als Leasingraten über die Laufzeit von n Perioden. Unter Verwendung der konkreten Zahlen ergibt sich durch Auflösung der Gleichung
>
> $-20.911 + (12.000 \times (1 + r)^{-1} + 12.000 \times (1 + r)^{-2}) = 0$
>
> mit Hilfe der pq-Formel ein interner Zinssatz von 9,7%.
>
> Dies ist der dem Leasingverhältnis zugrunde liegende Zins. Wird mit diesem Zins der Barwert der Leasingzahlungen berechnet, entspricht dieser Barwert also dem beizulegenden Zeitwert. Unterschiede zwischen diesen beiden Wertansätzen können indes entstehen, wenn z.B. der Grenzfremdkapitalzinssatz des Leasingnehmers zur Barwertberechnung herangezogen wird.

154 In Anlehnung an Pellens/Fülbier/Gassen/Selhorn, Internationale Rechnungslegung, 11. Aufl. 2021, S. 738.

Restwert und Restwertgarantie Nach IFRS16.A werden neben dem nicht-garantierten Restwert nur die aus der Restwertgarantie voraussichtlich resultierenden Zahlungen bei den Leasingzahlungen berücksichtigt. Wenn der geschätzte Restwert also voraussichtlich über der Restwertgarantie liegt, entstehen demnach auch keine entsprechenden Zahlungen und der garantierte Teil des Barwerts bleibt unberücksichtigt.

Zinssatz Falls sich der implizite Zins nicht in praktikabler Weise bestimmen lässt, ist der Grenzfremdkapitalzins heranzuziehen. Dies dürfte in der Praxis sogar dem Regelfall entsprechen, da der Leasinggeber nicht immer alle benötigten Daten zur Berechnung des internen Zinssatzes des Leasingverhältnisses zur Verfügung stellen wird. Schließlich müsste er hierdurch Teile seiner internen Kalkulationsdaten offenlegen. Durch den Grenzfremdkapitalzins soll derjenige Zinssatz approximiert werden, den der Leasingnehmer für einen Kredit zur Finanzierung eines Nutzungsrechts mit vergleichbarem Wert über eine vergleichbare Zeit in einem vergleichbaren wirtschaftlichen Umfeld bei vergleichbaren Sicherheiten zahlen müsste. Da die Vergleichbarkeit zum spezifischen Leasingverhältnis gefordert ist, sollten die Kosten für einen fremdfinanzierten Kauf nur den Ausgangspunkt für die Bestimmung des Grenzfremdkapitalzinses darstellen. Die Festlegung eines derartigen Zinssatzes ist regelmäßig nicht frei von Ermessensspielräumen.

Wert des Nutzungsrechts Der Wert des nach IFRS 16.23 zunächst mit den Anschaffungskosten zu bewertenden Nutzungsrechts entspricht grundsätzlich der Leasingverbindlichkeit, jedoch erhöht um die Differenz aus etwaigen Leasingvorauszahlungen und -anreizen (z.B. Erstattungen), zuzüglich direkt zurechenbarer Kosten des Leasingnehmers, die ohne Vertragsschluss nicht entstanden wären, sowie Kosten der Demontage, Wiederherstellung etc.

Folgebewertung Das Nutzungsrecht ist nach IFRS 16.29 in den Folgeperioden nach dem Anschaffungskostenmodell zu bewerten und gemäß IFRS 16.31 nach Maßgabe von IAS 16 planmäßig abzuschreiben. Nach IFRS 16.32 erfolgt die Abschreibung über die verbleibende wirtschaftliche Nutzungsdauer des Leasinggegenstands, sofern ein Übergang des rechtlichen Eigentums nach Ablauf des Leasingvertrags vereinbart wurde oder die Ausübung einer Kaufoption im Rahmen der Kosten des Nutzungsrechts bei der Erstbewertung zuvor als hinreichend sicher erachtet wurde. Ist dieser Übergang zu Beginn des Leasingverhältnisses nicht vereinbart und auch nicht hinreichend sicher, ist der Leasinggegenstand entweder über die Laufzeit des Leasingvertrags oder die verbleibende wirtschaftliche Nutzungsdauer abzuschreiben, je nachdem welcher der beiden Zeiträume der kürzere ist.

> ***Beispiele*** – Bestimmung des Abschreibungszeitraums[155]
>
> 1.
>
> Die FWA hat eine Maschine für fünf Jahre geleast. Der Standardleasingvertrag sieht einen späteren Eigentumsübergang nicht vor. Zu Beginn des Leasingverhältnisses war die Maschine bereits gebraucht und hatte noch eine wirtschaftliche Restnutzungsdauer von etwa sechs Jahren.
>
> Lösung: Das Nutzungsrecht ist über fünf Jahre abzuschreiben.

---

[155] In Anlehnung an Pellens/Fülbier/Gassen/Selhorn, Internationale Rechnungslegung, 11. Aufl. 2021, S. 741.

2.

Die FWA hat eine Maschine für fünf Jahre geleast und einen späteren Eigentumsübergang vereinbart. Zu Beginn des Leasingverhältnisses war die Maschine bereits gebraucht und hatte noch eine wirtschaftliche Restnutzungsdauer von etwa sechs Jahren.

Lösung: Das Nutzungsrecht ist über sechs Jahre abzuschreiben.

3.

Die FWA hat eine gebrauchte Maschine mit einer wirtschaftlichen Restnutzungsdauer von etwa sechs Jahren geleast. Um die jährliche Belastung zu reduzieren, wurde im Rahmen eines Standardleasingvertrags auf einer Vertragslaufzeit von acht Jahren bestanden.

Lösung: Das Nutzungsrecht ist über sechs Jahre abzuschreiben.

Wertminderungstest des Nutzungsrechts

Ein Wertminderungstest des Nutzungsrechts ist gemäß IFRS 16.33 i.V.m. IAS 36 zu jedem Bilanzstichtag durchzuführen. Bewertet der Leasingnehmer seine als Finanzinvestitionen gehaltenen Immobilien i.S, des IAS 40 zum beizulegenden Zeitwert, so ist diese Bewertung nach IFRS 16.34 auch auf Nutzungsrechte anzuwenden, die der Definition von als Finanzinvestitionen gehaltenen Immobilien des IAS 40 entsprechen. Bezieht sich das Nutzungsrecht auf Vermögenswertklassen, für die der Leasinggeber zum Neubewertungsmodell nach IAS 16 optiert hat, kann das Nutzungsrecht gemäß IFRS 16.35 analog fortgeführt werden.

Die Leasingverbindlichkeit setzt sich aus Sicht des Leasingnehmers aus zwei Komponenten zusammen:

- Finanzierungskosten (Zinsaufwand), und
- mit dem darüberhinausgehenden Betrag, Tilgung der Leasingverbindlichkeit.

Bestandteile von Leasingzahlungen

Nach IFRS 16.36 sind Leasingzahlungen, vergleichbar mit einem Annuitätendarlehen, in Zins- und Tilgungsanteil aufzuspalten. Beide Bestandteile werden wie folgt über die Leasingdauer verteilt: Die Summe der jährlichen Tilgungsbeträge muss am Ende er Vertragslaufzeit der anfänglich eingebuchten Verbindlichkeit entsprechen, damit die Verbindlichkeit vollständig getilgt ist. Die darüberhinausgehenden Zahlungen stellen Zinsaufwand dar.

Finanzierungskosten und Tilgung

Die Finanzierungskosten und die korrespondierende Tilgung müssen im Wesentlichen periodisiert werden. IFRS 16.37 gibt hier als Leitlinie vor, die Finanzierungskosten so über die Perioden zu verteilen, dass auf die verbliebene Restverbindlichkeit immer ein konstanter Zinssatz angewendet wird (Effektivzinsmethode). Dabei ist der anzuwendende Zinssatz der zuvor für die Diskontierung der Leasingverbindlichkeit herangezogene Zinssatz, und somit entweder der dem Leasingverhältnis zugrunde liegende Zinssatz oder der Grenzfremdkapitalzinssatz des Leasingnehmers. Durch die Abnahme der Leasingverbindlichkeit im Zeitverlauf sinkt der Zinsanteil, während der Tilgungsanteil an den Leasingzahlungen steigt. Dementsprechend ist der erfolgswirksame Zinsanteil zu Beginn höher als in späteren Perioden.

Erfordernis zur Neubewertung

Im Rahmen der Folgebewertung ist weiterhin zu prüfen (*reassessment*), ob bestimmte Ereignisse vorliegen, die eine Neubewertung der Leasingbilanzierung erfordern. So ziehen Änderungen der Leasinglaufzeit, der Einschätzung einer Kaufoption oder der Zahlung voraussichtlicher Restwertgarantien sowie veränderte index- oder zinsgekoppelte Leasingzahlungen nach IFRS 16.40ff. eine Neubeurteilung der Leasingverbindlichkeit ggf. unter Anpassung des Diskontierungszinses nach sich. Die aus der Neubeurteilung resultierenden Änderungen werden nach IFRS 16.39 als Anpassung des Nutzungsrechts und damit prospektiv erfasst.

4.1.2.6.1.4 Beispielsachverhalte – Leasing

a. Erstmalige Bewertung

Die FWA schließt am 1.1.2XX0 einen Leasingvertrag mit einer unkündbaren Laufzeit von zwei Jahren über eine Maschine ab. Leasingzahlungen von EUR 12.000 sind jährlich nachschüssig zu entrichten. Die Maschine hat eine wirtschaftliche Nutzungsdauer von drei Jahren. Am Ende der Leasingvertragslaufzeit hat die FWA als Leasingnehmer eine Option, zur Verlängerung des Leasingverhältnisses um ein weiteres Jahr zu gleichen Konditionen. Die Option wird die FWA mit hinreichender Sicherheit ausüben. Latente Steuern sind zu vernachlässigen.

Da für die FWA ein wirtschaftlicher Anreiz besteht, das Leasingverhältnis zu gleichen Konditionen fortzuführen, und sie die Verlängerungsoption mit hinreichender Sicherheit ausüben wird, beträgt die Leasinglaufzeit drei Jahre. Zu Beginn des Leasingverhältnisses setzt die FWA ein Nutzungsrecht und eine Verbindlichkeit zur Zahlung der Leasingraten an. Die Erstbewertung der Leasingverbindlichkeit erfolgt zum Barwert der Leasingzahlungen, diskontiert mit dem zugrunde liegenden Zinssatz von 9,7%:

EUR 12.000 x $(1{,}097)^{-1}$ + EUR 12.000 x $(1{,}097)^{-2}$ + EUR 12.000 x $(1{,}097)^{-3}$ = EUR 30.000.

Die Bewertung des Nutzungsrechts zum 31.12.2XX0 leitet sich aus der Höhe der Leasingverbindlichkeit ab:

Nutzungsrecht	30.000	an	Leasingverbindlichkeit	30.000

b. Folgebewertung

Im Rahmen der Folgebewertung wird das Nutzungsrecht über drei Jahre linear abgeschrieben. Die Leasingverbindlichkeit ist in der Folge unter Anwendung der Effektivzinsmethode zu bewerten, wobei die Leasingzahlung in Zinsaufwand und Tilgung zerlegt wird. Latente Steuern sind weiterhin zu vernachlässigen.

Jahr	Verbindlichkeit 1.1	Zahlung	Finanzierungskosten	Tilgung
0	30.000	12.000	2.910	9.090
1	20.910	12.000	2.029	9.971
2	10.938	12.000	1.062	10.938
Summe		**36.000**	**6.000**	**30.000**

Jahr	Zinsaufwand	Abschreibung	Gesamtaufwand
0	2.910	10.000	12.910
1	2.029	10.000	12.029
2	1.062	10.000	11.062
Summe	**6.000**	**36.000**	**6.000**

Zum 31.12.2XX0 ist wie folgt zu buchen:

Abschreibung	10.000	an	Nutzungsrecht	10.000

Leasingverbindlichkeit	9.090	an	Bank	12.000
Abschreibung	2.910			

In die Folgejahren ist analog zu verfahren.

Bilanz		31.12.2XX		
	Ref.	0	1	2
Aktiva				
Langfristige Vermögenswerte				
…				
Nutzungsrechte	a.	30.000	20.000	10.000
Kurzfristige Vermögenswerte	b.	-10.000	-10.000	-10.000
…				
Liquide Mittel	b.	-12.000	-12.000	-12.000
Passiva				
Eigenkapital				
…				
Jahresergebnis		-12.910	-12.029	-11.062
…				
Langfristige Schulden				
…				
Leasingverbindlichkeiten	a.	20.000	10.455	0
…				
Kurzfristige Schulden				
…				
Leasingverbindlichkeiten	a.	10.000	10.455	10.938
	b.	-9.090	-9.971	-10.938
…				

Gewinn- und Verlustrechnung nach GKV		1.1. - 31.12.2XX		
	Ref.	0	1	2
…				
7. Abschreibungen	b.	-10.000	-10.000	-10.000
…				
10. Finanzierungskosten	b.	-2.910	-2.029	-1.062
…				
17. Jahresüberschuss/Jahresfehlbetrag		-12.910	-12.029	-11.062

Gewinn- und Verlustrechnung nach UKV		1.1. - 31.12.XX		
	Ref.	0	1	2
...				
2. Umsatzkosten	b.	-10.000	-10.000	-10.000
...				
8. Finanzierungskosten	b.	-2.910	-2.029	-1.062
...				
16. Jahresüberschuss/Jahresfehlbetrag		12.910	12.029	11.062

4.1.2.6.2 Als Finanzinvestitionen gehaltene Immobilien

4.1.2.6.2.1 Relevante Normen

IAS 40

Für sog. Anlageimmobilien gibt es mit IAS 40 einen eigenständigen Standard, der Ansatz-, Bewertungs- und Angabevorschriften enthält.

4.1.2.6.2.2 Definition Anlageimmobilien

Charakteristika

Charakteristikum einer als Finanzinvestition gehaltenen Immobilie (*investment property*) ist nach IAS 40.5 die Absicht zur Erzielung von Mieteinnahmen und/oder zur Partizipation an Wertsteigerungen, wohingegen selbstgenutzte Immobilien zur Herstellung oder Lieferung von Gütern bzw. zur Erbringung von Dienstleistungen oder für Verwaltungszwecke gehalten werden.

Renditeanlagen

Bei den als Finanzinvestitionen gehaltenen Immobilien handelt es sich um Gebäude und Grundstücke bzw. Teile eines Gebäudes, die von der Unternehmung als Renditeanlage und damit zur Erwirtschaftung von Mieteinnahmen und/oder Wertsteigerungen gehalten werden. In Abgrenzung zu den konventionellen Immobilien des Sachanlagevermögens, die zur Erstellung von Gütern oder der Erbringung von Dienstleistungen bzw. für eigene Verwaltungszwecke genutzt werden, generieren diese ihre Einnahme unabhängig vom sonstigen unternehmerischen Wertschöpfungsprozess. Als maßgeblich für die Klassifizierung einer Immobilie als Renditeliegenschaft erweist sich nach IAS 40.7 daher ihre Fähigkeit, *cashflows* zu erwirtschaften, die weitgehend unabhängig von den übrigen *cashflows* der im operativen Bereich des Unternehmens eingesetzten Vermögenswerte sind.

Beispiele für als Finanzinvestitionen gehaltene Immobilien sind nach IAS 40.8 insbesondere:

- Grundstücke und Gebäude, die langfristig für Wertzuwächse statt für einen kurzfristigen Verkauf gehalten werden;
- Grundstücke und Gebäude, die für eine gegenwärtig unbestimmte künftige Nutzung gehalten werden;
- eigene Gebäude oder Nutzungsrechte an einem Gebäude, die vom Unternehmen im Rahmen eines *operating*-Leasingvertrags weitervermietet werden;
- leer stehende Gebäude, die vom Leasingnehmer zum Zweck der Vermietung im Rahmen von *operating*-Leasingverhältnissen gehalten werden.

Typischerweise erfüllt die Renditeeigenschaft die Funktion einer Kapitalanlage. Nicht unter den Regelungsinhalt von IAS 40 fallen nach IAS 40.9 daher:

- Immobilien, die mit der Absicht erworben oder errichtet wurden, um sie im normalen Geschäftsverlauf in naher Zukunft zu veräußern;
- vom Eigentümer selbst genutzte Immobilien;

- Immobilien die im Rahmen eines Finanzierungsleasingverhältnisses an ein anderes Unternehmen vermietet wurden.

Abgrenzung zum Vorratsvermögen

Die Unterscheidung zwischen als Finanzinvestition gehaltene und dem Vorratsvermögen zuzurechnende Immobilien, die mit der Absicht einer späteren Veräußerung im normalen Geschäftsverlauf erworben oder errichtet werden, ist in der Praxis aufgrund fehlender konkreter Abgrenzungskriterien u.U. schwierig.[156]

Gemischt genutzte Immobilien

Eine aufgrund der Beschränkung des Anwendungsbereichs von IAS 40 erforderliche Sonderregel existiert für sog. gemischt genutzte Immobilien. Danach ist eine strikte Aufteilung erforderlich, wenn ein Teil eigenbetrieblich genutzt wird (z.B. Räumlichkeiten für die eigene Verwaltung) und der restliche Teil der Immobilie als Anlageimmobilie Verwendung findet. Wenn der nicht selbst genutzte Teil der Immobilie separat veräußert werden oder im Rahmen eines Finanzierungsleasingverhältnisses vermieten werden könnte, dann ist nach IAS 40.10 für den fremdgenutzten Teil IAS 40 anwendbar.

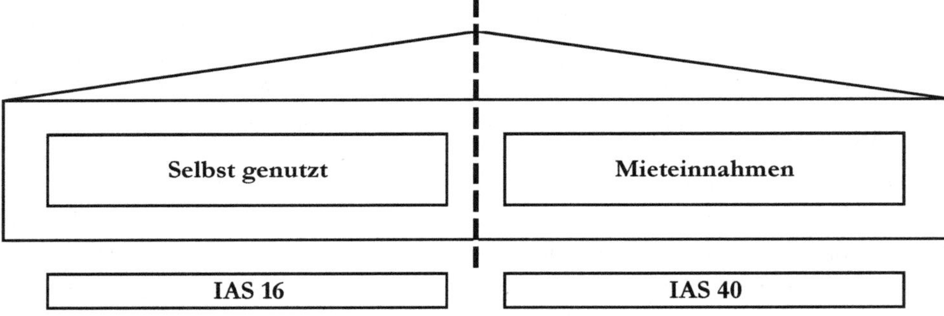

Abb. 14: Gemischt genutzte Immobilien

Sofern eine derartige getrennte Verwertung des nicht selbst genutzten Teils nicht möglich ist, wird die gesamte Immobilie als Sachanlage gemäß IAS 16 klassifiziert.

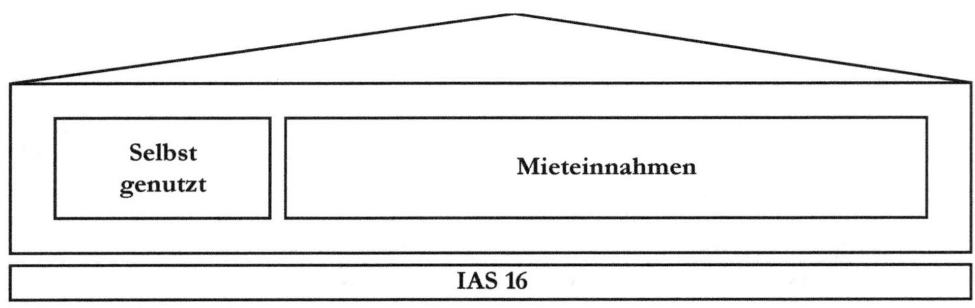

Abb. 15: Gemischt genutzte Immobilien - IAS 16

Dies ist nur dann nicht der Fall, wenn der selbst genutzt Teil ist unbedeutend ist.[157]

---

[156] Hierzu ausführlich Lüdenbach/Hofmann/Freiberg, Haufe IFRS-Kommentar, 21. Aufl. 2023, § 16 Rz. 6-16.

[157] Zur Eigen- und Fremdnutzung siehe IAS 40.11-13.

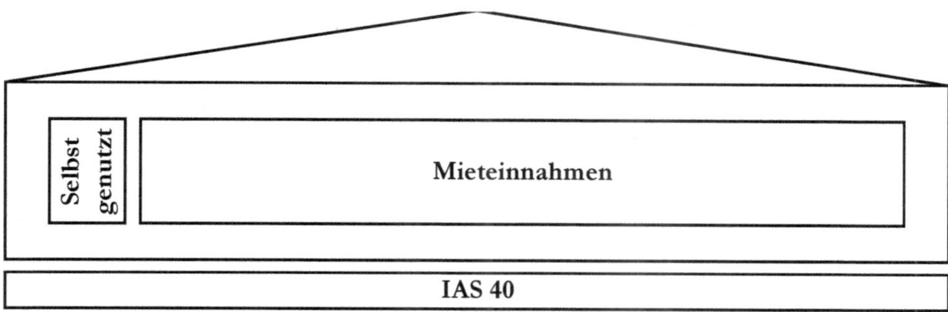

Abb. 16: Gemischt genutzte Immobilien - IAS 40

Zweckmäßigkeit gesonderter Bilanzierungsvorschriften

Es bleibt an dieser Stelle festzuhalten, dass hier gesonderte Bilanzierungsvorschriften durchaus als sinnvoll zu erachten sind, da sich die durch Anlageimmobilien generierte *cashflows* deutlich von den *cashflows* unterscheiden, die z.B. durch Fabrikgrundstück etc., also durch selbst genutzt Immobilien, generiert werden. Für Zwecke der Produktion, Verwaltung etc. selbst genutzt Immobilien sind nach IAS 16 zu bilanzieren.

4.1.2.6.2.3 Ansatz und Ausweis

Ansatz

Nach IAS 40.16 erfolgt der erstmalige Ansatz einer als Finanzinvestition gehaltenen Immobilie, wenn die (auch für Sachanlagen geltenden) Ansatzkriterien des künftigen wirtschaftlichen Nutzens und der verlässlichen Bewertbarkeit erfüllt sind. Aufgrund des ersten Erfordernisses richtet sich die Ansatzfähigkeit nicht nach dem zivilrechtlichen, sondern dem wirtschaftlichen Eigentum des Erwerbsvertrags. Zu dessen Erwerb bedarf es nach deutschem Recht der notariellen Beurkundung und der darin festgelegten Bestimmung für den Übergang von Besitz, Gefahr, Nutzen und Lasten. Auf die Auflassung und den Grundbucheintrag (rechtliches Eigentum) kommt es nicht an.[158]

Ausweis

Aufgrund der Besonderheit der als Finanzinvestitionen gehaltenen Immobilien dürfen diese nicht zusammen mit den betrieblich genutzten Immobilien in der Bilanz ausgewiesen werden. In der Bilanz ist deshalb nach IAS 1.54(b) ein gesonderter Ausweis im Anlagevermögen getrennt von den Sachanlagen vorgeschrieben. Soweit die Bewertung von Anlageimmobilien nach den Neubewertungsmodell erfolgt, sind Auf- und Abwertungen auf den beizulegenden Zeitwert nach IAS 40.27 stets erfolgswirksam auszuweisen. Eine erfolgsneutrale Erfassung von Wertänderungen im *other comprehensive income* oder direkt im Eigenkapital ist nicht zulässig. Ergebniseffekte aus der Veränderung des beizulegenden Zeitwerts von Anlageimmobilien sind in Abhängigkeit vom Tätigkeitsschwerpunkt und der Branchenzugehörigkeit entweder im Finanzergebnis oder im operativen Ergebnis auszuweisen.[159]

---

[158] Hierzu ausführlich Lüdenbach/Hofmann/Freiberg, Haufe IFRS-Kommentar, 21. Aufl. 2023, § 16 Rz. 24-26.

[159] Hierzu Wobbe, IFRS: Sachanlagen und Leasing, 2008, S. 97.

4.1.2.6.2.4 Bewertung

Zugangsbewertung

Nach IAS 40.20 sind als Finanzinvestitionen gehaltene Immobilien bei Zugang mit ihren Anschaffungs- oder Herstellungskosten zu bewerten. Die Transaktionskosten sind in die erstmalige Bewertung mit einzubeziehen. Die Kosten für erworbene, als Finanzinvestitionen gehaltene Immobilien umfassen gemäß IAS 40.21 den Erwerbspreis und die direkt zurechenbaren Kosten. Zu den direkt zurechenbaren Kosten zählen z.B. Honorare und Gebühren für Rechtsberatung, auf die Übertragung der Immobilie anfallende Steuern und andere Transaktionskosten.

Nicht den Anschaffungs- oder Herstellungskosten zuzurechnen sind nach IAS 40.23

- Anlaufkosten (es sei denn, dass diese notwendig sind, um die als Finanzinvestition gehaltenen Immobilien in dem vom Management beabsichtigten betriebsbereiten Zustand zu versetzen),
- anfängliche Betriebsverluste, die anfallen, bevor die als Finanzinvestition gehaltenen Immobilien die geplante Belegungsquote erreichen, oder
- ungewöhnlich hohe Materialabfälle, Personalkosten oder andere Ressourcen, die bei der Erstellung oder Entwicklung der als Finanzinvestition gehaltenen Immobilien anfallen.

Erwerb durch Tausch

Beim Erwerb vom Anlageimmobilien durch Tausch gegen andere Vermögenswerte entsprechen die Anschaffungskosten der Immobilie nach IAS 40.27 dem beizulegenden Zeitwert des abgehenden Vermögenswerts, es sei denn, der Tauschvorgang hat keinen wirtschaftlichen Gehalt, oder weder der beizulegende Zeitwert des erhaltenen noch des aufgegebenen Vermögenswerts ist zuverlässig bewertbar. Ist letzteres der Fall, so werden die Anschaffungskosten zum Buchwert des aufgegebenen Vermögenswerts bewertet.

Folgebewertung

Die Folgebewertung ist nach IAS 40.30 entweder nach dem Anschaffungskosten- oder dem Neubewertungsmodell vorzunehmen. Letzteres darf jedoch nur gewählt werden, sofern der beizulegende Zeitwert (voraussichtlich) fortwährend verlässlich bestimmbar ist. Nach IAS 40.33 und IAS 40.53 ist das Bewertungswahlrecht einheitlich und im Zeitablauf stetig auszuüben. Ein Wechsel des Bewertungsmodells ist in Übereinstimmung mit IAS 8.14(b) nur dann möglich, wenn das neue Bewertungsmodell dazu führt, dass der Abschluss zuverlässigere und relevantere Informationen enthält, was nach IAS 40.31 bei einem Wechsel zum Anschaffungskostenmodell als höchst unwahrscheinlich eingestuft wird.

Anschaffungskostenmodell

Nach IAS 40.46 sind im Falle der Anwendung des Anschaffungskostenmodells als Finanzinvestitionen gehaltene Immobilien zu bewerten

- gemäß IFRS 5, sofern sie als zur Veräußerung gehalten eingestuft werden können (oder zu einer als zur Veräußerung gehalten eingestuften Veräußerungsgruppe gehören);
- gemäß IFRS 16, sofern sie einem Nutzungsrecht eines Leasingnehmers unterliegen und nicht gemäß IFRS 5 zur Veräußerung gehalten werden;[160]

---

[160] IFRS 16 verweist ebenfalls auf IAS 16.

- in allen anderen Fällen nach den Vorschriften für das Anschaffungskostenmodell gemäß IAS 16.

Grundsätzlich gilt also, dass die Bewertung auf Basis des Anschaffungskostenmodells den Bestimmungen des IAS 16 folgt, so dass auch die Regelungen zu den planmäßigen und außerplanmäßigen Abschreibungen analog zur Anwendung kommen.

Neubewertungsmodell

Nach IAS 40.31 hat der beizulegende Zeitwert die aktuelle Marktlage zum Bilanzstichtag und nicht zu einem vergangenen oder zukünftigen Zeitpunkt widerzuspiegeln. Im Gegensatz zu IAS 16 ist die Anlageimmobilie jedoch zu jedem Bilanzstichtag mit dem beizulegenden Zeitwert zu bewerten. Gewinne oder Verluste, die sich aus der Änderung des beizulegenden Zeitwerts von Anlageimmobilien ergeben, sind nach IAS 40.35 stets erfolgswirksam unter Gegenrechnung der damit entstehenden latenten Steuern zu erfassen.[161]

Transaktionskosten

Für die im Erstansatz enthaltenen Transaktionskosten besteht im Rahmen der Folgebewertung zum beizulegenden Zeitwert ggf. ein Wertminderungsbedarf, wenn diese Kosten sich aus einer Marktperspektive nicht im Zeitwert der Immobilie niederschlagen und keine kompensierende Wertsteigerung der Immobilie eingetreten ist.

Kein Komponentenansatz

Da es im Neubewertungsmodell aufgrund der fortlaufenden Bewertung zum beizulegenden Zeitwert nicht zu planmäßigen Abschreibungen kommt, scheidet, anders als für die Folgebewertung zu fortgeführten Anschaffungskosten, der Komponentenansatz aus. Im Rahmen der Bewertung zum beizulegenden Zeitwert ist auch ansonsten eine Trennung etwa in Gebäude und Betriebsvorrichtungen regelmäßig nicht möglich, da sie der Veräußerungsfiktion widersprechen würde: der fiktive Erwerber würde den Marktpreis nach der Ertragserzielungsmöglichkeit der gesamten Anlageimmobilie mit der gegebenen Ausstattung bemessen. Insofern gehen die Wertbeiträge der einzelnen Vermögensteile geschlossen (ungetrennt) in den Marktwert ein.

Keine außerplanmäßigen Abschreibungen

Auch außerplanmäßige Abschreibungen sind gemäß IAS 36.2(f) nicht zulässig, bei als Finanzinvestitionen gehaltenen Immobilien, die zum beizulegenden Zeitwert bewertet werden. Die zu jedem Bilanzstichtag ermittelten Zeitwerte spiegeln Alter und Zustand wider, so dass eine zusätzliche planmäßige oder außerplanmäßige Abschreibung einer Doppelerfassung von Wertminderungen gleichkommen würde. Der beizulegende Zeitwert ist nach IAS 40.40 unter Beachtung von IFRS 13 zu bestimmen.

Übertragung

Bei eintretenden Nutzungsänderungen sind entsprechende Umbuchungen in den Bestand oder aus dem Bestand der als Finanzinvestitionen gehaltenen Immobilien vorzunehmen. Nutzungsänderungen zeigen sich nach IAS 40.57 insbesondere durch:

a) den Beginn der eigenbetrieblichen Nutzung mit der Umbuchung aus dem Bestand der Finanzinvestitionen in den Bestand der eigenbetrieblich genutzten Immobilien;

---

[161] Hierzu ausführlich Lüdenbach/Hofmann/Freiberg, Haufe IFRS-Kommentar, 21. Aufl. 2023, § 16 Rz. 68ff.

b) den Beginn von Weiterentwicklungs- und Umbaumaßnahmen zum Zwecke der anschließenden Veräußerung durch Umbuchung in das Vorratsvermögen;
c) das Ende der eigenbetrieblichen Nutzung mit der Übertragung in den Bestand der Anlageimmobilien;
d) den Beginn eines *operating*-Leasingverhältnisses mit einem anderen Vertragspartner und der Umbuchung aus dem Vorratsbestand in den Bestand der Anlageimmobilien.

Veräußerung

Eine weitere Nutzungsänderung ergibt sich durch die geplante Veräußerung einer Anlageimmobilie mit der Übertragung in den Bestand der zum Verkauf bestimmten Vermögenswerte (IFRS 5.6).

Umklassifizierung

Der Nachweis einer Nutzungsänderung ist entscheidend für die Umklassifizierung einer Immobilie in oder aus dem Bestand der als Finanzinvestitionen gehaltenen Anlagen. Die in IAS 40.57 genannten Fälle haben daher lediglich Beispielcharakter und sind nicht als abschließende Aufzählung zu verstehen. Notwendige und ausschließliche Voraussetzung für eine Umwidmung ist der Nachweis einer tatsächlichen Nutzungsänderung.

Nach IAS 40.57(b) gilt auch der Beginn von Weiterentwicklungs- und Umbaumaßnahmen an einer Anlageimmobilie zum Zwecke der Veräußerung als Nutzungsänderung mit der Folge einer Umbuchung der Immobilie in das Vorratsvermögen. Der beizulegende Zeitwert im Umwidmungszeitpunkt fungiert dann als Anschaffungskosten des Vorratsvermögens.

Eigenbetriebliche Nutzung

Mit Beginn der eigenbetrieblichen Nutzung gilt nach IAS 40.60 der beizulegende Zeitwert im Umwidmungszeitpunkt als Anschaffungs- oder Herstellungskosten der eigenbetrieblich genutzten Immobilie nach IAS 16. Mit Ende der eigenbetrieblichen Nutzung und Beginn der Nutzung als Anlageimmobilie ist die Immobilie bis zum Zeitpunkt der Nutzungsänderung nach IAS 40.61 entsprechend IAS 16 zu bewerten.

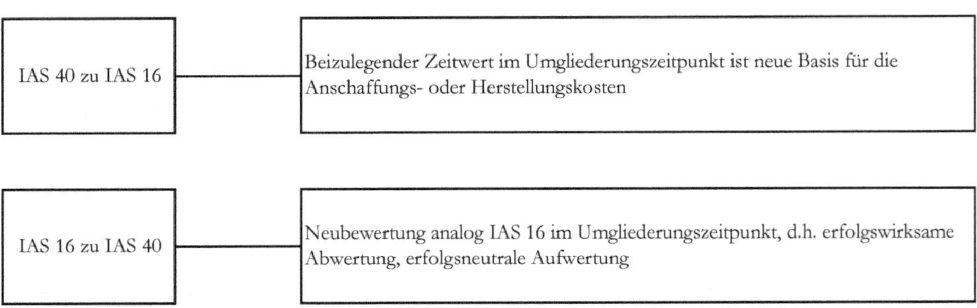

Abb. 17: Eigenbetrieblich genutzte Immobilien

Leasingverhältnis

Mit Beginn eines *operating*-Leasingverhältnisses ist die Immobilie bis zum Zeitpunkt der Nutzungsänderung entsprechend IAS 2 zu bewerten. Bei geplanter Veräußerung ist die Immobilie gemäß IFRS 5 zu behandeln.

Verwendungsabsicht

Über die Klassifizierung von Immobilien im Zugangszeitpunkt entscheidet die Verwendungsabsicht. Ist diese auf einen Verkauf bzw. eine Verarbeitung zum Zwecke des Verkaufs gerichtet, handelt es sich nach IAS 2.6 um Vorratsvermögen. Eine Vermietungsabsicht führt hingegen nach IAS 40.5 zur Klassifizierung als Finanzinvestitionen gehaltene Immobilien. Für eine Umklassifizierung von Vorratsvermögen zu *investment property* (bzw. umgekehrt) ist eine Änderung der Nutzungsabsicht (subjektiver Aspekt) nicht ausreichend. Vielmehr bleibt es gemäß IAS 40.57(b) (bzw. IAS 40.57(d)) so lange bei der ursprünglichen Qualifikation, wie die geänderte Absicht nicht durch Handlungen objektiviert ist. Erforderlich sind tatsächliche Maßnahmen zur Vorbereitung der zukünftigen Nutzung. Denkbar wäre bei zukünftiger Nutzung als *investment property* der Abschluss eines Mietvertrags oder die Einreichung eines Bauantrags. Nach anderer, restriktiverer Auffassung soll bei einem genehmigungspflichtigen Vorhaben sogar erst mit Vorliegen einer Baugenehmigung eine Umklassifizierung in Frage kommen.

Verzicht auf Buchwertänderung aufgrund Umwidmung

Nach IAS 40.59 kann im Zusammenhang mit einer Umwidmung auf eine Buchwertänderung verzichtet werden. Damit ist Folgendes gemeint: bei Umklassifizierung von Sachanlagen in als Finanzinvestitionen gehaltene Immobilien sind zuvor vorgenommene Neubewertungen nicht rückgängig zu machen. Bei Umklassifizierung von Vorräten in gemäß dem Anschaffungskostenmodell geführte Anlageimmobilien muss ein zum Zeitpunkt der Umwidmung über den Anschaffungskosten liegender beizulegender Zeitwert unberücksichtigt bleiben. Hingegen bleibt es erforderlich, letztmalig zum Zeitpunkt der Umklassifizierung eine Bewertung nach den bisherigen Regeln vorzunehmen.

Bis zur Umwidmung nicht berücksichtigte Wertminderungen

Die zum Umwidmungszeitpunkt noch nicht berücksichtigten Wertminderungen sind erfolgswirksam durch außerplanmäßige Abschreibungen zu erfassen. Soweit jedoch eine Neubewertungsrücklage aus einer früheren Neubewertung besteht, sind Wertminderungen zunächst erfolgsneutral durch Verrechnung mit der Neubewertungsrücklage zu berücksichtigen. Die darüberhinausgehende und nicht durch entsprechende Neubewertungsrücklagen gedeckten Wertminderungen wirken sich nach IAS 40.62(a) ergebnismindernd aus.

Im Umwidmungszeitpunkt höhere Zeitwerte

Im Umwidmungszeitpunkt sind höhere Zeitwerte gegenüber den fortgeführten Anschaffungs- oder Herstellungskosten wie folgt zu erfassen:

- Soweit die Erhöhung des Buchwerts eine früher vorgenommene außerplanmäßige Abschreibung kompensiert, ist die Zuschreibung erfolgswirksam als sonstiger Ertrag zu erfassen. Die erfolgswirksame Zuschreibung ist nach IAS 40.62(b) auf den Wert begrenzt, der sich ergeben hätte, wenn keine außerplanmäßige Abschreibung vorgenommen worden wäre.
- Ein noch verbleibender Teil der Erhöhung des Buchwerts ist erfolgsneutral in einer Neubewertungsrücklage zu erfassen. Bei einem späteren Abgang der Immobilie darf die Neubewertungsrücklage nach IAS 40.62(b) erfolgsneutral in die Gewinnrücklage umgebucht werden.

Zum Umwidmungszeitpunkt bestehende Wertdifferenzen zwischen Buchwert und Zeitwert sind im Rahmen einer Umqualifizierung aus dem Vorratsvermögen nach IAS 40.63 erfolgswirksam zu erfassen.

Abgänge

Eine als Finanzinvestition gehaltene Immobilie darf gemäß IAS 40.66 nicht mehr in der Bilanz angesetzt werden, wenn sie durch Verkauf oder den Abschluss eines *finance*-Leasingverhältnisses abgeht oder zukünftige wirtschaftliche Vorteile nicht mehr zu erwarten sind.

Veräußerungsgewinne /-verluste

Gewinne oder Verluste aus dem Verkauf oder der Stilllegung von Anlageimmobilien ergeben sich aus der Differenz zwischen dem Nettoveräußerungserlös und dem Buchwert der Immobilie. Das Veräußerungsergebnis ist nach IAS 40.69 erfolgswirksam zu erfassen, es sei denn, dass IFRS 16 etwas anderes bei *sale-and-lease-back*-Transaktionen vorsieht. Ausgleichszahlungen von Dritten für eine Wertminderung, einen Verlust oder eine aufgegebene Immobilie – wie z.B. Entschädigungsleistungen von Versicherungen – sind nach IAS 40.72 stets erfolgswirksam zu verrechnen.

Steuerlatenz

Steuerlich ist die buchmäßige Werterhöhung nach dem Neubewertungsmodell nicht nachvollziehbar. Es kommt dann – bei einem gegenüber den fortgeführten Anschaffungs- oder Herstellungskosten höheren Buchwert in der IFRS-Bilanz – zu einer passiven Steuerlatenz. Dies

4.1.2.6.2.5 Beispielsachverhalte – Als Finanzanlagen gehaltene Immobilien

Die FWA hat im vergangenen Geschäftsjahr ein *Factory Outlet* errichtet. Der Einkaufsbereich erstreckt sich über eine Fläche von ca. 2.100 m². Das gesamte Areal des *Outlet* umfasst insgesamt ca. 2.300 m². Die FWA hat im Einkaufsbereich Shops von Premiummodehersteller angesiedelt, die Garne der FWA in ihren Produkten verarbeiten. Die Immobilie besticht zudem durch ein außergewöhnliches Architektur- und Lichtkonzept. Für das ganze Areal wird eine Nutzungsdauer von 20 Jahren unterstellt.

Die Einkaufsfläche hat die FWA komplett an Dritte verpachtet, und zwar an den größten Kunden der FWA. Der Pachtzins ist abhängig von ortsüblichen Vergleichsmieten vereinbart worden und reflektiert somit das Risiko des Betreibers. Der Rest der Fläche wird von der FWA für allgemeine Verwaltungszwecke genutzt. Folglich ist die gesamte Immobilie als gemischt genutzte Immobilie zu klassifizieren.

Da beide Teile, der Einkaufsbereich und der Verwaltungsbereich, architektonisch als zwei getrennte Bereiche gestaltet sind und als solche auch veräußerbar sind, liegen zwei getrennte Immobilienteile vor, welch nach IAS 40.10 getrennt zu bilanzieren sind.

Der Verwaltungsbereich wird dabei als Immobilie des Sachanlagevermögens eingestuft. Die Regelungen des IAS 16 greifen. Der Einkaufsbereich hingegen ist nach den Regelungen des IAS 40 als *investment property* zu bilanzieren. Die Herstellungskosten belaufen sich auf EUR 27.385.000. Davon entfallen EUR 25.000.000 auf den Einkaufs- und EUR 2.385.000 auf den Verwaltungsbereich.

Im Folgenden wird die Bilanzierung des Einkaufsbereichs nach dem Neubewertungsmodell erläutert:

Zur Bewertung des Einkaufsbereichs (= Anlageimmobilie) zieht die FWA wie nach IAS 40.32 verlangt, einen unabhängigen Gutachter zu Rate. Die Ergebnisse der Immobilienbewertung für die kommenden vier Geschäftsjahre zeigt nachfolgende Tabelle:

Jahr	Bewertungsergebnis am Jahresende
2XX1	Beizulegender Zeitwert der Immobilie: EUR 25.000.000.
2XX2	Beizulegender Zeitwert der Immobilie: EUR 25.000.000.

2XX3	Beizulegender Zeitwert der Immobilie gesunken auf EUR 15.000.000 wegen der Erteilung der Baugenehmigung für ein weiteres *Factory Outlet* in einem Abstand von 15 km zum *Outlet* der FWA, welches sich auf niedrigpreisige Produkte ausrichten soll.
2XX4	Beizulegender Zeitwert der Immobilie gestiegen auf EUR 20.500.000 wegen der Versagung des Vertriebs von Produkten, deren Ursprung außerhalb Europas liegt und vielen der potentiellen Mieter des geplanten Billig-Outlets Rohstoffe mit Ursprung außerhalb Europas verarbeiten.

Zur Berechnung der latenten Steuern zieht die FWA den relevanten Steuersatz von 40% heran. Steuerlich wird die Immobilie über 20 Jahre planmäßig pro rata temporis abgeschrieben. Die jährliche Abschreibung beträgt EUR 1.250.000. Für die FWA ergibt sich in den Folgejahren unter Berücksichtigung außerplanmäßiger Abschreibungen bei den fortgeführten Anschaffungskosten (entsprechend einer steuerlichen Teilwertabschreibung) am Ende des ersten Jahres ein Restbuchwert von EUR 23.750.000, am Ende des zweiten Jahres ein Restbuchwert von EUR 22.500.000, am Ende des dritten Jahres ein auf den niedrigeren Teilwert reduzierter Restbuchwert von EUR 15.000.000 und am Ende des vierten Jahres ein Restbuchwert von EUR 20.000.000.

In nachfolgender Tabelle werden die beizulegenden Zeitwerte, die fortgeführten Anschaffungskosten als steuerlicher Buchwert sowie die Differenz zwischen den beiden Werten für die Jahre 2XX1 bis 2XX4 dargestellt:

Jahresende	1	2	3	4
Beizulegender Zeitwert	25.000.000	25.000.000	15.000.000	20.500.000
Steuerlicher Buchwert	23.750.000	22.500.000	15.000.000	20.000.000
Differenz	1.250.000	2.500.000	0	500.000
Passive latente Steuern	500.000	500.000	-1.000.000	200.000

Bei der Folgebewertung nach dem Neubewertungsmodell werden sämtliche Wertschwankungen sowie die Passivierung latenter Steuern erfolgswirksam erfasst. Die isolierten Auswirkungen auf die Bilanz sowie die Gewinn- und Verlustrechnung zeigen die nachfolgenden Buchungen:

a. Jahr 2XX1

Anlageimmobilie	25.000.000	an	Bank	25.000.000

Ertragsteueraufwand	500.000	an	Passive latente Steuern	500.000

b. Jahr 2XX2

Ertragsteueraufwand	500.000	an	Passive latente Steuern	500.000

c. Jahr 2XX3

Abschreibungen	10.000.000	an	Anlageimmobilie	10.000.000

Passive latente Steuern	1.000.000	an	Ertragsteueraufwand	1.000.000

d. Jahr 2XX4

Anlageimmobilie	5.500.000	an	Sonstiger Ertrag	5.500.000

Ertragsteueraufwand	200.000	an	Passive latente Steuern	200.000

Hierzu folgende Erläuterungen:

Jahr 2XX1 und 2XX2

In Höhe der entstandenen temporären Differenz zwischen dem IFRS-Buchwert und dem steuerlichen Buchwert werden erfolgswirksam latente Steuern passiviert.

Jahr 2XX3

Die Abnahme des beizulegenden Zeitwerts wird nach IFRS und steuerrechtlich erfolgswirksam bilanziert. Dadurch entfällt die temporäre Differenz, sodass die bisher erfassten passiven latenten Steuern erfolgswirksam aufzulösen sind.

Jahr 2XX4

Die Zunahme des beizulegenden Zeitwerts von EUR 5.500.000 wird nach IFRS vollständig erfolgswirksam erfasst. Steuerlich wird die Teilwertabschreibung wegen des gestiegenen Teilwerts rückgängig gemacht und zu fortgeführten planmäßigen Anschaffungskosten bilanziert. Aufgrund der dadurch entstehenden Differenz zwischen dem Buchwert im IFRS-Abschluss und dem planmäßig abgeschriebenen steuerlichen Restbuchwert werden passive latente Steuern erfolgswirksam erfasst.

Unter Berücksichtigung der Sachverhalte stellen sich Bilanz und GuV wie folgt dar:[162]

V

Bilanz		31.12.2XX			
	Ref.	1	2	3	4
Aktiva					
Langfristige Vermögenswerte					
…					
Anlageimmobilien		25.000.000	25.000.000	15.000.000	20.500.000
	a.	25.000.000			
	c.			-10.000.000	
	d.				5.500.000
…					
Kurzfristige Vermögenswerte					
…					
Liquide Mittel	a.	-25.000.000			
…					
Passiva					
Eigenkapital					
…					
Jahresergebnis		-500.000	-500.000	-9.000.000	5.300.000
…					
Schulden					
…					
Latente Steuern		500.000	1.000.000	0	200.000
	a.	500.000			
	b.		500.000		
	c.			-1.000.000	
	d.				200.000

162 Auf eine Unterteilung der Schulden in lang- und kurzfristig wird aus Vereinfachungsgründen verzichtete.

Gesamtergebnisrechnung nach GKV		1.1. - 31.12.2XX			
	Ref.	1	2	3	4
...					
2. Sonstige Erträge	d.				5.500.000
...					
7. Abschreibungen	c.			-10.000.000	
...					
14. Ertragsteueraufwand	a.	-500.000			
	b.		-500.000		
	c.			1.000.000	
	d.				-200.000
...					
17. Jahresüberschuss/Jahresfehlbetrag		-500.000	-500.000	-9.000.000	5.300.000

Gesamtergebnisrechnung nach UKV		1.1. - 31.12.2XX			
	Ref.	1	2	3	4
...					
2. Umsatzkosten	a.	0	0	-10.000.000	
...					
3. Sonstige Erträge	c.				5.500.000
...					
12. Ertragsteueraufwand	a.	-500.000			
	b.		-500.000		
	c.			1.000.000	
	d.				-200.000
...					
16. Jahresüberschuss/Jahresfehlbetrag.		-500.000	-500.000	-9.000.000	5.300.000

4.1.2.6.3 Zur Veräußerung gehaltene langfristige Vermögenswerte und aufgegebene Geschäftsbereiche

4.1.2.6.3.1 Relevante Normen

IFRS 5

Langfristige Vermögenswerte oder Sachgesamtheiten (*disposal group*) die zum Verkauf gehalten werden, fallen nicht unter IAS 16, sondern sind nach IFRS 5 zu bilanzieren. IFRS 5 enthält einerseits Vorschriften zur Klassifizierung, Bewertung und zum Ausweis von langfristigen Vermögenswerten, die zur Veräußerung gehalten werden, und von sog. Veräußerungsgruppen sowie andererseits von aufgegebenen Geschäftsbereichen. In Abhängigkeit von der jeweiligen Klassifizierung ergeben sich – wie im Rahmen der nachfolgenden Ausführungen zu zeigen sein wird – unterschiedliche Bewertungs- und Ausweisvorschriften.

Die Klassifizierungs-, Bewertungs- und Ausweisregeln von IFRS 5 gelten für sämtliche bilanzierte langfristige Vermögenswerte und Veräußerungsgruppen eines Unternehmens und damit auch für solche, die gemäß IFRS 5.5A als zur Ausschüttung an Eigentümer gehalten eingestuft sind. Die Vorschriften für aufgegebene Geschäftsbereiche (*discontinued operations*) beschränken sich auf Ausweis und Anhangangaben.

Ausnahmen von den Bewertungsvorschriften des IFRS 5 bestehen nach IFRS 5.2 i.V.m IFRS 5.5 für Vermögenswerte, die aufgrund anderer Standards erfolgswirksam zum beizulegenden Zeitwert folgebewertet werden.

Enthält eine Veräußerungsgruppe mindestens einen Vermögenswert, der in den Anwendungsbereich der Bewertungsvorschriften von IFRS 5 fällt, sind die Bewertungsvorschriften nach IFRS 5.4 auf die Gruppe als Ganzes anzuwenden. Da eine Veräußerungsgruppe aus mehreren Vermögenswerten besteht, können z.B. auch kurzfristige Vermögenswerte und Schulden enthalten sein, welche aber nicht dem Anwendungsbereich von IFRS 5 unterliegen. Ist dies der Fall, werden die Vermögenswerte und Schulden, die nicht unter IFRS 5 fallen, nach IFRS 5.5 vor der Gesamtbewertung der

Veräußerungsgruppe zunächst nach den einschlägigen Standards bewertet. Des Weiteren stellt IFRS 5.5B klar, dass die Ausweisvorschriften des IFRS 5 denen anderer Standards grundsätzlich vorgehen. Von diesem Grundsatz ist jedoch abzuweichen, wenn diese Standards selbst spezielle Ausweisvorschriften in Bezug auf langfristig zur Veräußerung gehaltene Vermögenswerte und Veräußerungsgruppen sowie zum Ausweis aufgegebener Geschäftsbereiche vorsehen.

4.1.2.6.3.2 Definition Zur Veräußerung gehaltene langfristige Vermögenwerte und aufgegebene Geschäftsbereiche

Zur Veräußerung gehaltene langfristige Vermögenswerte

Die Definition eines langfristigen Vermögenswerts ergibt sich aus der Negativabgrenzung des IAS 1.66. Ein danach als langfristig zu klassifizierender Vermögenswert (bzw. eine Veräußerungsgruppe) muss nach IFRS 5.6 als zur Veräußerung gehalten eingestuft werden, wenn der ausgewiesene Buchwert nicht durch dessen zukünftige Nutzung, sondern überwiegend durch einen Veräußerungsvorgang realisiert werden soll. Dies trifft nach IFRS 5.7 auf Vermögenswerte bzw. Veräußerungsgruppen zu, die in ihrem gegenwärtigen Zustand zu marktüblichen Bedingungen sofort veräußerbar sind und der Veräußerungsvorgang selbst als höchstwahrscheinlich eingestuft werden kann.

Höchstwahrscheinlichkeits-Kriterium

Damit eine Veräußerung als höchstwahrscheinlich gilt, müssen die in IFRS 5.8 genannten Kriterien kumulativ erfüllt sein:

- das zuständige Management hat bereits einen Veräußerungsplan beschlossen sowie aktiv mit der Käufersuche begonnen,
- der angebotene Veräußerungspreis muss in einem angemessenen Verhältnis zum gegenwärtigen beizulegenden Zeitwert des Vermögenswerts bzw. Veräußerungsgruppe stehen,
- der Veräußerungsvorgang muss innerhalb eines Jahres nach der Klassifizierung als abgeschlossen erwartet werden,
- die zur Realisierung des Veräußerungsplans notwendigen Maßnahmen müssen darauf schließen lassen, dass sowohl eine wesentliche Änderung als auch eine Aufhebung des zugrunde liegenden Plans unwahrscheinlich sind, und
- die Wahrscheinlichkeit der Genehmigung der Anteilseigner (sofern dies gesetzlich vorgeschrieben ist) ist im Rahmen der Beurteilung, ob der Verkauf eine hohe Eintrittswahrscheinlichkeit hat, zu berücksichtigen.

Verbindlicher Verkaufsplan

Ein verbindlicher Verkaufsplan, der den Verlust der Beherrschung an einem Tochterunternehmen zur Folge hat, führt nach IFRS 5.8A dazu, dass sämtliche Vermögenswerte und Schulden dieses Tochterunternehmens als zur Veräußerung gehalten einzustufen sind, sofern die Kriterien von IFRS 5.6-8 erfüllt sind. Dies gilt unabhängig davon, ob nach dem Verkauf noch eine nichtbeherrschende Beteiligung gehalten wird.

Ein-Jahres-Frist

Wird die Ein-Jahres-Frist überschritten, ohne dass die geplante Veräußerung tatsächlich erfolgt, so ist gemäß IFRS 5.9 die bisherige Klassifizierung beizubehalten, wenn

- die Ursache der Verzögerung nicht im Einflussbereich des Unternehmens liegt und

- gleichzeitig substanzielle Hinweise dafür vorliegen, dass das Unternehmen weiterhin an seinem Veräußerungsplan festhält.

Veräußerungsgruppen

Eine Veräußerungsgruppe umfasst nach IFRS 5.4 und IFRS 5.A sämtliche Vermögenswerte sowie unmittelbar mit ihnen verbundene Schulden, die in einer einzigen Transaktion gemeinsam verkauft oder auf andere Weise übertragen werden sollen. Eine Veräußerungsgruppe kann also gemäß IFRS 5.4 jede Art von kurz- und/oder langfristigen Vermögenswerten und Schulden eines Unternehmens enthalten, und zwar auch solche, für die nach IFRS 5.5 die Bewertungsvorschriften des IFRS 5 eigentlich nicht gelten.[163]

Zahlungsmittelgenerierende Einheit mit Geschäfts- oder Firmenwert

Handelt es sich bei der Veräußerungsgruppe um eine zahlungsmittelgenerierende Einheit, welcher nach IAS 36 ein (derivativer) Geschäfts- oder Firmenwert zugerechnet wurde, so beinhaltet die Gruppe auch diesen. Nach IFRS 5.4 besteht eine Veräußerungsgruppe aus einer einzelnen zahlungsmittelgenerierenden Einheit, einer Gruppe von zahlungsmittelgenerierenden Einheiten oder aus dem Teil einer zahlungsmittelgenerierenden Einheit.

Als zur Ausschüttung an Eigentümer gehalten klassifiziert

Langfristige Vermögenswerte bzw. Veräußerungsgruppen sind gemäß IFRS 5.12A als zur Ausschüttung an Eigentümer gehalten zu klassifizieren, wenn das Unternehmen verpflichtet ist, die Vermögenswerte bzw. Veräußerungsgruppen an die Eigentümer auszuschütten. Davon ist auszugehen, wenn die Vermögenswerte in ihrem gegenwärtigen Zustand zur sofortigen Ausschüttung verfügbar sind und diese Ausschüttung eine hohe Eintrittswahrscheinlichkeit hat.

Sofern die Kriterien von IFRS 5.6-8 erst nach dem Bilanzstichtag erfüllt werden, ist der langfristige Vermögenswert bzw. die entsprechende Veräußerungsgruppe nicht als zur Veräußerung gehalten zu klassifizieren. Werden die Kriterien jedoch nach dem Bilanzstichtag, aber vor Feststellung des Jahresabschlusses erfüllt, sind weitere Anhangangaben erforderlich.

Umklassifizierung

Für den Fall, dass ein als zur Veräußerung oder als zur Ausschüttung an die Eigentümer gehalten klassifizierter Vermögenswert (bzw. eine Veräußerungsgruppe) die Klassifikationskriterien nicht mehr erfüllt, muss der Vermögenswert (bzw. die Veräußerungsgruppe) nach IFRS 5.26 umklassifiziert werden.

Zur Stilllegung vorgesehen

Langfristige Vermögenswerte bzw. Veräußerungsgruppen, die zur Stilllegung vorgesehen sind, dürfen nach IFRS 5.13 nicht als zur Veräußerung gehalten klassifiziert werden. Die temporäre Außerbetriebnahme eines langfristigen Vermögenswertes gilt nach IFRS 5.14 indes nicht als Stilllegung.

Aufgegebene Geschäftsbereiche

Aufgegebene Geschäftsbereiche sind zum einen Unternehmensbestandteile, die veräußert worden sind oder als zur Veräußerung gehalten werden. Gemäß IFRS 5.A und IFRS 5.31 handelt es sich bei Unternehmensbestandteilen, um Geschäftsbereiche und die

---

[163] Hierzu von Keitz/Heyd in: Theile/von Keitz/Brücks, Internationales Bilanzrecht IFRS 5 Rz. 111.

zugehörigen *cashflows*, die betrieblich und für die Zwecke der Rechnungslegung vom restlichen Unternehmen klar abgegrenzt werden können. Insofern ist es erforderlich, dass die relevanten Vermögenswerte, Schulden, Erträge, Aufwendungen und *cashflows* einem Bereich direkt zugerechnet werden können. Demzufolge umfasst ein Unternehmensbestandteil nach IFRS 5.31 mindestens eine zahlungsmittelgenerierende Einheit oder eine Gruppe solcher zahlungsmittelgenerierender Einheiten. Zum anderen muss ein aufgegebener Geschäftsbereich nach IFRS 5.32

a) einen gesonderten, wesentlichen Geschäftszweig oder geographischen Geschäftsbereich darstellen,
b) Teil eines einzelnen, abgestimmten Plans zur Veräußerung eines gesonderten wesentlichen Geschäftszweigs oder geographischen Geschäftsbereichs sein oder
c) ein Tochterunternehmen darstellen, das ausschließlich mit der Absicht einer Weiterveräußerung erworben wurde.[164]

Hinweis
Die Unterscheidung zwischen Veräußerungsgruppe und aufgegebener Geschäftsbereich stellt einen elementaren Bestandteil des IFRS 5 dar. Eine eindeutige Abgrenzung der Begrifflichkeiten ist deshalb von Bedeutung, weil diese unterschiedliche Auswirkungen auf die Bewertung und den Ausweis hat. Ein aufgegebener Geschäftsbereich und eine Veräußerungsgruppe können, müssen sich aber nicht zwingend entsprechen.[165]

Reklassifizierung bei gescheiterter Veräußerung

Scheitert eine beabsichtigte Veräußerung oder soll etwa aus strategischen Gründen ein Geschäftsbereich nicht mehr veräußert werden, ist eine Reklassifizierung vorzunehmen. Dieser Unternehmensbestandteil wird demzufolge auch nicht mehr als „zu veräußernd gehalten" klassifiziert. Das bisher aufgrund von IFRS 5.33-35 isoliert ausgewiesene Ergebnis ist nunmehr für sämtliche dargestellte Geschäftsjahre in die Erträge aus fortzuführenden Geschäftsbereichen einzubeziehen.

4.1.2.6.3.3 Ausweis

Zur Veräußerung gehaltene langfristige Vermögenswerte

Grundsätzlich sind Vermögenwerte, die als zur Veräußerung gehalten eingestuft werden nach IFRS 5.1(b) als gesonderter Posten in der Bilanz auszuweisen. Diese Ausweispflicht wird durch IFRS 5.38 konkretisiert. Danach sind auch die Vermögenswerte einer Veräußerungsgruppe gesondert auszuweisen. Die der Veräußerungsgruppe zuzurechnenden Schulden sind ebenfalls getrennt von anderen Schulden in der Bilanz auszuweisen, sie dürfen nicht mit den Vermögenswerten der Veräußerungsgruppe saldiert werden. In der Praxis werden die Vermögenswerte und Schulden regelmäßig in einem gesonderten Posten innerhalb der kurzfristigen Vermögenswerte bzw. Schulden ausgewiesen. Eine Neugliederung oder Anpassung der Vorjahreszahlen in der Bilanz ist nach IFRS 5.40 nicht zulässig.

---

164 Hierzu IDW, WPH, 17. Aufl. 2021, Kap. K Tz. 153.

165 Hierzu Pellens/Fülbier/Gassen/Selhorn, Internationale Rechnungslegung, 11. Aufl. 2021, S. 931-932.

Bilanz

Die als zur Veräußerung gehalten eingestufte Vermögenswerte sind in Hauptgruppen aufzuteilen und entweder in der Bilanz oder im Anhang gesondert anzugeben. Diese Unterteilung orientiert sich dabei an der üblichen Gliederung der Bilanz. Eine solche Gruppierung ist nach IFRS 5.39 indes nicht geboten, soweit es sich um ein erworbenes Tochterunternehmen handelt, welches ausschließlich zum Zwecke der Weiterveräußerung erworben wurde.

Ein möglicher Bilanzausweis könnte wie folgt aussehen:

Aktiva (*assets*)	20X2	20X1	20X0
	TEUR	TEUR	TEUR
Langfristige Vermögenswerte (*non-current assets*)			
...			
Summe			
Kurzfristige Vermögenswerte (current assets)			
...			
Zur Veräußerung gehaltene langfristige Vermögenswerte			
Summe			
Gesamt Aktiva			

Passiva (*liabilities*)	20X2	20X1	20X0
	TEUR	TEUR	TEUR
Eigenkapital (*equity*)			
...			
Neubewertungsrücklage im Zusammenhang mit zur Veräußerung gehaltenen langfristigen Vermögenswerten			
...			
Summe			
Langfristige Schulden (non-current liabilities)			
...			
Summe			
Kurzfristige Schulden (current liabilities)			
...			
Schulden im Zusammenhang mit zur Veräußerung gehaltenen langfristigen Vermögenswerten			
Summe			
Gesamt Passiva			

Abb. 18: Bilanzielle Darstellung von IFRS 5

Sonstiges Ergebnis

Alle im sonstigen Ergebnis erfassten Erträge oder Aufwendungen (z.B. Wertänderungen bei *available-for-sale*-Finanzinstrumenten), die in Verbindung mit langfristigen, als zur Veräußerung gehalten eingestuften Vermögenswerten oder mit Veräußerungsgruppen stehen, sind gesondert auszuweisen.

Aufgegebene Geschäftsbereiche

Grundsätzlich sind die Ergebnisse aufgegebener Geschäftsbereiche nach IFRS 5.1(b) als gesonderter Posten in der Gesamtergebnisrechnung auszuweisen. In der Bilanz sind Vermögenswerte und Schulden eines aufgegebenen Geschäftsbereichs, soweit noch nicht veräußert, innerhalb der Position auszuweisen, in der auch die zur Veräußerung gehaltenen Vermögenswerte und die Vermögenswerte einer Veräußerungsgruppe ausgewiesen werden. Entsprechendes gilt für Schulden. Werden also zur Veräußerung gehaltene Vermögenswerte und Veräußerungsgruppen als gesonderter Posten innerhalb der kurzfristigen Vermögenswerte bzw. Schulden ausgewiesen, so sind in diesem Posten auch die aufgegebenen Geschäftsbereiche des bilanzierenden Unternehmens zu erfassen. In der Gesamtergebnisrechnung ist das Nachsteuerergebnis des aufgegebenen Geschäftsbereichs anzugeben. Dieses umfasst nach IFRS 5.33(a) die Summe aus:

- dem Ergebnis nach Steuern des aufgegebenen Geschäftsbereichs sowie
- dem Ergebnis nach Steuern, das bei der Bewertung mit dem beizulegenden Zeitwert abzüglich Veräußerungskosten oder bei der Veräußerung der Vermögenswerte oder Veräußerungsgruppe(n), die den aufgegebenen Geschäftsbereich darstellen, erfasst wurde.

Wurde der Geschäftsbereich noch nicht veräußert, umfasst das Ergebnis nach Steuern des aufgegebenen Geschäftsbereichs das Ergebnis der letzten zwölf Monate. Wurde der Geschäftsbereich im aktuellen Geschäftsjahr veräußert, umfasst das Ergebnis nach Steuern des aufgegebenen Geschäftsbereichs den Zeitraum von Beginn des Jahres bis zum Veräußerungszeitpunkt.[166]

Der gesondert ausgewiesene Betrag aus der Summe der zuvor genannten Bestandteile ist nach IFRS 5.33(b) wahlweise in der Gesamtergebnisrechnung oder im Anhang wie folgt aufzuschlüsseln:

- Erlöse, Aufwendungen und das Ergebnis vor Steuern des aufgegebenen Geschäftsbereichs,
- der entsprechende Steueraufwand,
- der Gewinn oder Verlust, der aus der Bewertung zum beizulegenden Zeitwert abzüglich Veräußerungskosten oder aus der Veräußerung der Vermögenswerte bzw. Veräußerungsgruppen des aufgegebenen Geschäftsbereichs erfasst wurde, sowie
- der diesem Gewinn oder Verlust zuzurechnende Steueraufwand.

Kapitalflussrechnung

Analog zur Aufgliederung in der Gesamtergebnisrechnung ist nach IFRS 5.33(c) auch in der Kapitalflussrechnung (oder wahlweise im Anhang oder einem anderen Jahresabschlussbestandteil) eine Separierung der Netto-*cashflows* aus operativer Tätigkeit, Investitions- und Finanzierungstätigkeit, die dem aufgegebenen Geschäftsbereich zuzuordnen sind, von den fortlaufenden *cashflows* durchzuführen.

Hinweis
Die in IFRS 5.33 geforderten Angaben zur Gesamtergebnis- und zur Kapitalflussrechnung sind rückwirkend anzuwenden. Zum Abschlussstichtag sind somit in

[166] Bezüglich der Darstellung in der Gesamtergebnisrechnung siehe Abschn. 2.3.3.

allen dargestellten Perioden die zum Abschlussstichtag aufgegebenen Geschäftsbereiche als solche darzustellen.

4.1.2.6.3.4 Bewertung

Erstmalige Klassifizierung

Nach IFRS 5.18 sind die Buchwerte der zur Veräußerung gehaltenen langfristigen Vermögenswerte (bzw. Veräußerungsgruppen) unmittelbar vor der erstmaligen Klassifizierung als zur Veräußerung gehalten gemäß den einschlägigen IFRS zu bewerten. Der Buchwert der Veräußerungsgruppe ergibt sich dann aus der Summe der Buchwerte der in der Gruppe enthaltenen Vermögenswerte abzüglich der Summe der Buchwerte der Schulden.[167]

Keine planmäßige Abschreibung

Ab diesem Zeitpunkt unterbleibt dann eine planmäßige Abschreibung der entsprechenden Vermögenswerte.[168] Stattdessen sind die Vermögenswerte (bzw. Veräußerungsgruppen) fortan nach IFRS 5.1(a) i.V.m. IFRS 5.15 mit dem niedrigeren Wert aus

- Buchwert und
- beizulegendem Zeitwert abzüglich Veräußerungskosten (Nettozeitwert)

zu bewerten.

Umfang der Veräußerungskosten

Zu den entsprechenden Veräußerungskosten gehören nach IFRS 5.A alle dem Vermögenswert bzw. der Veräußerungsgruppe direkt zurechenbaren Kosten mit Ausnahme von Finanzierungskosten und Ertragsteueraufwendungen. Zinsen und andere Aufwendungen hingegen, die den Schulden einer Veräußerungsgruppe direkt zugerechnet werden können, sind nach IFRS 5.25 weiterhin zu erfassen.

Erfassung von Wertminderungen

Soweit der Nettozeitwert bei Erstklassifizierung oder zu einem späteren Zeitpunkt niedriger ist als der Buchwert, ist die Wertminderung nach IFRS 5.20 als außerplanmäßige Abschreibung erfolgswirksam zu buchen. Eine Zuschreibung ist nur nach dem Maße der vorherigen außerplanmäßigen Abschreibungen zulässig. Gemäß IFRS 5.23 hat die Erfassung des Wertminderungsaufwands im Falle von Veräußerungsgruppen nach den Vorschriften von IAS 36.104(a) und (b) (sowie IAS 36.122 im Falle einer Wertaufholung) zu erfolgen. Das bedeutet, dass der Abschreibungsaufwand zunächst einem eventuell vorhandenen Geschäfts- oder Firmenwert zugeordnet wird. Eine verbleibende Differenz wird anteilig auf die übrigen langfristigen Vermögenswerte verteilt.

Erstanwendungszeitpunkt

Die Bewertungsvorschriften sind ab dem Stichtag, an dem die entsprechenden Klassifizierungskriterien erfüllt sind, anzuwenden. Sie gelten im Wesentlichen auch für zur Ausschüttung an Eigentümer gehaltene Vermögenswerte bzw. Veräußerungsgruppen. Für den Fall,

---

167 Zur Bewertung ausführlich von Keitz/Heyd in: Theile/von Keitz/Brücks, Internationales Bilanzrecht, IFRS 5 Rz. 152-188.

168 Eine planmäßige Abschreibung ist nach Klassifizierung als zur Veräußerung gehalten auch dann nicht mehr zulässig, wenn der abnutzbare Vermögenswert bis zum Vollzug der Veräußerung noch weiter genutzt wird. Hierzu Lüdenbach/Hofmann/Freiberg, Haufe IFRS-Kommentar, 21. Aufl. 2023, § 29 Rz. 41.

dass die Veräußerung eines langfristigen Vermögenswerts (bzw. einer Veräußerungsgruppe) nicht innerhalb eines Jahres erfolgt, sind die Veräußerungskosten abzuzinsen. Eine aus dem Zeitablauf resultierende Erhöhung des Barwerts der Veräußerungskosten ist nach IFRS 5.17 erfolgswirksam unter den Finanzierungskosten in der Gesamtergebnisrechnung auszuweisen.

Nach erstmaliger Klassifizierung

Ist die Veräußerung am Bilanzstichtag noch nicht erfolgt, so müssen die einzelnen zur Veräußerung gehaltenen Vermögenswerte (bzw. Veräußerungsgruppen) zu diesem Zeitpunkt neubewertet werden. Die zur Veräußerung gehaltenen Vermögenswerte (bzw. Veräußerungsgruppen) sind somit weiterhin mit dem niedrigeren Wert aus

- Buchwert und
- Nettozeitwert

zu bewerten.

Der ggf. entstehende Wertminderungsaufwand ist im Rahmen einer außerplanmäßigen Abschreibung erfolgswirksam zu erfassen. Übersteigt im Rahmen der Neubewertung der Nettozeitwert eines Vermögenswerts den entsprechenden Buchwert, ist die positive Differenz bis zur Höhe des kumulierten Wertminderungsaufwands, welcher bisher nach IFRS 5 oder IAS 36 erfasst wurde, nach IFRS 5.21 als Ertrag zu erfassen. Analog gilt diese Vorgehensweise für Veräußerungsgruppen, deren Wertsteigerung bisher nicht nach IFRS 5.19 erfasst wurde.[169]

Änderung des Veräußerungsplans

Gemäß IFRS 5.26 dürfen Vermögenswerte (bzw. Veräußerungsgruppen), die als zur Veräußerung oder als zur Ausschüttung an Eigentümer gehalten klassifiziert wurden, die Kriterien nach IFRS 5.7-9 bzw. nach IFRS 5.12 jedoch nicht mehr erfüllen, nicht mehr als zur Veräußerung bzw. Ausschüttung an Eigentümer gehalten klassifiziert werden. Wird also die Veräußerungsabsicht aufgegeben, ist nach IFRS 5.27 zu diesem Zeitpunkt der niedrigere der beiden Werte anzusetzen:

- fortgeführter ursprünglicher Buchwert und
- erzielbarer Betrag i.S. von IAS 36.

Ein durch die Reklassifizierung entstehender Bewertungsunterschied ist nach IFRS 5.21 erfolgswirksam zu verbuchen.

4.1.2.6.3.5 Beispielsachverhalt – Bewertung von zur Veräußerung gehaltener langfristiger Vermögenswerte

Die FWA plant den Verkauf mehrerer zusammenhängender Vermögenswerte. Am 01.07.2XX0 sind die Kriterien zur Klassifizierung als zur Veräußerung gehalten erfüllt. Zu diesem Zeitpunkt bewertet die FWA die, der Veräußerungsgruppe zuzurechnenden Vermögenswerte nach den einschlägigen Standards. So werden z.B. immaterielle Werte (soweit deren Nutzung zeitlich begrenzt ist) und Sachanlagen nach IAS 38 bzw. IAS 16 bis zum 01.07. planmäßig abgeschrieben, nach IAS 2 wird ein Niederstwerttest für die Vorräte durchgeführt und nach IFRS 9 sind die Forderungen mit dem beizulegenden Zeitwert zu bewerten.

---

[169] Hierzu Pellens/Fülbier/Gassen/Selhorn, Internationale Rechnungslegung, 11. Aufl. 2021, S. 935-936.

Die FWA schätzt den Nettozeitwert der Veräußerungsgruppe auf EUR 16.500.000. Der Unternehmenssteuersatz beträgt 30%. Latente Steuern sind zu berücksichtigen.

Die FWA hat die Veräußerungsgruppe mit dem niedrigeren Wert aus der Summe der Buchwerte und dem beizulegenden Zeitwert abzüglich Veräußerungskosten zu bewerten. Sie hat insofern eine Wertminderung von EUR 5.000.000 zu erfassen.

Diese Wertminderung ist zunächst dem Geschäfts- oder Firmenwert zuzurechnen. Die verbleibenden EUR 2.000.000 sind den langfristigen Vermögenswert buchwertproportional zuzuordnen.

Nachfolgende Tabelle zeigt die Buchwerte der Vermögenswerte zum Zeitpunkt der erstmaligen Anwendung von IFRS 5 sowie deren Entwicklung nach der Umklassifizierung als zur Veräußerung gehalten:

Vermögenswerte (in TEUR)	Nettovermögen	Zugeordneter Betrag Wertminderung	Buchwert nach Zuordnung Wertminderung
Geschäfts- oder Firmenwert	3.000.000	-3.000.000	0
Immaterielle Vemögenswerte	10.000.000	-1.250.000	8.750.000
Sachanlagevermögen (bewertet zu fortgeführten historischen Kosten)	6.000.000	-750.000	5.250.000
Vorräte	3.500.000	0	3.500.000
Forderungen	2.500.000	0	2.500.000
Rückstellungen	3.500.000	0	3.500.000
Summe	**21.500.000**	**-5.000.000**	**16.500.000**

Es ist wie folgt zu buchen:

Abschreibung	3.000.000	an	Geschäfts- oder Firmenwert	3.000.000

Abschreibung	1.250.000	an	Immaterielle Vermögenswerte	1.250.000

Abschreibung	750.000	an	Sachanlage	750.000

Da in der Steuerbilanz keine Umklassifizierung erfolgt, sind nach IAS 12.21(b) latente Steuern auf die Differenz, die nicht auf den Geschäfts- oder Firmenwert entfällt, zu berücksichtigen:

Aktive latente Steuern	600.000	an	Ertragssteueraufwand	600.000

Der Buchwert nach der Erfassung der Wertminderung entspricht sodann dem Nettozeitwert der Veräußerungsgruppe.

Unter Berücksichtigung der Sachverhalte stellen sich Bilanz und GuV wie folgt dar:

Bilanz		**2XX0**	
	Ref.	**30.6.**	**ab 1.7.**
Aktiva			
Langfristige Vermögenswerte			
Sachanlagen		6.000.000	
Geschäfts- oder Firmenwert		3.000.000	
Immaterielle Vermögenswerte		10.000.000	
...			
Latente Steuern			600.000

Kurzfristige Vermögenswerte

...

Vorräte			3.500.000	3.500.000
Forderungen aus Lieferungen und Leistungen			2.500.000	2.500.000

...

Zur Veräußerung gehaltene langfristige Vermögenswerte				
Sachanlagen				5.250.000
Geschäfts- oder Firmenwert				0
Immaterielle Vermögenswerte				8.750.000

...

Passiva

Eigenkapital

...

Jahresergebnis			-4.400.000

...

Langfristige Schulden

...

Rückstellungen			3.500.000	3.500.000

...

Gesamtergebnisrechnung nach GKV	Ref.	1.1. - 31.12.2X0
...		
7. Abschreibungen		-5.000.000
...		
14. Ertragsteueraufwand		600.000
...		
17. Jahresüberschuss/Jahresfehlbetrag		4.400.000

Gesamtergebnisrechnung nach UKV	Ref.	1.1. - 31.12.2XX
...		
2. Umsatzkosten		-5.000.000
...		
12. Ertragsteueraufwand		600.000
...		
16. Jahresüberschuss/Jahresfehlbetrag.		-4.400.000

4.1.3 Vorräte

4.1.3.1 Grundlagen

4.1.3.1.1 Relevante Normen

IAS 2

Mit IAS 2 wird die Bilanzierung von Vorräten geregelt. Dabei stehen die Zugangs- sowie die Folgebewertung des Vorratsvermögens im Mittelpunkt der Regelungen. Zudem enthält IAS 2 Vorschriften zu den Offenlegungspflichten im IFRS-Abschluss.

Ausgenommen vom Anwendungsbereich des IAS 2 sind

- Finanzinstrumente (hier greifen IAS 32 und IFRS 9) und
- biologische Vermögenswerte sowie die aus ihnen gewonnenen landwirtschaftlichen Erzeugnisse, die mit landwirtschaftlicher Tätigkeit und landwirtschaftlicher Produktion zum Zeitpunkt der Ernte im Zusammenhang stehen (hier greift IAS 41).

Des Weiteren gelten die Bewertungsregeln des IAS 2 nicht für die folgenden Vorräte:

- Vorräte von Erzeugern land- und forstwirtschaftlicher Erzeugnisse, landwirtschaftliche Erzeugnisse nach der Ernte sowie Mineralien und mineralische Stoffe jeweils insoweit, als diese Erzeugnisse mit dem Nettoveräußerungswert bewertet werden; und
- Vorräte von Maklern/Händlern, die mit dem beizulegenden Zeitwert abzüglich der Veräußerungskosten bewertet werden.

4.1.3.1.2 Definition von Vorräten

IAS 2.6 definiert Vorräte als Vermögenswerte, die

- zum Verkauf im normalen Geschäftsgang gehalten werden;
- sich in der Herstellung für einen derartigen Verkauf befinden; oder
- als Roh-, Hilfs- und Betriebsstoffe dazu bestimmt sind, bei der Herstellung oder der Erbringung von Dienstleistungen verbraucht werden.

Definition des Vorratsvermögens

Unter den Begriff Vorräte fallen damit zu Handelszwecken – d.h. zum Weiterverkauf – vorgehaltene Waren jeglicher Art. Diese können entweder erworben (z.B. Handelswaren, Grundstücke und Gebäude) oder selbst hergestellt (z.B. fertige und unfertige Erzeugnisse) worden sein. Auch ein eiserner Bestand an Vorräten – insbesondere von Hilfs- und Betriebsstoffen –, die notwendig sind, um die dauerhafte Produktionsfähigkeit sicherzustellen, fallen in den Anwendungsbereich des IAS 2. Ebenso sind produktionsferne Betriebsstoffe als Vorratsvermögen auszuweisen.[170]

4.1.3.2 Ansatz und Ausweis

Ansatz

IAS 2 enthält keine vorratsspezifischen Ansatznormen. Demnach gelten die definitorischen Voraussetzungen sowie die allgemeinen und elementspezifischen Ansatzkriterien des Rahmenkonzepts. Danach ist ein Ansatz von Vorräten geboten, soweit

- es wahrscheinlich ist, dass der künftige wirtschaftliche Nutzen des Vermögenswerts dem bilanzierenden Unternehmen zufließen wird, und
- die Anschaffungs- oder Herstellungskosten des Vermögenswerts verlässlich bewertet werden können.

Darüber hinaus ist zu beachten, dass Vorräte als Ergebnis vergangener Geschäftsvorfälle oder anderer Ereignisse der Vergangenheit, in der Verfügungsmacht des bilanzierenden Unternehmens liegen müssen. Dabei ist das rechtliche Eigentum des Unternehmens an den Vorräten nicht entscheidend, sondern vielmehr die wirtschaftliche Zugehörigkeit zum bilanzierenden Unternehmen.

Ausbuchung

Die Beschaffungs- oder Herstellungsausgaben bleiben gemäß IAS 2.34 bis zu dem Zeitpunkt aktiviert, zu dem die sachlich korrespondierenden Umsatzerlöse realisiert werden. Erst dann werden die zuvor wegen des zugrunde liegenden Anschaffungs- oder Herstellungsvorgangs aktivierten Ausgaben erfolgswirksam aufgelöst und fließen als Aufwand in die Gesamtergebnisrechnung ein.

---

170 Hierzu Henselmann/Roos, KoR 2007, S. 496.

Ausweis

Nach IAS 1.54 verlangt die Mindestgliederung der Bilanz verpflichtend lediglich den Ausweis des Postens Vorräte. Gemäß IAS 2.37 werden hingegen weitere Untergliederungen und das Ausmaß der jeweiligen Veränderungen als entscheidungsnützliche Informationen für die Abschlussadressaten angesehen. In diesem Zusammenhang hat sich die folgende Mindestgliederung der Vorräte in der Bilanz etabliert, die nach IAS 2.36(b) indes unternehmensspezifisch vorzunehmen ist:

- Handelswaren,
- Roh-, Hilfs- und Betriebsstoffe,
- unfertige Erzeugnisse und
- Fertigerzeugnisse.[171]

Gewinn- und Verlustrechnung

Der Buchwert veräußerter Vorräte ist in der Berichtsperiode als Aufwand zu erfassen, in der die zugehörigen Erträge realisiert werden. Dagegen sind Wertminderungen von Vorräten aufgrund einer Abwertung auf den niedrigeren Nettoveräußerungswert in der Periode als Aufwand zu erfassen, in der die Wertminderungen vorgenommen wurden oder die Verluste eingetreten sind. Der entstehende Aufwand ist in der Gesamtergebnisrechnung unter dem Posten Materialaufwand auszuweisen, sofern das Gesamtkostenverfahren angewendet wird. Alle Wertaufholungen auf Vorräte aufgrund einer Erhöhung des Nettoveräußerungswerts sind nach IAS 2.34 periodengerecht als Verminderung des Materialaufwands zu behandeln. Wird dagegen das Umsatzkostenverfahren angewendet, so werden die Materialaufwendungen nach IAS 2.38 innerhalb des Postens Umsatzkosten ausgewiesen.[172]

4.1.3.3 Bewertung

4.1.3.3.1 Zugangsbewertung

4.1.3.3.1.1 Überblick

Gemäß IAS 2.9 sind Vorräte an jedem Bilanzstichtag mit dem niedrigeren Wert aus historischen Anschaffungs- oder Herstellungskosten und Nettoveräußerungswert zu bewerten.[173] Nach IAS 2.10 sind die Anschaffungs- oder Herstellungskosten von Vorräten sämtliche Kosten des Erwerbs- und Produktionsprozesses sowie sonstige Kosten einzubeziehen, die angefallen sind, um die Vorräte an ihren derzeitigen Ort und in ihren derzeitigen Zustand zu versetzen. Hierbei gilt generell der Einzelbewertungsgrundsatz, nach dem jeder Vermögenswert des Vorratsvermögens einzeln zu bewerten ist.

---

[171] Die Vorräte eines Dienstleistungsunternehmens können als unfertige Erzeugnisse ausgewiesen werden.

[172] In diesem Fall hat das bilanzierende Unternehmen nach IAS 2.39 jedoch die Aufwendungen für Rohstoffe und Verbrauchsgüter, Personalkosten und andere Aufwendungen zusammen mit dem Betrag der Bestandsveränderungen des Vorratsvermögens in der Berichtsperiode separat anzugeben. Hierzu ausführlich Kümpel, Vorratsbewertung, 2005, S. 100ff.

[173] Dabei unterscheiden die IFRS indes weder sprachlich noch systematisch zwischen Anschaffungs- und Herstellungskosten, sondern fassen die beiden Begriffe unter *„cost of inventories"* zusammen.

4.1.3.3.1.2 Anschaffungskosten

Zusammensetzung der Anschaffungskosten

Zu den Anschaffungskosten zählen grundsätzlich alle einzeln zurechenbaren Aufwendungen, die geleistet werden, um einen Vermögenswert zu erwerben und ihn in einen betriebsbereiten Zustand zu versetzen.

Die Anschaffungskosten der Vorräte umfassen nach IAS 2 folgende Komponenten:

	Anschaffungspreis
+	Anschaffungsnebenkosten
-	Anschaffungspreisminderungen
+	sonstige Kosten
=	**Anschaffungskosten**

Anschaffungspreis

Der Anschaffungspreis umfasst den Kaufpreis vermindert um die abziehbare Vorsteuer, sofern der Erwerber vorsteuerabzugsberechtigt ist und folglich die von ihm gezahlte Umsatzsteuer vom Finanzamt erstattet bekommt. Auch alle anderen Komponenten der Abschaffungskosten sind nach IAS 2.11 mit ihren Nettobeträgen anzusetzen. Sofern das Unternehmen allerdings nicht vorsteuerabzugsberechtigt ist oder es sich um eine nicht zurückforderbare Steuer handelt, zählt die entsprechende (Umsatz-)Steuer zum Kaufpreis.

Anschaffungsnebenkosten

Zu den Anschaffungsnebenkosten zählen nach IAS 2.11 alle dem Anschaffungsvorgang direkt zurechenbaren Kosten, wie Einfuhrzölle und andere Steuern, sofern es sich nicht um solche handelt, die das Unternehmen später erstattet bekommt. Überdies zählen zu den Anschaffungsnebenkosten Transport- und Abwicklungskosten sowie sonstigen Kosten, die dem Erwerb von Fertigerzeugnissen, Materialien und Leistungen unmittelbar zugerechnet werden können (Vermittlungsgebühren, Kommissionskosten, Kosten für Zwischenlagerung, etc.).

Anschaffungspreisminderungen

Skonti, Rabatte und andere vergleichbare, d.h. einzeln zurechenbare Beträge sind gemäß IAS 2.11 als Anschaffungspreisminderungen vom Anschaffungspreis abzuziehen. Im Falle von nachträglich gewährte Rabatte, Boni oder anderen Anschaffungspreisminderungen ist zudem darauf zu achten, dass diese von den Anschaffungskosten abzusetzen sind, soweit die entsprechenden Vermögenswerte bei Entstehung des Anspruchs noch nicht verbraucht sind. Die Möglichkeit nach IAS 20.24, die Anschaffungskosten um Zuwendungen der öffentlichen Hand zu kürzen, besteht hingegen nur dann, wenn es sich um den Kauf oder die Herstellung langfristiger Vermögenswerte handelt. Da Vorräte gewöhnlich kurzfristige Vermögenswerte sind, ist eine Kürzung der Anschaffungskosten um solche Zuwendungen kaum möglich.

Sonstige Kosten

Sonstige Kosten sind nach IAS 2.15 nur insoweit in die Anschaffungskosten für Vorräte einzubeziehen, als sie dazu beitragen, die Vorräte an ihren Verwendungsort und in den derzeitigen Zustand zu versetzen. In Betracht kommen nicht produktionsbezogene Gemeinkosten – z.B. für Logistikleistungen – und die Kosten der Produktentwicklung aufgrund spezieller Kundenanforderungen.

Fremdkapitalkosten

Besonderheiten ergeben sich bei der Behandlung von Fremdkapitalkosten.[174] So verweist IAS 2.17 hierzu auf IAS 23, welcher zur Aktivierung von Fremdkapitalkosten verpflichtet, wenn die folgenden Kriterien kumulativ erfüllt sind:

- Es handelt sich um Fremdkapitalkosten, die nach IAS 23.8 direkt dem Erwerb, dem Bau oder der Herstellung eines qualifizierten Vermögenswerts (*qualifying asset*) zugeordnet werden können.
- Es muss nach IAS 23.9 wahrscheinlich sein, dass dem Unternehmen hieraus ein künftiger wirtschaftlicher Nutzen erwächst, und die Kosten müssen verlässlich ermittelt werden können.

Es ist allerdings zu beachten, dass Unternehmen nach IAS 23.4(b) grundsätzlich nicht zur Anwendung des IAS 23 auf Fremdkapitalkosten verpflichtet sind, wenn diese direkt dem Erwerb, dem Bau oder der Herstellung von Vorräten zurechenbar sind, die in großen Mengen wiederholt gefertigt oder auf andere Weise hergestellt werden.

Qualifizierte Vermögenswerte

Bei einem qualifizierten Vermögenswert handelt es sich gemäß IAS 23.5 um einen Vermögenswert, für den ein beträchtlicher Zeitraum erforderlich ist, um ihn in seinen beabsichtigten gebrauchs- oder verkaufsfähigen Zustand zu versetzen. Qualifizierte Vermögenswerte zeichnen sich somit dadurch aus, dass sie über eine längere Periode – eine genaue Angabe wird hierzu nicht gemacht – keinen Beitrag zum betrieblichen Erfolg leisten und dass in diesem Zeitraum Vorbereitungen getroffen werden, damit sie zukünftig im Rahmen des betrieblichen Leistungsprozesses genutzt werden können.

Hinweis

Fraglich ist, ob Vorräte i.S. des IAS 2 die Definition eines qualifizierten Vermögenswerts überhaupt erfüllen können. In Abhängigkeit vom Sachverhalt können Vorräte nach IAS 23.7 zwar qualifizierte Vermögenswerte darstellen, allerdings weist der Standard darauf hin, dass innerhalb eines kurzen Zeitraums hergestellte Vorräte sowie verkaufs- oder betriebsfertig bezogene Waren keine qualifizierten Vermögenswerte darstellen. Sämtliche Arten von Waren, die noch einem längeren Reifungsprozess unterliegen – wie z.B. hochwertige, in Fässern reifende Weine, Whiskeys und andere Spirituosen oder spezielle Käsesorten – könnten jedoch zu Fremdkapitalkosten führen, die nach IAS 2.17 Teil der Anschaffungskosten sind.[175]

Aktivierungsverbote

IAS 2.16 nennt Beispiele für Kosten, die in der Periode ihres Anfalls regelmäßig als Aufwand zu erfassen sind. Dabei handelt es sich um anormale Produktionskosten, nicht produktionsbezogene Lagerkosten, Verwaltungsgemein- und Vertriebskosten. Darüber hinaus wird in IAS 2.18 darauf hingewiesen, dass bei einer unüblich langen Zahlungsfrist lediglich der Barwert als Anschaffungskosten angesetzt werden darf. Der Mehrpreis wird hingegen über den Finanzierungszeitraum als Zinsaufwand erfasst.

---

[174] Zur Aktivierung von Fremdkapitalkosten Landgraf/Roos, PiR 2013, S. 147ff.

[175] Hierzu ausführlich Lüdenbach/Hofmann/Freiberg, Haufe IFRS-Kommentar, 21. Aufl. 2023, § 9 Rz. 31-34.

Beispiel – Ermittlung Anschaffungskosten

Die FWA erwirbt eine Maschine zum Weiterverkauf im Wert von EUR 35.700.000 (inkl. 19%). Der Kaufpreis ist in zwei gleichen Raten zu bezahlen. Die erste Teilzahlung ist innerhalb von 60 Tagen fällig. Der Verkäufer gewährt 2% Skonto auf den Nettobetrag der ersten Teilzahlung, wenn die FWA innerhalb von 30 Tagen zahlt. Die FWA überweist den Rechnungsbetrag innerhalb von 20 Tagen. Die zweite Teilzahlung ist erst nach einem Jahr fällig. Es sind Fracht- und Transportkosten in Höhe von EUR 2.380.000 (inkl. 19%) angefallen. Für die Transportversicherung entstanden Kosten in Höhe von EUR 500.000 (inkl. Versicherungssteuer). Der Zinssatz für etwaige Auf- oder Abzinsungen beträgt 10%.

Die zu aktivierenden Anschaffungskosten ermitteln sich wie folgt:

	Teilzahlung 1 (= EUR 17.850.000 / 1,19)	15.000.000
+	Teilzahlung 2 (= (EUR 17.850.000 / 1,19) / 1,1)	13.636.364
=	**Anschaffungspreis netto**	**28.636.364**
+	Aschaffungsnebenkosten (= EUR 2.380.000 / 1,19)	2.000.000
-	Anschaffungspreisminderungen	-300.000
+	Sonstige Kosten	500.000
=	**Anschaffungskosten**	**30.836.364**

4.1.3.3.1.3 Herstellungskosten

Produktionsbezogener Vollkostenansatz

Die Herstellungskosten umfassen sämtliche Aufwendungen, die durch den Verbrauch von Rohstoffen und die Inanspruchnahme von Diensten für die Herstellung eines Vermögenswerts, seine Erweiterung oder für eine über seinen ursprünglichen Zustand hinausgehende wesentliche Verbesserung angefallen sind. Die Herstellungskosten stellen ein Substitut für die Anschaffungskosten dar, wenn die Vermögenswerte selbst hergestellt und nicht fremdbezogen werden.

Vorratsspezifische Regelungen im Hinblick auf die Herstellungskosten finden sich vor allem in IAS 2.12-14. Danach ist das Vorratsvermögen zwingend zu produktionsbezogenen Vollkosten zu bewerten. Diese umfassen neben den direkt zurechenbaren Kosten (Einzelkosten), variable und fixe Gemeinkosten sowie sonstige Kosten:

	Einzelkosten
+	fixe Produktionsgemeinkosten
+	variable Produktionsgemeinkosten
+	sonstige Kosten
=	**Herstellungskosten**

Als den Produkteinheiten direkt zurechenbare Kosten bzw. Einzelkosten werden in IAS 2.12 exemplarisch nur Fertigungslöhne angeführt. Im Einklang mit der einschlägigen Literatur zählen dazu die nachfolgenden Kostenarten, soweit sie im direkten Zusammenhang mit der Produktion der Güter angefallen sind:

- Materialeinzelkosten,
- Fertigungseinzelkosten und
- Sondereinzelkosten der Fertigung.

Materialeinzelkosten

Die Materialeinzelkosten umfassen den Verbrauch an Rohstoffen sowie an selbst erstellten bzw. fremdbezogenen Fertigteilen, die als Hauptbestandteile unmittelbar in ein Produkt eingehen. Hilfs- und Betriebsstoffe – z.B. Nägel, Leim, Kraftstoffe, Schmieröle – erfüllen i.d.R. nicht das Kriterium des Stückbezugs, da sie aus Wirtschaftlichkeitsgründen meist als unechte Gemeinkosten erfasst werden. Zu den Materialeinzelkosten gehören ferner produktionsbedingter Verschnitt oder Ausschuss. Verpackungsmaterial zählt insofern zu den Materialeinzelkosten, als die Eigenart des Erzeugnisses die Verpackung notwendig macht, um das Erzeugnis in einen verkaufsfähigen Zustand zu versetzen.[176]

Fertigungseinzelkosten

Zu den Fertigungseinzelkosten zählen Löhne, Lohnnebenkosten, Gehälter sowie der fremdbezogene Einsatz von Arbeitskräften für den Produktionsprozess. Voraussetzung ist indes, dass sie dem jeweiligen Produkt einzeln zugerechnet werden können. Als Beispiele lassen sich neben den im Rahmen der Fertigung anfallenden Akkord-, Produktions-, Verarbeitungs- und Werkstattlöhnen auch Feiertags-, Überstunden- und Sonderzuschläge nennen. Weiterhin zählen dazu auch bezahlte Ausfallzeiten für Krankheit, der Arbeitgeberanteil zur Sozialversicherung sowie die vom Unternehmen im Rahmen einer geringfügigen Beschäftigung übernommenen Lohn- und Kirchensteuer.

Sondereinzelkosten der Fertigung

Zu den Herstellungskosten eines Vermögenswerts zählen nicht nur die unmittelbar in der Produktion anfallenden Kosten, sondern auch solche, die notwendigerweise im Zusammenhang mit der Herstellung stehen. So fallen häufig noch vor Aufnahme des eigentlichen Produktionsprozesses spezielle Leistungen an. Diese vorgelagerten Kosten sind, soweit sie sachlich direkt mit dem Fertigungsvorgang eines bereits erhaltenen Auftrags zusammenhängen, als Sondereinzelkosten der Fertigung zu erfassen. Dazu gehören u.a. Kosten für Entwürfe, Materialversuche, Modelle, Schablonen, Spezialwerkzeuge sowie Lizenzen für die Nutzung bestimmter Fertigungsverfahren oder Rezepturen. Sondereinzelkosten des Vertriebs unterliegen gemäß IAS 2.16(d) einem Aktivierungsverbot.

Wie bereits erwähnt, gehören zu den Herstellungskosten neben den Einzelkosten ebenso die produktionsbezogenen fixen wie variablen Produktionsgemeinkosten.

Fixe Produktionsgemeinkosten

Fixe Produktionsgemeinkosten sind solche Kosten, die nicht direkt den Produktionseinheiten zugeordnet werden können und unabhängig vom Produktionsvolumen relativ konstant anfallen. Beispiele hierfür sind nach IAS 2.12 Abschreibungen und Instandhaltungskosten von Betriebsgebäuden und Betriebseinrichtungen sowie die Kosten des Managements und der Verwaltung.

Die Verwaltungskosten zählen insoweit zu den aktivierungspflichtigen Produktionsgemeinkosten, als sie den Produktionsbereich betreffen. Dies gilt, neben Verwaltungskosten, die direkt dem Material- oder Fertigungsbereich zugeordnet werden können, auch für Kosten der allgemeinen Verwaltung. Allgemeine Verwaltungskosten müssen dafür über einen bestimmten Schlüssel – z.B. anhand des Grads der Produktionsunterstützung – entsprechend auf die jeweiligen Funktionsbereiche verteilt

---

[176] Beispiele für derartige Verpackungsmaterialien sind Verpackungen für Bier, Milch, Waschpulver oder Zahnpasta.

werden. So sind z.B. die Kosten des Rechnungswesens in dem Umfang auf den Produktionsbereich zuzuordnen, in dem sie auf die Bezahlung der Löhne und Gehälter für den Produktionsbereich und die Rechnungsprüfung entfallen.

Variable Produktionsgemeinkosten

Unter variablen Produktionskosten versteht man solche Kosten, die nicht direkt den Produktionseinheiten zugeordnet werden können, aber unmittelbar oder nahezu unmittelbar mit dem Produktionsvolumen variieren. IAS 2.12 führt hier exemplarisch die Materialgemeinkosten und die Fertigungsgemeinkosten an. Ferner sind produktionsbezogene Kosten für den sozialen Bereich zu nennen.

Materialgemeinkosten

Materialgemeinkosten sind z.B. Kosten der Einkaufsabteilung, Lagerhaltung, Material- und Reifeprüfung, Materialverwaltung und Warenannahme. Des Weiteren zählen hierzu die Kosten für Hilfsstoffe, für den Transport innerhalb des Unternehmens und die Versicherung des Materials. Die Materialgemeinkosten werden i.d.R. mittels prozentualen Zuschlags auf das Fertigungsmaterial verrechnet, wenn die Materialien in den Produktionsprozess eingehen.

Fertigungsgemeinkosten

Zu den Fertigungsgemeinkosten zählen die Kosten für Betriebsstoffe, Energie sowie laufende Instandhaltungsaufwendungen soweit sie auf den Herstellungsbereich – z.B. auf Maschinen, Vorrichtungen oder Werkzeuge – entfallen. Ferner sind hier u.a. Aufwendungen für die Betriebsleitung, Meister, Fertigungskontrolle, Unfallstationen sowie Unfallverhütungseinrichtungen der Fertigungsstätten zu nennen. Auch die Fertigungsgemeinkosten werden regelmäßig mit Hilfe von Zuschlagssätzen den einzelnen Produktionseinheiten zugerechnet.[177]

Fremdkapitalkosten

Im Zusammenhang mit der Herstellung eines qualifizierten Vermögenswerts angefallene Fremdkapitalkosten sind nach Maßgabe des IAS 23 ebenfalls verpflichtend als Teil der Herstellstellungskosten zu aktivieren, wenn sie die Kriterien von IAS 23.8-10 kumulativ erfüllen.

Leerkosten

Die Zurechnung fixer Produktionsgemeinkosten basiert auf der normalen Kapazität der vorhandenen Produktionsanlagen. Unter der Normalkapazität versteht man das Produktionsvolumen, das im Durchschnitt über eine Anzahl von Perioden oder Saisons unter normalen Umständen und unter Berücksichtigung von Ausfällen aufgrund planmäßiger Instandhaltung erwartet werden kann. Bei der Bestimmung der Normalauslastung sind sowohl die Geschäftstätigkeit als auch konjunkturelle Einflüsse vom Bilanzierenden zu beachten. Unter Umständen kann eine zu geringe Produktionsauslastung aufgrund der relativ konstanten fixen Produktionsgemeinkosten zu einer erhöhten Verteilung der Kosten auf die einzelnen Produktionseinheiten führen. Für diesen Fall regelt IAS 2.13, die infolge eines

---

177 Die Kosten des sozialen Bereichs (Kosten für soziale Einrichtungen des Betriebs, freiwillige soziale Leistungen und betriebliche Altersversorgung) werden im Rahmen der IFRS nicht explizit geregelt. Nach h.M. ist der produktionsbezogene Teil dieser Kosten aktivierungspflichtig, da die Kosten des sozialen Bereichs Lohnbestandteile sind. Die anfallenden Aufwendungen z.B. für Jubiläumszuwendungen, Beiträge an Pensionskassen und Zuführungen zu Pensionsrückstellungen sind demnach entsprechend ihrer Art dem Produktionsbereich und dem allgemeinen Verwaltungs- bzw. Vertriebsbereich zuzuordnen. Hierzu bspw. Lüdenbach/Hofmann/Freiberg, Haufe IFRS-Kommentar, 21. Aufl. 2023, § 17 Rz. 43.

geringen Produktionsvolumens je Stück erhöhten Gemeinkosten in der Periode ihres Anfalls als Aufwand zu erfassen. Man sprich hier von den sog. Leerkosten.

Sonstige Kosten

Im Hinblick auf die Einbeziehung von sonstigen Kosten in die Herstellungskosten kann auf die Ausführungen unter Abschnitt 4.1.3.3.1.2 zu den sonstigen Kosten verwiesen werden. In die Herstellungskosten sind indes zusätzlich auch bestimmte Steuern einzubeziehen, wenn sie direkt den Produktionsbereich betreffen. Beispiele hierfür sind die Grundsteuer, soweit sie das im Herstellungsbereich gebundene Grundvermögen betrifft, sowie die Umsatzsteuer, falls das bilanzierende Unternehmen nicht vorsteuerabzugsberechtigt ist. Dagegen gilt für Ertragsteuern ein Aktivierungsverbot.

Aktivierungsverbot

Schließlich werden in IAS 2.16 Beispiele für Herstellungskosten dargelegt, die in der Periode ihres Anfalls als Aufwand zu behandeln sind, und zwar

- anormale Beträge für Materialabfälle, Fertigungslöhne oder andere Produktionskosten,
- Lagerkosten, soweit diese nicht für den Produktionsprozess erforderlich sind,
- Verwaltungsgemeinkosten, sofern sie nicht dazu dienen, die Vorräte an ihren derzeitigen Ort und in ihren derzeitigen Zustand zu versetzen; und
- Vertriebskosten.

Des Weiteren gilt hier ebenso das Aktivierungsverbot für gestundete Zahlungsbedingungen gemäß IAS 2.18.

Beispiel – Ermittlung Zu aktivierende Herstellungskosten

Bei der Fertigung des Garns „Hornveilchen violette" fallen EUR 5 pro Stück Materialeinzelkosten sowie EUR 10 pro Stück Fertigungslohn. In den Funktionsbereichen sind zusätzlich die folgenden Gemeinkosten entstanden: EUR 300.000 im Herstellungsbereich, EUR 200.000 im produktionsbezogenen Verwaltungsbereich und EUR 250.000 im Vertriebsbereich. Im Berichtsjahr wurden 30.000 kg produziert, von denen 20.000 kg verkauft wurden. Da zu Beginn der Periode das Lager leer war, sind am Jahresende noch 10.000 kg des Garns auf Lager. Die Normalkapazität liegt bei 40.000 kg. Diese wurde aufgrund eines Streiks in einem der produzierenden Werke nicht erreicht.

Die zu aktivierenden Herstellungskosten ermitteln sich wie folgt:

	Materialeinzelkosten	150.00
+	Fertigungseinzelkosten	300.000
+	variable Produktionsgemeinkosten	300.000
+	fixe Produktionsgemeinkosten	200.000
=	**Herstellungskosten**	**950.000**
-	Leerkosten (=EUR 500.000 * 10.000 kg/40.000 kg)	125.000
=	**zu aktivierende Herstellungskosten**	**825.000**

Die sich zum Jahresende auf Lager befindenden Vorräte sind mit EUR 275.000 (=EUR 825.000 * 10.000 kg/30.000 kg) auszuweisen.

Die Bilanzierung von Forschungs- und Entwicklungskosten im Rahmen des Herstellungsprozesses wird in IAS 2 nicht explizit geregelt und richtet sich daher nach den allgemeinen Vorgaben zur Vorratsbewertung. Für Forschungskosten besteht aufgrund des nicht hinreichend wahrscheinlichen, künftigen wirtschaftlichen Nutzenzuflusses ein Aktivierungsverbot. Diese Aufwendungen sind in der Periode ihrer Entstehung sofort ergebnismindernd zu erfassen. Dagegen müssen Entwicklungskosten angesetzt werden, wenn sie direkt oder anteilig auf ein bestimmtes Produkt zurechenbar sind und indirekt mit der Herstellung dieses Produkts in Verbindung stehen.

Kuppelproduktion

Die Ermittlung der Herstellungskosten von sog. Kuppelprodukten stellt einen Sonderbereich der Vorratsbewertung dar und wird mit IAS 2.14 explizit geregelt. Danach liegt eine Kuppelproduktion vor, wenn der Produktionsprozess dazu führt, dass mehr als ein Produkt gleichzeitig produziert wird.[178] Dies ist z.B. bei einer Kuppelproduktion von zwei Hauptprodukten oder eines Haupt- und eines Nebenprodukts der Fall. Sofern die Herstellungskosten von Haupt- und Nebenprodukt bzw. der beiden Hauptprodukte nicht einzeln feststellbar sind, hat die Zuordnung dieser Kosten zu den Produkten auf einer vernünftigen und sachgerechten Basis zu erfolgen. In Betracht kommende Vorgehensweisen sind entweder die Marktwert- oder die Restwertmethode.[179] Bei der Marktwertmethode basiert die Verteilung auf den jeweiligen Verkaufswerten der Produkte. Die Restwertmethode kommt zur Anwendung, wenn das Nebenprodukt einen zu vernachlässigenden Wert im Verhältnis zum Hauptprodukt besitzt. Hierbei wird das Nebenprodukt zum Nettoveräußerungswert bewertet und dieser Wert wird von den gesamten Herstellungskosten subtrahiert.[180]

Beispiel 1 – Marktwertmethode

Bei einer Kuppelproduktion entstehen bei der FWA zwei Garne, für die Rohstoffkosten von EUR 400.000 angefallen sind. In der Fertigungsstufe 1 sind aufwandsgleiche Kosten von EUR 200.000, in der Fertigungsstufe 2 insgesamt EUR 100.000 an aufwandsgleichen Kosten angefallen. Das Garn A ist nach Fertigungsstufe 1 absatzfähig, wobei sich der Marktwert auf EUR 400.000 beläuft. Garn B durchläuft zur Erlangung der Absatzreife noch die Fertigungsstufe 2 (Färben) und kann dann zu EUR 700.000 abgesetzt werden. Nach Fertigungsstufe 1 weist Garn B einen Marktwert von EUR 600.000 auf, der sich durch Subtraktion der in Fertigungsstufe 2 angefallenen Kosten vom Marktwert ergibt. Weitere produktionsbezogene Kosten fallen nicht an. Zusammen mit den Rohstoffkosten sind nach Fertigungsstufe 1 EUR 600.000 an Kosten angefallen, die in Abhängigkeit der Marktwerte der beiden Produkte im Verhältnis von 2:3 zu verteilen sind. Es wird unterstellt, dass sich zum Bilanzstichtag sowohl von Garn A als auch von Garn B jeweils 20% der produzierten Fertigerzeugnisse auf Lager befinden.

Die (zu aktivierenden) Herstellungskosten ermitteln sich wie folgt:

---

[178] Diese Produktionsform ist insbesondere in der chemischen Industrie anzutreffen. So fällt z.B. bei der Gasherstellung aus dem Einsatzstoff Kohle nicht nur Gas, sondern gleichzeitig Ammoniak, Benzol, Koks und Teer an.

[179] Bezüglich dieser Verfahren u.a. Coenenberg/Fischer/Günther, Kostenrechnung und Kostenanalyse, 9. Aufl. 2016, S. 157.

[180] Hierzu ausführlich Kümpel, Vorratsbewertung, 2005, S. 52-56.

	Marktwert
Garn A	**400.000**
Fertigungsstufe 1	400.000
Garn B	**700.000**
Fertigungsstufe 1	600.000
Fertigungsstufe 2	100.000
Summe Kosten Fertigungsstufe 1	**600.000**
Rohstoffkosten	400.000
Aufwandsgleiche Kosten Fertigungsstufe 1	200.000
Verhältnis Marktwerte Fertigungsstufe 1	2:3
Prozentualer Anteil Garn A	40%
Prozentualer Anteil Garn B	60%
Kostenanteil Garn A	240.000
Kostenanteil Garn B	360.000
Herstellungskosten Garn A (Fertigungsstufe 1)	240.000
Herstellungskosten Garn B (Fertigungsstufe 1+2)	460.000
Anteil Fertigerzeugnisse zum Stichtag	20%
Bilanzansatz Garn A	48.000
Bilanzansatz Garn B	92.000

Beispiel 2 – Restwertmethode

Die FWA hat auf der unternehmenseigenen Schaffarm im abgelaufenen Geschäftsjahr 16.000 kg Wolle produziert. Als Nebenprodukte fallen Schaffleisch und Schafdarm an, die jeweils erst nach entsprechender Aufbereitung weiterverkauft werden können. Die gesamten aufwandsgleichen produktionsbezogenen Verbundkosten beliefen sich auf EUR 150.000. Zum Bilanzstichtag sind noch 1.000 kg Wolle auf Lager, Fleisch und Darm sind vollständig veräußert worden. Der Zuschlagssatz für die produktionsbezogenen Verwaltungskosten beläuft sich auf 5%. Folgende Daten liegen vor:

Nebenprodukte	Erlös	Aufbereitung	Nettoerlös
Fleisch	6.500	500	6.000
Darm	2.300	100	2.200

Die (zu aktivierenden) Herstellungskosten ermitteln sich wie folgt:

Verbundkosten	150.000 EUR
Kosten abzgl. Nettoerlös	141.800 EUR
Kosten pro kg	8,86 EUR/kg
Bilanzieller Endbestand	9.306 EUR
((8,86 EUR/kg * 1.000 kg) * 1,05)	

Besonderheiten bei Dienstleistungsunternehmen

Besonderheiten hinsichtlich der Ermittlung der Herstellungskosten ergeben sich nach IAS 2.8 überdies bei Dienstleistungsunternehmen, wenn noch keine entsprechenden Erlöse vom bilanzierenden Unternehmen vereinnahmt wurden. Nach IAS 2.19 sind in erster Linie Löhne und Gehälter sowie sonstige Kosten des Personals, die unmittelbar mit der Bereitstellung der Dienste anfallen, in die Herstellungskosten einzubeziehen. Dazu gehören auch die Kosten für leitende Angestellte und die zurechenbaren Gemeinkosten. Zurechenbare Gemeinkosten sind z.B. Kosten, die mit der Nutzung von Räumlichkeiten zusammenhängen. Löhne und Gehälter, sonstige Kosten des Vertriebspersonals und des Personals der allgemeinen Verwaltung sowie Gewinnmargen und nicht zurechenbare Gemeinkosten sind dagegen stets in der Periode ihres Anfalls als Aufwand zu erfassen.

4.1.3.3.1.4 Vereinfachte Verfahren zur Ermittlung der Anschaffungs- und Herstellungskosten

Vereinfachungen

Zur Bestimmung der Anschaffungs- oder Herstellungskosten von Vorräten können aus Vereinfachungsgründen nach IAS 2.21 alternative Ermittlungsverfahren angewandt werden. Hierzu zählen z.B. die Standardkostenmethode oder die retrograde Methode, wenn die daraus resultierenden Ergebnisse den tatsächlichen Anschaffungs- oder Herstellungskosten nahekommen. Das verwendete Verfahren ist regelmäßig zu überprüfen und ggf. an die aktuellen Gegebenheiten anzupassen.

Standardkostenmethode

Anstatt für jeden Produktionszyklus die individuellen Herstellungskosten zu bestimmen, verwendet die Standardkostenmethode Planpreise und unterstellt die normale Höhe des Material- und Personaleinsatzes sowie die normale Leistungsfähigkeit und Kapazitätsauslastung der Maschinen. Diese Plangrößen sind nach IAS 2.21 regelmäßig zu überprüfen und ggf. an die aktuellen Gegebenheiten anzupassen. Die Methode verhindert eine Überbewertung von Vorräten, da sie einen normalen Betriebsverlauf unterstellt und somit Kosten ineffizienter Produktion, ungewöhnliche Ausschusskosten oder Kosten der Unterbeschäftigung (Leerkosten) nicht in die Herstellungskosten einbezieht. Liegt die Ist-Beschäftigung über der Normalbeschäftigung, so stellen die tatsächlich angefallenen Ist-Kosten die Bewertungsobergrenze dieses Ansatzes dar.

Beispiel – Standardkostenmethode

Die FWA hat zum Bilanzstichtag 2XX3 insgesamt 10.000 kg Garn auf Lager. In den letzten drei Geschäftsjahren sind folgende Herstellungskosten pro kg in EUR angefallen:

in EUR	**Einzelkosten**	**Gemeinkosten**	**Herstellungskosten**
2XX0	3	7	10
2XX1	4	9	12
2XX2	4	8	11
Durchschnittliche Standardkosten (EUR/kg)			**11**

Die historischen Kosten wurden auf Basis eines Normalverbrauchs ermittelt. Damit sind ungewöhnliche Ausschusskosten oder auch Kosten der Unterbeschäftigung ausgeschlossen.

Auf Basis der Vorperioden ergeben sich durchschnittliche Standardkosten von EUR 11 pro Kilogramm Garn. Das Vorratsvermögen ist demzufolge unabhängig vom eigentlichen Fertigungszeitpunkt mit EUR 110.000 (= 10.000 kg * 11 EUR/kg)

Retrograde Methode

Die retrograde Methode wird häufig im Einzelhandel angewandt, wenn große Stückzahlen rasch wechselnder Vorratsposten zu bewerten sind. Voraussetzung ist, dass andere Verfahren zur Bemessung der Anschaffungs- oder Herstellungskosten nicht durchführbar oder nicht wirtschaftlich vertretbar sind. Zudem ist zu beachten, dass der Verkauf der betrachteten Vorratsgegenstände nach IAS 2.22 zu ähnlichen Bruttogewinnspannen führen muss. Die Anschaffungskosten der Vorräte werden durch Abzug einer angemessenen prozentualen Bruttogewinnmarge vom Verkaufspreis der Vorräte ermittelt. Der angewandte Prozentsatz berücksichtigt dabei auch Vorräte, deren ursprüngliche Verkaufspreise reduziert wurden. Preisabschläge z.B. aufgrund Schlussverkaufs, sind bei der Ermittlung der Bruttogewinnspanne zu berücksichtigen. Die Vereinfachung der retrograden Methode zur Bestimmung der Anschaffungskosten besteht darin, dass nicht genau nachgehalten werden muss, welche Ware zu welchem Preis verkauft worden ist.

Beispiel – Retrograde Methode
Das Controlling der FWA hat für das Jahr 2XX1 für die Warengruppe „Flachstrick" folgende Anschaffungskosten und Verkaufspreise erfasst:

in EUR	Anschaffungskosten	Verkaufspreis
Anfangsbestand	10.000	13.000
Anschaffung der Periode	30.000	39.000
Verkaufsbestand	40.000	52.000
Umsatzerlöse		20.000
Endbestand		32.000

Verhältnis Anschaffungskosten zu Verkaufspreis	76,92%
Bruttogewinnspanne	23,08%

Vom Verkaufspreis der nicht verkauften Bestände ist die Bruttogewinnspanne abzuziehen. Somit sind Vorräte mit EUR 32.000 * 76,92% = EUR 24.615 in der Bilanz anzusetzen.

4.1.3.3.2 Folgebewertung

4.1.3.3.2.1 Überblick

Die Folgebewertung von Vorräten unterliegt einer laufenden Überprüfung hinsichtlich der Werthaltigkeit der einzelnen Vermögenswerte. An jedem Bilanzstichtag hat das bilanzierende Unternehmen die Vorräte mit den Anschaffungs- oder Herstellungskosten oder dem niedrigeren Nettoveräußerungswert zu bewerten. Ist der Nettoveräußerungswert niedriger als der Buchwert der Vorräte, so hat gemäß IAS 2.9 eine Abwertung des Vorratsbestands auf diesen niedrigeren Wert zu erfolgen (Niederstwertprinzip).

4.1.3.3.2.2 Nettoveräußerungswert

Ermittlung des Nettoveräußerungswerts

Der Nettoveräußerungswert ist in IAS 2.6 definiert als der geschätzte, im normalen Geschäftszyklus erzielbare Verkaufserlös vermindert um die geschätzten Kosten bis zur Fertigstellung sowie den geschätzten notwendigen Vertriebskosten (z.B. Verkaufsprovisionen). Nach IAS 2.7 entspricht der Nettoveräußerungswert nicht dem beizulegenden Zeitwert und ist daher von diesem abzugrenzen.[181] Diese Differenzierung liegt darin begründet, dass der Nettoveräußerungswert ein unternehmensspezifischer Wert ist, d.h. der Nettobetrag, den ein Unternehmen aus dem Verkauf der Vorräte im Rahmen der gewöhnlichen Geschäftstätigkeit zu erzielen erwartet.

Im Sinne einer verlustfreien Bewertung wird der vom Absatzmarkt abgeleitete Nettoveräußerungswert ausgehend vom Nettoverkaufspreis retrograd wie folgt ermittelt:

	Voraussichtlicher Verkaufserlös (ohne Umsatzsteuer)
-	Erlösschmälerungen
-	geschätzte noch anfallende Produktionskosten
-	geschätzte noch anfallende Verkaufskoste
=	Nettoveräußerungswert

Zuverlässige substantielle Hinweise

Die Ermittlung des Nettoveräußerungswerts hat gemäß IAS 2.30 nach den zuverlässigsten substantiellen Hinweisen zu erfolgen, die dem bilanzierenden Unternehmen zum Abschlussstichtag zur Verfügung stehen. Nach dem Bilanzstichtag eingetretene Preis- oder Kostenänderungen dürfen nur insoweit berücksichtigt werden, als diese Vorgänge Verhältnisse aufhellen, die ihre Wurzel in der abgelaufenen Periode haben (Wertaufhellung). Als zuverlässigste Indikatoren für den Nettoveräußerungswert gelten i.d.R. vorhandene Börsen- oder Marktpreise. Schätzungen des Nettoveräußerungswerts haben nach IAS 2.31 ferner den Zweck zu berücksichtigen, zu dem die Vorräte vom bilanzierenden Unternehmen im Bestand gehalten werden. Wenn die Vorräte z.B. der Erfüllung abgeschlossener Liefer- und Leistungsverträge dienen, so basiert der Nettoveräußerungswert auf den vertraglich vereinbarten Preisen. Umfassen die Vorratsbestände eine größere Menge als die, die Gegenstand vertraglicher Vereinbarungen ist, so hat sich der Nettoveräußerungswert für den überschüssigen Teil des Vorratsbestands an den allgemeinen Verkaufspreisen zu orientieren. Die Behandlung von drohenden Verlusten aus Verkaufsverträgen über Vorräte oder aus abgeschlossenen Einkaufsverträgen wird hingegen in IAS 37 geregelt.[182]

Veräußerung des Endprodukts mit Gewinn

Gemäß IAS 2.32 werden Roh-, Hilfs- und Betriebsstoffe unter Umständen nicht auf einen unter ihren Anschaffungs- oder Herstellungskosten liegenden Wert abgewertet. Dies ist indes keine Ausnahme vom Grundsatz, dass Vorräte mit dem niedrigeren Wert aus Anschaffungs- oder Herstellungskosten und Nettoveräußerungswert zu bewerten sind. Soweit nämlich zu erwarten ist, dass das fertige

---

[181] Folglich sind Vorräte auch vom Anwendungsbereich des IFRS 13 ausgenommen. Hierzu IFRS 13.6(c).

[182] Hierzu ausführlich Abschn. 4.2.2.

Produkt, in das die Roh-, Hilfs- und Betriebsstoffe eingehen, mit Gewinn veräußert wird, ist eine Abwertung nicht vorzunehmen, auch wenn der Beschaffungsmarktpreis gesunken ist. Nur in dem Fall, dass ein Rückgang des Beschaffungspreises von Rohstoffen ein Indikator dafür ist, dass der Verkaufspreis des fertigen Produkts künftig niedriger als dessen Herstellungskosten sein wird, sind die Roh-, Hilfs- und Betriebsstoffe auf den Nettoveräußerungswert abzuschreiben.

Hinweis
Der Nettoveräußerungswert ist indes für Roh-, Hilfs- und Betriebsstoffe schwierig zu bestimmen. Vom Veräußerungspreis des fertigen Produkts sind die gesamten Herstellungskosten sowie die notwendigen Vertriebsaufwendungen abzuziehen. Soweit Roh-, Hilfs- und Betriebsstoffe in unterschiedliche Endprodukte eingehen, die zu unterschiedlichen Preisen veräußert werden, entsteht möglicherweise ein nicht lösbares Zurechnungsproblem. In diesem Fall entsprechen ggf. die Wiederbeschaffungskosten der besten Schätzung des Nettoveräußerungswerts.[183]

Beispiel – Erfordernis zur Vornahme einer Abwertung

Im Rahmen der Garnproduktion wird Schafswolle verbraucht. Der Beschaffungsmarktpreis für Wolle ist gesunken. Die FWA hat noch große Mengen Wolle auf Lager. Die Konkurrenz wird jedoch die Preisvorteile in Form von niedrigeren Preis an die Kunden weitergeben.

Variante 1

Trotz des Preisrückgangs für die Wolle wird die FWA bei der Veräußerung des Garns Gewinne erzielen. Eine Abwertung der Wolle ist nicht notwendig.

Variante 2

Aufgrund des Preisrückgangs für die Wolle wird der Verkaufspreis des Garns voraussichtlich niedriger als die Herstellungskosten zuzüglich eines angemessenen Vertriebsaufwands sein. Daher ist die Wolle auf den Nettoveräußerungspreis abzuwerten. Als bester Schätzwert für den Nettoveräußerungswert kommen die Wiederbeschaffungskosten in Betracht.

4.1.3.3.2.3 Verlustfreie Bewertung

Zielsetzung

Das Ziel der Bewertung zum niedrigeren Wert aus Anschaffungs- oder Herstellungskosten Nettoveräußerungswert ist, eine verlustfreie Bewertung zu gewährleisten. Grundsätzlich soll vermieden werden, dass Vorräte mit einem überhöhten Betrag in der Bilanz angesetzt werden und bei ihrem Verkauf oder Gebrauch ein Verlust zu realisieren ist.

Abwertungsursachen

Die Ursachen für eine zwingende Abwertung auf den niedrigeren Nettoveräußerungswert sind vielfältig. Nach IAS 2.28 sind die Anschaffungs- oder Herstellungskosten von Vorräten u.U. nicht werthaltig, wenn die Vorräte beschädigt, ganz oder teilweise veraltet oder wenn ihr Verkaufspreis zurückgegangen ist. Des Weiteren können die Anschaffungs- oder

[183] Hierzu Zülch/Hendler, Bilanzierung nach IFRS, 2. Aufl. 2017, S. 285.

Herstellungskosten von Vorräten auch nicht zu erzielen sein, wenn die geschätzten, bis zum Verkauf anfallenden Kosten gestiegen sind.

Grundsatz der Einzelwertberichtigung

Nach IAS 2.29 sind die Abschreibungen auf den niedrigeren Nettoveräußerungswert grundsätzlich in Form von Einzelwertberichtigungen vorzunehmen. In einigen Fällen ist es indes zulässig, ähnliche oder miteinander zusammenhängende Vorräte zu einer Gruppe zusammenzufassen. Beispielsweise ist dies der Fall, wenn Vorratsbestände derselben Produktlinie angehören und einen ähnlichen Zweck oder Endverbleib aufweisen. Überdies müssen diese Gegenstände des Vorratsvermögens in demselben geographischen Gebiet produziert und vermarktet werden sowie von anderen Gegenständen aus derselben Produktlinie nicht abgrenzbar sein. Die Kategorisierung der Vorräte darf allerdings nicht zu grob ausfallen. So sind pauschale Abschreibungen auf Untergliederungen wie „Fertigerzeugnisse" oder „Vorräte eines bestimmten Geschäftssegments" unzulässig.

4.1.3.3.2.4 Wertaufholungsgebot

Gemäß IAS 2.33 muss der Nettoveräußerungswert in jeder Folgeperiode neu ermittelt werden. Dabei kann sich herausstellen, dass die Umstände einer früheren Wertberichtigung – z.B. aufgrund des Wiederanstiegs der Verkaufspreise – nicht mehr vorliegen. In einem derartigen Fall besteht eine Wertaufholungspflicht. Der Betrag der Wertaufholung darf den Betrag der ursprünglichen Wertminderung allerdings nicht überschreiten. Die Zuschreibung resultiert stets in einem Wert, welcher dem niedrigeren Wert aus Anschaffungs- oder Herstellungskosten und dem aktuellen Nettoveräußerungswert entspricht. Wertaufholungen sind gemäß IAS 2.34 als Minderung des Materialaufwands periodengerecht zu erfassen.

Beispiel – Wertaufholung

Ein Kilogramm Fertiggarn wird zum Nettoveräußerungswert von EUR 2,00 bewertet. Die Herstellungskosten betrugen ursprünglich EUR 2,50. Aufgrund einer Änderung des Konsumentenverhaltens steigt der erwartete Verkaufserlös abzüglich geschätzter Verkaufskosten in der Folgeperiode auf EUR 3,00.

Da eine Pflicht zur Wertaufholung besteht, hat eine Zuschreibung zu erfolgen. Die Zuschreibung darf indes nicht die Anschaffungs- oder Herstellungskosten als ursprünglichen Wertansatz überschreiten. Das Fertiggarn ist damit wieder zu EUR 2,50 pro Kilogramm zu bewerten.

4.1.3.3.2.5 Bewertungsvereinfachungsverfahren

Einzelbewertungsgrundsatz

Die Bewertung von Vorräten hat grundsätzlich durch Einzelzuordnung der individuellen Anschaffungs- oder Herstellungskosten zu erfolgen. Dies gilt nach IAS 2.23 in jedem Fall dann, wenn es sich um gewöhnlich nicht austauschbare Gegenstände oder um ausgesonderte Vorräte für spezielle Projekte handelt. Dieser Einzelbewertungsgrundsatz gilt unabhängig davon, ob die Vorratsgegenstände angeschafft oder hergestellt worden sind.

Anwendung von Bewertungsvereinfachungsverfahren

Unter bestimmten Umständen sieht die Folgebewertung von Vorratsvermögen nach IAS 2.24 allerdings die Anwendung vereinfachter Bewertungsverfahren vor. Diese stehen zwar dem Grundsatz der Einzelbewertung entgegen, sind in aber auf Basis einer rein wirtschaftlichen Betrachtungsweise verpflichtend anzuwenden. Voraussetzungen für die Anwendung dieser Bewertungsverfahren sind

- das Vorliegen einer großen Anzahl von Vorräten,
- die normalerweise untereinander austauschbar sind.

Diese Voraussetzungen werden bei einer Vielzahl von Gütern kumulativ erfüllt und lassen demzufolge den Einsatz von Bewertungsvereinfachungsverfahren zu. Folgende Vereinfachungsverfahren werden nach IAS 2.25 als zulässig erachtet:[184]

- First-in-First-out-Verfahren (FIFO) und
- Durchschnittsmethode.

Es ist zu beachten, dass für alle Vorräte von ähnlicher Beschaffenheit und Verwendung für das bilanzierende Unternehmen das gleiche Zuordnungsverfahren zu verwenden ist.

FIFO-Verfahren

Nach IAS 2.27 geht das FIFO-Verfahren von der Annahme aus, dass die zuerst beschafften oder produzierten Vorräte auch zuerst verkauft bzw. verbraucht werden. Die am Ende der Periode verbleibenden Vorräte setzen sich folglich aus den zuletzt gekauften bzw. hergestellten Erzeugnissen zusammen. Die mit dem FIFO-Verfahren bewerteten Bestände spiegeln dadurch die aktuelle Situation am Beschaffungsmarkt am zutreffendsten wider.

Beispiel – FIFO-Verfahren

Im Berichtsjahr hat die FWA Wolle für Produktionszwecke wie nachfolgend beschrieben erworben bzw. verbraucht. Zur Vorratsbewertung wendet die FWA das FIFO-Verfahren an:

Datum		kg	Berechnung	EUR / kg	Wert in EUR
01.01.	Anfangsbestand	5.000		40,00	200.000
11.01.	Zugang	8.000		42,00	336.000
07.04.	Abgang	-7.000	5.000 kg * EUR 40,00 + 2.000 kg * EUR 42,00	40,57	-284.000
27.08.	Zugang	2.000		38,00	76.000
07.11.	Abgang	-6.500	6.000 kg * EUR 42,00 + 500 kg * EUR 38,00	42,92	-279.000
31.12.	**Endbestand**	**1.500**		**38,00**	**57.000**

Durchschnittsmethode

Bei Anwendung der Durchschnittsmethode nach IAS 2.27 werden die Anschaffungs- oder Herstellungskosten von Vorräten als durchschnittlich gewichtete Kosten gleichartiger, während der Periode gekaufter oder hergestellter Vorratsgegenstände ermittelt. Der gewogene Durchschnitt kann über die gesamte Berichtsperiode oder gleitend bei jeder zusätzlich erhaltenen Lieferung erneut berechnet werden.

[184] Das Last-in-Last-out-Verfahren (LIFO) ist nach IFRS hingegen nicht zulässig, da es die jüngsten Vorratsposten so behandelt, als seien sie zuerst verkauft worden, und die verbleibenden Vorratsposten, als seien sie die ältesten. Damit wird das jüngste Kostenniveau der Vorräte nicht adäquat in der Bilanz abgebildet und der Gewinn oder Verlust insbesondere dann verzerrt, wenn bei einer deutlichen Reduktion der Vorräte ältere Vorratsposten aufgebraucht werden. Das Anwendungsverbot bezieht sich gemäß IAS 2.BC19 allerdings nicht auf spezifische Kostenmethoden, welche die Verbrauchsfolge von Vorräten zuverlässig widerspiegeln und der LIFO-Methode ähneln.

Methode des periodischen Durchschnitts

Bei der Methode des periodischen Durchschnitts werden zur Ermittlung des gewogenen Durchschnittswerts die wertmäßigen Zugänge der Berichtsperiode dem Wert des Anfangsbestands der zu bewertenden Vorratsposition hinzuaddiert und durch die Summe der Stückzahlen aus Anfangsbestand und Zukäufe dividiert. Mit diesem ermittelten Wert werden dann die Abgänge bzw. der Verbrauch sowie der Endbestand des Jahres bewertet.

Hinweis
Die periodische Durchschnittsmethode führt dazu, dass bei einer vollständigen Lagerräumung weiterhin ein Durchschnittswert existiert. Dies ist darauf zurückzuführen, dass die Abgänge bzw. der Verbrauch rechnerisch auch aus jenen Zugängen erfolgen, die nach der Entnahme liegen. Weit zurückliegende Einkaufspreise wirken sich demnach verhältnismäßig lange aus.

Beispiel – Periodischer Durchschnitt
Für auf Lager befindliche gleichartige Garne liegen im Berichtsjahr folgende Daten vor:

Datum		kg		EUR / kg	Wert in EUR
01.01	Anfangsbestand	250		10,00	2.500
11.03.	Abgang	-100			
16.03	Zugang	200		12,00	2.400
14.04	Abgang	-150			
05.05.	Zugang	300		14,00	4.200
16.06.	Abgang	-80			
06.07.	Abgang	-120			
17.09.	Abgang	-100			
10.10.	Zugang	200		15,00	3.000
31.12.	**Endbestand**	**400**	400 kg * EUR / kg 12,74	**12,74**	**5.095**

Der Durchschnittspreis sowie der Wert des Verbrauchs ermitteln sich wie folgt:

$$\text{Durchschnittspreis} = \frac{\text{EUR} \quad 12.100}{\text{kg} \quad 950} = 12{,}74 \quad \text{EUR / kg}$$

$$\text{Wert des Verbrauchs} = \text{kg} \quad 550 * \quad 12{,}74 \text{ EUR / kg} \quad = \quad \text{EUR} \quad 7.005$$

Die periodische Durchschnittmethode lässt eine Bewertung der Vorräte erst nach Ablauf der Rechnungsperiode zu, da diese Methode auf der Annahme basiert, dass der Abgang bzw. der Verbrauch erst nach dem letzten Zugang erfolgt. Dies entspricht indes nicht der Realität. Dieser der periodischen Durchschnittsmethode anhaftende Nachteil kann vollständig nur durch eine gleitende bzw. permanente Durchschnittsbewertung beseitigt werden.

Methode des gleitenden Durchschnitts

Dagegen sieht die Methode des gleitenden Durchschnitts eine (Neu-)Berechnung des Durchschnitts bei jeder zusätzlich erhaltenen Lieferung vor. Die Durchschnittspreise werden also laufend fortgeschrieben und entsprechen damit eher den tatsächlichen Anschaffungskosten der zum Abschlussstichtag auf Lager liegenden Vorratsgegenstände.

Beispiel – Gleitender Durchschnitt

Anstelle der periodischen Durchschnittsbewertung sollen die Bestände und Abgänge bzw. Verbräuche nach der gleitenden Durchschnittsmethode ermittelt werden:

Datum		kg	Berechnung	EUR / kg	Wert in EUR
01.01	Anfangsbestand	250		10,00	2.500
11.03.	Abgang	-100		10,00	-1.000
16.03	Zugang	200		12,00	2.400
	Bestand	**350**	EUR 3.900 / 350 kg =	**11,14**	**3.900**
14.04	Abgang	-150		11,14	-1.671
05.05.	Zugang	300		14,00	4.200
	Bestand	**500**	EUR 6.429 / 500 kg =	**12,86**	**6.429**
16.06.	Abgang	-80		12,86	-1.029
06.07.	Abgang	-120		12,86	-1.543
17.09.	Abgang	-100		12,86	-1.286
10.10.	Zugang	200		15,00	3.000
31.12.	**Endbestand**	**400**	EUR 5.571 / 400 kg =	**13,93**	**5.571**

Im Gegensatz zur periodischen Ermittlung des Durchschnittswerts weist die gleitende Durchschnittsmethode den Vorteil auf, dass sowohl Abgang bzw. Verbrauch als auch der Bestand an Vorräten laufend überwacht werden kann. Dabei wird auch der Endbestand bei dieser Methode realitätsnäher bewertet, da den tatsächlichen Wert- und Mengenänderungen besser Rechnung getragen wird.

Hinweis

Vor dem Hintergrund eines konvergenten Rechnungswesens ist die Anwendung des gleitenden Durchschnittsverfahrens deshalb als zweckmäßiger einzustufen. Es gilt allerdings zu beachten, dass IAS 2.27 ein echtes Wahlrecht hinsichtlich der beiden Verfahren einräumt. Dies ist deshalb hervorzuheben, da der Kern der Durchschnittsmethode in der Vereinfachung besteht, was aber insbesondere durch die periodenbezogene Durchschnittspreisbildung erreicht wird.[185]

Die Bewertung von Vorräte nach IAS 2 lässt sich wie folgt zusammenfassen:

Niedrigerer Wert aus

Anschaffungs- oder Herstellungskosten

- Kosten, die anfallen, um Vorräte in gewünschten Zustand und gewünschten Ort zu bringen (IAS 2.10)
- Zulässige Vereinfachungen:
  - Standardkostenmethode
  - Retrograde Methode
  - FIFO Verfahren
  - Durchschnittsmethode

und

Nettoveräußerungswert

- Absatzmarktorientierung
- i.d.R. Einzelbewertung, z.T: Gruppenbewertung zulässig (IAS 2.29)
- Berücksichtigung wertaufhellender Ereignisse (IAS 2.30) und abgeschlossener Verträge (IAS 2.31)
- Keine Abwertung von Roh-, Hilfs- und Betriebsstoffen wenn Endprodukt profitabel (IAS 2.32)

IAS 2.33: Wertaufholungsebot

Abb. 19: Zusammenfassung Vorratsbewertung nach IAS 2

[185] Hierzu ausführlich Kümpel, Vorratsbewertung, 2005, S. 61-70.

4.1.3.4 Latente Steuern

Zu einer systematischen Divergenz zwischen Steuer- und IFRS-Bilanz kann es im Vorratsvermögen sowohl im Rahmen der Zugangs- als auch der Folgebewertung kommen.

Zugangsbewertung

Die Ermittlung der Herstellungskosten hat sowohl in der Steuer- als auch in der IFRS-Bilanz auf Basis eines Vollkostenansatzes zu erfolgen. Unterschiedliche Wertansätze können sich aber dadurch ergeben, dass nach IAS 2 kein allgemeiner, sondern ein produktionskostenbezogener Vollkostenansatz gefordert wird. Dies hat zur Folge, dass die allgemeinen Verwaltungskosten sowie die Kosten des freiwilligen sozialen Bereichs in einen produktionsbezogenen und einen allgemeinen Anteil aufzuspalten sind, wobei nur für die erstgenannte Kategorie ein Aktivierungsgebot besteht. Für die Steuerbilanz besteht hingegen ein Aktivierungswahlrecht für die gesamten allgemeinen Verwaltungskosten und Kosten des freiwilligen sozialen Bereichs. Somit führt ein Ausüben des Wahlrechts zu einem höheren Wertansatz der Herstellungskosten in der Steuerbilanz. Erfolgt hingegen keine Aktivierung in der Steuerbilanz, so liegt der steuerbilanzielle Wertansatz unter dem in der IFRS-Bilanz, wenn hier eine Trennung in einen produktionsbezogenen und einen allgemeinen Teil dieser Kostenkategorie vorgenommen wurde.

	Herstellungskosten in der Steuerbilanz	
	Aktivierung Verwaltungskosten	keine Aktivierung Verwaltungskosten
Differenz zur IFRS-Bilanz	+	-
Art der Steuerlatenz	aktiv	passiv

Tab. 13: Latente Steuern aufgrund abweichender Herstellungskosten

Ferner kann es zu einer Bildung von latenten Steuern kommen, wenn bei gleichem Mengengerüst der zu aktivierenden Aufwendungen materielle Unterschiede bei den einzelnen, in die Herstellungskosten einzubeziehenden Kostenarten auftreten. So könnte z.B. die Verwendung von unterschiedlichen Abschreibungsmethoden oder Nutzungsdauern für das im Produktionsprozess eingesetzte Sachanlagevermögen zu differierenden Wertansätzen in der IFRS- und Steuerbilanz führen.

	Einbezug der Abschreibungen in die Herstellungskosten	
	IFRS-Abschluss	Steuerbilanz
Höhe der Abschreibungen	↓	↑
Art der Steuerlatenz	aktiv	-
Höhe der Abschreibungen	↑	↓
Art der Steuerlatenz	passiv	-

Tab. 14: Latente Steuern aufgrund abweichender Abschreibungen

Folgebewertung

Die Bedeutung der latenten Steuern im Rahmen der Bewertung von Vorräten zeigt sich insbesondere im Bereich der Verbrauchsfolgeverfahren. So ist in der Steuerbilanz lediglich die Anwendung des LIFO-Verfahrens zulässig. Wie bereits dargelegt wird hier unterstellt, dass die zuletzt zugegangenen Vorräte zuerst veräußert werden, so dass der Endbestand der Vorräte mit den Preisen der zuerst zugegangenen Güter bewertet werden.

Da die Annahme dieser Verbrauchsfolgefiktion nach IFRS untersagt ist, kann es je nach Entwicklung der Einstandspreise bzw. der Herstellungskosten der betreffenden Vorratsposten zu unterschiedlichen Bilanzansätzen und damit Ergebnissen kommen. Dabei treten Steuerlatenzen vor allem dann auf, wenn im IFRS-Abschluss das FIFO-Verfahren, in der Steuerbilanz hingegen die LIFO-Methode verwendet wird und keine konstanten Preise existieren. Die Bilanzierung latenter Steuern richtet sich dann nach Maßgabe der folgenden Tabelle:

Preis-entwicklung	**Bilanzansatz**		**Steuerlatenz**
	FIFO	LIFO	
steigend	zu hoch	zu niedrig	passiv
sinkend	zu niedrig	zu hoch	aktiv

Tab. 15: Latente Steuern aufgrund abweichender Bewertungsvereinfachungsverfahren

Hinweis
Auch wenn die Bestands- und Ergebniseffekte beim FIFO-Verfahren am deutlichsten sind, so führt bei schwankenden Preisen auch die Anwendung der Durchschnittsmethode im IFRS-Abschluss bei gleichzeitiger Anwendung des LIFO- Verfahrens in der Steuerbilanz regelmäßig zu Steuerlatenzen.[186]

4.1.3.5 Sonderbereich: Landwirtschaftliche Tätigkeit

Biologische Vermögenswerte

IAS 41 regelt die Bilanzierung von biologischen Vermögenswerten sowie der aus ihnen gewonnenen landwirtschaftlichen Erzeugnisse, die mit landwirtschaftlicher Tätigkeit und landwirtschaftlicher Produktion zum Zeitpunkt der Ernte im Zusammenhang stehen. Hinter der Abgrenzung des IAS 41 zu IAS 2 steht der Grundgedanke, dass sich biologische Vermögenswerte durch das Management der biologischen Transformation von „normalen" Vermögenswerte unterscheiden. Die reine Ausbeutung von Ressourcen ohne biologische Transformation ist hingegen vom Anwendungsbereich des IAS 41 ausgeschlossen. Zudem ist darauf hinzuweisen, dass nach IAS 41.13 die Vorschriften des IAS 41 die Bilanzierung von landwirtschaftlichen Erzeugnissen lediglich bis zum Zeitpunkt der Ernte regeln. Die Folgebewertung richtet sich dann nach anderen anwendbaren Standards, d.h. regelmäßig nach IAS 2.

Definition

Nach IAS 41.5 ist unter biologischen Vermögenswerten ein lebendes Tier oder eine lebende Pflanze zu verstehen. Die Frucht – z.B. Eier von Hühnern – stellen landwirtschaftliche Erzeugnisse dar. Landwirtschaftliche

[186] Hierzu ausführlich und m.w.N. Kümpel, Vorratsbewertung, 2005, S. 74-75.

Tätigkeit umfasst infolgedessen das Management der absatzbestimmten biologischen Transformation – d.h. Wachstum, Rückgang, Fruchtbringung und Mehrung – biologischer Vermögenswerte in landwirtschaftliche Erzeugnisse oder in zusätzliche biologische Vermögenswerte.

Ansatzvoraussetzungen

Gemäß IAS 41.10 hat ein Unternehmen biologische Vermögenswerte und landwirtschaftliche Erzeugnisse nur dann in der Bilanz anzusetzen, wenn die nachfolgenden Voraussetzungen kumulativ erfüllt sind:

- Das Unternehmen kontrolliert den Vermögenswert aufgrund historischer Ereignisse (z.B. rechtliches Eigentum an einem Rind durch Brandzeichen).
- Es ist hinreichend wahrscheinlich, dass der künftige wirtschaftliche Nutzen des Vermögenswerts dem Unternehmen zufließen wird.
- Der beizulegende Zeitwert oder die Anschaffungs- oder Herstellungskosten des Vermögenswerts können zuverlässig bestimmt werden.

Bewertung

Biologische Vermögenswerte sind beim erstmaligen Ansatz und in jeder Folgeperiode gemäß IAS 41.12 grundsätzlich zum beizulegenden Zeitwert abzüglich Veräußerungskosten zu bewerten. Landwirtschaftliche Erzeugnisse, die ein Unternehmen von seinen biologischen Vermögenswerten geerntet hat, müssen beim erstmaligen Ansatz im Moment der Ernte ebenfalls zum beizulegenden Zeitwert abzüglich der geschätzten Veräußerungskosten bewertet werden. Der ermittelte Wert stellt die Anschaffungs- oder Herstellungskosten dar, für die eine spätere Bewertung nach IAS 2 oder anderen Standards durchzuführen ist.

Beizulegender Zeitwert

In IAS 41.30 wird die Annahme getroffen, dass der beizulegende Zeitwert für einen biologischen Vermögenswert zuverlässig bemessen werden kann. Diese Annahme kann jedoch lediglich beim erstmaligen Ansatz eines biologischen Vermögenswerts widerlegt werden, für den keine Marktpreisnotierungen verfügbar sind und für den alternative Bemessungen des beizulegenden Zeitwerts als eindeutig nicht verlässlich gelten. In einem solchen Fall ist dieser biologische Vermögenswert mit seinen Anschaffungs- oder Herstellungskosten abzüglich aller kumulierten Abschreibungen und aller kumulierten Wertminderungsaufwendungen zu bewerten. Sobald der beizulegende Zeitwert eines solchen biologischen Vermögenswerts verlässlich ermittelbar wird, hat das Unternehmen ihn zum beizulegenden Zeitwert abzüglich der Veräußerungskosten zu bewerten. Der beizulegende Zeitwert gilt als verlässlich ermittelbar, sobald ein langfristiger biologischer Vermögenswert gemäß IFRS 5 die Kriterien für eine Einstufung als zur Veräußerung gehalten erfüllt (oder in eine als zur Veräußerung gehalten eingestufte Veräußerungsgruppe aufgenommen wird). Gemäß IAS 41.31 fährt ein Unternehmen, das zu einem früheren Zeitpunkt einen biologischen Vermögenswert zum beizulegenden Zeitwert abzüglich der Verkaufskosten bewertet hat, mit der Bewertung des biologischen Vermögenswerts zum beizulegenden Zeitwert abzüglich der Verkaufskosten bis zum Abgang fort.

Gewinn oder Verlust bei erstmaligem Ansatz

Beim erstmaligen Ansatz eines biologischen Vermögenswerts bzw. eines landwirtschaftlichen Erzeugnisses kann entweder ein Gewinn oder ein Verlust entstehen. Ein Verlust entsteht nach IAS 41.27 dann, wenn die abzuziehenden geschätzten Veräußerungskosten den beizulegenden Zeitwert des biologischen Vermögenswerts bzw. landwirtschaftlichen Erzeugnisses übersteigen. Ein Gewinn oder Verlust, der beim erstmaligen Ansatz von landwirtschaftlichen Erzeugnissen zum beizulegenden Zeitwert abzüglich der Verkaufskosten entsteht, ist nach IAS 41.26 und IAS 41.28 in den Gewinn oder Verlust der Periode einzubeziehen, in der er entstanden ist.

Zuwendungen der öffentlichen Hand

Die Zuwendungen der öffentlichen Hand in Zusammenhang mit einem biologischen Vermögenswert sind gemäß IAS 41.34 nur dann als Ertrag zu erfassen, wenn der Vermögenswert zum beizulegenden Zeitwert abzüglich der Verkaufskosten bewertet wird, und die Zuwendung der öffentlichen Hand einforderbar wird. Wenn eine Zuwendung der öffentlichen Hand hingegen mit einem biologischen Vermögenswert im Zusammenhang steht, der zu seinen Anschaffungs- oder Herstellungskosten abzüglich aller kumulierten Abschreibungen und aller kumulierten Wertminderungsaufwendungen bewertet wird, wird IAS 20 angewandt.

4.1.3.6 Beispielsachverhalte - Vorräte

a. Herstellungskosten

Für das Garn „Maiglöckchen weiß" liegen zum 31.12.2XX0 folgende Informationen vor:

1	Normale Produktionskapazität pro Periode	kg	100.000
2	produzierte Menge in 2XX0	kg	70.000
3	abgesetzte Menge in 2XX0 (Verkaufspreis EUR 20 pro kg)	kg	60.000
4	Materialeinzelkosten pro kg	EUR	4
5	Fertigungseinzelkosten pro kg	EUR	3
6	produktionsnahe variable Verwaltungsgemeinkosten	EUR	170.000
7	planmäßige Abschreibung auf Fertigungsanlagen	EUR	400.000
8	außerplanmäßige Abschreibung auf Fertigungsanlagen	EUR	150.000
9	planmäßige Abschreibung auf aktivierte Entwicklungskosten	EUR	200.000

Zu den Herstellungskosten fertiger und unfertiger Erzeugnisse gehören nach IAS 2 alle in der Produktion anfallenden Einzel- und Gemeinkosten (Vollkostenansatz) unter Berücksichtigung ihrer Angemessenheit. Eine Aktivierung ist insoweit auf den Zeitraum der Herstellung beschränkt, Leerkosten oder überhöhte Kosten sowie außerplanmäßige Abschreibungen z.B. auf Fertigungsanlagen dürfen nicht aktiviert werden. Für Verwaltungskosten, die keinen Produktionsbezug aufweisen, besteht generell ein Aktivierungsverbot.

Damit sind dem Grunde nach – bis auf die außerplanmäßigen Abschreibungen – alle genannten Kosten zu aktivieren. Das gilt nach IAS 38.99 auch für die Abschreibungen auf aktivierte Entwicklungskosten.

Vorliegend besteht nun eine Unterauslastung der normalen Produktionskapazität von 30%. Da Leerkosten nicht aktiviert werden dürfen, kann die Kalkulation der Fixkosten nur auf Basis der Normalbeschäftigung erfolgen. Damit wird eine Aktivierung der Leerkosten verhindert. Die variablen Gemeinkosten werden dagegen mit der Ist-Beschäftigung kalkuliert. Die Herstellungskosten ermitteln sich damit wie folgt:

7	planmäßige Abschreibung auf Fertigungsanlagen	EUR	400.000
9	planmäßige Abschreibung auf aktivierte Entwicklungskosten	EUR	200.000
=	Fixkosten pro Stück, kalkuliert auf Basis der Normalbeschäftigung	EUR / kg	6
6	produktionsnahe variable Verwaltungsgemeinkosten	EUR	170.000
=	Variable Gemeinkosten, kalkuliert auf Basis der Ist-Beschäftigung	EUR / kg	2,43
4	Materialeinzelkosten pro kg	EUR	4
5	Fertigungseinzelkosten pro kg	EUR	3
=	**Herstellungskosten pro kg**	**EUR / kg**	**15,43**
Herstellungskosten gesamt		**EUR**	**1.080.100**

Auf die Abgrenzung latenter Steuern wird aus Vereinfachungsgründen verzichtet.

b. Verlustfreie Bewertung

Am Ende des Geschäftsjahres 2XX1 hat die FWA vom Garn „Maiglöckchen weiß", welches mit historischen Herstellungskosten von EUR 15,43 pro kg bewertet wird, 10 Tonnen auf Lager. Zum Abschlussstichtag liegt die Information vor, dass das Garn aller Voraussicht nach nur noch für EUR 12,00 pro kg verkauft werden kann. Für Marketing und Vertrieb werden anteilig noch EUR 1,00 pro kg anfallen.

Der Wert, mit dem das Fertigerzeugnis zum Abschussstichtag in der Bilanz anzusetzen ist, ermittelt sich wie folgt:

Geschätzter Verkaufserlöse pro kg	EUR / kg	12
- geschätzte noch anfallende Veräußerungskosten pro kg	EUR / kg	1
= Nettoveräußerungswert pro kg	EUR / kg	11
Abwertung pro kg	EUR / kg	4,43
Abwertung gesamt	**EUR**	**44.300**
Fertige Erzeugnisse	**EUR**	**110.000**

Die historischen Herstellungskosten betragen EUR 15,43; d.h. es muss der niedrigere Nettoveräußerungswert von EUR 11,00 angesetzt werden. Die gesamte Abwertung auf die Fertigerzeugnisse beträgt damit EUR 44.300 (= 4,43 EUR / kg * 10.000 kg). Es ist folgende Buchung vorzunehmen:

Abschreibungen	44.300	an	Vorräte	44.300

c. Festwert

Im Zwischenlager der FWA liegt stets eine Mindestreserve des Rohstoffs Schafswolle bereit. Der Bestand ist konstant, d.h. er wird mit der nächsten Lieferung aufgefüllt, wenn die Produktion die Reserve „angreift". Der für diesen eisernen Bestand gebildete Festwert beträgt EUR 2.000.000. Der beizulegende Wert für die Mindestreserve beläuft sich am 31.12.2XX1 auf EUR 1.900.000. Das Vermögen ist in der Bilanz mit EUR 250.000.000 ausgewiesen. Im Jahr 2XX2 mussten für EUR 200.000 netto verbrauchte Schafswolle aus dem eisernen Bestand auf Ziel ersatzbeschafft werden.

Grundsätzlich kennen die IFRS keine Festwertansatz. Dennoch erscheint es unter Wesentlichkeitsgesichtspunkten zulässig, einen Festwert anzusetzen, wenn die Voraussetzungen des § 240 Abs. 3 HGB erfüllt sind. Vorliegend handelt es sich um Rohstoffe, deren Wert im Vergleich zum Gesamtvermögen von nachrangiger Bedeutung ist und deren Bestand in Größe, Wert und Zusammensetzung nur geringen Veränderungen unterliegt. Der Bestand darf nach § 240 Abs. 3 HGB mit einer gleichbleibenden Menge und einem gleichbleibenden Wert angesetzt werden. Dieser Festwert darf aufgrund von § 256 Satz 2 HGB auch in der Bilanz angesetzt werden. Der Festwert ist in der Bilanz mit einem Wert von EUR 2.000.000 enthalten. Auch wenn der beizulegende Wert geringer ist, kann der Festwert trotz des strengen Niederstwertprinzips des § 253 Abs. 4 HGB beibehalten werden. Es ist gerade der Zweck eines Festwerts, dass derart geringe Wertschwankungen unbeachtet bleiben.

Demnach ist nach HGB und damit auch nach IFRS – unter Vernachlässigung der Vorsteuer – wie folgt zu buchen:

Materialaufwand	200.000	an	Liquide Mittel	200.000

Bei einem Festwertansatz wird die tatsächliche Entnahme aus dem eisernen Bestand nicht buchhalterisch erfasst und die Ersatzbeschaffung sofort als aufwandswirksam. Dadurch werden Schwankungen des körperlichen Bestands nicht berücksichtigt. Dies steht jedoch unter dem Vorbehalt, dass der Wert vergleichsweise unerheblich ist.

d. Gruppenbewertung

Die FWA hat zum 31.12.2XX3 einen Lagerbestand des Rohstoffs Kaschmir von 2.000 kg. Die Lagerbuchhaltung weist folgende Daten aus:

Der Marktwert des Kaschmirs soll EUR 105 pro kg betragen und das Fertigprodukt, in das es eingeht, mit Gewinn veräußert werden können. Die FWA wendet zur Ermittlung des Bilanzwert zum 31.12.2XX3 die Methode des periodischen Durchschnitts an.

Anfangsbestand 01.01.	1.500	157.500
Zugang 20.02.	2.000	217.500
Zugang 27.06.	2.000	212.500
Zugang 10.10.	1.500	165.000
	7.000	752.500

Durchschnittspreis EUR / kg	107,50 EUR / kg

Anfangsbestand + Zugänge	752.500 EUR
Abgänge	-537.500 EUR
Endbestand	215.000 EUR

Nach IAS 2.25 ist das Durchschnittsverfahren bei Vermögensgegenständen zulässig, die unter normalen Bedingungen austauschbar sind und/oder nicht für speziell abgrenzbare Projekte angeschafft oder hergestellt wurden. Ansonsten sind nach IAS 2.23 die individuellen Anschaffungs- oder Herstellungskosten zu ermitteln.

Eine Abschreibung auf den Nettoveräußerungswert erfolgt nach IAS 2.32 nur dann, wenn das Endprodukt, in welches der Rohstoff eingehen soll, nicht mehr mit Gewinn verkauft werden kann. Ist dies nicht der Fall, so werden als Vergleichsmaßstab die Wiederbeschaffungswerte herangezogen. Im vorliegenden Fall wird das Endprodukt mit Gewinn veräußert. Die Bewertung des Lagerbestands zum 31.1.2XX3 erfolgt damit zu EUR 215.000,00.

e. Verbrauchsfolgeverfahren und Niederstwert

Die FWA hat zum 31.12.2XX4 den Rohstoffendbestand an Kamelhaar zu bewerten. Folgende Lagerbewegungen haben sich im Geschäftsjahr ereignet:

	kg
Anfangsbestand 01.01.	1.000
Zugang 20.02.	500
Abgang 18.03.	-1.300
Zugang 27.06.	800
Abgang 08.08.	-500
Zugang 10.10.	3.000
Abgang 22.11.	-1.700

Der Marktwert des Endbestands von 1.800 kg Kamelhaar beträgt am Bilanzstichtag EUR 950.000, das Endprodukt wird mit Verlust verkauft.

Die FWA ermittelt den Endbestand mittels des LIFO-Verfahrens. Hier liegt die Annahme zugrunde, dass der Endbestand aus dem Anfangsbestand und den ersten Zugängen stammt:

	kg	EUR / kg	EUR
Anfangsbestand 01.01.	1.000	600	600.000
Zugang 20.02.	500	625	312.500
Zugang 27.06.	300	525	157.500
Endbestand	**1.800**	**594,44**	**1.070.000**

Nach IAS 2.32 ist in diesem Fall eine Abschreibung auf den Nettoveräußerungswert vorzunehmen. Bester Schätzer des Nettoveräußerungswerts sind in diesem Fall die Wiederbeschaffungskosten. Der Endbestand ist damit mit EUR 950.000 anzusetzen. Es ist folgende Buchung vorzunehmen:

Abschreibungen	120.000	an	Vorräte	120.000

Unter Berücksichtigung der Sachverhalte stellen sich Bilanz und GuV wie folgt dar:

Bilanz		31.12.2XX				
	Ref.	0	1	2	3	4
Aktiva						
Langfristige Vermögenswerte						
...						
Immaterielle Vermögenswerte	a.	-200.000	-200.000			
...						
Sachanlagen	a.	-550.000	-400.000			
...						
Kurzfristige Vermögenswerte						
...						
Vorräte	a.	154.300				
	b.		-44.300			
	d.				215.000	
	e.					5.375.000
...						
Liquide Mittel	a.	1.200.000				
	c.			-200.000		
	d.				-595.000	
	e.					-2.682.500
...						
Passiva						
Eigenkapital						
...						
Jahresergebnis		-491.500	-644.300	-800.000	-1.137.500	-2.932.500

Gewinn- und Verlustrechnung nach GKV		1.1. - 31.12.2XX				
	Ref.	0	1	2	3	4
1. Umsatzerlöse	a.	1.200.000				
…						
3. Veränderung des Bestandes an fertigen und unfertigen Erzeugnissen	a.	154.300				
5. Materialaufwand	a.	-925.800				
	c.			-200.000		
	d.				-537.500	
	e.					-2.212.500
…						
7. Abschreibungen	a.	-750.000	-600.000	-600.000	-600.000	-600.000
	b.		-44.300			
	e.					-120.000
8. Sonstige Aufwendungen	a.	170.000				
…						
17. Jahresüberschuss/Jahresfehlbetrag		-491.500	-644.300	-800.000	-1.137.500	-2.932.500

Gewinn- und Verlustrechnung nach UKV		1.1. - 31.12.2XX				
	Ref.	0	1	2	3	4
1. Umsatzerlöse	a.	1.200.000				
…						
2. Umsatzkosten	a.	154.300				
	a.	-925.800				
	a.	-750.000	-600.000	-600.000	-600.000	-600.000
	b.		-44.300			
	c.			200.000		
	d.				-537.500	
	e.					-2.212.500
	e.					-120.000
…						
6. Sonstige Aufwendungen		-170.000				
…						
16. Jahresüberschuss/Jahresfehlbetrag.		-491.500	-644.300	-800.000	-1.137.500	-2.932.500

4.1.4 Forderungen – originäre Finanzinstrumente

4.1.4.1 Grundlagen

4.1.4.1.1 Relevante Normen

IFRS 9

Der zentrale Standard für die Bilanzierung von Finanzinstrumenten ist IFRS 9. Dieser löste den ehemals relevanten IAS 39 ab. Aufgrund der Vielzahl einschlägiger Rechnungslegungsnormen sollen diese zunächst kurz skizziert werden. Im Rahmen der internationalen Rechnungslegung sind insbesondere folgende Standards relevant:

- IAS 32 (Finanzinstrumente: Darstellung) definiert Finanzinstrumente, finanzielle Vermögenswerte, finanzielle Verbindlichkeiten sowie Eigenkapitalinstrumente. Geregelt werden die Darstellung von Finanzinstrumenten als Verbindlichkeiten oder Eigenkapital und die Saldierung von finanziellen Vermögenswerten und finanziellen Verbindlichkeiten.
- IFRS 7 (Finanzinstrumente: Angaben) geht auf die Offenlegungspflichten ein.
- IFRS 9 (Finanzinstrumente: Ansatz und Bewertung) behandelt den Ansatz und die Bewertung von Finanzinstrumenten sowie die Bilanzierung von Sicherungsbeziehungen.

4.1.4.1.2 Definitionen

Finanzinstrument

Nach IAS 32.11 ist ein Finanzinstrument definiert als ein Vertrag, der gleichzeitig bei einem Unternehmen zu einem finanziellen Vermögenswert und bei dem anderen Unternehmen zu einer finanziellen

Verbindlichkeit oder einem Eigenkapitalinstrument führt. Der Begriff des Finanzinstruments ist dabei nicht auf originäre Finanzinstrumente beschränkt, sondern schließt auch derivative Finanzinstrumente mit ein.

Aktivische Posten

Nach IAS 32.11 gelten als Finanzinstrument aktivisch alle Posten, die nicht immaterielles Vermögen, Sachanlagevermögen, Vorratsvermögen, Steueransprüche, Sachleistungsforderungen oder Abgrenzungsposten sind. Zu diesen finanziellen Vermögenswerten zählen u.a.:

- flüssige Mittel (z.B. Bankguthaben oder Kassenbestand),
- als Aktivum gehaltene Eigenkapitalinstrumente eines anderen Unternehmens (z.B. Aktien),
- vertragliche Rechte, flüssige Mittel zu erhalten (z.B. Bankeinlagen Forderungen aus Lieferungen und Leistungen, Forderungen aus Krediten oder Anleihen),
- vertragliche Rechte, finanzielle Vermögenswerte bzw. Verbindlichkeiten mit einem anderen Unternehmen auszutauschen (z.B. Verkaufsoptionen) sowie
- ein in eigenen Eigenkapitalinstrumenten zu erfüllender Vertrag.

Finanzielle Vermögenswerte umfassen somit insbesondere Eigenkapital- und Schuldinstrumente.

Passivische Posten

Als Finanzinstrumenten gelten passivisch alle Posten, die nicht Eigenkapital, Sachleistungsverpflichtungen, Abgrenzungsposten oder Rückstellungen sind. Zu den finanziellen Verbindlichkeiten zahlen nach IAS 32.11 vertragliche Verpflichtungen, finanzielle Vermögenswerte an ein anderes Unternehmen abzugeben bzw. zum Umtausch von finanziellen Vermögenswerten oder Verbindlichkeiten sowie ein in eigenen Eigenkapitalinstrumenten zu erfüllender Vertrag. Beispiele für finanzielle Verbindlichkeiten sind

- Bankverbindlichkeiten,
- Verbindlichkeiten aus Lieferungen und Leistungen sowie
- Verbindlichkeiten gegen verbundene Unternehmen und
- Darlehnsverbindlichkeiten.

4.1.4.1.3 Kategorien

4.1.4.1.3.1 Finanzielle Vermögenswerte

Nach IFRS 9.4.1.1 lassen sich finanzielle Vermögenswerte in die Kategorien

- Bewertung zu fortgeführten Anschaffungskosten und
- Bewertung zum beizulegenden Zeitwert

unterteilen, wobei bei letzterer zwischen einer

- ergebniswirksamen Bewertung über die Gewinn- und Verlustrechnung und einer
- ergebnisneutralen Bewertung über das sonstige Ergebnis unterschieden wird.

Des Weiteren gewährt IFRS 9.4.1.5 eine sog. *fair value*-Option, nach welcher ein finanzieller Vermögenswert im Zugangszeitpunkt freiwillig der Bewertungsklasse „Ergebniswirksame Behandlung zum beizulegenden Zeitwert" designiert werden kann, wenn dies zur Vermeidung oder Verringerung einer Bewertungs- oder Ansatzinkongruenz führt.

Bewertung zu fortgeführten Anschaffungskosten

Ein finanzieller Vermögenswert ist nach IFRS 9.4.1.2 in die Kategorie Bewertung zu fortgeführten Anschaffungskosten einzuordnen, wenn die beiden folgenden Kriterien kumulativ erfüllt sind:

a. Der finanzielle Vermögenswert wird im Rahmen eines Geschäftsmodells gehalten, dessen Zielsetzung darin besteht, finanzielle Vermögenswerte zur Vereinnahmung der vertraglichen Zahlungsströme zu halten (Geschäftsmodellkriterium „Halten und Vereinnahmen“).
b. Die Vertragsbedingungen des finanziellen Vermögenswerts führen zu festgelegten Zeitpunkten zu Zahlungsströmen, die ausschließlich Zins- und Tilgungszahlungen auf den ausstehenden Kapitalbetrag darstellen (Zahlungsstromkriterium).

Ergebnisneutrale Bewertung

Eine Zuordnung zur Kategorie ergebnisneutrale Bewertung zum beizulegenden Zeitwert ist nach IFRS 9.4.1.2 ebenfalls von einem Geschäftsmodell und einem Zahlungsstromkriterium abhängig:

a. Der finanzielle Vermögenswert wird im Rahmen eines Geschäftsmodells gehalten, dessen Zielsetzung sowohl in der Vereinnahmung der vertraglichen Zahlungsströme als auch im Verkauf finanzieller Vermögenswerte besteht (Geschäftsmodellkriterium „Halten, Vereinnahmen und Verkaufen“).
b. Zahlungsstromkriterium (unverändert, siehe oben).

Ergebniswirksame Bewertung

Die Zuordnung zur Kategorie ergebniswirksame Bewertung über die Gewinn- und Verlustrechnung ist für folgende finanzielle Vermögenswerte vorzunehmen:

- Finanzielle Vermögenswerte, die zu Handelszwecken gehalten werden,
- Eigenkapitalinstrumente der Aktivseite,
- derivative Finanzinstrumente,
- sonstige finanzielle Vermögenswerte, die nicht das Geschäfts- und Zahlungsstromkriterium erfüllen (u.a. Schuldinstrumente mit komplexen Risikostrukturen, wie z.B. Indexanleihen) sowie
- finanzielle Vermögenswerte, für welche die *fair value*-Option ausgeübt wurde.

Reklassifizierung

Unter bestimmten Voraussetzungen ist für nicht derivative finanzielle Vermögenswerte ein Wechsel der Bewertungskategorie erforderlich. Dieser Vorgang wird als Reklassifizierung bezeichnet. Reklassifizierungen zwischen den unterschiedlichen Bewertungskategorien setzen nach IFRS 9 eine Änderung des Geschäftsmodells zur Steuerung der Finanzinstrumente voraus. Eine Änderung des Geschäftsmodells erfordert es, dass diese von der Unternehmensleitung als Ergebnis externer oder interner Änderungen festgelegt wird. Die Änderungen müssen nach IFRS 9.B4.4.1 zudem einen wesentlichen Einfluss auf die operative Geschäftstätigkeit haben und gegenüber Dritten nachweisbar sein. Dabei kann ein Unternehmen mehrere Geschäftsmodelle parallel verfolgen. So können z.B. einzelne Finanzinstrumente zu Portfolios aggregiert und diese Portfolios anschließend verschiedenen Geschäftsmodellen zugeordnet werden. Reklassifizierungen sind zudem bei erstmaliger Anwendung von IFRS 9 zulässig, wenn die Bedingungen der jeweiligen Bewertungskategorien erfüllt sind.

Die Umgliederung ist ab dem Zeitpunkt der Reklassifizierung vorzunehmen. Bereits erfasste Gewinne, Verluste oder Zinserträge dürfen gemäß IFRS 9.5.6.1 nicht nachträglich angepasst werden.

Eine Reklassifizierung scheidet aus, wenn die *fair value*-Option ausgeübt wurde oder ein vertragliches Merkmal im Zeitablauf wegfällt oder ausläuft, welches die Bewertung zu fortgeführten Anschaffungskosten oder zum beizulegenden Zeitwert mit Wertänderungen im sonstigen Ergebnis bei erstmaliger Erfassung verhindert hätte.

4.1.4.1.3.2 Finanzielle Verbindlichkeiten

Fortgeführte Anschaffungskosten

Finanzielle Verbindlichkeiten werden im Regelfall zu fortgeführten Anschaffungskosten folgebewertet und entsprechend klassifiziert. Anders als bei finanziellen Vermögenswerten bleibt die Klassifizierung als „zum beizulegenden Zeitwert bewertet" nach IFRS 9.4.2.1 nur wenigen Ausnahmefällen – z.B. bestimmten Derivaten – vorbehalten. Auch hier erfolgt eine Unterscheidung zwischen den Kategorien „ergebniswirksame Bewertung über die Gewinn- und Verlustrechnung" und „ergebnisneutrale Bewertung über das sonstige Ergebnis".

***fair-value*-Option**

Darüber hinaus besteht für finanzielle Verbindlichkeiten nach IFRS 9.4.2.2 unter bestimmten Voraussetzungen ebenfalls eine *fair-value*-Option, welche eine ergebniswirksame Bewertung zum beizulegenden Zeitwert ermöglicht. Reklassifizierungen sind für finanzielle Verbindlichkeiten nicht zulässig.

4.1.4.2 Ansatz, Ausweis und Ausbuchung

Ansatz

Der erstmalige Ansatz eines Finanzinstruments ist gemäß IFRS 9.3.1.1 unabhängig von seiner Klassifizierung vorzunehmen, wenn ein Unternehmen Vertragspartner wird und gleichzeitig zur Leistung oder Gegenleistung berechtigt oder verpflichtet wird.

Die Form des Vertrags ist nicht vorgegeben. Daher kann es sich sowohl um einen schriftlichen als auch um einen mündlichen Vertrag handeln. Da der Vertragspartner zur Leistung oder Gegenleistung lediglich berichtigt oder verpflichtet sein muss, bleibt die Wahrscheinlichkeit der Vertragserfüllung unberücksichtigt, so dass, anders als bei anderen Bilanzposten, grundsätzlich bereits schwebende Geschäfte zu bilanzieren sind. Dies gilt insbesondere für derivative Finanzinstrumente.

IFRS 9 verlangt, dass Finanzinstrumente in Abhängigkeit von ihrer Beschaffenheit und ihrem Verwendungszweck in verschiedenen Kategorien zusammengefasst werden. Das bilanzierende Unternehmen kann gemäß IFRS 9.B3.1.3 für jede Kategorie von Finanzinstrumenten entscheiden, ob es den Ansatz zum Handelstag oder zum Erfüllungstag vornehmen will. Innerhalb der jeweiligen Kategorie ist der Ansatz stetig zu halten. Wenn Finanzinstrumente zum Erfüllungstag angesetzt werden, bzw. bei Verkäufen die Bilanz verlassen, müssen mögliche Wertänderungen zwischen Handels- und Erfüllungstag indes entsprechend der geltenden Folgebewertungsvorschriften der jeweiligen Kategorie trotzdem beachtet werden. Dies geschieht, indem Wertänderungen, die sich zwischen Handels- und Erfüllungstag konkretisieren, als Forderung oder Verbindlichkeit erfasst werden.

Ausweis

Forderungen aus Lieferungen und Leistungen sind nach IAS 1.54 unter den kurzfristigen Vermögenswerten im Posten *trade and other receivables* auszuweisen. Abweichend vom grundsätzlichen Saldierungsverbot des IAS 1.32 sind finanzielle Vermögenswerte und finanzielle Verbindlichkeiten gemäß IAS 32.42 dann zu saldieren und in der Bilanz als Nettobetrag auszuweisen, wenn

- zum gegenwärtigen Zeitpunkt ein Rechtsanspruch auf Verrechnung besteht, und
- beabsichtigt wird, den Ausgleich auf Nettobasis herbeizuführen oder die Beträge gleichzeitig zu verwerten und abzulösen.

Das Recht auf Verrechnung muss dabei auf vertraglicher oder anderer Grundlage beruhen. Ein zum gegenwärtigen Zeitpunkt bestehender Rechtsanspruch auf Verrechnung erfordert u.a. zudem, dass dieser unbedingt und unabhängig vom Eintritt bestimmter Ereignisse durchsetzbar ist, sodass z.B. eine Aufrechnung auf Basis von häufig für Derivate abgeschlossenen Globalaufrechnungsvereinbarungen meist nicht möglich ist.[187]

Ausbuchung

Die Ausbuchung eines finanziellen Vermögenswerts erfolgt nach IFRS 9.3.2.1ff., wenn die mit dem Instrument begründeten Rechte und Pflichten nicht mehr bestehen. Eine finanzielle Verbindlichkeit ist gemäß IFRS 9.3.3.1ff. auszubuchen, wenn diese erloschen ist, d.h., wenn die im Vertrag genannten Verpflichtungen beglichen, aufgehoben oder ausgelaufen sind.

Die Ausbuchung finanzieller Vermögenswerte erfordert neben einer rechtlichen auch eine wirtschaftliche Betrachtung. Damit soll die Realisierung von Gewinnen verhindert werden, wenn nur das rechtliche Eigentum, nicht aber die wirtschaftlichen Risiken übertragen werden. Finanzinstrumente sind auch dann auszubuchen, wenn die Bedingungen des Vertrags wesentlich geändert werden. Beispiele für derartige Änderungen können Anpassungen an das aktuelle Marktzinsniveau oder Stundungen bei Zahlungsschwierigkeiten sein.[188]

4.1.4.3 Bewertung

4.1.4.3.1 Zugangsbewertung

Gemäß IFRS 9.5.1.1 erfolgt die Zugangsbewertung für alle Kategorien von Finanzinstrumenten zum beizulegenden Zeitwert. Da die Anschaffungskosten der hingegebenen bzw. erhaltenen Leistung regelmäßig den beizulegenden Zeitwert im Zeitpunkt der Anschaffung darstellen, handelt es sich hier nach IFRS 9.B5.1.1 definitionsgemäß um die Anschaffungskosten. Demnach sind Anschaffungsnebenkosten grundsätzlich zu berücksichtigen, was wiederum zu einer Vermischung der beiden Bewertungsmaßstäbe „Beizulegender Zeitwert" und „Anschaffungskosten" führt.[189]

Im Hinblick auf die Berücksichtigung von Transaktionskosten, wie Gebühren und Provisionen, ist entscheidend, ob das aktivische oder passivische Finanzinstrument ergebniswirksam zu beizulegenden Zeitwert folgebewertet wird. Bei einer ergebniswirksamen Folgebewertung zum beizulegenden Zeitwert sind die Transaktionskosten

---

[187] Hierzu IDW, WPH, 17. Aufl. 2021, Kap. K Tz. 163.

[188] Hierzu Ruhnke/Sievers/Simons, Rechnungslegung nach IFRS und HGB, 5. Aufl. 2023, S. 482.

[189] Hierzu ausführlich Lüdenbach/Hofmann/Freiberg, Haufe IFRS-Kommentar, 21. Aufl. 2023, § 28 Rz. 311ff.

unmittelbar als Aufwand zu erfassen, während die Transaktionskosten bei einer ergebnisneutralen Folgebewertung nach IFRS 9.5.1.1 bei der Ermittlung der Anschaffungskosten (Erhöhung des Zugangswerts von finanziellen Vermögenswerten und Verminderung des Zugangswerts von finanziellen Verbindlichkeiten) zu berücksichtigen sind. Somit ist es möglich, dass der Wertansatz bei erstmaliger Erfassung den beizulegenden Zeitwert übersteigt.

Agien, Disagien, Finanzierungskosten sowie interne Verwaltungs- oder Haltekosten stellen nach IFRS 9.B5.4.8 keine Transaktionskosten dar. Die beim Verkauf eines finanziellen Vermögenswerts bzw. bei der Erfüllung einer finanziellen Verbindlichkeit anfallenden Transaktionskosten sind stets als Aufwand zu buchen.

4.1.4.3.2 Folgebewertung

4.1.4.3.2.1 Finanzinstrumente zu fortgeführten Anschaffungskosten

Finanzielle Vermögenswerte

Die Folgebewertung von finanziellen Vermögenswerten richtet sich nach ihrer Klassifizierung. Nach IFRS 9.4.1.2 werden finanzielle Vermögenswerte zu fortgeführten Anschaffungskosten folgebewertet, wenn sowohl das Geschäftsmodell- als auch das Zahlungsstromkriterium erfüllt sind.

In diesem Fall erfolgt die Folgebewertung nach der Effektivzinsmethode.[190] Die Wertentwicklung des beizulegenden Zeitwerts bleibt dabei unberücksichtigt. Wertminderungen werden nur bei Vorliegen von entsprechenden objektiven Hinweisen vorgenommen. Sofern nicht sowohl das Geschäftsmodell- als auch das Zahlungsstromkriterium erfüllt sind, erfolgt die Folgebewertung mit dem beizulegenden Zeitwert.

Da Zinszahlungen im Rahmen der Effektivzinsmethode berücksichtigt werden, erfolgt die Bewertung über das Zinsergebnis. Der Effektivzinssatz ist der Zinssatz, für den die Summe aller auf den Anschaffungszeitpunkt diskontierten zukünftigen Zins- und Tilgungszahlungen (Barwert) dem Buchwert des Finanzinstruments bei erstmaligem Ansatz entspricht (sog. interner Zinsfuß). Wird ein Finanzinstrument unter Nennbetrag erworben, kommt es zu einer jährlichen sukzessiven Aufwertung über die Laufzeit. Wird ein Finanzinstrument hingegen über Nennbetrag erworben, erfolgt eine entsprechende jährliche Abwertung. Der Buchwert entspricht dabei den Anschaffungskosten zuzüglich bzw. abzüglich einer Zinsabgrenzung. Aus dieser Zinsabgrenzung ergibt sich die Fortführung der Anschaffungskosten. Direkt zurechenbare Transaktionskosten werden nach IFRS 9.B5.4.1ff. bei erstmaligem Ansatz aktiviert und über die Laufzeit amortisiert.

Die Ermittlung zukünftiger Zahlungsströme basiert grundsätzlich auf den vertraglich vereinbarten Zahlungsströmen. Bei Unsicherheit bezüglich der Zahlungsströme ist der Verlauf zu schätzen. Dabei bleiben mögliche Zahlungsausfälle unberücksichtigt, da sie im Rahmen der Risikovorsorge separat erfasst werden.

Bei variabel verzinsten Finanzinstrumenten entspricht der variable Zinssatz bei erstmaliger Erfassung regelmäßig dem Effektivzinssatz. Ändert sich der variable Zinssatz, so wirkt sich dies unmittelbar auf die Effektivzinsen aus, welche fortlaufend ergebniswirksam erfasst werden. Eine Anpassung des Buchwerts eines ausgegebenen

---

[190] Hierzu ausführlich Lüdenbach/Hofmann/Freiberg, Haufe IFRS-Kommentar, 21. Aufl. 2023, § 28 Rz. 333ff.

Finanzinstruments infolge von Marktzinsänderungen ist somit nicht erforderlich, solange der variable Zinssatz marktüblich ist und keine direkt zurechenbaren Transaktionskosten anfallen. Letztere werden, ebenso wie Provisionen, gesondert als Bestandteil der Zinsen über die Laufzeit verteilt.

Sofern eine Wertaufholung eines wertgeminderten finanziellen Vermögenswerts nicht mehr zu erwarten ist, ist dieser gemäß IFRS 9.5.4.4 durch eine direkte Reduzierung des Bruttobuchwerts abzuschreiben.

Finanzielle Verbindlichkeiten

Finanzielle Verbindlichkeiten werden grundsätzlich zu fortgeführten Anschaffungskosten folgebewertet, sofern keiner der in IFRS 9.4.2.1 beschriebenen Ausnahmetatbestände greift:

- Finanzielle Verbindlichkeiten, die zum Handelsbestand gehören und Derivate werden ergebniswirksam zum beizulegenden Zeitwert folgebewertet.
- Finanzielle Verbindlichkeiten, die entstehen, weil eine Transaktion nicht zu einer Ausbuchung führt. Diese sind gemäß IFRS 9.3.2.15ff. in Abhängigkeit von der jeweiligen Fallkonstellation entweder zu fortgeführten Anschaffungskosten oder zum beizulegenden Zeitwert zu bewerten.
- Garantieverpflichtungen sind zum Maximum aus dem Erfüllungsbetrag nach IAS 37 und dem um kumulierte Wertberichtigungen verringerten beizulegenden Zeitwert zu bewerten.
- Niedrigverzinsliche Kreditzusagen sind ebenfalls nach dem vorgenannten Konzept zu bewerten.

Bei finanziellen Verbindlichkeiten, welche zu fortgeführten Anschaffungskosten zu bewerten sind, erfolgt die Bewertung ebenfalls nach der Effektivzinsmethode. Dabei ist der Effektivzinssatz von dem Verhältnis zwischen Buchwert bei erstmaligem Ansatz und den zukünftigen Zins- und Tilgungszahlungen abhängig. Der beizulegende Zeitwert ist für die Folgebewertung nicht maßgeblich. Ein eventuell gestiegener Marktwert bleibt unberücksichtigt.

4.1.4.3.2.2 Finanzinstrumente ergebniswirksam zum beizulegenden Zeitwert

Schuldinstrumente

Schuldinstrumente auf der Aktivseite, welche das Zahlungsstromkriterium nicht erfüllen, werden gemäß IFRS 9.4.1.4 ergebniswirksam zum beizulegenden Zeitwert erfasst. Die Bewertung erfolgt häufig zum sog. *dirty price*, welcher per Definition auch angesammelte, aber noch nicht fällige Zinsen (Stückzinsen) enthält. Die Stückzinsen spiegeln sich dann im beizulegenden Zeitwert wider, so dass die Bildung gesonderter Zinsabgrenzungsposten (Agio oder Disagio) nicht erforderlich ist. Alternativ ist jedoch auch eine Bewertung zum zinsbereinigten *clean price* möglich. In diesem Fall werden angesammelte Zinsen separat auf einem Abgrenzungskonto erfasst.

Eigenkapitalinstrumente

Eigenkapitalinstrumente auf der Aktivseite, insbesondere solche, die zum Handelsbestand gehören, werden ergebniswirksam zu beizulegenden Zeitwert folgebewertet, wenn sie in den Anwendungsbereich des IFRS 9 fallen. Dazu zählen neben stimmrechtslosem Eigenkapital auch Anteile von weniger als 20% am stimmberechtigten Eigenkapital.

Für Eigenkapitalinstrumente, die nicht zu Handelszwecken gehalten werden, besteht zudem die Möglichkeit einer ergebnisneutralen Bewertung zum beizulegenden Zeitwert. Von Handelszwecken ist auszugehen, wenn Gewinnerzielungen durch kurzfristige Preisschwankungen angestrebt werden.

Finanzielle Verbindlichkeiten

Finanzielle Verbindlichkeiten sind gemäß IFRS 9.4.2.1(a) nur dann zwingend ergebniswirksam über die Gewinn- und Verlustrechnung zu bewerten, wenn sie zu Handelszwecken gehalten werden. Dies sind finanzielle Verbindlichkeiten, die in der Absicht einer kurzfristigen Rückzahlung oder einer Übertragung mit Gewinnerzielungsabsicht aufgenommen werden. Darüber hinaus gehören auch alle Derivate zum Handelsbestand, soweit diese nicht als Sicherungsgeschäft designiert sind. Für alle übrigen finanziellen Verbindlichkeiten kommt eine Folgebewertung zum beizulegenden Zeitwert nur im Rahmen der *fair value*-Option in Betracht.

4.1.4.3.2.3 Finanzinstrumente ergebnisneutral zum beizulegenden Zeitwert

Eigenkapitalinstrumente

Für Eigenkapitalinstrumente auf der Aktivseite, die nicht zum Handelsbestand gehören (IFRS 9.5.7.5), besteht bei erstmaliger Erfassung nach IFRS 9.5.7.1(b) das Wahlrecht, Wertänderungen ergebnisneutral im sonstigen Ergebnis zu erfassen. Die Ausübung dieser sog. FVOCI-Option (*fair value through other comprehensive income*-Option) ist unwiderruflich und auf den Anschaffungszeitpunkt bzw. den Zeitpunkt der erstmaligen Anwendung von IFRS 9 beschränkt, kann jedoch nach IFRS 9.5.7.5 für jedes Eigenkapitalinstrument separat ausgeübt werden. Veräußerungsgewinne und -verluste sowie Verluste aus dauerhaften Wertminderungen oder Liquidation des Emittenten werden ebenfalls im sonstigen Ergebnis erfasst. Das Wahlrecht besteht nicht in Bezug auf zusammengesetzte Eigen- und Fremdkapitalinstrumente (z.B. erworbene Wandelanleihen).

Alle Wertänderungen werden in einer Neubewertungsrücklage für Eigenkapitalinstrumente erfasst. Nach IFRS 9.B5.7.1. ist der Gewinn aus der Neubewertungsrücklage im Falle der Veräußerung in eine andere Rücklage – z.B. die Gewinnrücklage – umzubuchen.

Schuldinstrumente

Schuldinstrumente auf der Aktivseite werden ergebnisneutral zum beizulegenden Zeitwert erfasst, wenn sie im Rahmen eines Geschäftsmodells gehalten werden, welches sowohl auf das Halten als auch den Verkauf der jeweiligen Finanzinstrumente abzielt. Dabei ist eine gesonderte Ermittlung der Effektivzinsen erforderlich. Diese werde im Zinsergebnis dargestellt. Nur die übrigen Wertänderungen werden im sonstigen Ergebnis ausgewiesen.

Werden Schuldinstrumente bis zur Endfälligkeit gehalten, dann gleichen sich im sonstigen Ergebnis erfasste Wertänderungen aus und es besteht bei Endfälligkeit kein OCI, welches in die Gewinn- und Verlustrechnung umgegliedert werden muss.

recycling

Wird ein über das sonstige Ergebnis bewertetes Finanzinstrument veräußert, so wird die im sonstigen Ergebnis abgebildete Wertänderung nach IFRS 9.5.7.9 über die Gewinn- und Verlustrechnung realisiert (sog. *recycling*).

4.1.4.3.2.4 Fair Value-Option

Finanzielle Vermögenswerte

Da die *fair value*-Option das Geschäftsmodell- und das Zahlungsstromkriterium voraussetzt, kommt sie nicht für alle finanziellen Vermögenswerte in Betracht, sondern ist nur für Schuldinstrumente auf der Aktivseite zu prüfen. Für Schuldinstrumente, für die eine Bewertung zu Anschaffungskosten oder zum beizulegenden Zeitwert über das sonstige Ergebnis zulässig ist (z.B. Darlehn), besteht gemäß IFRS 9.4.1.5 unter den Voraussetzungen des IFRS 9.4.1.1-4.14 das Wahlrecht einer ergebniswirksamen Erfassung zum beizulegenden Zeitwert über die Gewinn- und Verlustrechnung. Die Ausübung des Wahlrechts muss bereits bei erstmaliger Erfassung des Finanzinstruments erfolgen und ist nach IFS 9.4.1.5 an die Bedingung geknüpft, dass durch die Ausübung des Wahlrechts Inkongruenzen (zuweilen auch als „Rechnungslegungsanomalien" bezeichnet) im Ansatz oder der Bewertung signifikant verringert oder vermieden werden.

Grundsätzlich lassen sich bei finanziellen Vermögenswerten drei Arten von Inkongruenzen unterschieden:

- Inkongruenzen durch Finanzinstrumente auf entgegengesetzter Bilanzseite können sich nach IFRS 9.B4.1.30(b) ergeben, wenn die Bewertung oder Ergebnisrealisierung von Vermögenswerten und Verbindlichkeiten auf unterschiedlicher Basis stattfinden. Dies ist z.B. dann der Fall, wenn festverzinsliche Anleihen auf der Aktivseite zu fortgeführten Anschaffungskosten und zugleich festverzinsliche Verbindlichkeiten auf der Passivseite zum beizulegenden Zeitwert bewertet werden. Im Falle einer Marktzinsänderung entstehen dann künstliche Bewertungsdifferenzen, weil sich die Marktzinsänderungen ausschließlich auf den Buchwert der Verbindlichkeiten auswirken.
- Inkongruenzen durch Finanzinstrumente auf derselben Bilanzseite entstehen nach IFRS 9.B4.1.30(b) und IFRS 9.B4.1.30(c), wenn ihre jeweiligen Wertänderungen bei Marktänderungen entgegengerichtet verlaufen.
- Inkongruenzen zwischen Finanz- und Nicht-Finanzinstrumenten nach IFRS 9. B4.1. 30(a): in diesem Fall bleibt das Wahlrecht auf das Finanzinstrument beschränkt. Ein Anwendungsfall kann z.B. vorliegen, wenn ein Unternehmen Verbindlichkeiten aus Versicherungsverträgen hat, in deren Bewertung gemäß IFRS 4.24 aktuelle Informationen einfließen und aus seiner Sicht zugehörige finanzielle Vermögenswerte, die ansonsten entweder ergebnisneutral zum beizulegenden Zeitwert im sonstigen Ergebnis oder zu fortgeführten Anschaffungskosten bewerten würden.

Bei Ausübung des Wahlrechts ist die Designation beizubehalten, bis das jeweilige Finanzinstrument ausgebucht wird. Dies gilt auch dann, wenn der Grund für die Ausübung des Wahlrechts zwischenzeitlich entfällt.

Finanzielle Verbindlichkeiten

Für finanzielle Verbindlichkeiten besteht bei erstmaligem Ansatz unter bestimmten Voraussetzungen nach IFRS 9.4.2.2 ebenfalls ein unwiderrufliches Wahlrecht, diese zum beizulegenden Zeitwert über die Gewinn- und Verlustrechnung zu bewerten. Wie bei finanziellen Vermögenswerten ist die Ausübung des Wahlrechts zulässig, wenn dadurch eine bilanzielle Inkongruenz verringert oder vermieden wird.

Die Ausübung des Wahlrechts ist nach IFRS 9.4.2.2(a) außerdem gestattet, wenn ein Unternehmen eine Gruppe von finanziellen Verbindlichkeiten oder finanziellen Vermögenswerten und finanziellen Verbindlichkeiten so steuert und ihre Werthaltigkeit so beurteilt, dass die ergebniswirksame Bewertung der Gruppe mit dem beizulegenden Zeitwert zu relevanteren Informationen führt.

Eine Ausnahmeregelung gilt nach IFRS 9.5.71© für Änderungen des beizulegenden Zeitwerts, welche auf das eigene Kreditrisiko zurückzuführen sind. Derartige Wertänderungen werden nach IFRS 9.5.7.7 bei Ausübung der *fair value*-Option getrennt von den übrigen Wertänderungen ergebnisneutral im sonstigen Ergebnis erfasst, wenn durch den getrennten Ausweis keine Inkongruenz entsteht oder vergrößert wird.

4.1.4.3.2.5 Wertminderungen

expected loss model

Für die Erfassung von Wertminderungen liegt IFRS 9 das sog. *expected loss model* (Modell des erwarteten Verlusts) zugrunde. Dieses Modell basiert auf der frühzeitigen Erfassung eines erwarteten Verlusts (*expected credit loss*) in Form einer Risikovorsorge (*loan loss provision*). Während bekannte Risiken in den Anschaffungskosten bereits eingepreist sind, bezieht das *expected loss model* darüber hinaus die zukünftig eintretenden Risikoveränderungen in die Bewertung mit ein.

Anwendungsbereich

Der Anwendungsbereich dieses Modells umfasst nach IFRS 9.5.5.1f. sämtliche finanziellen Vermögenswerte der Kategorie „zu fortgeführten Anschaffungskosten bewertet" oder „ergebnisneutral zum beizulegenden Zeitwert bewertet". Damit werden auch erwartete Verluste von solchen Finanzinstrumenten über die Gewinn- und Verlustrechnung gebucht, welche ergebnisneutral zum beizulegenden Zeitwert bewertet werden. Für die Kategorie „ergebniswirksam zum beizulegenden Zeitwert bewertet" erübrigen sich entsprechende Vorschriften, da Wertminderungen in dieser Kategorie naturgemäß stets ergebniswirksam erfasst werden.

Des Weiteren kann Wertminderungsbedarf entstehen, wenn ein Unternehmen Kreditzusagen und Finanzgarantien gegeben hat, die im Falle der Nichtbedienung durch den Kunden zu einem Schaden für das haftende Unternehmen führen. Da gegenüber dem „Garantienehmer" jedoch keine Forderung besteht, kann der Verlust nicht direkt als Wertminderung erfasst werden, sondern es ist stattdessen eine Rückstellung zu bilden.

Die Höhe des Ansatzes richtet sich dabei nach der Ausfallwahrscheinlichkeit. Darüber hinaus wird die Höhe des Forderungsbetrags im Zeitpunkt des Ausfalls sowie die Verlustquote berücksichtigt. Der erwartete Verlust ergibt sich schließlich aus dem Produkt aus Ausfallwahrscheinlichkeit, Höhe des Forderungsbetrags und der Verlustquote.

Der erwartete Verlust ist nach IFRS 9.5.5.17(b) mit seinem Barwert anzusetzen. Der anzuwendende Diskontierungssatz ist innerhalb der Spannweite aus risikolosem Zinssatz als Untergrenze und effektivem Zinssatz als Obergrenze zu bestimmen.

Der Zeithorizont, über den der erwartete Verlust zu bestimmen ist, beträgt grundsätzlich zwölf Monate. Sofern sich signifikante Änderungen des Risikos ergeben, wird der Prognosezeitraum auf die Lebenszeit der jeweiligen Forderung ausgeweitet (IFRS 9.5.5.9ff.). Der Risikovorsorgeansatz von IFRS 9 unterscheidet dazu die – im Nachfolgenden beschriebenen – drei Stufen.

Stufe 1

Die erste Stufe stellt die Ausgangslage beim erstmaligen Bilanzansatz dar. Sie wird solange beibehalten, wie die Bonität gleich bleibt oder sich verbessert. Die Bewertung erfolgt dabei gemäß IFRS 9.5.5.5 unter Berücksichtigung des über einen Zeithorizont von zwölf Monaten erwarteten Verlusts, wobei nach IFRS 9.5.5.14 bei Verbesserung der Bonität ggf. auch ein Ertrag zu erfassen ist. Die Verbuchung erfolgt bereits in der Periode der Anschaffung.

Sofern z.B. eine Vielzahl von gleichartigen Finanzinstrumenten vorliegen, kann eine Wertberichtigung auf das Portfolio vorgenommen werden. Konkret kann die Schätzung der Pauschalwertberichtigung auf Basis der *aging*-Methode[191] durchgeführt werden.

Beispiel – Pauschalwertberichtigung nach der *aging*-Methode[192]

Der Forderungsbestand aus Lieferungen und Leistungen der FWA weist folgende Kreditrisikomerkmale auf:

Alter der Forderungen	**< 30 Tage**	**30-90 Tage**	**> 90 Tage**	**Summe**
Nettoforderung nach Einzelwertberichtigung (in EUR)	110.000.000	42.500.000	3.600.000	
Historische Forderungsausfälle	0,5%	2,5%	15,0%	
Erforderliche Wertberichtigung	550.000	1.062.500	540.000	2.152.500

Es ist wie folgt zu buchen:

Wertminderungs-aufwand	2.152.500	an	Forderungen aus Lieferungen und Leistungen	2.152.500

Maßgeblich ist, ob im betrachteten Zeithorizont ein Ausfallereignis zu erwarten ist. Die Kriterien zur Beurteilung, ob ein Ausfallereignis vorliegt, ergeben sich aus der Definition eines Vermögenswerts mit beeinträchtigter Bonität gemäß IFRS 9.A.

Je nach Ausgestaltung des Finanzinstruments kann es sein, dass in dem 12-Monats-*expected credit loss*-Zeitraum keine Zahlung fällig wird, aber dennoch bereits ein *expected credit loss* zu berücksichtigen ist.

Gegen Ende der Restlaufzeit wird die Verlustvorsorge, sofern kein Ausfallereignis eintritt, sukzessive ergebniserhöhend aufgelöst. Falls Ausfallereignisse hingegen im erwarteten Ausmaß eintreten, wird das Jahresergebnis dadurch nicht beeinflusst, da die entsprechenden Ergebnisbelastungen bereits gebucht wurden.

Bei Verlusten, welche vor dem Abschlussstichtag eintreten, jedoch erst in der Zeit danach bekannt werden, ist ebenfalls eine Risikovorsorge anzusetzen. In der Praxis verlängert sich dadurch der Zeithorizont um die Dauer, die im Unternehmen üblicherweise erforderlich ist, um eingetretene Ausfälle zu entdecken.

Stufe 2

Mit einer signifikanten Verschlechterung der Bonität erfolgt der Übergang zur zweiten Stufe. Hier ist nach IFRS 9.5.5.3 bei der Bewertung der über die Lebenszeit erwartete Verlust (*lifetime expected credit loss*) anzusetzen. Die Verbuchung erfolgt auf dieser Stufe in der Regel ebenfalls durch eine Portfoliowertberichtigung. Die Differenz zwischen dem bereit berücksichtigten 12-Monats-*expected credit loss* und dem in der zweiten Stufe zu berücksichtigenden Gesamtlaufzeit-*expected credit loss* wird dabei nach IFRS 9.5.5.8 in der Gewinn- und Verlustrechnung erfasst.

Die Prüfung, ob ein Übergang von der ersten zur zweiten Stufe vorliegt, ist jeweils am Abschlussstichtag vorzunehmen. Maßgeblich für den Übergang ist nach IFRS 9.5.5.9 ein

[191] Bei der *aging*-Methode erfolgt die Kategorisierung der Forderungen nach der Anzahl der Tage oder Monate (Kreditrisikomerkmal), die seit ihrer erstmaligen Erfassung vergangen sind. Auf der Grundlage von Erfahrungswerten des Unternehmens werden die historischen Forderungsausfallquoten auf die Summe der einzelnen Gruppen angewendet.

[192] In Anlehnung an Ruhnke/Sievers/Simons, Rechnungslegung nach IFRS und HGB, 5. Aufl. 2023, S. 492-493.

signifikanter Anstieg des Ausfallsrisikos in Bezug auf den Zeitpunkt der Anschaffung. Unerheblich sind hierbei kurzfristige Verschlechterungen, die lediglich eine vorangehende Verbesserung der Risikoeinschätzung nivellieren. Andererseits kann ein über mehrere Perioden geringfügig steigendes Risiko in der Gesamtschau signifikant sein. Ein Zahlungsverzug von mehr als 30 Tagen gilt nach IFRS 9.5.5.11 als widerlegbare Vermutung für einen signifikanten Anstieg des Ausfallrisikos.

Verbessert sich die Risikosituation derart, dass keine signifikante Erhöhung des Risikos mehr vorliegt, erfolgt eine Rückkehr von Stufe 2 auf Stufe 1. In diesem Fall wird gemäß IFRS 9.5.5.7 die Verlustvorsorge auf den 12-Monats-*expected credit loss* reduziert.

Stufe 3

Mit dem Eintritt eines Ausfallereignisses erfolgt der Übergang zur dritten Stufe. Finanzinstrumente, welche bereits beim erstmaligen Ansatz im Rahmen ihrer Ausgabe oder des Erwerbs objektive Hinweise auf eine Wertminderung aufweisen, sind direkt der dritten Stufe zuzuordnen.

Die Bewertung in Stufe 3 folgt grundsätzlich den selben Regelungen wie die Bewertung in der zweiten Stufe, d.h., es ist der Gesamtlaufzeit-*expected credit loss* zu berücksichtigen. Während die Berücksichtigung in den ersten beiden Stufen in der Praxis häufig durch Portfoliowertberichtigungen vorgenommen wird, nehmen Einzelwertberichtigungen in der dritten Stufe einen stärkeren Stellenwert ein.

Die bisherigen Ausführungen haben das 3-Stufen-Modell anhand der Finanzinstrumente, welche zu fortgeführten Anschaffungskosten folgebewertet werden, verdeutlicht. Darüber hinaus ist der 3-Stufen-Ansatz auch bei der Bewertung von Finanzinstrumenten anzuwenden, welche zum beizulegenden Zeitwert über das sonstige Ergebnis folgebewertet werden. Die Ermittlung der Risikovorsorge folgt denselben Regeln für beide Gruppen. Allerdings besteht beim Ausweis der Risikovorsorge der folgende Unterschied: Während bei der Bewertung zu fortgeführten Anschaffungskosten direkt der Bruttobuchwert im Falle einer Risikovorsorge reduziert wird, vermindert beim eine erfolgsneutral zum beizulegenden Zeitwert bewerteten Finanzinstrument die Risikovorsorge nicht den Bruttobuchwert, sondern wird unmittelbar im sonstigen Ergebnis erfasst (IFRS 9.BC5.119).

4.1.4.4 Ausbuchung

Die Ausbuchung finanzieller Vermögenswerte erfolgt zu dem Zeitpunkt, zu dem die vertraglichen Rechte auf den Erhalt von Zahlungsströmen auslaufen oder zu dem der finanzielle Vermögenswert übertragen wird. Diese Übertragung kann unmittelbar oder durch das Eingehen der Verpflichtung zur Weiterleitung zukünftiger Zahlungsströme erfolgen (IFRS 9.3.2.3ff.). Bei der Entscheidung über die Ausbuchung ist zu berücksichtigen, in welchem Umfang die mit dem Eigentum an dem finanziellen Vermögenswert verbundenen Chancen und Risiken beim bilanzierenden Unternehmen verbleiben. Eine finanzielle Verbindlichkeit ist gemäß IFRS 9.3.3.1 dann auszubuchen, wenn sie getilgt ist, d.h. wenn die im Vertrag genannte Verpflichtung erfüllt, aufgehoben oder ausgelaufen ist. Der Austausch von Schulden mit wesentlich unterschiedlichen Konditionen sowie eine wesentliche Veränderung der Konditionen einer Schuld führen nach IFRS 9.3.3.2 zur Ausbuchung der ursprünglichen und dem Ansatz einer neuen Schuld.[193]

---

[193] Hierzu IDW, WPH, 17. Aufl. 2021, Kap. K Tz. 171.

4.1.5 Sonstige kurzfristige Vermögenswerte

4.1.5.1 Eigenkapitalinstrumente

4.1.5.1.1 Allgemeines

Unter die kurzfristigen Eigenkapitalinstrumente fallen im Wesentlichen – grundsätzlich unabhängig von der Höhe der Beteiligung – Aktien und Gesellschaftsanteile. Unternehmensbeteiligungen (Anteile an Tochterunternehmen, Gemeinschafts- und assoziierte Unternehmen) sind zwar i.d.R. langfristig gehaltene finanzielle Vermögenswerte, sie können aber je nach Verwendungsabsicht auch einen kurzfristigen Charakter haben.

Die nachfolgenden Ausführungen beziehen sich ausschließlich auf Eigenkapitalinstrumente, die zu Handelszwecken bzw. mit kurzfristiger Halteabsicht erworben werden und nach IFRS 9 bewertet werden

4.1.5.1.2 Klassifizierung

Erfolgswirksam zum beizulegenden Zeitwert bewertet

Mit kurzfristiger Halteabsicht erworbene Eigenkapitalinstrumente sind nach IFRS 9.4.1.4 i.V.m. IFRS 9.B4.1.5 der Kategorie erfolgswirksam zum beizulegenden Zeitwert bewertet zuzuordnen. Eine Designation in die Kategorie erfolgsneutral zum beizulegenden Zeitwert bewertet kommt nicht Betracht, da gemäß IFRS 9.5.7.5 dieses (einmalige und unwiderrufliche) Wahlrecht nicht für Eigenkapitalinstrumente gilt, die zu Handelszwecken gehalten werden.

Hinweis
Sofern bislang mit langfristiger Halteabsicht erworbene Eigenkapitalinstrumente, die gemäß IFRS 9 erfolgswirksam oder erfolgsneutral zum beizulegenden Zeitwert bewertet werden können, veräußert werden sollen, ändert sich zunächst nichts an der Klassifizierung. Es sind dann jedoch die Ausweisregeln des IFRS 5 zu beachten.

4.1.5.1.3 Ansatz und Ausweis

Klassifizierung als Vertragspartei

Als Ausweisvorschrift ist IFRS 9.3.1.1 zu beachten. Danach muss das bilanzierende Unternehmen den finanziellen Vermögenswert in seiner Bilanz ansetzen, wenn es Vertragspartei der Regelungen des Finanzinstruments wird und es sich – aufgrund der Vertragserfüllung durch mindestens eine Vertragspartei – gemäß IFRS 9.B3.1.2(b) nicht um ein schwebendes Geschäft handelt. Für Eigenkapitalinstrumente ist dies i.d.R. der Zeitpunkt, ab dem das bilanzierende Unternehmen die Rechte aus den Anteilen wahrnehmen kann.

Wahlrecht für innerhalb kurzer Fristen zu erfüllender Verträge

Für Verträge über den Kauf oder Verkauf von Wertpapieren, die innerhalb sehr kurzer Fristen entsprechend den Marktvorschriften oder -konventionen eines Wertpapierhandels- oder Börsenhandelsplatzes zu erfüllen sind (marktüblicher Vertrag oder auch Kassageschäfte), besteht nach IFRS 9.B3.1.3 ein Wahlrecht zum Ansatz des Vermögenswerts am Handelstag oder zum Erfüllungstag.

Mit kurzfristiger Halteabsicht erworbene Eigenkapitalinstrumente

Mit kurzfristiger Halteabsicht erworbene Eigenkapitalinstrumente sind als Teil der kurzfristigen finanziellen Vermögenswerte getrennt von den langfristigen finanziellen Vermögenswerten auszuweisen. Eine weitere Untergliederung der sonstigen kurzfristigen finanziellen Vermögenswerte nach den Kategorien des IFRS 9 und/oder nach der Art der Vermögenswerte ist im Hinblick auf die verbesserte Aussagekraft grundsätzlich als sinnvoll zu beurteilen, aber nicht verpflichtend vorzunehmen.

4.1.5.1.4 Bewertung

Zugangsbewertung

Die Zugangsbewertung von zu Handelszwecken erworbenen Eigenkapitalinstrumenten erfolgt zum beizulegenden Zeitwert, der bei Transaktionen zwischen fremden Dritten regelmäßig den Anschaffungskosten des Vermögenswerts entspricht. Anschaffungsnebenkosten sind nach IFRS 9.5.1.1 i.V.m. IFRS 9.B5.1.2A unmittelbar aufwandswirksam zu erfassen. Sofern der Transaktionspreis nicht mit dem beizulegenden Zeitwert übereinstimmt, ist der Differenzbetrag erfolgswirksam zu erfassen, es sei denn, in einem Standard sind hierfür andere Regelungen vorgesehen. Eigenkapitalinstrumente, die in Fremdwährung erworben werden, sind mit dem Stichtagskurs im Zeitpunkt der erstmaligen Erfassung umzurechnen.

Folgebewertung

Im Rahmen der Folgebewertung von mit kurzfristiger Halteabsicht erworbenen Eigenkapitalinstrumenten sind sämtliche Wertänderungen des beizulegenden Zeitwerts, zu denen auch Wertminderungen und -aufholungen zählen, nach IFRS 9.4.1.4 i.V.m. IFRS 9.B4.1.5 erfolgswirksam zu erfassen. Währungsdifferenz betreffend Unternehmensanteile, die in Fremdwährung angeschafft wurden, sind nach Ermittlung des beizulegenden Zeitwerts in Fremdwährung gemäß IAS 21.23(c) als nicht monetäre Posten mit dem Kurs am Stichtag der Folgebewertung umzurechnen und nach IAS 21.30 erfolgswirksam zu erfassen.

4.1.5.1.5 Ausbuchung

Eigenkapitalinstrumente sind nach IFRS 9.3.2ff. auszubuchen, wenn sie auf eine andere Person übertrage werden und dabei die relevanten Risiken und Chancen ganz oder teilweise auf den Erwerber übergehen.

4.1.5.2 Zahlungsmittel und Zahlungsmitteläquivalente

4.1.5.2.1 Allgemeines

Bei Zahlungsmitteln und Zahlungsmitteläquivalenten handelt es sich grundsätzlich um finanzielle Vermögenswerte, die in den Anwendungsbereich von IAS 32, IFRS 7 und IFRS 9 fallen.

Zahlungsmittel und Zahlungsmitteläquivalente

Zahlungsmittel umfassen Kassenbestände inländischer und ausländischer Währungen, sonstige Barbestände und Sichteinlagen. Zu den Zahlungsmitteläquivalenten zählen nach IAS 7.6 kurzfristige, äußert liquide Finanzinvestitionen, die jederzeit in bestimmte Zahlungsmittelbeträge umgewandelt werden können und nur unwesentlichen Wertschwankungen unterliegen. Hierunter zu subsumieren sind z.B. Schecks und Wertzeichen (Postwertzeichen, verfügbare Frankierreserven, Wechselmarken).

Bankguthaben

Eine Einlage flüssiger Mittel auf einem Bankkonto ist nach IAS 32.AG3 ein finanzieller Vermögenswert, weil sie das vertragliche Recht darstellt, flüssige Mittel von der Bank zu erhalten bzw. einen Scheck oder ein ähnliches Finanzinstrument zu Gunsten des Gläubigers zur Bezahlung einer finanziellen Verbindlichkeit zu verwenden. Sofern es sich bei Bankguthaben um langfristig nicht disponible Guthaben handelt (z.B. Zahlungsmittel, über die der Eigentümer nicht sofort verfügen kann), ist eine Zuordnung zu den langfristigen Vermögenswerten zu prüfen. Sofern eine kurzfristige Verfügungsbeschränkung besteht, wird ein Ausweis unter separater Überschrift innerhalb der kurzfristigen Vermögenswerte als praktikabel erachtet. Derartigen Guthaben sind aber in keinem Fall unter den Zahlungsmitteln und -äquivalenten auszuweisen.

Finanzinvestitionen

Finanzinvestitionen sind nach IAS 7.7 grundsätzlich nur dann den Zahlungsmitteläquivalenten zuzurechnen, wenn sie eine Restlaufzeit von nicht mehr als drei Monaten (ab Erwerbszeitpunkt) besitzen. Damit sind z.B. Finanzinstrumente mit einer verbleibenden Restlaufzeit von drei Monaten keine Zahlungsmitteläquivalente. Kapitalbeteiligungen gehören nach IAS 7.7 ausnahmsweise dann zu den Zahlungsmitteläquivalenten, wenn dies ihrem wirtschaftlichen Gehalt entspricht. Sofern Kontokorrentkredite einen integralen Bestandteil der Zahlungsmittelposition des Unternehmens bilden, werden sie nach IAS 7.8 den Zahlungsmitteln und -äquivalenten zugeordnet.

4.1.5.2.2 Klassifizierung

Nach IFRS 9 sind Zahlungsmittel und -äquivalente grundsätzlich der Kategorie zu fortgeführten Anschaffungskosten bewertet zuzuordnen. Werden hingegen z.B. Fremdwährungsbestände mit dem Zweck kurzfristiger Gewinnerzielung erworben bzw. gehalten, so sind diese Instrumente nach IFRS 9.4.1.4 i.V.m. IFRS 9.B4.1.5 der Kategorie erfolgswirksam zum beizulegenden Zeitwert bewertet zuzurechnen.

4.1.5.2.3 Ansatz und Ausweis

Ansatz

Zahlungsmittel und -äquivalente sind anzusetzen, wenn das Unternehmen diese erhalten hat. Erhaltene Schecks sind anzusetzen, sobald das Unternehmen im Besitz des Schecks ist. Dies gilt analog für Zahlungsmitteleingänge auf Bankkonten. Für zurückgehaltene Schecks oder Schecks mit Protestvermerk ist die zugrunde liegende Forderung zu bilanzieren. Ein Bilanzansatz nicht ausgeschöpfter Kreditlinien ist nach IFRS 9.B3.1.2(e) ist unzulässig.

Ausweis

Gemäß IAS 1.54(i) sind Zahlungsmittel und -äquivalente innerhalb eines gesonderten Bilanzpostens unter identischer Bezeichnung auszuweisen. Zahlungsmittel und Zahlungsmitteläquivalente bilden für Zwecke der Darstellung nach IFRS 7 i.d.R. eine eigene Klasse.

4.1.5.2.4 Bewertung

Die Zugangsbewertung von Zahlungsmitteln und -äquivalenten erfolgt mit dem beizulegenden Zeitwert. Bei Zahlungsmitteln und -äquivalenten in der Berichtswährung des Unternehmens entspricht dieser dem Nominalwert der flüssigen Mittel. Für Fremdwährungsbestände ermittelt sich der beizulegende Zeitwert durch Umrechnung in die Berichtswährung mit dem Stichtagskurs. Dabei ist grundsätzlich der Kassakurs zugrunde zu legen. Wertänderungen an den Folgestichtagen sind entsprechend der vorgenommenen Kategorisierung zu erfassen.

4.1.5.2.5 Ausbuchung

Zahlungsmittel und Zahlungsmitteläquivalente sind grundsätzlich auszubuchen, wenn sie auf eine andere Person übertrage werden und dabei die relevanten Risiken und Chancen ganz oder teilweise übergehen.[194]

4.1.6 Abgrenzungsposten

Rechnungsabgrenzungsposten

Rechnungsabgrenzungsposten werden vom IASB weder im Rahmenkonzept noch in den Standards definiert. Dennoch sind Rechnungsabgrenzungsposten aufgrund des *accrual principle* (CF 1.17, IAS 1.27) auch nach IFRS sowohl auf der Aktiv- als auch auf der Passivseite vorzunehmen. Allerdings ist in der IFRS-Bilanz nach IAS 1.54 kein eigenständiger Bilanzposten für die Rechnungsabgrenzung vorgesehen. Die aktiven Rechnungsabgrenzungen sind unter dem Posten „*trade and other receivables*" auszuweisen.

Ansatzvoraussetzungen

Nach IAS 1.28 müssen diese Posten für einen Ansatz jedoch die Voraussetzungen eines Vermögenswerts oder einer Schuld erfüllen. Ist dies der Fall, so ist nach IAS 1.60 in langfristige und kurzfristige Vermögenswerte bzw. Schulden zu unterteilen. Gemäß IAS 1.66 soll in der Bilanz eine Unterteilung in kurzfristige und langfristige Vermögenswerte erfolgen. Ein aktiver Rechnungsabgrenzungsposten ist als kurzfristig einzustufen, wenn die Ausgabe innerhalb eines Jahres (IAS 1.66(c)) oder innerhalb des längeren gewöhnlichen Geschäftszyklus (IAS 1.66(a)) als Aufwand verrechnet wird. Ansonsten ist ein aktiver Rechnungsabgrenzungsposten unter den langfristigen Vermögenswerten auszuweisen. Für passivische Rechnungsabgrenzungsposten ist in der IFRS-Bilanz ebenfalls kein eigener Posten vorgesehen. Diese werden, sofern die Passivseite der Bilanz in langfristige und kurzfristige Schulden unterteilt ist, nach IAS 1.69 analog zur Aktivseite zugeordnet. Der Wertansatz erfolgt in Abhängigkeit der Zuordnung entweder zum beizulegenden Zeitwert oder zu (fortgeführten) Anschaffungskosten.[195]

Disagio

Im Unterschied zu der im handelsrechtlichen Abschluss üblichen linearen Auflösung des Disagios muss ein Disagio nach IFRS 9.B5.4.1-B5.4.2 ergebniswirksam über die Laufzeit der entsprechenden Verbindlichkeit gemäß der Effektivzinsmethode durch Zuschreibung der zugrunde liegenden Verbindlichkeit verteilt werden.[196]

---

[194] Zu Abschn. 4.1.5 Beck'sches IFRS-Handbuch, 6. Aufl. 2020, § 10 Tz. 27ff

[195] Hierzu Coenenberg/Haller/Schultz, Jahresabschluss und Jahresabschlussanalyse, 26. Aufl. 2021, S. 508.

[196] Hierzu Baetge/Kirsch/Thiele, Bilanzen, 16. Aufl. 2021, S. 551.

4.2 Passivposten

4.2.1 Eigenkapital

4.2.1.1 Grundlagen

4.2.1.1.1 Relevante Normen

IAS 32

Die Bilanzierung des Eigenkapitals wird in zahlreichen Standards geregelt. Die beiden Wichtigsten sind IAS 32 und IAS 1.

4.2.1.1.2 Definition Eigenkapital

Residualgröße

CF. 4.63 definiert Eigenkapital als Differenz zwischen den Vermögenswerten und den Schulden. Das Eigenkapital ist damit der Residualanspruch der Eigenkapitalgeber. Vor diesem Hintergrund definiert IAS 32.11 Eigenkapital als einen Vertrag, der einen Residualanspruch an den Vermögenswerten eines Unternehmens nach Abzug aller dazugehörigen Schulden begründet.[197]

Hinweis
Der Betrag des Eigenkapitals resultiert nach IFRS insbesondere aus den Definitions- und Bewertungsvorschriften für Vermögenswerte und Schulden und entspricht somit grundsätzlich nicht dem Marktwert des Eigenkapitals. Eine solche Übereinstimmung ist konzeptionell nicht angestrebt und wäre lediglich Zufall.[198]

Bestimmung

Die Bestimmung der Residualgröße zwischen den Vermögenswerten und Schulden erfordert, Vermögenswerte, Schulden und Eigenkapitalinstrumente voneinander abzugrenzen. Details zur erforderlichen Abgrenzung von Eigenkapital und Schulden finden sich in IAS 32. Die wesentlichen Merkmale, anhand derer ein Finanzinstrument als ein passivisches Eigenkapitalinstrument zu klassifizieren ist, enthält IAS 32.16. Danach handelt es sich um ein passivisches Eigenkapitalinstrument, wenn die folgenden Bedingungen kumulativ erfüllt sind:

1. Aus dem Finanzinstrument resultieren keine Verpflichtungen,
   - liquide Mittel bzw. finanzielle Vermögenswerte an eine andere Partei zu liefern (IAS 32.16(a)(i)), oder
   - finanzielle Vermögenswerte oder Verbindlichkeiten mit einer anderen Partei zu möglicherweise nachteiligen Konditionen zu tauschen (IAS 32.16(a)(ii)).
2. Falls das Finanzinstrument durch Eigenkapital des Emittenten bedient wird bzw. bedient werden kann, ist es entweder
   - ein nicht derivatives Instrument, das keine Verpflichtung des Emittenten verbrieft, eine variable Anzahl eigener Eigenkapitaltitel zu liefern ((IAS 32.16(b)(i)), oder
   - ein derivatives Instrument, das vom Emittenten durch die Lieferung einer fest

---

197 Hierzu Coenenberg/Haller/Schultz, Jahresabschluss und Jahresabschlussanalyse, 26. Aufl. 2021, S. 393.

198 Hierzu Zülch/Hendler, Bilanzierung nach IFRS, 2. Aufl. 2017, S. 294.

vereinbarten Anzahl von Eigenkapitaltiteln im Gegenzug für einen fest vereinbarten Geldbetrag oder sonstige finanzielle Vermögenswerte bedient wird (IAS 32.16(b)(ii)).

Lieferung liquider Mittel

Enthält ein Finanzinstrument eine vertragliche Verpflichtung, Zahlungsmittel oder einen anderen finanziellen Vermögenswert zu liefern, ist es nicht als Eigenkapitalinstrument, sondern als Schuldinstrument zu klassifizieren. Eine solche vertragliche Verpflichtung zur Lieferung von Zahlungsmitteln oder eines anderen finanziellen Vermögenswerts liegt immer dann vor, wenn sich das Unternehmen einer Zahlung nicht entziehen kann. Dies ist nicht der Fall, wenn diese Verpflichtung ohne Handeln der Vertragspartner zu einem bestimmten künftigen Zeitpunkt eintritt bzw. die Zahlung fällig wird. Eine solche vertragliche Verpflichtung liegt auch vor, wenn dem Inhaber des Instruments das Recht zusteht, künftig eine solche Zahlungsverpflichtung herbeizuführen. Dies ist z.B. der Fall bei Anteilen an Personengesellschaften, bei denen der Anteilseigner ein Kündigungsrecht besitzt. Im Falle einer Kündigung gibt der Anteilseigner seinen Anteil an den Emittenten zurück, welcher verpflichtet ist, einen bestimmten Betrag an den (ehemaligen) Inhaber zu zahlen.

Eigenkapitalinstrumente des Emittenten

Soweit das Finanzinstrument in Eigenkapitalinstrumente des Emittenten erfüllt wird oder erfüllt werden kann, liegt ein Eigenkapitalinstrument nach IAS 32.BC10(b) nur dann vor, wenn die Eigenkapitalinstrumente nicht als „Währung" dienen. Die Eigenkapitalinstrumente dienen als „Währung", soweit nicht eine fixe Zahl, sondern eine variable Zahl an Aktien zu liefern oder zu *erhalten* ist. Ist eine variable Zahl an Eigenkapitalinstrumenten zu liefern oder zu erhalten, besitzt die Vertragspartei keinen Residualanspruch auf die Vermögenswerte des Unternehmens abzüglich der Schulden, sondern i.d.R. einen festen Anspruch. In diesen Fällen ist die Definition eines Eigenkapitalinstruments nicht erfüllt, nach welcher ein Eigenkapitalinstrument immer einen Residualanspruch begründet.

Wird eine Vertrag, welcher den Emittenten verpflichtet, eigene Eigenkapitalinstrumente zu liefern, als Eigenkapitalinstrument klassifiziert, kann dies nach IAS 32.22 u.a. zur Folge habe, dass

- für den Vertragsabschluss erhaltene oder gezahlte Prämien in der Kapitalrücklage zu erfassen sind und nicht im Gewinn oder Verlust, und
- Wertänderungen des Vertrags nicht im Abschluss erfasst werden.

Beispiel – Differenzierung zwischen Eigenkapital und Schulden[199]

Die FWA erwirbt zum 01.01.2XX1 ein Forderungsportfolio. Der beizulegende Zeitwert des Portfolios beträgt EUR 50.000. Als Gegenleistung wird die FWA am 01.07.2XX1:

Fall 1: 1.000 Aktien ausgeben.

Fall 2: Aktien im Wert von EUR 50.000 ausgeben.

Am 01.01.2XX1 beträgt der Nennwert je Aktie EUR 1 und der beizulegende Zeitwert einer Aktie EUR 50. Am 01.07.2XX1 beträgt der beizulegende Zeitwert EUR 40.

[199] In Anlehnung an Zülch/Hendler, Bilanzierung nach IFRS, 2. Aufl. 2017, S. 296.

Zu **Fall 1**

Die Zahl der ausgegebenen Aktien ist fix. Das Finanzinstrument ist als Eigenkapitalinstrument zu klassifizieren. Die FWA bucht am 01.01.2XX1 wie folgt:

Forderungen	50.000	an	Kapitalrücklage	50.000

Wertänderungen des Vertrags sind künftig nicht im Abschluss nach IAS 32.22 zu erfassen. Damit bucht die FWA am 01.07.2XX1 wie folgt:

Kapitalrücklage	1.000	an	Gezeichnetes Kapital	1.000

Zu **Fall 2**

Die Zahl der ausgegebenen Aktien ist variabel. Das Finanzinstrument ist nicht als Eigenkapitalinstrument zu klassifizieren, sondern als Schuldinstrument. Am 01.01.2XX1 bucht die FWA wie folgt:

Forderungen	50.000	an	Verbindlichkeiten	50.000

Am 01.07.2XX1 gibt die FWA 1.250 Aktien (= EUR 50.000 / EUR 40 pro Aktie) aus und bucht dann wie folgt:

Verbindlichkeiten	50.000	an	Gezeichnetes Kapital	1.250
			Kapitalrücklage	48.750

Ist ein Finanzinstrument als Eigenkapitalinstrument zu klassifizieren, kann daraus trotzdem eine zu bilanzierende Verbindlichkeit resultieren. Dies ist nach IAS 32.23 der Fall bei als Eigenkapitalinstrument zu klassifizierenden Verträgen, welche eine Erwerbspflicht des Unternehmens enthalten. In diesem Fall hat das Unternehmen die Verbindlichkeit in Höhe des Barwerts des Rückkaufbetrags anzusetzen.

Bedingte Erfüllungsvereinbarungen

In einigen Fällen werden bei Finanzinstrumenten zwischen den Parteien bedingte Erfüllungsvereinbarungen getroffen, die dazu führen können, dass ein als Eigenkapitalinstrument einzustufendes Finanzinstrument als Fremdkapitalinstrument zu klassifizieren ist. So kann z.B. eine Zahlungsverpflichtung oder die Verpflichtung zur Lieferung einer variablen Anzahl von Aktien abhängig von der Entwicklung bestimmter Indizes, Zinssätze oder des Verschuldungsgrad des Unternehmens entstehen. Eine bedingte Zahlungsverpflichtung liegt z.B. vor, wenn die Vertragspartei einen Forderungsverzicht mit Besserungsschein zugestimmt hat. In diesem Fall sind Zahlungen zu leisten, soweit vereinbarte Besserung – z.B. eine bestimmte Eigenkapitalquote oder eine ausreichende Liquidität – künftig eintreten. Grundsätzlich sind Finanzinstrumente, die eine bedingte Erfüllungsvereinbarung enthalten, als Fremdkapitalinstrument zu klassifizieren, da sich das Unternehmen der entsprechenden Verpflichtung nicht entziehen kann. In den Fällen, in denen

- das bedingte Ereignis extrem selten, äußerst ungewöhnlich und sehr unwahrscheinlich ist, oder
- die Zahlungsverpflichtung oder die Verpflichtung zur Lieferung einer variablen Zahl von Eigenkapitalinstrumenten nur im Falle der Liquidation des Emittenten entsteht,

sind die Finanzinstrumente dagegen als Eigenkapitalinstrumente zu klassifizieren.

Erfüllungswahlrecht

Soweit bei einem Derivat einer Vertragspartei ein Erfüllungswahlrecht eingeräumt wird, ist das Derivat als finanzieller Vermögenswert oder als finanzielle Schuld zu klassifizieren soweit nicht alle Erfüllungsalternativen zu einer Klassifikation als Eigenkapital führen.[200]

Hinweis

Grundsätzlich ist festzuhalten, dass die IFRS-Regelungen zur Abgrenzung von Eigen- und Fremdkapital bewirken, dass bei einer Vielzahl von deutschen Unternehmen in der Rechtsform einer Personengesellschaft oder Genossenschaft, dass aufgrund der gesetzlich gewährten, nicht ausschließbaren Kündigungsrechte bzw. Abfindungsansprüche seitens der Gesellschafter das gesellschaftsrechtliche Eigenkapital ganz oder teilweise als Fremdkapital zu klassifizieren ist. Dies führt bei diesen Unternehmen i.d.R. dazu, dass sie bei Anwendung der IFRS kein (oder ein nur sehr geringes) Eigenkapital in der Bilanz ausweisen können. Diese durch das deutsche Gesellschaftsrecht bedingte unbefriedigende Situation versucht das IASB durch entsprechende Anpassungen des IAS 32 im Rahmen des kurzfristigen Projekts „*Amendements to IAS 32 and IAS 1 Puttable Financial Intruments and Obligations Arising on Liquidation*“ zumindest teilweise zu beheben. Nach der erarbeiteten Neufassung des IAS 32 ist es gestattet, kündbare Instrumente (*puttable instruments*) unter bestimmten Bedingungen als Eigenkapital auszuweisen.

Eine Einstufung als Eigenkapital ist nach IAS 32.16A möglich, sofern

ein beteiligungsproportionaler Anspruch am Nettovermögen des Emittenten im Falle der Liquidation gewährt wird,

eine Zuordnung zur nachrangigsten Klasse von Instrumenten erfolgt;

alle Instrumente dieser Klasse gleiche Merkmale aufweisen,

abgesehen vom Kündigungsfall keine weiteren Verpflichtungen i.S, der Definition der finanziellen Verbindlichkeiten bestehen, und

die zu erwartenden Zahlungsströme im Wesentlichen auf den Gewinnen oder Verlusten oder der Veränderung des (auch bilanzwirksamen) Nettovermögens während der Laufzeit des Instruments beruhen.

Zudem setzt IAS 32.16B voraus, dass keine anderen Instrumente emittiert werden, deren Zahlungsströme ebenfalls aus den im letzten Aufzählungspunkt aufgeführten Größen resultieren und die damit die (Rest-)Rendite für die Inhaber der fraglichen Instrumente erheblich beschränken oder festlegen würden.[201]

Dadurch wird für deutsche Personengesellschaften bei entsprechender Gestaltung der Gesellschaftsverträge die Möglichkeit geschaffen, eine Eigen-

---

[200] Zu den vorangegangenen Ausführung Zülch/Hendler, Bilanzierung nach IFRS, 2. Aufl. 2017, S. 294-301.

[201] Hierzu IDW, WPH, 17. Aufl. 2021, Kap. K Tz. 157.

kapitalklassifizierung ihres Kapitals im IFRS-Abschluss vorzunehmen. Für genossenschaftliche Geschäftsguthaben existiert zusätzlich IFRIC 2,[202] der verhindern soll, dass Genossenschaften aufgrund der Regelungen des IAS 32 kein Eigenkapital mehr besitzen.[203]

4.2.1.2 Ansatz, Ausweis und Bewertung

Für den Ansatz und die Bewertung von Eigenkapital existiert kein eigenständiger Standard.

Gliederung

Im Gegensatz zu den nationalen Regelungen enthalten die IFRS keine detaillierten Vorschriften zur Gliederung des Eigenkapitals. Nach dem Wortlaut des Rahmenkonzept CF 7.12-13 ist das Eigenkapital in einer IFRS-Bilanz unter Beachtung des Grundsatzes der Entscheidungsnützlichkeit (*decision usefulness*) zu untergliedern, was grundsätzlich zu einem beträchtlichen Darstellungsspielraum für die Abschlussersteller führt. Im Rahmenkonzept wird lediglich darauf hingewiesen, dass verschiedene Klassen von Eigenkapital ausgewiesen werden können, wenn diese verschiedene rechtliche und regulatorische Vorgaben erfüllen.

Mindestausweis

Konkret als mindestens auszuweisende Posten nennen IAS 1.54(q) und IAS 1.54(r) lediglich das gezeichnete Kapital (*shared capital*) und die Rücklagen (*reserves*), die den Anteilseignern des Mutterunternehmens zuzuordnen sind, sowie die nicht beherrschenden Anteile (*non-controlling interests*), wobei letztere nur im Konzernabschluss vorkommen können.[204] Zudem fordert IAS 1.77 weitere Untergliederungen des Eigenkapitals, die in der Bilanz oder im Anhang darzustellen sind.

Spezifische nationale Einzelposten

Aufgrund der Vielzahl nationaler gesellschaftsrechtlicher Regelungen ergeben sich nach CF 4.66 spezifische nationale Eigenkapitalposten. Da die Regelungen zum Eigenkapitalausweis nach IFRS nicht sehr detailliert ausgestaltet sind, stehen sie einer Anwendung der spezifischen nationalen Regelungen nicht entgegen.[205]

Hinweis
Im Ergebnis dürften insbesondere für die Rechtsformen AG und GmbH die Eigenkapitalposten nach IFRS regelmäßig den Eigenkapitalposten nach HGB entsprechen. Dies gilt auch für die SE, da die wichtigsten Rechtsquellen für das Bilanzrecht der SE mit (Register-)Sitz in Deutschland das AktG, das HGB und die IAS-VO sind.[206]

---

202 Danach sind Geschäftsguthaben als Eigenkapital zu klassifizieren, soweit die Genossenschaft ein uneingeschränktes Recht hat, die Rücknahme der Anteile zu verweigern, oder eine Mindestkapitalisierung der Genossenschaft vorgeschrieben ist.

203 Hierzu Coenenberg/Haller/Schultz, Jahresabschluss und Jahresabschlussanalyse, 26. Aufl. 2021, S. 394.

204 Letztere werden im Rahmen der weiteren Ausführungen nicht näher behandelt.

205 Hierzu Baetge/Kirsch/Thiele, Bilanzen, 16. Aufl. 2021, S. 534. So auch Scheffler, Eigenkapital im Jahres- und Konzernabschluss nach IFRS, 2006, S. 18.

206 Hierzu Ruhnke/Sievers/Simons, Rechnungslegung nach IFRS und HGB, 5. Aufl. 2023, S. 513. Zum handelsrechtlichen Eigenkapital ausführlich Roos, Grundlagen der Bilanzierung, 2021, S. 269-308.

4.2.1.3 Eigenkapitalkomponenten

Gezeichnetes Kapital

Das in der IFRS-Bilanz auszuweisende gezeichnete Kapital unterscheidet sich nicht von dem in einem HGB-Jahresabschluss auszuweisenden gezeichneten Kapital. Wie bereits dargestellt, sind nach IAS 1.79(a) für jede Gattung von Aktien bzw. Geschäftsanteilen, die das gezeichnete Kapital einer Kapitalgesellschaft bilden, zusätzliche Angaben zu machen.

Erhöhungen und Verminderungen des gezeichneten Kapitals sind erfolgsneutral abzubilden. Dasselbe gilt nach IAS 32.33 für den Erwerb, die Ausgabe und die Einziehung eigener Anteile. Ausgaben, die im Zusammenhang mit Kapitalerhöhungen anfallen, dürfen – anders als nach HGB – nicht als Aufwand behandelt werden, sondern müssen – mit Ausnahme der Kosten für die Ausgabe eines Eigenkapitalinstruments, welches einem Unternehmenserwerb dient – gemäß IAS 32.35 erfolgsneutral mit dem zufließenden Eigenkapital verrechnet werden. Sind die Aufwendungen für die Kapitalerhöhung steuerlich abzugsfähig, ist lediglich der Nettobetrag erfolgsneutral zu behandeln. Bei einer Kapitalerhöhung gegen Sacheinlagen sind die Regelungen des IFRS 2 maßgeblich. Anders als im HGB ist hier nach IFRS 2.10 eine Bewertung der Sacheinlage ausdrücklich zum beizulegenden Zeitwert zulässig.

Eigene Aktien

Generell sind in der IFRS-Bilanz alle Eigenkapitalposten passivisch auszuweisen. Dies bedeutet, dass eigene Aktien sowie nicht eingeforderte ausstehende Einlagen nach IAS 32.33 auf der Passivseite vom Eigenkapital abzusetzen sind.[207]

Rücklagen

Hinsichtlich der Rücklagen differenziert IAS 1.78(e) i.V.m. IAS 1.74 zwischen der Kapitalrücklage und den übrigen Rücklagen. Sind innerhalb der übrigen Rücklagen mehrere Kategorien zu unterscheiden – z.B. zwischen gesetzlichen und freiwilligen Rücklagen –, so müssen diese in der Bilanz oder im Anhang angegeben werden.

Einzelne Standards schreiben die Bildung spezieller – nach HGB unbekannter – Rücklagen vor, die als Gegenposten für ergebnisneutrale Aufwendungen und Erträge genutzt werden. Im IFRS-Einzelabschluss können derartige Rücklagen aus der erfolgsneutralen Neubewertung von Sachanlagen nach IAS 16.39 und immateriellen Vermögenswerten nach IAS 38.85 resultieren, aber auch aus der erfolgsneutralen Bewertung zum beizulegenden Zeitwert von *available-for-sale*-Finanzinstrumenten nach IFRS 9.5.7.1 i.V.m. IFRS 9.5.7.10, der Änderung des beizulegenden Zeitwerts des effektiven Teils eines Sicherungsinstruments im Zusammenhang mit der Absicherung eines *cashflows* nach IFRS 9.6.5.11(b) sowie der ergebnisneutralen Verrechnung versicherungsmathematischer Gewinne oder Verluste aus Pensionsverpflichtungen nach IAS 19.93A-D. Ferner sind nach IAS 1.79(b) für jede Rücklage die Art und der Zweck der jeweiligen Rücklage zu beschreiben.

---

[207] Hierzu ausführlich Pellens/Fülbier/Gassen/Selhorn, Internationale Rechnungslegung, 11. Aufl. 2021, S. 555, 561-564 sowie Coenenberg/Haller/Schultz, Jahresabschluss und Jahresabschlussanalyse, 26. Aufl. 2021, S. 402-405.

4.2.1.4 Eigenkapitalspiegel

Nach IAS 1.106 werden Unternehmen zur Aufstellung einer Eigenkapitalveränderungsrechnung verpflichtet, die auch als Eigenkapitalspiegel bezeichnet wird. Dieser hat die Aufgabe, den Abschlussadressaten die Veränderungen der einzelnen Eigenkapitalposten zu erläutern. Da die Veränderungen einerseits aus dem vollständigen Gesamtergebnis der Periode und damit aus der Geschäftstätigkeit des Unternehmens resultieren und andererseits aus Transaktionen mit den Anteilseignern, soll nach IAS 1.109 im Eigenkapitalspiegel die gesamte Veränderung auf diese beiden Ursachen aufgeteilt werden. Zum Eigenkapitalspiegel sowie den aufzunehmenden Posten soll auf Abschn. 2.3.4. verwiesen werden.

4.2.1.5 Beispielsachverhalte - Eigenkapital

a. Ausstehende Einlagen

Die Dye+TreatmentCo. hat sich am 01.03.2XX1 mit der Nürnberger Färberei GmbH zusammengeschlossen, um die Fränkische Färberei- und Ausrüstungs-AG zu gründen. Es wurde ein Grundkapital von EUR 500.000 vereinbart, mit einem Nennwert von EUR 1 pro Aktie. Die Aktien wurden von beiden Gründern zu einem Kurs von EUR 10 pro Aktie und einer Einzahlungsquote von 40% übernommen. Zum 31.12.2XX1 hat die fränkische Färberei- und Ausrüstungs-AG einen Jahresüberschuss von EUR 40.000 erzielt.

Für den Ausweis ausstehender Einlagen ist in IAS 1.79(a)(ii) geregelt, dass entweder in der Bilanz, in der Eigenkapitalveränderungsrechnung oder im Anhang die Anzahl der ausgegebenen und voll eingezahlten sowie die Zahl der nicht voll eingezahlten Anteile anzugeben ist. Weitere Ausweisvorschriften bestehen nicht. Wie dargestellt, sind nicht eingeforderte ausstehende Einlagen nach h.M. auf der Passivseite vom Eigenkapital abzusetzen. Vorliegend sind folgende Berechnungen anzustellen:

- eingefordertes Kapital: 40% von EUR 500.000 = EUR 200.000
- ausstehende Einlagen: 60% von EUR 500.000 = EUR 300.000
- Zuführung Kapitalrücklage:

	Ausgabebetrag je Aktie	EUR / Aktie	10
-	Nennbetrag je Aktie	EUR / Aktie	1
=	Agio je eingezahlter Aktie	EUR / Aktie	9
	Agio gesamt (200.000 Aktien x EUR 9,00)	**EUR**	**1.800.000**

Am Ende des Geschäftsjahres ist zudem zu prüfen, ob die Fränkische Färberei- und Ausrüstungs-AG eine gesetzliche Rücklage zu bilden hat. Nach § 150 Abs. 2 AktG sind so lange 5% des um einen Verlustvortrag aus dem Vorjahr geminderten Jahresüberschusses einzustellen, bis die gesetzliche Rücklage und die Kapitalrücklage zusammen 10% des Grundkapitals – hier 10% von EUR 500.000 = EUR 50.000 – erreichen.

Da die Kapitalrücklage mit EUR 1.800.000 bereits über dem geforderten Betrag liegt, ist eine weitere Dotierung der gesetzlichen Rücklage nicht erforderlich. Damit ist das Eigenkapital wie folgt auszuweisen:

Bilanz				31.12.2XX
				1
...				
Passiva				
Eigenkapital				
Gezeichnetes Kapital			500.000	
Nicht eingeforderte Einlagen			300.000	
Eingefordertes Kapital				200.000
Kapitalrücklage				1.800.000
Jahresergebnis				10.000
...				

b. Ordentliche Kapitalerhöhung

Die FWA hat zum 31.12.2XX0 ein Grundkapital von EUR 100.000.000, welches in Aktien mit einem Nennwert von EUR 5 gestückelt ist. Die Kapitalrücklage beträgt EUR 5.000.000, die andere Gewinnrücklage EUR 2.000.000, der Gewinnvortrag EUR 750.000 und der Jahresüberschuss EUR 750.000.

Zur Verbesserung der Liquidität soll im ersten Quartal 2XX1 eine ordentliche Kapitalerhöhung durchgeführt werden. Hierzu wurde ein Bankenkonsortium mit Ausgabe von 200.000 jungen Aktien mit einem Nennwert von EUR 5 pro Aktie beauftragt. Das Konsortium verkauft die Aktien zu EUR 20 pro Aktie. Der Bilanzgewinn des Vorjahres (= Gewinnvortrag + Jahresüberschuss 2XX0) wurde vollständig an die Gesellschafter ausgeschüttet. Der Jahresüberschuss des laufenden Jahres 2XX1 beträgt EUR 1.000.000.

Der Bilanzausweis des Eigenkapitals zum 31.12.2XX1 stellt sich wie folgt dar:

Durch die Kapitalerhöhung fließen der FWA liquide Mittel in Höhe von EUR 4.000.000 zu.

Das gezeichnete Kapital erhöht sich um die Summe der Nennwerte der ausgegebenen Aktien: 200.000 Aktien x EUR 5 pro Aktie = EUR 1.000.000.

Der Ausgabepreis beträgt EUR 20 pro Aktie. Die Differenz zwischen dem Ausgabepreis der Aktien und deren Nennwert in Höhe von EUR 15 wird als Agio bezeichnet und in der Kapitalrücklage ausgewiesen: 200.000 Aktien x EUR 15 pro Aktie = EUR 3.000.000.

c. Gesetzliche Rücklagen

Im vorläufigen Abschluss zum 31.12.2XX1 weist die FWA folgendes Eigenkapital aus:

	EUR
Gezeichnetes Kapital	101.000.000
Kapitalrücklage	8.000.000
Gesetzliche Rücklage	375.000
Andere Gewinnrücklagen	2.000.000
Gewinnvortrag	0
Jahresüberschuss	1.000.000

Die Dotierung der gesetzlichen Rücklage ist in § 150 Abs. 2 AktG geregelt. Danach sind so lange 5% des um einen Verlustvortrag aus dem Vorjahr geminderten Jahresüberschusses einzustellen, bis die gesetzliche Rücklage und die Kapitalrücklage zusammen 10% des Grundkapitals – hier 10% von EUR 101.000.000 = EUR 10.100.000 – erreichen. Vorliegend sind folgende Berechnung anzustellen:

	Kapitalrücklage	8.000.000
+	Gesetzliche Rücklage	375.000
=	Summe	8.375.000

Die Summe aus gesetzlicher Rücklage und Kapitalrücklage muss EUR 10.100.000 betragen. Da dies nicht der Fall ist, ist die gesetzliche Rücklage noch nicht ausreichend dotiert. Folglich sind 5% des um einen Verlustvortrag verminderten Jahresüberschusses einzustellen. Ein Verlustvortrag ist nicht vorhanden und damit berechnet sich die Zuführung wie folgt: EUR 1.000.000 x 5% = EUR 50.000.

Die gesetzliche Rücklage beträgt zum 31.12.2XX1 damit EUR 425.000.

d. Rückkauf eigener Anteile

Zum 31.12.2XX2 weist die FWA folgende Eigenkapitalposten aus:

	EUR
Gezeichnetes Kapital	101.000.000
Kapitalrücklage (ausschließlich durch Agio bei Aktienausgabe dotiert)	8.000.000
Gesetzliche Rücklage	475.000
Andere Gewinnrücklagen	2.000.000
Gewinnvortrag	0
Jahresüberschuss (ausschüttungsfähig)	950.000

Im Jahr 2XX2 erwirbt die FWA 166.000 eigene Aktien, die an die Belegschaft ausgegeben werden sollen. Der Kaufpreis beträgt EUR 20 pro Aktie. Die Anschaffungskosten betragen EUR 3.320.000. In 2XX3 wird das Aktienpaket wegen einer günstigen Kursentwicklung für EUR 30 pro Aktie allerdings wieder verkauft.

Nach IAS 32.22 sind eigene Anteile nicht zu aktivieren, sondern vom Eigenkapital abzusetzen. Der Erwerb eigener Anteile stellt demgemäß eine Veränderung des Eigenkapitals dar. Nach IAS 1.76 sind entweder in der Bilanz selbst oder im Anhang die vom Unternehmen oder seinem Tochterunternehmen oder seinem assoziierten Unternehmen gehaltenen eigenen Anteilen auszuweisen. Hierfür kommen als Ausweismöglichkeiten in Frage:

- Die gesamten Anschaffungskosten der eigenen Anteile werden in einer Summe vom Eigenkapital abgezogen (Anschaffungskostenmethode, *cost method*)
- Der Nominalbetrag der erworbenen eigenen Anteile wird vom gezeichneten Kapital abgezogen, darüberhinausgehende Anschaffungskosten werden von den Kapital- und/oder Gewinnrücklagen abgezogen (Nennwertmethode, *par value method*).
- Nach der dritten Varianten (*modified par value method*) können die Anschaffungskosten der eigenen Anteile nach dem Ermessen des Unternehmens den verschiedenen Eigenkapitalkategorien zugeordnet werden, wobei der Nennbetrag der Anteile – wie bei der *par value method* – vom gezeichneten Kapital abzusetzen ist.

Der Erwerb eigener Aktien kann zu einem negativen Eigenkapital führen, welches dann auch passivisch auszuweisen ist.

Werden erworbene eigene Aktien zu einem späteren Zeitpunkt wieder veräußert, so ist dies in den Fällen der *par value method* wie eine Neuemission zu werten. Wurde der ursprüngliche Erwerb nach der *cost method* gebucht, ist der Weiterveräußerungserlös zunächst in Höhe der früheren Anschaffungskosten gegen den Abzugsposten im Eigenkapital zu buchen. Ein über diese Anschaffungskosten hinausgehender Erlös ist in die Kapitalrücklage einzustellen. Bei einem Mindererlös ist die Kapitalrücklage oder die Gewinnrücklage zu kürzen. Wurden eigene Anteile zu unterschiedlichen Zeitpunkten mit unterschiedlichen Kursen erworben, können bei einer (teilweisen) Wiederausgabe die Anschaffungskosten der ausgegebenen Anteile nach der Durchschnittsmethode oder einem sachgerechten Verbrauchsfolgeverfahren ermittelt werden.[208]

Der Ausweis des Eigenkapitals für beide Jahre stellt sich unter Anwendung der *Nennwertmethode (par value method)* wie folgt dar:

Eigenkapitalausweis zum 31.12.2XX2

Bei der Nennwertmethode werden die Rückkaufswerte in Abhängigkeit von den Emissionswerten auf die einzelnen Eigenkapitalposten verteilt. Um diese Verteilung vorzunehmen, ist zunächst das bei der Aktienemission erzielte Disagio zu ermitteln:

- Zahl der emittierten Aktien: Grundkapital / Nennwert = EUR 101.000.000 / EUR 5 pro Aktie = 20.200.000 Aktien
- Agio: Kapitalrücklage / emittierte Aktien = EUR 8.000.000 / 20.200.000 Aktien = EUR 0,40 (gerundet)

Damit beträgt die Kürzung der einzelnen Eigenkapitalposten bei Rückkauf in 2XX2:

- Gezeichnetes Kapital: 166.000 Aktien x EUR 5 pro Aktie = EUR 830.000
- Kapitalrücklage: 166.000 Aktien x EUR 0,40 pro Aktie = EUR 66.400

Die Differenz zu den Anschaffungskosten bzw. zum Kaufpreis wird von den Gewinnrücklagen in Abzug gebracht:

- Gewinnrücklage: 166.000 Aktien x EUR 14,60 pro Aktie = EUR 2.423.600

Zum 31.12.2XX2 ist wie folgt zu buchen:

Abzugsposten für eigene Anteile (Gezeichnetes Kapital)	830.000	an	Liquide Mittel	3.320.000
Abzugsposten für eigene Anteile (Kapitalrücklage)	66.400			
Abzugsposten für eigene Anteile (Gewinnrücklagen)	2.324.600			

[208] Hierzu Lüdenbach/Hofmann/Freiberg, Haufe IFRS-Kommentar, 21. Aufl. 2023, § 20 Rz. 87 sowie Coenenberg/Haller/Schultz, Jahresabschluss und Jahresabschlussanalyse, 26. Aufl. 2021, S. 403-404.

Eigenkapitalausweis zum 31.12.2XX3

Bei Anwendung der Nennwertmethode wird die Veräußerung wie eine Neuemission behandelt. Dies impliziert lediglich eine Erhöhung des gezeichneten Kapitals und der Kapitalrücklage:

- Erhöhung des gezeichneten Kapitals: 166.000 Aktien x EUR 5 pro Aktien = EUR 830.000
- Kapitalrücklage: 166.000 Aktien x EUR 25 pro Aktie = EUR 4.150.000

Zum 31.12.2XX3 ist wie folgt zu buchen:

Liquide Mittel	4.980.000	an	Abzugsposten für eigene Anteile (Gezeichnetes Kapital)	830.000
			Abzugsposten für eigene Anteile (Kapitalrücklage)	4.150.000

Unter Berücksichtigung der drei Sachverhalte stellt sich die Bilanz wie folgt dar:

Bilanz		31.12.2XX			
	Ref.	0	1	2	3
Aktiva					
…					
Kurzfristige Vermögenswerte					
…					
Liquide Mittel	a.		4.000.000		
	c.			-3.320.000	4.980.000
…					
Passiva					
Eigenkapital					
…					
Gezeichnetes Kapital		100.000.000	101.000.000	100.170.000	101.000.000
	a.		1.000.000		
Abzugsposten eigene Anteile	c.			-830.000	830.000
Kapitalrücklage		5.000.000	8.000.000	7.933.600	12.083.600
	a.		3.000.000		
Abzugsposten eigene Anteile	c.			-66.400	4.150.000
Gewinnrücklage		2.375.000	2.425.000	51.400	101.400
Gesetzliche Gewinnrücklagen		375.000	425.000	475.000	525.000
	b.		50.000		
	c.			50.000	50.000
Andere Gewinnrücklagen	a.	2.000.000	2.000.000	-423.600	-423.600
Abzugsposten eigene Anteile	c.			-2.423.600	
Sonstige Rücklagen					
Gewinnvortrag		750.000	0	0	0
	a.	750.000	-750.000		
Jahresergebnis (ausschüttungsfähig)		750.000	950.000	950.000	
	a.	750.000			
	b.		1.000.000		
	b.		-50.000		
	c.			1.000.000	1.000.000
	c.			-50.000	-50.000
Summe Eigenkapital		**108.875.000**	**110.375.000**	**109.105.000**	**113.185.000**
…					

4.2.2 Rückstellungen, Eventualforderungen und Eventualverbindlichkeiten

4.2.2.1 Grundlagen

4.2.2.1.1 Relevante Normen

IAS 37

Für die Bilanzierung von Rückstellungen, Eventualforderungen und Eventualverbindlichkeiten sind die Vorschriften des IAS 37 einschlägig. Vom Standard ausgenommen sind indes Sachverhalte, die aus schwebenden Geschäften entstehen, die nicht belastend sind, oder in den Anwendungsbereich eines anderen Standards fallen.

Schwebende Geschäfte

Ein schwebendes Geschäft liegt nach IAS 37.3 vor, wenn aus einem Vertrag die Vertragsparteien entweder noch keine oder beide Parteien in gleicher Höhe Lieferungen oder Leistungen erbracht haben. Schwebende Geschäfte und die aus dem Vertrag resultierenden Ansprüche und Verpflichtungen werden – soweit es sich nicht um Derivate handelt – nach den Regelungen der IFRS grundsätzlich nicht bilanziert. Besteht indes aus dem Vertrag ein Verpflichtungsüberschuss, d.h., die mit dem Vertrag verbundenen unvermeidbaren Ausgaben übersteigen den aus dem Vertrag zu erhaltenden wirtschaftlichen Nutzen, ist für die Verpflichtung eine Rückstellung zu bilanzieren.

Rückstellungen, Eventualschulden und Eventualforderungen, die in den Anwendungsbereich eines anderen Standards fallen, sind nicht nach IAS 37 zu bilanzieren. Dazu zählen nach IAS 37.5 Rückstellungen im Zusammenhang mit Ertragsteuern (IAS 12), Leasingverträgen (IFRS 16), Leistungen an Arbeitnehmer (IAS 19), Versicherungsverträgen (IFRS 4) oder der bedingten Gegenleistung eines Erwerbers bei einem Unternehmenszusammenschluss (IFRS 3). Grundsätzlich gilt dies auch für Rückstellungen im Zusammenhang mit Erlösen aus Verträgen mit Kunden (IFRS 15). Da IFRS 15 aber keine Bestimmungen für belastende oder belastend gewordene Verträge mit Kunden enthält, gilt für solche Verträge IAS 37.

IAS 37 enthält vor allem Vorschriften für den Ansatz und zur Bewertung von Rückstellungen sowie entsprechende Angabevorschriften. Zudem umfasst IAS 37 ein Ansatzverbot für Eventualforderungen und Eventualverbindlichkeiten. Unter bestimmten Voraussetzungen sind den Abschlussadressaten indes im Anhang Informationen zu Eventualforderungen und Eventualverbindlichkeiten zu erteilen.

Ziel

Ziel von IAS 37 ist es, dass durch die angemessene Anwendung der darin festgeschriebenen Ansatzkriterien und Bewertungsgrundlagen die am Abschlussstichtag bestehenden wirtschaftlichen Belastungen des bilanzierenden Unternehmens und die damit verbundenen erwarteten Auszahlungen gezeigt werden. So wird es den Abschlussadressaten ermöglicht, Art, Fälligkeit und Höhe der erwarteten Verpflichtungen zu erkennen.

4.2.2.1.2 Begriffsbestimmungen

Rückstellungen

Rückstellungen sind nach IAS 37.10 definiert als Schulden, die bezüglich ihrer Fälligkeit und ihrer Höhe ungewiss sind. Schulden werden als gegenwärtige Verpflichtungen, die aus vergangenen Ereignissen resultieren und künftigen einen Abfluss wirtschaftlicher Ressourcen erwarten lassen, definiert.

Abgegrenzte Schulden

Nicht zu den Rückstellungen zählen passivische Abgrenzungsposten wie erhaltene Anzahlungen sowie quasi sichere künftige Verpflichtungen (*accruals*), wie sie im HGB-Abschluss etwa über Steuer- und Urlaubsrückstellungen erfasst werden. Diese stellen nach IAS 37.11 sonstige Verbindlichkeiten dar.[209]

Sonstige Schulden

Weiterhin sind Rückstellungen abzugrenzen von sonstigen Schulden und den Eventualschulden. Nach IAS 37.11 ist der mit einer Rückstellung verbundene Grad der Unsicherheit höher als bei einer sonstigen Schuld. Hierbei handelt es sich um Schulden, über die die Vertragsparteien Einigkeit erzielt haben, wie z.B. Verbindlichkeiten aus Lieferungen und Leistungen.

Eine Eventualschuld ist nach IAS 37.11 definiert als

a) eine mögliche Verpflichtung, die aus vergangenen Ereignissen resultiert und deren Existenz durch das Eintreten oder Nichteintreten eines oder mehrerer unsicherer künftiger Ereignisse erst noch bestätigt wird, die nicht vollständig unter Kontrolle des Unternehmens stehen; oder
b) eine gegenwärtige Verpflichtung, die auf vergangene Ereignisse beruht, jedoch nicht erfasst wird, weil
   i. ein Abfluss von Ressourcen mit wirtschaftlichem Nutzen mit der Erfüllung dieser Verpflichtung nicht wahrscheinlich ist, oder
   ii. die Höhe der Verpflichtung nicht ausreichend zuverlässig geschätzt werden kann.

Eventualschulden

Rückstellungen unterscheiden sich zum einen von den Eventualschulden dadurch, dass Rückstellungen immer eine gegenwärtige Verpflichtung des Unternehmens zugrunde liegt. Eine Eventualschuld nach obigem Fall a) ist eine Schuld, welche nicht die im Rahmenkonzept und in IAS 37 enthaltenen Definitionskriterien einer Schuld erfüllt, da lediglich eine mögliche Verpflichtung besteht. Zum anderen unterscheidet sich eine Rückstellung nach obigem Fall b) von den Eventualschulden dadurch, dass Rückstellungen die im Rahmenkonzept festgelegten Ansatzkriterien für eine Schuld erfüllen. Ist ein Ansatzkriterium nicht erfüllt, liegt eine Eventualschuld vor. Eventualschulden dürfen folglich nicht in einer IFRS-Bilanz angesetzt werden, da entweder ein Ressourcenabfluss nicht hinreichend wahrscheinlich ist oder die Höhe dieses Ressourcenabflusses nicht ausreichend zuverlässig bestimmt werden kann. Ausgenommen vom Bilanzierungsverbot für Eventualschulden ist der Sonderfall des Unternehmenserwerbs nach IFRS 3. Über Eventualschulden ist ferner gesondert im Anhang eines IFRS-Abschlusses zu berichten. Ist ein Ressourcenabfluss auf Basis der betrachteten Eventualschuld nahezu unwahrscheinlich, wird dem bilanzierenden Unternehmen nach IAS 37.28 zugestanden, diese Angabe entfallen zu lassen. Als Eventualschulden können z.B. Verbindlichkeiten aus Bürgschaften, Verbindlichkeiten aus Gewährleistungsverträgen oder Haftungsverhältnissen aus der Bestellung von Sicherheiten für fremde Verbindlichkeiten gelten.[210]

---

[209] Abgegrenzte Schulden sind Schulden aus Lieferungen und Leistungen, die das Unternehmen erhalten hat, die aber noch nicht in Rechnung gestellt wurden und über deren Abrechnung zwischen den Vertragsparteien noch keine Einigung erzielt wurde.

[210] Hierzu Melcher/David/Skowronek, Rückstellungen, 2013, S. 33.

Eventualforderungen

Neben den Eventualschulden wird mit IAS 37 auch die Darstellung von Eventualforderungen geregelt. Eine Eventualforderung ist nach IAS 37.10 definiert als ein möglicher Vermögenswert, der aus vergangenen Ereignissen resultiert und dessen Existenz durch das Eintreten oder Nichteintreten eines oder mehrerer unsicherer künftiger Ereignisse erst noch bestätigt wird, die nicht vollständig unter der Kontrolle des bilanzierenden Unternehmens stehen. Diese Definition folgt der Definition für Eventualschulden, obwohl diese Regelung im Vergleich zu der für Eventualschulden als imparitätisch zu qualifizieren ist. Beträgt die Wahrscheinlichkeit eines künftigen Ressourcenzuflusses nämlich weniger als 50%, so ist weder eine bilanzielle Erfassung noch eine Anhangangabe in den IFRS-Abschluss aufzunehmen. Hingegen sind bei einer Eventualschuld bei gleicher Wahrscheinlichkeit bereits Erläuterungen im Anhang erforderlich, wenn die Eintrittswahrscheinlichkeit vernachlässigbar ist. Liegt die Wahrscheinlichkeit für einen künftigen Ressourcenzufluss aber über 50%, wird diese Eventualforderung im Anhang erfasst. Eine bilanzielle Erfassung erfolgt jedoch nicht. Bei einer gleich hohen Wahrscheinlichkeit einer Verpflichtung wäre dagegen bereits eine Rückstellung anzusetzen. Als Beispiel für eine Eventualforderung kann ein Anspruch gelten, den das bilanzierende Unternehmen in einem gerichtlichen Verfahren mit unsicherem Ausgang durchzusetzen versucht.

Die vorangegangenen Ausführungen lassen sich wie folgt zusammenfassen:

Rückstellungen	Eventualschulden	Eventualforderungen
Gegenwärtige Verpflichtung aus Ereignis der Vergangenheit, die bezüglich Fälligkeit und Höhe ungewiss ist	Mögliche Verpflichtung aus Ereignis der Vergangenheit, deren Existenz durch das Eintreten oder Nichteintreten eines oder mehrerer unsicherer künftiger Ereignisse erst noch bestätigt wird, die nicht vollständig in der Kontrolle des Unternehmens stehen oder für deren Erfüllung der Abfluss von Ressourcen mit wirtschaftlichem Nutzen nicht wahrscheinlich ist oder deren Höhe nicht verlässlich geschätzt werden kann	Möglicher Vermögenswert aus vergangenem Ereignis, dessen Existenz durch das Eintreten oder Nichteintreten eines oder mehrerer unsicherer künftiger Ereignisse erst noch bestätigt wird, die nicht vollständig unter Kontrolle des Unternehmens stehen
Bilanzansatz, IAS 37.14	Erläuterung im Anhang IAS 37.27, 86	Erläuterung im Anhang, IAS 37.34, 89

Abb. 20: Rückstellungen, Eventualschulden und Eventualforderungen

4.2.2.2 Ansatz und Ausweis

Rückstellungen sind als Teil der bilanziellen Schulden auszuweisen. Je nach Fristigkeit sind sie Teil des langfristigen oder des kurzfristigen Fremdkapitals.

Rückstellungsspiegel

Nach IAS 37.84 ist die Veränderung der Rückstellungen – gemäß IAS 37.87 zusammengefasst zu homogenen Klassen – in der Berichtsperiode detailliert zu erläutern. Zu den erforderlichen Angaben gehören dabei die Buchwerte zu Beginn und zum Ende der Betrachtungsperiode, die Beträge, die im aktuellen Geschäftsjahr zusätzlich zurückgestellt wurden sowie die

Änderungsbeträge aus der Inanspruchnahme von Rückstellungen und der Auflösung nicht genutzter Rückstellung. Ebenfalls anzugeben sind Änderungen des Rückstellungsbetrags, die sich aus der Aufzinsung sowie einer gegebenenfalls eintretenden Änderung des Diskontierungszinses ergeben. Sämtliche erforderliche Angaben lassen sich am besten als Rückstellungsspiegel präsentieren, für den Vorjahresangaben nicht gefordert werden.[211]

Ein Rückstellungsspiegel könnte exemplarisch wie folgt aussehen:

	01.01.2XX1	Inanspruchnahme	Auflösung	Zuführung	Währungsanpassung	31.12.2XX1
Gewährleistungen Rechtsstreitigkeiten Restrukturierung Drohende Verluste Sonstige						
Summe						

Abb. 21: Rückstellungsspiegel

Voraussetzungen für den Ansatz einer Rückstellung sind nach IAS 37.14, dass

a) einem Unternehmen aus einem vergangenen Ereignis eine gegenwärtige Verpflichtung (rechtlich oder faktisch) entstanden ist,
b) es wahrscheinlich ist, dass für den Ausgleich der Verpflichtung ein Abfluss von Ressourcen mit wirtschaftlichem Nutzen erforderlich ist, und
c) eine verlässliche Schätzung der Höhe der Verpflichtung möglich ist.[212]

Diese Kriterien stimmen inhaltlich weitgehend mit dem allgemeingültigen Passivierungsvoraussetzungen für Schulden des Rahmenkonzepts überein.

Hinweis
Die Unterscheidung zwischen Definitions- und Ansatzkriterien entspricht im Wesentlichen der Differenzierung zwischen abstrakter und konkreter Passivierungsfähigkeit im handelsrechtlichen Sinn. D.h., sofern ein Sachverhalt die oben dargestellten Definitionskriterien erfüllt, weist er grundsätzlich die Eigenschaften einer Schuld respektive Rückstellung auf und ist damit abstrakt passivierungsfähig. Wie bereits dargestellt, ist dies für den bilanziellen Ansatz allerdings nicht hinreichend. Für die konkrete Bilanzierungsfähigkeit und die damit einhergehende Bilanzierungspflicht einer Schuld muss zusätzlich zu diesen Kriterien deren Erfüllungsbetrag verlässlich ermittelt werden können. Sind die Ansatzkriterien des IAS 37.14 kumulativ erfüllt, handelt es sich damit um einen passivierungspflichtigen Sachverhalt.

Gegenwärtige Verpflichtung

Nach IAS 37.15 führt ein Ereignis der Vergangenheit zu einer gegenwärtigen Verpflichtung, wenn unter Berücksichtigung aller substanziellen Hinweise für das Bestehen einer gegenwärtigen Verpflichtung zum Bilanzstichtag mehr dafür als dagegen spricht. Allerdings gibt IAS 37 keine konkreten Wertgrenzen vor, ab wann mehr für das Bestehen einer gegenwärtigen Verpflichtung spricht als dagegen.

---

[211] Hierzu Pellens/Fülbier/Gassen/Selhorn, Internationale Rechnungslegung, 11. Aufl. 2021, S. 500.

[212] Hierzu Roos, DStR 2016, S. 2173-2178.

Ereignis der Vergangenheit

Voraussetzung einer gegenwärtigen Verpflichtung ist gemäß IAS 37.17 ein Ereignis der Vergangenheit, welches spätestens bis zum Bilanzstichtag eine rechtliche oder faktische Verpflichtung begründet, aufgrund welcher das Unternehmen keine realistische Alternative hat, sich z.B. durch Einstellung, Änderung oder Verlegung der Produktion der Erfüllung zu entziehen. Demnach darf neben der Erfüllung der Verpflichtung keine Alternative bestehen, mittels derer ein Abfluss von Ressourcen an einen Dritten vermieden werden kann. Derartige Alternativen ziehen stets ein Passivierungsverbot nach sich. Nach IAS 37.19 sind damit nur solche Verpflichtungen rückstellungsfähig, die nicht mehr durch die künftige Geschäftstätigkeit beeinflusst werden können, d.h. unabhängig von dieser sind. So kann man sich einer Pflicht zur Überholung eines Flugzeugs durch den Verkauf des Flugzeugs entziehen, weshalb hieraus keine Rückstellung resultiert.

Unentziehbarkeit

Das Unentziehbarkeitskriterium schließt auch künftige Ausgaben, die erforderlich sind, um das Unternehmen in einer bestimmten Weise fortzuführen, aus der Rückstellungsfähigkeit aus, wenn diese Ausgaben durch die oben aufgezeigten künftigen Handlungen vermieden werden können.

Außenverpflichtung

Nach IAS 37.20 liegt ein verpflichtendes Ereignis als Passivierungsvoraussetzung nur dann vor, wenn die zugrunde liegende Verpflichtung gegenüber einer anderen Partei besteht. Es muss sich folglich um eine Außenverpflichtung handeln. Für Innenverpflichtungen dürfen nach IFRS – in Ermangelung einer Verpflichtung gegenüber Dritten – keine Rückstelllungen gebildet werden. Für die Beurteilung, ob es sich um eine Innen- oder Außenverpflichtung handelt, ist der Zeitpunkt maßgeblich, ab dem sich das Unternehmen aufgrund einer für Dritte erkennbar nach außen gerichteten Willenserklärung der Erfüllung der Innenverpflichtung aus tatsächlichen oder wirtschaftlichen Gründen nicht mehr entziehen kann.

Liegt eine gegenwärtige Verpflichtung vor, muss ein Ursache-Wirkungs-Zusammenhang mit einem Ereignis der Vergangenheit existieren. Für Verpflichtungen, die erst durch zukünftige Ereignisse entstehen werden, ist insofern keine Rückstellung zu passivieren. Rückstellungspflichtig sind jedoch externe vertragliche Verpflichtungen zum Aufwandsersatz, wie z.B. mit dem Vermieter vereinbarter Aufwandsersatz für unterlassene Renovierungsarbeiten in gemieteten Gebäuden.

Gemäß IAS 37.14(a) sowie CF 4.15 ist im Hinblick auf die für das bilanzierende Unternehmen am Bilanzstichtag bestehende gegenwärtige Verpflichtung, die aus einem Ereignis der Vergangenheit entstanden ist, danach zu differenzieren, ob es sich um eine rechtliche oder eine faktische Verpflichtung handelt.

Rechtliche Verpflichtungen

Rechtliche Verpflichtungen entstehen durch einen privatrechtlichen Vertrag, gesetzliche Vorschriften (bzw. sonstige rechtswirksame Erlasse oder Verlautbarungen), welche regelmäßig durch die exekutive oder judikative Gewalt ggf. auch zwangsweise durchsetzbar sind und sich das Unternehmen der Verpflichtung letztlich nicht entziehen kann. Eine rechtliche Verpflichtung zeichnet sich damit stets durch ihre tatsächliche Durchsetzbarkeit aus. Beispiele für rechtlichen Verpflichtungen sind:

- Kauf-/Arbeitsvertrag;
- Umweltauflagen, z.B. aufgrund Bundesimmissionsschutzverordnung;

- rechtskräftig erlassenes Urteil eines Gerichts;
- aufgrund des HGB (§§ 290 – 293) bzw. des PublG (§ 11) angeordnete Abschlussarbeiten, auch wenn Arbeitnehmer des bilanzierenden Unternehmens den Abschluss erstellen.

Zwar liegt nach IAS 37.22 eine gesetzliche Verpflichtung auch bei noch nicht endgültigen Gesetzesentwürfen vor, wenn deren Verabschiedung so gut wie sicher ist, allerdings dürfte es oftmals nicht möglich sein, die tatsächliche Verabschiedung eines Gesetzes mit der hier gebotenen Sicherheit vorherzusagen.

Nach IAS 37.20 liegt eine Verpflichtung auch dann vor, wenn die Partei, gegenüber der die Verpflichtung besteht, nicht bekannt ist. Eine Verpflichtung kann danach sogar gegenüber der Öffentlichkeit in ihrer Gesamtheit bestehen.

Faktische Verpflichtungen

Dagegen ergeben sich faktische Verpflichtungen aus dem Geschäftsgebaren, öffentlichen Ankündigungen oder Ähnlichem. Grundsätzlich muss bei Dritten hierdurch die Erwartung der Erfüllung der Verpflichtung geweckt werden.

Da sie nicht auf einer vertraglichen oder rechtlichen Grundlage beruhen, besteht letztlich auch kein Rechtsanspruch, vielmehr hat sich das Unternehmen selbst die Erfüllung einer Pflicht oder Verantwortung auferlegt. Das Unternehmen hat damit, trotz fehlender rechtlicher Verpflichtung (einklagbare Leistungspflicht), aufgrund eigener Aktivitäten keine realistische Alternative zur Erfüllung der Verpflichtung. Eine Rückstellung ist somit stets dann zwingend zu passivieren, wenn sich ein Unternehmen der Erfüllung der Verpflichtung nach realistischer Einschätzung nicht mehr entziehen kann. Die bloße Absicht des Managements sowie nicht veröffentlichte Vorstands- oder Geschäftsführungsbeschlüsse allein reichen für das Vorliegen einer faktischen Verpflichtung insofern nicht aus. Es ist vielmehr erforderlich, dass gegenüber der begünstigten Partei verdeutlicht wurde, dass das Unternehmen eine Verpflichtung akzeptiert. Insofern muss die begünstigte Partei ausreichend über die Entscheidung informiert worden sein, so dass die Mitteilung eine gerechtfertigte Erwartung auf Erfüllung der Verpflichtung auslöst. Nach IAS 37.10(a) kommen als Aktivitäten zur Andeutung der Übernahme von Verpflichtungen in Betracht:

- bisher übliches Geschäftsgebaren des Unternehmens;
- öffentlich angekündigte Maßnahmen;
- ausreichend spezifische, aktuelle Aussagen anderen Parteien gegenüber.

Wird also bei einer anderen Partei eine gerechtfertigte Erwartung geweckt, dass das Unternehmen seiner Verpflichtung nachkommt, liegt eine faktische Verpflichtung vor. In den *illustrative examples* zu IAS 37 werden folgende Beispiele für faktische Verpflichtungen angeführt:

- veröffentlichte und in der Vergangenheit angewandte Umweltleitlinien, in denen sich ein Unternehmen verpflichtet hat, jede von ihm verursachte Bodenverunreinigung zu beseitigen (IAS 37 IE Ex. 2B);
- Rücknahme von Verkäufen gegen Erstattung des Kaufpreises durch den Händler aus Kulanzgründen (IAS 37 IE Ex. 4);
- vor Geschäftsjahresende kommunizierte/implementierte Restrukturierungsaktivitäten (IAS 37 IE Ex. 5B).

Allerdings ergeben sich aus IAS 37 keine Maßstäbe, die für die Beurteilung herangezogen werden können, ab wann ein faktischer Leistungszwang so stark ist, dass sich ein Unternehmen ihm nicht mehr entziehen kann. In Analogie zum Handelsrecht sollte diese Frage unter objektiven Gesichtspunkten aus Sicht eines ordentlichen Kaufmanns beurteilt und entschieden werden.

Wahrscheinlicher Ressourcenabfluss

Ein Abfluss wirtschaftlicher Ressourcen liegt regelmäßig bei der Erfüllung einer Verpflichtung vor. Es ist allerdings nicht erforderlich, dass der Gläubiger seinen Anspruch tatsächlich kennt, vielmehr ist es ausreichend, wenn dieser die Möglichkeit der Kenntnisnahme hat und seinen Anspruch mit hinreichender Wahrscheinlichkeit durchsetzen wird.

more likely than not

Nach IAS 37.23 liegt ein solcher Anspruch dann vor, wenn mehr dafür als dagegen spricht, dass es zu einem Abfluss wirtschaftlicher Ressourcen kommt. Da für die Passivierung einer Rückstellung neben dem wahrscheinlichen Ressourcenabfluss auch – wie unter Punkt 4.2.2.2. gezeigt – die wahrscheinliche Existenz einer gegenwärtigen Verpflichtung eine notwendige Voraussetzung darstellt, IAS 37 für den Wahrscheinlichkeitsbegriff allerdings keine expliziten Vorgaben enthält, sollte dieser im Kontext des IAS 37 einheitlich ausgelegt werden.

Im Hinblick auf das Kriterium „Ressourcenabfluss“ ist grundsätzlich folgendes zu konstatieren: Das Kriterium „Ressourcenabfluss“ setzt das Vorliegen einer Verpflichtung i.S, des IAS 37 voraus. Dies ist, wie unter Punkt 3.2. gezeigt, für den die rechtliche Verpflichtung übersteigenden freiwilligen Teil gerade nicht der Fall. Da derartige, über die eigentliche rechtliche Verpflichtung hinausgehende Zuzahlungen i.d.R. die Aufrechterhaltung der Geschäftsbeziehungen zum Ziel haben, und sie intern auch vom Management beschlossen wurden, ist der zukünftigen Abfluss von Ressourcen jedoch als wahrscheinlich, wenn nicht sogar als sicher einzustufen. Bei den freiwilligen Zuzahlungen handelt es sich insofern um eine zukünftige wirtschaftliche Belastung für das Unternehmen, der es sich nicht entziehen möchte.

Allerdings ist an dieser Stelle auch auf Folgendes hinzuweisen: Rückstellungen sind nach IAS 37.19 nur möglich für Verpflichtungen, die unabhängig von der künftigen Geschäftstätigkeit anfallen. Dies gilt für die hier betrachteten Zahlungen aber gerade nicht. Es wäre durchaus möglich, hierauf zu verzichten.

Zuverlässige Schätzung der Höhe

Grundsätzlich muss nach IAS 37.14(c) eine zuverlässige Schätzung – dies impliziert eine verlässliche Bewertung – möglich sein, um den Bilanzansatz auszulösen (abstrakte Bilanzierungsfähigkeit). Insbesondere im Bereich der Rückstellungen sind Schätzungen ein „normales“ Bewertungsinstrument, welches das „Zuverlässigkeitskriterium“ nicht beeinträchtigen soll. Hinsichtlich der Verpflichtungshöhe sind Unsicherheiten zu berücksichtigen und sollten gerade keinen Grund für einen nicht vorzunehmenden Ansatz darstellen.

Bandbreite möglicher Ergebnisse

Nach IAS 37.24 ist für die Verlässlichkeit der Schätzung und damit für den Bilanzansatz die Feststellung einer Bandbreite von möglichen Ergebnissen ausreichend. Welcher konkrete Wert dann aber letztlich zu passivieren ist, ergibt sich aus IAS 37.36 ff.

Die Ansatzhürde der verlässlichen Schätzung wird durch die in IAS 37.25-26 zweifach betonte Vorgabe relativiert, wonach nur in sehr seltenen Fällen eine Unzuverlässigkeit der Schätzung angenommen werden darf. Dann muss statt des Bilanzansatzes eine Anhangangabe erfolgen. Bei rechtsanhängigen Fällen kann in Ausnahmesituationen eine verlässliche Schätzbarkeit verneint werden.

In der Praxis sind Fälle, bei denen aufgrund des Kriteriums der zuverlässigen Bewertbarkeit eine Passivierung gänzlich unterbleibt, kaum denkbar. Selbst bei Sammelklagen im US-amerikanischen Rechtsbereich oder in wesentlichen Rechtsfällen ohne nennenswerte Rechtssprechungspraxis (z.B. Kartellfälle) werden zumindest eine Einschätzung der externen Prozesskosten und/oder der Bandbreite möglich sein.

Die vorangegangenen Ausführungen lassen sich wie folgt zusammenfassen:

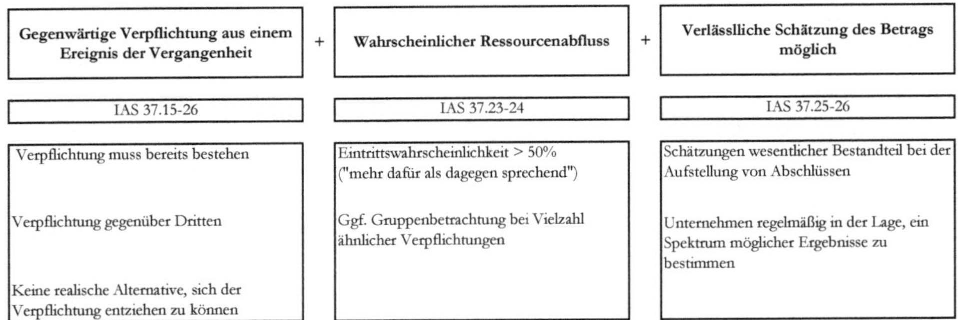

Abb. 22: Allgemeine Ansatzvoraussetzungen des IAS 37

Besondere Ansatzregeln

In IAS 37 finden sich – neben den dargestellten, für alle Rückstellungen geltenden Regelungen – für zwei Rückstellungsarten besondere Vorschriften, und zwar für Drohverlustrückstellungen, die nach IFRS als Rückstellungen für belastenden Verträge bezeichnet werden, sowie für Restrukturierungsrückstellungen.

onerous contracts

Für drohende Verluste aus schwebenden Geschäften gelten die Regelungen des IAS 37.66-69 (*onerous contracts*). Hat das Unternehmen einen belastenden Vertrag abgeschlossen oder ist der Vertrag nach seinem Abschluss belastend geworden, so ist die gegenwärtige vertragliche Verpflichtung als Rückstellung zu erfassen und zu bewerten. Ein belastender Vertrag ist nach IAS 37.10 ein Vertrag, bei dem die unvermeidbaren Kosten zur Erfüllung der vertraglichen Verpflichtungen höher sind als der erwartete ökonomische Nutzen. Maßstab für die unvermeidbaren Kosten aus einem Vertrag ist der Mindestbetrag der bei Ausstieg aus dem Vertrag anfallenden Nettokosten. Dieser Mindestbetrag ergibt sich als niedrigerer Betrag von Erfüllungskosten und etwaigen aus der Nichterfüllung resultierenden Entschädigungszahlungen oder Strafgeldern. Aus dieser Definition wird deutlich, dass die Prüfung, ob ein Vertrag für das bilanzierende Unternehmen belastend ist, immer absatzmarktorientiert zu erfolgen hat. Soweit der Vertrag insgesamt nicht zu einem negativen Erfolgsbeitrag führt, ist keine Rückstellung zu bilden. Entgangene Gewinne sind danach nicht als Rückstellung zu antizipieren, wenn z.B. aufgrund von Preisschwankungen der Gewinn aus einem Geschäft geringer sein wird als ursprünglich berechnet.

Restrukturierungsrückstellungen

In IAS 37.70-83 werden die Voraussetzungen der Bildung von Restrukturierungsrückstellungen geregelt. Eine Restrukturierungsmaßnahme wird in IAS 37.10 als ein vom

Management geplantes und kontrolliertes Programm definiert, das zu wesentlichen Änderungen führt

- entweder in einem vom Unternehmen abgedeckten Geschäftsfeld, oder
- in der Art und Weise, wie das Unternehmen dieses Geschäft betreibt.

IAS 37.70 nennt hierzu konkrete Beispiele. In der Regel ist ein Unternehmen nicht vertraglich oder gesetzlich verpflichtet, eine Restrukturierungsmaßnahme durchzuführen. Stattdessen obliegt die Entscheidung dem Management. Fraglich ist, zu welchem Zeitpunkt im Rahmen der Restrukturierungsmaßnahme eine faktische Verpflichtung gegeben ist, die den Ansatz einer Rückstellung erfordert. Dazu enthält IAS 37.70-79 detaillierte Regegelungen.

Gemäß IAS 37.72 entsteht eine faktische Verpflichtung aus der Maßnahme und es dürfen Restrukturierungsrückstellungen folglich nur dann angesetzt werden, wenn das bilanzierende Unternehmen

- einen detaillierten und formalen Restrukturierungsplan hat und
- das Restrukturierungsvorhaben bereits so weit konkretisiert ist, dass bei den Betroffenen eine gerechtfertigte Erwartung auf eine Leistung geweckt wurde, der sich das Unternehmen zudem nicht mehr entziehen kann, da entweder mit der Umsetzung des Plans bereits begonnen wurde oder seine wesentlichen Bestandteile den Betroffenen gegenüber bereits angekündigt wurden.[213]

Daneben sind die allgemeinen Ansatzvoraussetzungen für Rückstellungen zu erfüllen.

Eine faktische Verpflichtung liegt nach IAS 37.74 nur dann vor, wenn mit der Restrukturierungsmaßnahme so früh wie möglich begonnen und voraussichtlich innerhalb eines Zeitraums abschlossen wird, der so kurz ist, dass bedeutende Änderungen an dem Restrukturierungsplan unwahrscheinlich erscheinen. Umfasst der erwartete Zeitraum der Umsetzung der Maßnahme mehr als zwölf Monate, ist grundsätzlich anzunehmen, dass keine faktische Verpflichtung für das bilanzierende Unternehmen vorliegt.

Die vorangegangenen Ausführungen lassen sich wie folgt zusammenfassen:

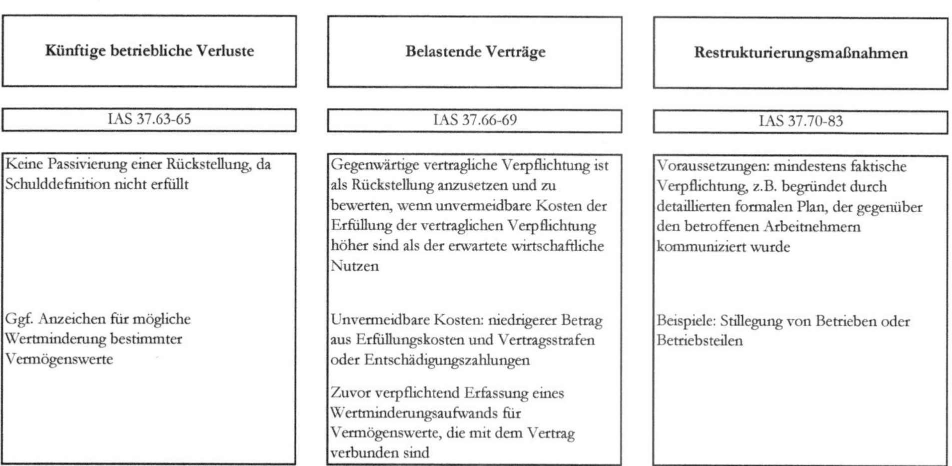

Abb. 23: Besondere Anwendungsfälle des IAS 37

[213] Hierzu Baetge/Kirsch/Thiele, Bilanzen, 16. Aufl. 2021, S. 468-469.

4.2.2.3 Bewertung

4.2.2.3.1 Zugangsbewertung

Der Wert einer Rückstellung ist gemäß IAS 37.36 bestmöglich zu schätzen und zwar mit den Ausgaben, die notwendig sind, um die zum Bilanzstichtag bestehende Verpflichtung zu erfüllen. Dabei entspricht die bestmögliche Schätzung der zur Erfüllung der gegenwärtigen Verpflichtung erforderlichen Ausgabe nach IAS 37.37 dem Betrag, den das Unternehmen bei vernünftiger Betrachtung zur Erfüllung der Verpflichtung zum Abschlussstichtag oder zur Übertragung der Verpflichtung auf einen Dritten zu diesem Termin zahlen müsste. Gemäß IAS 37.38 hängen die Schätzungen von Ergebnis und finanzieller Auswirkung der Bewertung des Managements, zusammen mit Erfahrungswerten aus ähnlichen Transaktionen und, gelegentlich, unabhängigen Sachverständigen ab. Die zu berücksichtigenden substanziellen Hinweise umfassen auch alle zusätzlichen, durch Ereignisse nach dem Abschlussstichtag eingetretenen substanziellen Indikatoren (wertaufhellende Ereignisse).

Erwartungswert

Rückstellungen sind mit ihrem Erwartungswert zu bewerten, sofern dieser ermittelt werden kann. Kann für eine Verpflichtung hingegen nur eine Bandbreite möglicher Ergebnisse mit gleich großen Wahrscheinlichkeiten ermittelt werden, so ist nach IAS 37.39 der Mittelwert (Median) der Bandbreite als bestmögliche Schätzung zu verwenden. Ist eine Rückstellung für eine einzelne Verpflichtung zu bilden, so ist die bestmögliche Schätzung der Verpflichtung das wahrscheinlichste Ereignis. Allerdings hat das Unternehmen gemäß IAS 37.40 andere Ergebnisse in die bestmögliche Schätzung mit einzubeziehen, falls diese Ergebnisse größtenteils über oder größtenteils unter dem wahrscheinlichen Ergebnis liegen. Hat ein Unternehmen z.B. eine Rückstellung für die Reparatur einer Anlage zu bilden und ist das wahrscheinlichste Ergebnis, dass die Reparatur im ersten Versuch erfolgreich durchgeführt werden kann und EUR 1.000 kostet, so ist dennoch ein höherer Wert für die Rückstellung anzusetzen, wenn ein wesentliches Risiko besteht, dass weitere Reparaturen an der Anlage erforderlich sein werden.

Bestmögliche Schätzung

Bei der bestmöglichen Schätzung der Rückstellungen sind nach IAS 37.42 die mit vielen Ereignissen und Umständen unvermeidbar verbundenen Risiken und Unsicherheiten zu berücksichtigen. Die Berücksichtigung eines zusätzlichen Risikos erhöht regelmäßig den Betrag, der einer Verpflichtung beigemessen wird. Die Unsicherheiten sind durch eine vorsichtige Bewertung zu berücksichtigen, damit die Schulden in Form der Rückstellungen nicht unterbewertet sind. Dabei ist allerdings zu beachten, dass die Rückstellungen nicht überbewertet werden und dass nicht willkürlich stille Reserven gelegt werden. Zusätzliche Sorgfalt ist nach IAS 37.43 zudem notwendig, damit das Risiko und die Unsicherheit nicht doppelt bei der Bewertung der Rückstellung berücksichtigt werden.

Abzinsung

In IAS 37.45-47 wird verlangt, dass Rückstellungen zum Barwert angesetzt werden, wenn die Abzinsung wesentliche Auswirkungen auf die Höhe der zurückzustellenden Verpflichtung hat. Daher sind nicht nur Rückstellungen abzuzinsen, die einen Zinsanteil enthalten, sondern auch andere mittel- bis langfristige Rückstellungen. Gemäß IAS 37.47 ist der Zinssatz vor Steuern zu ermitteln, der die aktuellen Markterwartungen im Hinblick auf den Zinseffekt sowie die für die Schuld spezifischen Risiken widerspiegelt.[214]

Hinweis
Welcher Marktzinssatz vor Steuern der Abzinsung zugrunde zu legen ist, ist indes nicht eindeutig geregelt. Anwendbar ist der Zinssatz, zu dem das Unternehmen aktuell fristadäquat Fremdkapital aufnehmen kann. Darüber hinaus wird es als zulässig erachtet, den Zinssatz für fristadäquate risikolose Anleihen zu nutzen. Zu beachten ist, dass ein Nominalzins zugrunde zu legen ist, soweit die künftigen Zahlungen auf Basis des künftigen Preisniveaus erfolgen. Dagegen ist der Realzins zugrunde zu legen, soweit das Preisniveau vom Abschussstichtag fortgeschrieben wird.[215]

Bei der Bewertung der Rückstellungen sind nach IAS 37.48-50 sämtliche Hinweise zu berücksichtigen, auch solche die erst nach dem Bilanzstichtag bekannt werden, sofern es ausreichende Hinweise auf deren Eintritt gibt. Die periodische Erhöhung des Barwerts führt zu Aufwand, der nach IAS 37.60 im Zinsergebnis und nicht im ursprünglichen Aufwandsposten der Rückstellungsbildung auszuweisen ist.

Zukünftige Kostensteigerungen

Bei der Bewertung von Rückstellungen sind gemäß IAS 37.48 solche künftigen Ereignisse zu berücksichtigen, welche die Höhe des Betrags beeinflussen, der erforderlich ist, um die Verpflichtung zu erfüllen. Demnach sind künftige Kostensteigerungen zu berücksichtigen, wenn sich die Kostensteigerungen hinreichend sicher bestimmen lassen. Hingegen sind erwartete positive Erfolgsbeiträge aus der Veräußerung von Vermögenswerten bei der Bewertung von Rückstellungen nicht zu berücksichtigen. Dies gilt auch, wenn und soweit die Veräußerung mit dem verpflichtenden Ereignis eng zusammenhängt. Stattdessen sind die Geschäftsvorfälle entsprechend dem Saldierungsverbot des IAS 1.32 getrennt zu bilanzieren.[216]

Erfahrungseffekte

Nach IAS 37.49 sind erwartete Kostenminderungen aufgrund von weiteren Erfahrungen mit gegenwärtiger Technologie bei der Rückstellungsbewertung zu berücksichtigen. Damit sind die künftigen Preis- und Kostenverhältnisse zum Erfüllungsstichtag maßgeblich, soweit sie am Bilanzstichtag objektiv nachweisbar sind.

Eine „neue" Gesetzgebung ist nach IAS 37.50 zu berücksichtigen, soweit ausreichend objektive Hinweise bestehen, dass deren „Inkrafttreten" so gut wie sicher ist. Ausreichende objektive Hinweise sind notwendig, sowohl für die Anforderungen, die aus der neuen Gesetzgebung resultieren, als auch dafür, dass die neue Gesetzgebung

[214] Eine Anpassung des Zinssatzes um bestimmte Risiken ist indes praktisch von untergeordneter Relevanz, da die Risiken i.d.R. schon bei der Bestimmung des besten Schätzwertes berücksichtigt werden.

[215] Hierzu Zülch/Hendler, Bilanzierung nach IFRS, 2. Aufl. 2017, S. 315.

[216] Lediglich für den Fall, dass ein Vermögenswert im Zuge der Verpflichtung übernommen und wieder veräußert wird, könnte eine Saldierung des dann erzielten Erfolgsbeitrags mit dem Rückstellungsbetrag dann in Frage kommen, wenn der Erfolgsbeitrag aus der Veräußerung verlässlich geschätzt werden kann.

zeitnah verabschiedet und umgesetzt wird. Im deutschen Rechtsraum ist dies der Fall, wenn im Gesetzgebungsverfahren lediglich die Billigung des Bundespräsidenten aussteht und zum Zeitpunkt der Abschlusserstellung keine Einwände bekannt sind.

Rückgriffsansprüche

Rückgriffsansprüche,[217] bei denen es nahezu sicher ist, dass der Dritte den Ausgleich leisten wird, sind nach IAS 37.53 in der Bilanz grundsätzlich gesondert als Vermögenswert auszuweisen und dürfen nicht mit ungewissen Verpflichtungen saldiert werden. Die Höhe des Vermögenswerts darf dabei den entsprechenden Rückstellungsbetrag nicht übersteigen. In der Gesamtergebnisrechnung dürfen die Erfolgswirkungen der Verpflichtung und des Rückgriffsanspruchs nach IAS 37.54 indes saldiert ausgewiesen werden.

Hinweis
Eine ratierliche Ansammlung von Rückstellungen wie nach HGB ist nach IAS 37 nicht zulässig. Das bedeutet indes nicht, dass Sachverhalte, die nach dem HGB zu einer Ansammlungsrückstellung führen, in einem IFRS-Abschluss nicht entsprechend ratierlich berücksichtigt werden. So gehören z.B. die künftigen Ausgaben aufgrund der Verpflichtung, den Unternehmensstandort nach Schließung eines Kernkraftwerks wiederherzustellen, gemäß IAS 16.16(c) zu den Anschaffungs- oder Herstellungskosten des Kraftwerks. Die künftigen Kosten der Dekontaminierungsarbeiten sind bereits im Zeitpunkt der Inbetriebnahme vollständig als Rückstellung zu passivieren und den Anschaffungs- oder Herstellungskosten zuzurechnen. Der den Anschaffungs- oder Herstellungskosten zugerechnete Betrag ist dann über die Laufzeit des Kraftwerks abzuschreiben und erhöht insofern den Abschreibungsaufwand.

Die vorangegangenen Ausführungen lassen sich wie folgt zusammenfassen:

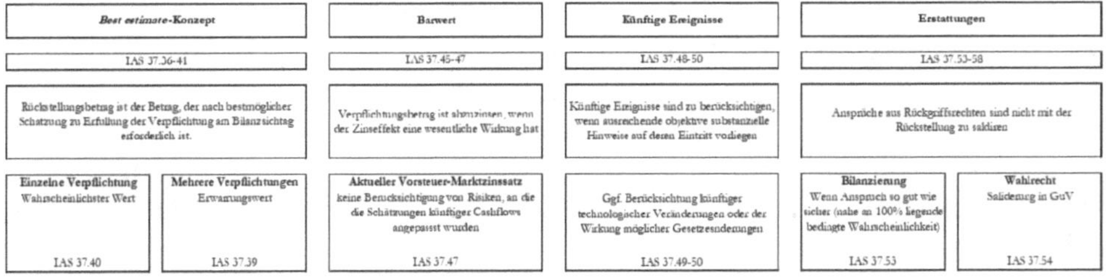

Abb. 24: Allgemeine Bewertungsvorschriften des IAS 37

Besondere Bewertungsregeln

Nach IAS 37.66 ist als Rückstellung für einen belastenden Vertrag eine Rückstellung in Höhe der gegenwärtigen Verpflichtung anzusetzen. Allerdings begründet ein Vertrag nach IAS 37.67 für die Vertragsparteien i.d.R. sowohl Verpflichtungen als auch Rechte. Daher ist als Rückstellung für einen belastenden Vertrag regelmäßig der aus dem Vertrag resultierende Verpflichtungsüberhang zurückzustellen. Dieser ermittelt sich nach IAS 37.68 als niedrigerer Betrag aus

---

[217] Derartige Ansprüche können z.B. aus Versicherungsverträgen, Entschädigungsklauseln oder Gewährleistungen von Lieferanten resultieren.

- den erwarteten Aufwendungen zur Erfüllung der vertraglichen Verpflichtung abzüglich des erwarteten wirtschaftlichen Nutzens (zu erhaltenden Gegenleistung) aus dem Vertrag, und
- bei Nichterfüllung zu leistende Entschädigungszahlungen oder Strafgelder.

onerous contracts

Bevor für einen belastenden Vertrag eine Rückstellung gebildet wird, ist gegebenenfalls nach IAS 36 ein Wertminderungsaufwand für Vermögenswerte zu erfassen, die mit dem Vertrag verbunden sind. Gleiches gilt nach IAS 2 für Vorräte, auch wenn in IAS 37.69 nicht explizit darauf verwiesen wird.

Restrukturierungsrückstellungen

Bei der Bewertung der Restrukturierungsrückstellungen dürfen nur die direkt mit der Restrukturierung in Zusammenhang stehende Ausgaben berücksichtigt werden, die zwangsweise im Zuge der Restrukturierung entstehen und nicht mit den laufenden Aktivitäten des Unternehmens zusammenhängen. So sind z.B. Abfindungszahlungen und Abbruchkosten bei der Bemessung einer Restrukturierungsrückstellung zu berücksichtigen. Nicht berücksichtigt werden dürfen nach IAS 37.80-81 z.B. Aufwendungen für Umschulungen, Versetzungen weiterbeschäftigter Mitarbeiter, Ausgaben für die Werbung neuer Mitarbeiter oder Ausgaben für die Beratung bei der Umorganisation des Unternehmens.

Werden im Zuge der Durchführung einer Restrukturierungsmaßnahme Vermögenswerte veräußert, ist der zu erwartende Veräußerungsgewinn bei der Bewertung der Rückstellung nicht zu berücksichtigen. Stattdessen ist der Gewinn zu erfassen, wenn das Veräußerungsgeschäft bezüglich des Vermögenswerts realisiert ist.

4.2.2.3.2 Folgebewertung

Die beschriebenen Bewertungsgrundsätze sind sowohl beim erstmaligen Ansatz als auch bei einer Bewertung an den drauffolgenden Abschlussstichtagen zu berücksichtigen. Bei Bedarf sind die Rückstellungen gemäß IAS 37.59 anzupassen, so dass sie an jedem Abschlussstichtag die bestmögliche Schätzung des Erfüllungsbetrags widerspiegeln.

4.2.2.4 Änderung, Auflösung und Inanspruchnahme von Rückstellungen

Änderungen

Die Änderungen – d.h. Erhöhungen oder Verringerungen – der Rückstellungen sind grundsätzlich erfolgswirksam zu erfassen. Änderungen von Entsorgungs-, Wiederherstellungs- und ähnlichen Verpflichtungen sind nach IFRIC 1, soweit sie auf Änderungen des bestens Schätzwerts sowie des Zinssatzes zurückzuführen sind, grundsätzlich gegen den Buchwert der entsprechenden Sachanlage zu erfassen.

Auflösung

Sofern nach erstmaligem Ansatz einer Rückstellung die Wahrscheinlichkeit des künftigen Ressourcenabflusses nicht mehr größer ist als 50%, ist die Rückstellung nach IAS 37.59 aufzulösen. Die Auflösung der Rückstellung ist in der Gesamtergebnisrechnung grundsätzlich als „Sonstiger Ertrag" zu erfassen.

Inanspruchnahme

Tritt der Sachverhalt, für den die Rückstellung gebildet wurde, ein, ist die Rückstellung in Anspruch zu nehmen. Die Ausgaben sind nicht als Aufwand zu erfassen, sondern mit der Rückstellung unmittelbar und damit erfolgsneutral zu verrechnen. Die Rückstellung ist dabei nur für die

Ausgaben in Anspruch zu nehmen, für die sie ursprünglich gebildet wurde. Eine Übertragung einer Rückstellung auf andere Sachverhalte ist nach IAS 37.62 nicht zulässig, da in einem solchen Fall die Wirkung zweier Sachverhalt vermengt würde.

4.2.2.5 Beispielsachverhalte - Rückstellungen

a. Schadensersatz

Die FWA wird im Laufe des Jahres 2XX0 von einem Konkurrenzunternehmen auf Schadensersatz in Höhe von EUR 120.000 wegen einer Patentrechtsverletzung verklagt. Die gesamten Anwalts-, Gutachter- und Beratungskosten werden in etwa EUR 12.000 betragen. Nach Einschätzung des betreuenden Rechtsanwalts ist Anfang 2XX1 mit einer Verurteilung in voller Höhe zu rechnen. Im April 2XX2 wird die FWA rechtskräftig verurteilt.

Zum 31.12.2XX0 ist der Sachverhalt im Jahresabschluss der FWA wie folgt abzubilden:

Nach IFRS ist eine Rückstellung zu passivieren, da die Ansatzvoraussetzungen nach IAS 37.14 erfüllt sind. Insbesondere ist der Ressourcenabfluss wahrscheinlich, da mit einer Verurteilung zu rechnen ist. Die Bewertung erfolgt nach IAS 37.36 zum *best estimate*. Eine Abzinsung ist aufgrund der Unwesentlichkeit vor dem Hintergrund der kurzen Restlaufzeit der Rückstellung nach IAS 37.45 nicht erforderlich.

Es ist wie folgt zu buchen:

Sonstige Aufwendungen	132.000	an	Rückstellungen	132.000

Im Laufe des Jahres 2XX1 wird die Rückstellung in Anspruch genommen. Zum 31.12.2XX1 ist wie folgt zu buchen:

Rückstellungen	132.000	an	Liquide Mittel	132.000

b. Gewährleistungsverpflichtung

In 2XX0 wurde eine Gewährleistungsrückstellung in Höhe von EUR 100.000 gebildet. Zeitpunkt der Inanspruchnahme wird voraussichtlich Ende 2XX5 sein. Es wird mit einer jährlichen Kostensteigerungsrate von 2% gerechnet. Der für die Abzinsung relevante Diskontierungsfaktor soll sich auf 5%.

Zum 31.12.2XX0 ist der Sachverhalt im Jahresabschluss der FWA wie folgt abzubilden:

Nach IFRS ist eine Rückstellung zu passivieren, da die Ansatzvoraussetzungen nach IAS 37.14 erfüllt sind. Insbesondere ist der Ressourcenabfluss wahrscheinlich, da mit einer Verurteilung zu rechnen ist. Die Bewertung erfolgt nach IAS 37.36 zum *best estimate*. Künftige Kostensteigerungen sind gemäß IAS 37.48 ebenfalls zu berücksichtigen. Da der Abzinsungseffekt wesentlich ist, ist die Rückstellung nach IAS 37.45 mit dem Barwert der erwarteten Ausgaben anzusetzen.

Der Barwert ermittelt sich wie folgt (die Berechnungen enthalten Rundungen):

- Erfüllungsbetrag: EUR 100.000 x $(1{,}02)^5$ = EUR 110.408
- Abzinsung des Erfüllungsbetrags (= Barwert): EUR 110.408 / $(1{,}05)^5$ = EUR 86.508

Die Rückstellung ist mit diesem diskontierten Wert zu passivieren. Hierzu ist wie folgt zu buchen:

Gewährleistungsaufwand	110.408	an	Rückstellungen	110.408

Rückstellungen	23.900	an	Zinsertrag	23.900

In den Folgejahre ist die Rückstellung sukzessive aufzuzinsen. Der Aufzinsungsbetrag ermittelt sich wie folgt:

EUR 86.508 x 5% = EUR 4.324

In 2XX1 ist damit wie folgt zu buchen:

Zinsaufwand	4.325	an	Rückstellungen	4.325

Damit ergibt sich zum 31.12.2XX1 eine Rückstellung in Höhe von EUR 90.833.

In den Folgejahren ist entsprechend vorzugehen. Zum 31.12.2XX5 ist die Rückstellung dann mit ihrem Erfüllungsbetrag von EUR 110.408 auszuweisen und sofern die Inanspruchnahme erfolgt, ist der Verbrauch erfolgsneutral zu buchen. Anderenfalls wäre die Rückstellung erfolgswirksam aufzulösen.

c. Kulanzleistungen

Ergänzend zu dieser Garantieverpflichtung wird die FWA in Zukunft Kulanzleistungen ohne rechtliche Verpflichtung erbringen müssen, um die eigene Marktposition stabil zu halten. Nach Einschätzung der Fachabteilungen wird hierfür ein Betrag von EUR 50.000 zu verschlagen sein (sämtliche Kulanzleistungen werden in der ersten Jahreshälfte 2XX2 anfallen).

Zum 31.12.2XX0 ist der Sachverhalt im Jahresabschluss der FWA wie folgt abzubilden:

Nach IAS 37.14 ist auch für diese nicht rechtlich, sondern faktisch begründeten Verpflichtungen eine Rückstellung zu passiveren. Vorliegend ist ein Betrag von EUR 50.000 zurückzustellen. Aufgrund der kurzen Restlaufzeit ist keine Abzinsung erforderlich. Es ist wie folgt zu buchen:

Sonstige Aufwendungen (Aufwendungen für Kulanz)	50.000	an	Rückstellungen	50.000

Im Laufe des Jahres 2XX1 wird die Rückstellung in Anspruch genommen. Zum 31.12.2XX1 ist wie folgt zu buchen:

Rückstellungen	50.000	an	Liquide Mittel	50.000

d. Unterlassene Instandhaltung

Durch einen Teilschaden in der Steuerung kann eine Spinnmaschine seit Juni 2XX2 nur noch eingeschränkt genutzt werden. Da die Maschine für die Abarbeitung von Kundenaufträgen aber dringend gebraucht wird, soll der Schaden erst im Dezember (Winterpause) behoben werden. Die Kosten betragen in etwa EUR 200.000.

Zum 31.12.2XX2 ist der Sachverhalt im Jahresabschluss der FWA wie folgt abzubilden:

Das IASB setzt in der Schuldendefinition voraus, dass eine Verpflichtung gegenüber einem Dritten besteht. Rückstellungen für unterlassene Instandhaltung stellen indes Innenverpflichtungen dar, weshalb eine Rückstellungsbildung nach IFRS, unabhängig vom Zeitpunkt der Nachholung, nicht zulässig ist. Die Kosten in Höhe von EUR 200.000 sind insofern bei Anfall als Aufwand zu erfassen.

e. Belastender Vertrag

In 2XX1 schloss die FWA mit der Weberei Schneider & Töchter, Schweinfurt einen bis 30.06.2XX3 befristeten Liefervertrag über monatlich 20 Tonnen Garn zu einem Preis von EUR 9.000 pro Tonne. Infolge des Wollpreisanstiegs werden seit Januar 2XX2 10% der Herstellungskosten (EUR 10.000) nicht durch den Verkaufserlös gedeckt. Zum Bilanzstichtag 31.12.2XX2 sind keine Fertigerzeugnisse auf Lager.

Nach IFRS ist zum 31.12.2XX2 für die 240 Tonnen noch zu lieferndes Garn nach IAS 37.66ff. aufgrund eines belastenden Vertrags eine Rückstellung zu passivieren. Eine Abschreibung der Vorräte kommt nicht in Frage, da sich zum Bilanzstichtag keine Fertigerzeugnisse auf Lager befinden. Aufgrund der kurzen Restlaufzeit ist keine Abzinsung erforderlich.

Der zurückzustellende Betrag für das Geschäftsjahr 2XX2 errechnet sich wie folgt:

- 12 Monate á 20 Tonnen = 240 noch zu liefernde Tonnen
- Verlust pro Tonne = EUR 1.000
- Insgesamt drohender Verlust aus dem Liefervertrag: 240 Tonnen x EUR 1.000 pro Tonne = EUR 240.000

Sonstige Aufwendungen (drohende Verluste aus schwebenden Geschäften)	240.000	an	Rückstellungen	240.000

In 2XX3 wird die Rückstellung in Anspruch genommen:

Rückstellungen	240.000	an	Liquide Mittel	240.000

f. Steuernachzahlung

In 2XX4 ist mit einer Körperschaftsteuernachzahlung in Höhe von EUR 50.000 zu rechnen (Körperschaftsteuerschuld des abgeschlossenen Geschäftsjahres). Außerdem wurde für das dritte Quartal 2XX3 die Gewerbesteuervorauszahlung in Höhe von EUR 10.000 noch nicht entrichtet.

Die Körperschaftsteuerschuld erfüllt die Kriterien für die Bilanzierung einer Rückstellung. Die Wahrscheinlichkeit der Inanspruchnahme der FWA ist gegeben, eine Schätzung des zu zahlenden Betrags kann ebenfalls vorgenommen werden.

Damit ist zum 31.12.2XX3 wie folgt zu buchen:

Steuern vom Einkommen und vom Ertrag	60.000	an	Rückstellungen	50.000
			Sonstige Verbindlichkeiten	10.000

g. Dekontamination

Bei der Renovierung einer Produktionshalle in Periode 2XX5 wurde festgestellt, dass der Boden unter der Halle durch ausgelaufene Farbe großflächig kontaminiert wurde. Gemäß der kommunalen Rechtslage ist die FWA dazu verpflichtet, den belasteten Boden innerhalb der nächsten zwei Jahre zu dekontaminieren. Die Sanierungskosten werden auf EUR 1.000.000 geschätzt. Der aktuelle Marktzins für vergleichbare Transaktionen beläuft sich zum Bilanzstichtag auf 3%.

Da die Passivierungsvoraussetzungen des IAS 37 erfüllt sind, ist eine Rückstellung zu bilden. Das verpflichtende Ereignis ist die Kontamination des Bodens, da gesetzliche Regelungen (öffentlich-rechtliche Verpflichtung) eine Dekontamination verlangen. Zudem ist der Ressourcenabfluss wahrscheinlich und der Wert zuverlässig schätzbar. Rückstellungen sind nach IFRS i.d.R. mit einem fristadäquaten Marktzins zu diskontieren, falls sich daraus wesentliche Effekte ergeben. Damit ergibt sich zum 31.1.2XX5 folgende Rückstellung (die Berechnung enthält Rundungen):

EUR 1.000.000 / $1{,}03^2$ = EUR 942.596

h. Restrukturierungsmaßnahmen

Bei der FWA sind aufgrund wirtschaftlicher Schwierigkeiten umfangreiche Sanierungsmaßnahmen erforderlich. So soll der Standort Bayreuth verkleinert werden. Der Vorstand hat für diese Restrukturierungsmaßnahme einen detaillierten Maßnahmen- und Ausgabenplan erstellt. Nach Verabschiedung dieses Plans in der Aufsichtsratssitzung wurde der Betriebsrat der FWA Mitte Dezember 2XX5 über die erforderlichen Restrukturierungsmaßnahme unterrichtet. Insbesondere für Abfindungen ist mit Restrukturierungskosten in Höhe von EUR 1.200.000 zu rechnen.

Unabdingbar erscheint des Weiteren nach der Einschätzung einer renommierten Unternehmensberatungsgesellschaft ein Personalabbau am Standort Dortmund. Das Gutachten der Unternehmensberatungsgesellschaft liegt dem Vorstand seit Mitte Dezember 2XX5 vor. Weitere Schritte und konkrete Beschlüsse wurden bislang nicht veranlasst, voraussichtlich ist aber Mitte 2XX6 ein Personalabbau erforderlich, der Abfindungszahlungen in Höhe von EUR 500.000 nach sich ziehen wird.

Zum 31.12.2XX5 sind die Sachverhalte im IFRS-Abschluss der FWA wie folgt zu behandeln:

IAS 37.70-83 regelt die Ansatzvoraussetzungen für Restrukturierungsrückstellungen. Nur wenn ein detaillierter Plan über erforderliche Maßnahmen und Ausgaben vorliegt und durch Bekanntgabe der Restrukturierungsmaßnahmen bzw. deren Umsetzungsbeginn bei den Betroffenen gerechtfertigte Erwartungen geschaffen wurden, ist der Ansatz einer solchen Rückstellung nach IAS 37.72 zulässig. Diese Kriterien dienen der Klarstellung, ab wann eine Verpflichtung konkretisiert ist und damit eine Rückstellung passiviert werden muss. Vorliegende gilt folgendes: für die Maßnahmen am Standort Bayreuth ist eine Restrukturierungsrückstellung zu passivieren.

Es ist wie folgt zu buchen:

Sonstige Aufwendungen (Restrukturierungsaufwand)	1.200.000	an	Rückstellungen	1.200.000

Hinsichtlich des Standorts Dortmund existiert noch keine konkretisierte faktische Verpflichtung. Es liegt weder ein detaillierter formaler Restrukturierungsplan vor noch wurde bei den Betroffenen durch Bekanntgabe oder Umsetzungsbeginn eine gerechtfertigte Erwartung einer Durchführung geweckt. Insofern darf zum 31.12.2XX5 keine Rückstellung passiviert werden.

Unter Berücksichtigung der Sachverhalte stellen sich Bilanz und Gewinn- und Verlustrechnung wie folgt dar:

Bilanz — 31.12.2XX

	Ref.	0	1	2	3	4	5
Aktiva							
…							
Kurzfristige Vermögenswerte							
…							
sonstige Vermögensgegenstände	d.						
…							
Liquide Mittel	a.		-132.000				
	b.						-110.408,00
	c.		-50.000				
	d.			-200.000			
	e.				-240.000		
	f.					-60.000	
…							
Passiva							
Eigenkapital							
…							
Jahresergebnis		-244.608,00	-4.325,00	-444.542,00	-64.769,00	-5.007,00	-2.147.853,00
…							
Langfristige Schulden							
Rückstellungen		86.508	90.833,00	95.375,00	100.144,00	105.151,00	0,00
	b.	86.508	4.325	4.542	4.769	5.007	5.257
	b.						-110.408
…							
Kurzfristige Schulden							
Rückstellungen		182.000	0	240.000	50.000	0	2.142.596
	a.	132.000	-132.000				
	c.	50.000	-50.000				
	d.						
	e.			240.000	-240.000		
	f.				50.000	-50.000	
	g.						942.596
	h.						1.200.000
…							
Sonstigen Verbindlichkeiten	f.				10.000,00	-10.000,00	

Gewinn- und Verlustrechnung nach GKV — 1.1. - 31.12.2XX

	Ref.	0	1	2	3	4	5
…							
8. Sonstige Aufwendungen	a.	-132.000					
	b.	-86.508					
	c.	-50.000					
	d.			-200.000			
	e.			-240.000			
	g.						-942.596
	h.						-1.200.000
…							
10. Sonstige Zinsen und ähnliche Erträge	b.	23.900					
…							
11. Zinsen und ähnliche Aufwendungen	b.		-4.325	-4.542	-4.769	-5.007	-5.257
…							
14. Steuern vom Einkommen und vom Ertrag	f.				-60.000		
…							
17. Jahresüberschuss/Jahresfehlbetrag		-244.608	-4.325	-444.542	-64.769	-5.007	-2.147.853

Gewinn- und Verlustrechnung nach UKV — 1.1. - 31.12.2XX

	Ref.	0	1	2	3	4	5
…							
6. Sonstige Aufwendungen	a.	-132.000					
	b.	-86.508					
	c.	-50.000					
	d.			-200.000			
	e.			-240.000			
	g.						-942.596
	h.						-1.200.000
…							
8. Sonstige Zinsen und ähnliche Erträge	b.	23.900					
…							
9. Zinsen und ähnliche Aufwendungen	b.		-4.325	-4.542	-4.769	-5.007	-5.257
12. Steuern vom Einkommen und vom Ertrag	f.				-60.000		
…							
15. Jahresüberschuss/Jahresfehlbetrag		-244.608	-4.325	-444.542	-64.769	-5.007	-2.147.853

4.2.3 Pensionsrückstellungen und sonstige Leistungen an Arbeitnehmer

4.2.3.1 Grundlagen

4.2.3.1.1 Relevante Normen, Anwendungsbereich und Zielsetzung

IAS 19

Die Bilanzierung von Pensionszusagen und anderen Leistungen an Arbeitnehmer ist Gegenstand von IAS 19. Dieser ist insofern anzuwenden für sämtliche Leistungen an Arbeitnehmer. Darunter sind alle Formen von Vergütungen zu verstehen, die ein Unternehmen im Tausch für die vom Arbeitnehmer für das Unternehmen erbrachte Arbeitsleistung gewährt. Dabei kann vom Unternehmen die Leistung in Form von Zahlungen an den Arbeitnehmer selbst, aber auch an den Ehepartner oder die Kinder erfüllt werden. Zudem kann in bestimmten Fällen die Leistung an den Arbeitnehmer auch erfüllt werden, indem z.B. ein bestimmter Betrag an ein Versicherungsunternehmen gezahlt wird. Letzteres ist dann verpflichtet, bei Eintritt bestimmter Sachverhalte an den Arbeitnehmer – z.B. Pensionszahlungen – zu leisten. Leistungen an Arbeitnehmer, die in den Anwendungsbereich des IFRS 2 fallen, sind von IAS 19 ausgenommen.

Leistungsgrundlagen

Leistungen an Arbeitnehmern können auf unterschiedlichen Grundlagen gewährt werden. Sie können gewährt werden auf Grundlage von:

- formellen Verträgen (z.B. Arbeitsverträgen), Plänen oder anderen formellen Vereinbarungen zwischen einem Unternehmen und Arbeitnehmern, Gruppen von Arbeitnehmern oder deren Vertretern,
- gesetzlichen Bestimmungen oder tarifvertraglichen Vereinbarungen, oder
- betrieblicher Übung, die eine faktische Verpflichtung begründet. Eine faktische Verpflichtung aus betrieblicher Übung liegt vor, wenn das Unternehmen keine realistische Alternative zur Zahlung der Leistung an die Arbeitnehmer hat.

Ziel

Das Ziel von IAS 19 besteht darin, eine den tatsächlichen Verhältnissen entsprechende Darstellung der Vermögenslage sowie eine verursachungsgerechte Erfolgsperiodisierung zu gewährleisten. Um dieses Ziel zu erreichen, ist zum einen zu ermitteln, mit welchem Betrag eine Verbindlichkeit des Unternehmens in der Bilanz anzusetzen ist, wenn der Arbeitnehmer in Vorleistung getreten ist, er also die Vergütung erst zu einem der Leistungserbringung nachgelagertem Zeitpunkt erhält. Zum anderen ist zu ermitteln, in welcher Höhe in der Ergebnisrechnung ein Aufwand zu erfassen ist.

4.2.3.1.2 Begriffsbestimmungen

Leistungskategorien

IAS 19.5 unterteilt die Leistungen an Arbeitnehmer in vier Kategorien. Da die vier Kategorien jeweils unterschiedliche Merkmale aufweisen, werden sie nach IAS 19 differenziert geregelt:

- Leistungen nach Beendigung des Arbeitsverhältnisses umfassen Renten, sonstige Altersversorgungsleistungen, Lebensversicherungen und medizinische Versorgung nach Beendigung des Arbeitsverhältnisses.
- Kurzfristig fällige Leistungen an Arbeitnehmer umfassen Löhne, Gehälter und Sozialversicherungsbeiträge.

- Andere langfristig fällige Leistungen an Arbeitnehmer umfassen Sonderurlaub nach langjähriger Dienstzeit, Jubiläumsgelder, Versorgungsleistungen im Falle langfristiger Erwerbsunfähigkeit sowie Gewinn- und Erfolgsbeteiligungen und sonstige Vergütungsbestandteile, soweit diese nicht innerhalb von zwölf Monaten zu zahlen sind.
- Leistungen aus Anlass der Beendigung des Arbeitsverhältnisses.

4.2.3.1.3 Klassifikation von Pensionszusagen

Die bilanzielle Abbildung von Pensionszusagen bzw. -pläne hängt zunächst davon ab, welche Vereinbarung das Unternehmen als Arbeitgeber mit dem Arbeitnehmer geschlossen hat. Im Grundsatz lassen sich hierbei zwei Arten von Pensionszusagen unterscheiden, durch welche ein Unternehmen erbrachte Arbeitsleistungen kompensiert: beitrags- und leistungsorientierte Zusagen.

Beitragsorientierte Pensionszusagen

Bei den beitragsorientierten Pensionszusagen (*defined contribution plans*) verpflichtet sich das Unternehmen nach IAS 19.8 lediglich zur Zahlung fester Beiträge an externe bzw. eigenständige Versorgungsträger, die im Gegenzug die spätere Pensionsleistung erbringen. Darüber hinaus ist der Arbeitgeber nicht verpflichtet, weitere Zahlungen an den Versorgungsträger zu leisten, insbesondere auch dann nicht, wenn dieser nicht mehr in der Lage ist, die Leistungen an die begünstigten Arbeitnehmer zu zahlen. Das Unternehmen garantiert gerade nicht die Höhe der künftigen Pensionsleistungen. Der Arbeitnehmer trägt damit nach IAS 19.28 im Wesentlichen das Risiko, dass seine künftigen Pensionszahlungen geringer als erwartet ausfallen.

Hinweis
In Deutschland haftet der Arbeitgeber jedoch aufgrund der in § 1 Abs. 1 Satz 3 BetrAVG (Gesetz zur Verbesserung der betrieblichen Altersversorgung) kodifizierten Subsidiärhaftung mindestens für die zum Aufbau der betrieblichen Altersversorgung eingezahlten Beiträge. Insofern sind die meisten deutschen betrieblichen Altersversorgungszusagen eher nicht als reine beitragsorientierte Pensionspläne zu klassifizieren.

Beitragsorientierte Pläne gehen mit einem Mittelabfluss an externe Versorgungsträger einher.

Leistungsorientierte Pensionszusagen

Demgegenüber verpflichtet sich das Unternehmen bei leistungsorientierten Pensionsplänen (*defined benefit plans*) selbst zu einer bestimmten künftigen Pensionsleistung, die i.d.R. von der Zahl der Dienstjahre und/oder der Gehaltshöhe abhängt. Es hat damit sicherzustellen, dass jederzeit ausreichend finanzielle Mittel zur Begleichung fälliger Pensionsleistungen zur Verfügung stehen. Hier trägt nach IAS 19.30 folglich das Unternehmen sämtliche Risiken, dass die künftigen Zahlungsverpflichtungen aus der Pensionszusage höher als erwartet ausfallen, profitiert aber u.U. im umgekehrten Fall von einer entsprechenden Minderung.

Bei leistungsorientieren Pensionszusagen hat das Unternehmen die Wahl zwischen unterschiedlichen Finanzierungsformen. Entweder sammelt es die finanziellen Mittel im Unternehmen selbst an oder bedient sich auch hier der Hilfe externer Versorgungsträger, ohne dadurch aber aus der Leistungsverpflichtung entlassen zu werden.

In Abhängigkeit von den konkreten Ausgestaltungsdetails der betrieblichen Pensionszusagen ist die Grenze zwischen beitrags- und leistungsorientierten Plänen oftmals fließend. IAS 19.29 nennt Arrangements, die darauf hindeuten, dass beim Unternehmen eine rechtliche oder faktische Verpflichtung verbleibt, mehr als die vereinbarten Beträge zu Gunsten des Arbeitnehmers zu zahlen. In solchen Fällen liegt ggf. eine leistungsorientierte Zusage vor. Hierzu zählen gemäß IAS 19.29 u.a. die Gewohnheit eines Unternehmens, vereinbarte Zusagen im Nachhinein freiwillig zu erhöhen, sowie garantierte (Mindest-)Renditen aus ansonsten rein beitragsorientierten Zusagen.

Ein weiterer Grenzfall wird explizit in IAS 19.46-49 genannt: schließt ein Unternehmen zu Gunsten seines Arbeitnehmers eine Lebensversicherung ab, so liegt eine beitragsorientierte Zusage vor. Dies gilt nur dann nicht, wenn das Unternehmen verpflichtet ist, die Pensionszahlungen bei Fälligkeit direkt an den Arbeitnehmer zu leisten oder wenn es über die Versicherungssumme hinausgehende Beträge zahlen muss.[218]

4.2.3.2 Bilanzierung von beitragsorientieren Zusagen

Aufwandswirksame Erfassung

Solange das Unternehmen seinen aus beitragsorientieren Plänen resultierenden Zahlungsverpflichtungen regelmäßig und in voller Höhe nachkommt, ist deren bilanzielle Abbildung wenig komplex. Nach IAS 19.50 ist die Verpflichtung des berichtenden Unternehmens gegenüber dem externen Versorgungsträger in jeder Periode durch die für diese Periode zu entrichtenden Beiträge bestimmt. Deswegen sind zur Bewertung von Verpflichtung oder Aufwand des Unternehmens keine versicherungsmathematischen Annahmen erforderlich und können keine versicherungsmathematischen Gewinne oder Verluste entstehen. Darüber hinaus werden die Verpflichtungen auf nicht abgezinster Basis bewertet, es sei denn, sie sind nicht in voller Höhe innerhalb von zwölf Monaten nach Ende der Periode fällig, in der die damit verbundenen Arbeitsleistungen erbracht werden. Die anfallenden Zahlungsverpflichtungen sind insofern zeitkongruent mit der Erbringung der Arbeitsleistung des Begünstigten erfolgswirksam zu erfassen.[219]

Ausweis bei versäumter oder im Voraus geleisteten Zahlungen

Versäumte oder im Voraus geleistete Zahlungen an den externen Versorgungsträger werden nach IAS 19.51 als Schuld bzw. Forderung abgegrenzt. Liegt der geplante Zahlungstermin mehr als zwölf Monate nach dem Ende der Periode, in der die entsprechenden Arbeitsleistungen erbracht wurden, ist die resultierende Verbindlichkeit nach IAS 19.52 mit Verweis auf IAS 19.83 abzuzinsen.

4.2.3.3 Bilanzierung von leistungsorientieren Zusagen

4.2.3.3.1 Allgemeines

Ungewisse Verbindlichkeit

Mit leistungsorientieren Pensionszusagen versprechen Unternehmen ihren Mitarbeitern i.d.R. lebenslange betrieblichen Rentenzahlungen nach dem Ausscheiden aus dem aktiven

---

[218] Hierzu Derbort/Mehlinger/Seeger/Bauer, Bilanzierung von Pensionsverpflichtungen, 3. Aufl. 2022, S. 178ff.

[219] Hierzu Pellens/Fülbier/Gassen/Selhorn, Internationale Rechnungslegung, 11. Aufl. 2021, S. 512.

Berufsleben. Dieses Versprechens können sie sich durch die Zahlungen an externe Versorgungsträger nicht entledigen, da nach IAS 19.30 die Leistungsverpflichtung letztlich beim Unternehmen verbleibt. Insofern erfüllt eine leistungsorientierte Pensionszusage für das Unternehmen den Tatbestand einer ungewissen Verbindlichkeit. Aufgrund der Abbildung zukünftiger Versorgungsleistungen ist die Bilanzierung leistungsorientierter Pläne nach IAS 19.55 komplexer.

Kontinuierliche Bestimmung

Im Gegensatz zu beitragsorientieren Zusagen, bei denen lediglich die für eine Berichtsperiode fällig werdenden festgelegten Beitragszahlungen als Aufwand erfasst werden, müssen bei einem leistungsorientierten Plan zu jedem Bilanzstichtag die Höhe der Verpflichtung sowie der Aufwand bestimmt werden. Nach Empfehlung des IASB sollte hierzu gemäß IAS 19.58 regelmäßig auf Sachverständige zurückgegriffen werden.[220]

4.2.3.3.2 Ausweis leistungsorientierter Verpflichtungen

Bilanzieller Ausweis

Da IAS 19 einem Nettoausweis folgt, sind bei externer Finanzierung weder der Barwert der leistungsorientierten Verpflichtung noch der beizulegende Zeitwert des Planvermögens in der Bilanz in voller Höhe ersichtlich. Lediglich der Saldo dieser Größen, also eine etwaige Über- oder Unterdeckung der Verpflichtung durch das Planvermögen, wird nach IAS 19.63 in der Bilanz als Schuld oder Vermögenswert ausgewiesen:

	Barwert der leistungsorientierten Verpflichtung (*defined benefit obligation*, DBO)
-	beizulegender Zeitwert des Planvermögens (*plan assets*)
=	bilanziell zu erfassender Saldo aus einer leistungsorientierten Zusage

Nur bei ausschließlich unternehmensinterner Finanzierung der Pensionsverpflichtung entfällt das Planvermögen innerhalb dieser Berechnung und der Barwert der leistungsorientierten Verpflichtung erscheint in voller Höhe auf der Passivseite.

Ausweis im Gesamtergebnis

Dienstzeitaufwand und Nettozinsaufwand sind entsprechend IAS 19.120 im Gewinn oder Verlust und Neubewertungen im sonstigen Ergebnis (OCI) auszuweisen. Allerdings enthält IAS 19 keine konkreten Regelungen bezüglich der Darstellung der einzelnen Komponenten des Pensionsaufwands im Gewinn oder Verlust, sondern verweist in IAS 19.134 allgemein auf IAS 1.

Aus IAS 19.120 ergibt sich folgendes Schema zur Ermittlung des Pensionsaufwands:[221]

	Dienstzeitaufwand der Periode	Gewinn oder Verlust
+/-	Nettozinsaufwand	Gewinn oder Verlust
+/-	Neubewertungen	Sonstige Ergebnis
=	Pensionsaufwand oder -ertrag der Periode	

Nettozinsaufwand/-ertrag

Da der Nettozinsaufwand/-ertrag nach IAS 19.134 nicht zwangsläufig im Finanzergebnis auszuweisen ist, sondern alternativ auch als Personalaufwand im operativen Ergebnis gezeigt werden kann, stehen den Unternehmen hier erhebliche bilanzpolitische Spielräume zur Verfügung.

---

[220] Hierzu IDW, WPH, 17. Aufl. 2021, Kap. K Tz. 199.

[221] Übernommen aus IDW, WPH, 17. Aufl. 2021, Kap. K Tz. 202.

Erfassung von Neubewertungen

Hinsichtlich der bilanziellen Erfassung der Neubewertungen im Sonstigen Ergebnis ist zu beachten, dass diese Beträge nach IAS 19.122 auch zu keinem späteren Zeitpunkt erfolgswirksam berücksichtigt werden dürfen, d.h. es kommt hier zu keinem *recycling*.

4.2.3.3.3 Bewertung der Verpflichtung

Versicherungsmathematische Bewertung

Unabhängig davon, ob die leistungsorientierte Pensionszusage intern oder extern finanziert wird, folgt die Bewertung der Verpflichtung einem versicherungsmathematischen Verfahren. Im Wesentlichen geht es darum, für jeden betroffenen Arbeitnehmer in einem ersten Schritt die künftigen Rentenzahlungen in ihrer absoluten Höhe zu schätzen, sie in einem zweiten Schritt auf den Pensionstermin abzuzinsen und sie in einem dritten Schritt auf die Perioden der aktiven Dienstzeit des betreffenden Arbeitnehmers zu verteilen.

Maßgeblichkeit der Vertragsdetails der Zusage

Die Höhe der künftigen Pensionszahlungen hängt nach IAS 19.66 von den Vertragsdetails der Pensionszusage sowie von versicherungsmathematischen Annahmen – etwa über Sterblichkeit, Fluktuation oder Frühpensionierung – ab. Sofern sich Pensionszahlungen am letzten Gehalt vor Pensionseintritt sowie ggf. in den Folgejahren zusätzlich am gesetzlichen Rentenniveau orientiert, verlangt IAS 19.87 die Berücksichtigung erwarteter künftiger Gehalts- und Rentensteigerungen. In die Schätzungen der künftigen Gehaltssteigerungen fließen nach IAS 19.90 Informationen über die künftige Arbeitsmarktsituation, Inflation, Betriebszugehörigkeit und etwaige Beförderungen ein. Rententrends sind ebenfalls regelmäßig zu berücksichtigen, etwa wenn die Leistungszusage an das gesetzliche Rentenniveau geknüpft ist und sich dessen Entwicklung zuverlässig schätzen lässt (IAS 19.87(e)).

Kalkulationszins

Um die Pensionszahlungen diskontieren zu können, bedarf es eines Zinssatzes. Dieser ist nach IAS 19.83-86 als Vorsteuer-Nominalzins ausgestaltet und hat sich an der Marktrendite erstrangiger, festverzinslicher Unternehmensanleihen mit gleicher Währung und Laufzeit zu orientieren. Die Währung und die Fälligkeit der Anleihen müssen mit der Währung und der Fälligkeit der Leistungen des Pensionsplans übereinstimmen.[222] Als erstrangig werden alle Unternehmensanleihen eingestuft, die mindestens über AA-Rating einer anerkannten Ratingagentur verfügen. Marktrenditen von Staatspapieren sind nach IAS 19.83 nur dann heranzuziehen, wenn keine liquiden Märkte für solche Unternehmensanleihen existieren. Der Diskontierungszins berücksichtigt nach IAS 19.84 in erster Linie den Zeitwert des Geldes, also die Verteilung der Zahlungsverpflichtungen im Zeitablauf, und nicht das unternehmensspezifische und versicherungsmathematische Risiko.[223]

Barwert

Kennt das Unternehmen nun – wiederum gedanklich für jeden einzelnen Arbeitnehmer – den Barwert der künftigen Pensionszahlungen im Zeitpunkt des Pensionseintritts, so ist in einem dritten Schritt die am Bilanzstichtag

---

[222] So sind z.B. für die Bewertung von Pensionsplänen in Deutschland Unternehmensanleihen der Eurozone zur Bestimmung des Rechnungszinses heranzuziehen.

[223] Hierzu ausführlich Derbort/Mehlinger/Seeger/Bauer, Bilanzierung von Pensionsverpflichtungen, 3. Aufl. 2022, S. 189ff.

zu berücksichtigende Verpflichtung zu ermitteln. Dafür wird dieser Barwert nach IAS 19.71 auf die Perioden der aktiven Dienstzeit zurück verteilt. Am Bilanzstichtag ist hiernach festzustellen, welcher Barwertanteil auf die laufende Periode sowie auf frühere Dienstzeitperioden entfällt. Folglich wird der bereits erarbeitete Anteil berechnet. Dieser Anteil an der künftigen Leistung wird auf den Betrachtungszeitpunkt (Bilanzstichtag) abgezinst und bildet den Barwert der leistungsorientierten Verpflichtung.

Methode der laufenden Einmalprämien

Dieses versicherungsmathematische Verfahren ist nach IAS 19.67 die Methode der laufenden Einmalprämien (*Projected Unit Credit Method*) und stellt ein Anwartschaftsbarwertverfahren dar, weil Leistungsanteile entweder einer bestimmten Planformel folgen oder linear den Dienstjahren zugerechnet werden. In jedem Dienstjahr wird ein zusätzlicher Teil des letztendlichen Leistungsanspruchs erdient. Nur der bis zum jeweiligen Bilanzstichtag kumuliert erdiente Leistungsanspruch wird in dem Barwert der leistungsorientierten Verpflichtung zu diesem Stichtag berücksichtigt.

Beispiel – Methode der laufenden Einmalprämie[224]

Die FWA AG stellt im Geschäftsjahr 2XX0 den gerade 62 Jahre alt gewordenen Hans Mayer mit der Zusage ein, ihm in den zehn Folgejahren nach seiner Pensionierung mit 65 Jahren jeweils 5% seines Endgehalts als Jahresrente zu zahlen. Basierend auf einem Endgehalt von EUR 32.608 beträgt die Jahresrente nach derzeitigem Informationsstand EUR 1.630. Die Rente wird jeweils zum Jahresende gezahlt. Für den Kalkulationszinsfuß wird eine vergleichbare Rendite von Unternehmensanleihen in Höhe von 6% unterstellt. Es gilt nun, die zugesagte künftige Leistung mit Hilfe des Rentenbarwertfaktors,

$$\frac{(1+i)^n - 1}{i * (1+i)^n},$$

auf den Pensionseintrittstermin abzuzinsen. Mit i = 6% ergibt sich ein Barwert von

$$EUR\ 1.630 * \frac{1{,}06^{10} - 1}{0{,}06 * 1{,}06^{10}} = \text{EUR } 12.000.$$

Anschließend wird dieser Barwert nach der Methode der laufenden Einmalprämien auf die drei aktiven Dienstjahre von Herrn Mayer verteilt. Hierbei wird eine lineare Verteilung unterstellt. Zum Diensteintritt entspricht die Pensionsverpflichtung dem Barwert der Leistungen, die früheren Dienstjahren zugerechnet werden. Dieser Barwert beträgt anfangs naturgemäß EUR 0.

Am Ende des ersten Dienstjahres bzw. zu Beginn des zweiten Dienstjahres hat sich Herr Mayer ein Drittel des gesamten späteren Leistungsanspruchs erdient. Der Barwert leistungsorientierter Verpflichtungen beträgt EUR 3.560 (= EUR 12.000 / 3 * $1{,}06^{-2}$).

Im Verlauf des zweiten Dienstjahres wird der zu Periodenbeginn vorhandene Barwert mit 6% aufgezinst. Es ergibt sich ein Wert von EUR 214 (= EUR 3.560 * 0,06). Zudem wird auch dieser Periode wieder ein Leistungsanteil (EUR 12.000 / 3) zugeordnet und entsprechend abgezinst: EUR 3.774 (= EUR 12.000 / 3 * $1{,}06^{-1}$). Die Verpflichtung am Ende des zweiten Dienstjahres entspricht nun dem Barwert der

224 Die nachfolgenden Beispiele in Anlehnung an Pellens/Fülbier/Gassen/Selhorn, Internationale Rechnungslegung, 11. Aufl. 2021, S. 514ff.

Leistungen, die der laufenden sowie früheren Perioden zugerechnet werden: EUR 3.560 + EUR 214 + EUR 3.774 = EUR 7.548. Analog ist im dritten Dienstjahr zu verfahren. Die Entwicklung der Pensionsverpflichtung über die dreijährige Dienstzeit lässt sich zusammenfassend wie folgt darstellen (in EUR):

Periode	**2XX0**	**2XX1**	**2XX2**
Dienstjahr	**1**	**2**	**3**
Alter	**63**	**64**	**65**
Verpflichtung zu Beginn der Periode	0	3.560	7.548 EUR
Verzinsung des Anfangsbestands	0	214	453 EUR
Barwert des Leistungsanteils, der der Berichtsperiode zugerechnet wird	3.560	3.774	4.000 EUR
Verpflichtung am Ende der Periode	**3.560**	**7.548**	**12.000 EUR**

4.2.3.3.4 Externe Finanzierung über Planvermögen

Contractual Trust Arrangement

Um die späteren Pensionsleistungen erbringen zu können, sind finanzielle Mittel erforderlich, die entweder innerhalb oder außerhalb des Unternehmens angesammelt werden können. Außerhalb des Unternehmens angesammelte Mittel bilden das Planvermögen, wenn es sich gemäß IAS 19.8 um qualifizierte Versicherungspolicen oder anderes Vermögen handelt, das durch einen langfristig angelegten Fonds – z.B. eine Treuhandlösung bzw. ein *Contractual Trust Arrangement* (CTA) – zur Erfüllung der Leistungen an Arbeitnehmer gehalten wird. Dieser externe Versorgungsträger muss entsprechend IAS 19.8 rechtlich unabhängig sein und das von ihm gehaltene Vermögen darf den Gläubigern des verpflichteten Unternehmens selbst im Insolvenzverfahren nicht zur Verfügung stehen.

Bewertung zum beizulegenden Zeitwert

Das Planvermögen ist nach IAS 19.113-115 am jeweiligen Bilanzstichtag zum beizulegenden Zeitwert zu bewerten. Dieser ergibt sich entweder aus dem Marktwert der Vermögensanlagen oder aus Schätzungen, die z.B. auf diskontierten *cashflows* basieren. Der beizulegende Zeitwert des Planvermögens ist nach IAS 19.58 – wie auch der Barwert der leistungsorientierten Verpflichtung – vom Unternehmen in ausreichender Regelmäßigkeit zu ermitteln. Im Idealfall wir die Berechnung für jeden Bilanzstichtag neu durchgeführt.

Beispiel – Planvermögen

Die FWA AG finanziert die Rente von Herrn Mayer über einen Pensionsfonds. Diesem wird am Ende jeden Jahres ein Betrag jeweils in Höhe des Barwerts der in der Periode zusätzlich erdienten Pensionsansprüche zugeführt. Der Fondsmanager investiert diese Beträge in Aktien. Bei einer tatsächlich erzielten Rendite in Höhe des verwendeten Abzinsungsfaktors von 6% pro Jahr entwickelt sich das Planvermögen im Gleichschritt mit der Pensionsverpflichtung (in EUR):

Periode	**2XX0**	**2XX1**	**2XX2**
Dienstjahr	**1**	**2**	**3**
Alter	**63**	**64**	**65**
Planvermögen zu Beginn der Periode	0	3.560	7.548 EUR
Wertzuwachs in der Periode	0	214	453 EUR
Zuführung am Ende der Periode	3.560	3.774	4.000 EUR
Planvermögen am Ende der Periode	**3.560**	**7.548**	**12.000 EUR**

Bei planmäßigem Verlauf kann somit der am Ende der dreijährigen Dienstzeit vorliegende Anspruch von Herrn Mayer in Höhe von EUR 12.000 vollständig durch das im Pensionsfonds angesammelte Planvermögen gedeckt werden. In dieser Konstellation ist aufgrund des Nettoausweises über alle drei Perioden keine Rückstellung in der Bilanz anzusetzen, da sich Planvermögen und Pensionsverpflichtung in gleicher Höhe gegenüberstehen.

4.2.3.3.5 Ermittlung der im Gesamtergebnis zu erfassende Beträge

4.2.3.3.5.1 Grundüberlegungen

Entsprechend der grundlegenden Definitionen im IFRS-Rahmenkonzept ergeben sich die in der Periode im Gesamtergebnis zu erfassenden Beträge als Saldo zweier Veränderungsgrößen: zum einen ist eine Erhöhung des Barwerts der Verpflichtung gesamtergebnismindernd zu erfassen. Ein kompensierender Effekt tritt dann ein, wenn das Planvermögen eine positive Rendite erbringt.

IAS 19 differenziert jedoch zwischen den beiden Bestandteilen des Gesamtergebnisses: so werden in IAS 19.120(a)-(b) einerseits zwei Kostenkomponenten definiert, die im Gewinn oder Verlust zu erfassen sind. Andererseits werden aber auch sog. Neubewertungen als dritte Komponente identifiziert, die nach IAS 19.120(c), je nach Vorzeichen, mindernd oder erhöhend im sonstigen Ergebnis (OCI) zu erfassen sind. Zusammenfassend werden damit in der Gesamtergebnisrechnung letztlich die folgenden drei Komponenten erfasst:

- Dienstzeitaufwand (*service cost*),
- Nettozinsaufwand (*net interest*) und
- Neubewertungen (*remeasurements*)

4.2.3.3.5.2 Dienstzeitaufwand

Laufender Dienstzeitaufwand

Der Dienstzeitaufwand umfasst insbesondere den laufenden Dienstzeitaufwand (*current service cost*). Dabei handelt es sich nach IAS 19.71 um denjenigen Betrag, um den der Barwert der leistungsorientierten Verpflichtung durch die in der Periode zusätzlich erdienten Pensionsansprüche steigt.[225]

Weitere Bestandteile

Neben dem laufenden kann der Dienstzeitaufwand ergänzend weitere Bestandteile beinhalten:

- Nachzuverrechnender Dienstzeitaufwand (*past service cost*): dieser kann nach IAS 19.104 zum einen aus Plananpassungen (*plan amendments*) resultieren, d.h. wenn ein Unternehmen bestehende Pensionspläne z.B. durch nicht eingeplante Beförderungen ändert bzw. zurückzieht oder neue leistungsorientierte Pensionspläne einführt. Zum anderen kann dieser nach IAS 19.105 aber auch als Folge von Kürzungen (*curtailments*) entstehen, die dann vorliegen, wenn ein Unternehmen z.B. durch eine Standortschließung die Anzahl der versicherten Arbeitnehmer deutlich verringert. Der Aufwand ist nach IAS 19.103 im Gewinn oder Verlust zu erfassen, wenn die Anpassung oder Kürzung des jeweiligen leistungsorientierten Plans erfolgt, oder – falls dies eher eintritt – zu dem Zeitpunkt, an dem das Unternehmen die damit im Zusammenhang stehenden Restrukturierungskosten oder die Leistungen aus Anlass der Beendigung des Arbeitsverhältnisses erfasst.

---

[225] Hierzu auch Derbort/Mehlinger/Seeger/Bauer, Bilanzierung von Pensionsverpflichtungen, 3. Aufl. 2022, S. 181.

- Abgeltungen (*settlements*): dabei handelt es sich nach IAS 19.111 um Gewinne oder Verluste, die aus Vereinbarungen entstehen, mit denen sich das Unternehmen seiner künftigen Verpflichtungen gänzlich oder in Teilen entledigt. Diese sind nach IAS 19.110-111 erfolgswirksam zu erfassen, sobald das Unternehmen eine derartige Vereinbarung eingeht.

4.2.3.3.5.3 Nettozinsaufwand

Über-/ Unterdeckung des Planvermögens

Der Nettozinsaufwand wird gemäß IAS 19.123 berechnet, indem die Netto-Pensionsrückstellung, d.h. die Differenz aus dem Barwert der leistungsorientierten Verpflichtung und dem ggf. vorhandenen Planvermögen zu Beginn des Geschäftsjahres, mit dem Diskontierungszins multipliziert wird. Somit setzt sich der Nettozinsaufwand nach IAS 19.124 faktisch aus dem Zinsaufwand des Barwerts der leistungsorientierten Verpflichtung und einem Zinsertrag des Planvermögens, denen für die Berechnung jeweils derselbe Zinssatz zugrunde liegt, zusammen. Die so fingierte Verzinsung des Planvermögens abstrahiert von der ökonomischen Realität. Folglich ist ein Zinsaufwand (Zinsertrag) immer dann zu erfassen, wenn der Barwert der leistungsorientierten Verpflichtung größer (kleiner) ist als das Planvermögen, also eine Unterdeckung (Überdeckung) vorliegt.

Beispiel I – Nettozinsaufwand

Ausgehend von den vorangegangenen Beispielen lässt sich die Nettoschuld zunächst konzeptionell wie folgt ermitteln (in EUR):

Periode	2XX0	2XX1	2XX2
Dienstjahr	1	2	3
Alter	63	64	65
Verpflichtung zu Beginn der Periode	0	3.560	7.548 EUR
Planvermögen zu Beginn der Periode	0	3.560	7.548 EUR
Nettoschuld	**0**	**0**	**0 EUR**

Damit ergibt sich in den einzelnen Perioden folgender Pensionsaufwand (in EUR):

Periode	2XX0	2XX1	2XX2
Dienstjahr	1	2	3
Alter	63	64	65
Laufender Dienstzeitaufwand	3.560	3.774	4.000 EUR
Nettozinsaufwand	0	0	0 EUR
Pensionsaufwand	**3.560**	**3.774**	**4.000 EUR**

Da sich der Barwert der leistungsorientierten Verpflichtung und das Planvermögen entsprechen, betragen sowohl Nettoschuld als auch Nettozinsaufwand EUR 0. Damit liegt ein Pensionsaufwand lediglich in Höhe des laufenden Dienstzeitaufwands vor.

Beispiel II – Nettozinsaufwand

Es wird nun unterstellt, dass im Planvermögen lediglich 75% der entsprechend des Barwerts der leistungsorientierten Verpflichtung benötigten Mittel angesammelt wurden (Unterdeckung). Daraus ergibt sich folgende Nettoschuld (in EUR):

Periode	2XX0	2XX1	2XX2
Dienstjahr	1	2	3
Alter	63	64	65
Verpflichtung zu Beginn der Periode	0	3.560	7.548
Planvermögen zu Beginn der Periode	0	2.670	5.661
Nettoschuld	**0**	**890**	**1.887**

In diesem Fall liegt in Periode 2XX1 und 2XX2 eine Nettoschuld vor, da das Planvermögen den Barwert der leistungsorientierten Verpflichtung nicht vollständig deckt. Damit ergibt sich folgender Pensionsaufwand (in EUR):

Periode	**2XX0**	**2XX1**	**2XX2**
Dienstjahr	**1**	**2**	**3**
Alter	**63**	**64**	**65**
Laufender Dienstzeitaufwand	3.560	3.774	4.000 EUR
Nettozinsaufwand	0	53	113 EUR
Pensionsaufwand	**3.560**	**3.827**	**4.113 EUR**

In den Perioden 2XX1 und 2XX2 steigt der Pensionsaufwand um den Nettozinsaufwand. Dieser berechnet sich durch Multiplikation der Nettoschuld mit dem Zinssatz.

4.2.3.3.5.4 Neubewertungen

Entwicklung versicherungsmathematischer Annahmen

Wenn die tatsächliche Entwicklung versicherungsmathematischer Annahmen, wie z.B. der künftigen Gehaltsentwicklung oder des Diskontierungszinssatzes bzw. des Ertrags aus Planvermögen, von der erwarteten Entwicklung abweicht, resultieren daraus „außerplanmäßige" Erhöhungen oder Verminderungen des Barwerts der leistungsorientierten Verpflichtung oder des Planvermögens. Diese auftretenden Differenzen zwischen den erwarteten Planwerten und den tatsächlich eintreffenden Werten werden als Neubewertungen bezeichnet und erfolgsneutral im sonstigen Ergebnis (OCI) erfasst.

Diese können nach IAS 19.127 aus drei Sachverhalten resultieren:

- Zunächst können unerwartete tatsächliche Entwicklungen sowie Schätzungsrevisionen bezüglich der versicherungsmathematischen Annahmen von Periode zu Periode sprunghafte Änderungen im Barwert der leistungsorientierten Verpflichtung hervorrufen. IAS 19.128 nennt hier als konkrete Ursachen z.B. unerwartete Entwicklungen der Fluktuationsrate oder Änderungen des Diskontierungszinses. Derartige Neubewertungen, die den Barwert der leistungsorientierten Verpflichtung beeinflussen, werden nach IAS 19.128 als versicherungsmathematische Gewinne oder Verluste bezeichnet.

Beispiel – Schätzungsänderung leistungsorientierte Verpflichtung

Die bisherige Pensionszusage an Herrn Mayer basierte bisher auf einem geschätzten Endgehalt von EUR 32.608 am Ende von Periode 2XX2. Unterwartet tritt in Periode 2XX0 ein Gehaltssprung ein, sodass nun ein Endgehalt von EUR 41.799 zugrunde zu legen ist. Die zugesagte Jahresrente beträgt folglich (EUR 41.799 * 0,05 =) EUR 2.090. Der Barwert der künftigen Verpflichtung zum Pensionseintrittstermin beträgt somit

$$EUR\ 2.090 * \frac{1{,}06^{10} - 1}{0{,}06 * 1{,}06^{10}} = \text{EUR } 15.383.$$

Dieser Barwert ist, nach der Methode der laufenden Einmalprämien den Dienstperioden von Herrn Mayer zuzuordnen. Für 2XX0 ergibt sich dann ein Wert von (EUR 15.383 / 3 * $1{,}06^{-2}$ =) EUR 4.563. Die folgende Aufstellung zeigt den Barwert der leistungsorientierten Verpflichtung in Periode 2XX0 unter Berücksichtigung der neuen Informationen:

Periode	**2XX0**
Dienstjahr	**1**
Alter	**63**
Verpflichtung zu Beginn der Periode	0
Verzinsung des Anfangsbestands	0
bisheriger Barwert des Leistungsanteils	*3.560*
neuer Barwert des Leistungsanteils	4.564
Versicherungsmathematischer Verlust aus Neubewertung	1.004
Verpflichtung am Ende der Periode	**4.564**

Im Vergleich zur Ausgangssituation steigt der Barwert aufgrund neuer Informationen in Periode 2XX0 von EUR 3.560 auf EUR 4.564. Diese Differenz von EUR 1.004 wird als versicherungsmathematischer Verlust aus der leistungsorientierten Verpflichtung bezeichnet, da er letztlich „außerplanmäßig" deren Barwert erhöht.

In den Folgejahren würde sich der Barwert der leistungsorientieren Verpflichtung dann unter Berücksichtigung des neuen Barwerts der Verpflichtung wie folgt entwickeln (in EUR):

Periode	**2XX0**	**2XX1**	**2XX2**
Dienstjahr	**1**	**2**	**3**
Alter	**63**	**64**	**65**
Verpflichtung zu Beginn der Periode	0	4.564	9.675
Verzinsung des Anfangsbestands	0	274	580
bisheriger Barwert des Leistungsanteils	*3.560*		
neuer Barwert des Leistungsanteils	4.564	4.837	5.128
Versicherungsmathematischer Verlust aus Neubewertung	1.004		
Verpflichtung am Ende der Periode	**4.564**	**9.675**	**15.383**

- Weiterhin kann nach IAS 19.125 der jährlich tatsächlich vom Planvermögen erwirtschaftete Ertrag (Wertzuwachs) von dem im Nettozinsaufwand enthaltenen Zinsertrag des Planvermögens abweichen.

Beispiel – Schätzungsänderung Planvermögen

In Periode 2XX1 soll sich annahmegemäß eine Hochphase an den Aktienmärkten einstellen, aufgrund dessen das Planvermögen statt einem Wertzuwachs von 6% nunmehr einen Wertzuwachs von 10% erwirtschaftet. Die folgende Tabelle stellt die Entwicklung des Planvermögens in Periode 2XX1 dar:

Periode	**2XX0**	**2XX1**	**2XX2**
Dienstjahr	**1**	**2**	**3**
Alter	**63**	**64**	**65**
Planvermögen zu Beginn der Periode	0	3.560	7.690
im Nettozins erfasster Zinsertrag (6%)	*0*	*214*	
Tatsächlicher Wertzuwachs in der Periode (10%)	0	356	*769*
Neubewertungsbedarf	0	142	
Zuführung am Ende der Periode	3.560	3.774	4.000
Planvermögen am Ende der Periode	**3.560**	**7.690**	**12.459**

Vom Wertzuwachs in Höhe von EUR 356 waren bislang lediglich EUR 214 im Pensionsaufwand (als Nettozinsaufwand) berücksichtigt worden. Die verbleibende Differenz von EUR 142 muss daher im Zuge der Neubewertung berücksichtigt werden.

- Zudem IAS 19.57 kann es vorkommen, dass das Planvermögen den Barwert der leistungsorientierten Verpflichtung als Folge einer Überdotierung des Pensionsplans oder versicherungsmathematischer Gewinne übersteigt (Vermögensüberdeckung). Für das Unternehmen ergeben sich daraus wirtschaftliche Vorteile in Form von Rückerstattungen oder künftig geminderten Beitragszahlungen. Im Falle einer solchen Überdeckung verlangt IAS 19.64, dass der Nettovermögenswert zum niedrigeren der beiden Beträge, nämlich des Barwerts der künftigen wirtschaftlichen Vorteile (welcher der Vermögenswertobergrenze, sog. *asset ceiling*, entspricht) oder der Vermögensüberdeckung, bewertet wird. Hintergrund dieser Kappung ist die Überlegung, dass keine Beträge in die Bilanz gelangen sollen, denen es an der Vermögenswerteigenschaft (künftiger wirtschaftlicher Nutzen) fehlt. Veränderungen der Vermögenswertobergrenze sind, sofern sie nicht aus der jährlichen Aufzinsung resultieren und damit schon im Nettozinsaufwand berücksichtigt werden, nach IAS 19.126 ebenfalls Bestandteil der Kostenkomponente Neubewertung.

4.2.3.4 Spezialfragen

Gemeinschaftliche Pläne

IAS 19.32-42 enthalten Vorschriften zur Bilanzierung von gemeinschaftlichen Plänen mehrerer Arbeitgeber. Hierbei handelt es sich um Arrangements, bei denen verschiedene Arbeitgeber, die nicht unter gemeinsamer Beherrschung stehen, zur Finanzierung ihrer beitrags- oder leistungsorientierten Zusagen Vermögenswerte in einen gemeinsamen Fonds einbringen. Aus diesem Vermögensbestand werden gegenüber den Begünstigten die vereinbarten Leistungen erbracht, ohne dass es dabei eine Rolle spielt, bei welchem Unternehmen der jeweilige Begünstigte angestellt war bzw. ist. Ein gemeinschaftlicher Plan mehrerer Arbeitgeber kann als beitrags- oder leistungsorientierter Plan einzustufen sein. Im letzteren Fall muss das beteiligte Unternehmen die beschriebenen Bilanzierungsmethoden auf seinen Anteil an der gemeinschaftlichen Verpflichtung, dem gemeinschaftlichen Planvermögen und dem gemeinschaftlichen Aufwand anwenden. Eine mangelnde Zuordnung dieser Positionen auf die beteiligten Unternehmen kann jedoch dazu führen, dass die Informationen, die ein Unternehmen für die Bilanzierung benötigt, unter Umständen schwierig zu erhalten sind. In diesem Fall werden die betreffenden Zusagen wie beitragsorientierte Zusagen behandelt, wobei zusätzliche Angabepflichten entstehen. Ähnliche Bilanzierungsgrundsätze wie für gemeinschaftliche Pläne mehrerer Arbeitgeber gelten gemäß IAS 19.43-45 auch für sog. staatliche Pläne.

IAS 19 behandelt alle Arten von Leistungen an Arbeitnehmer. Neben Pensionszusagen sind dies

- kurzfristig fällige Leistungen an Arbeitnehmer (IAS 19.9.25),
- andere langfristig fällige Leistungen an Arbeitnehmer (IAS 19.153-158) und
- Leistungen aus Anlass der Beendigung des Arbeitsverhältnisses (IAS 19.159-171).

Kurzfristig fällige Leistungen

Kurzfristig fällige Leistungen werden erwartungsgemäß spätestens nach zwölf Monaten nach Ende der Periode, in der die entsprechende Arbeitsleistung erbracht wurde, in voller Höhe fällig. Hierzu gehören nach IAS 19.9 u.a. Löhne, Gehälter, Sozialversicherungsbeiträge, Erfolgsbeteiligungen sowie geldwerte Vorteile. Diese Leistungen werden, ebenso wie Leistungen aus beitragsorientierten Pensionszusagen, zeitkongruent mit der vergüteten Arbeitsleistung erfolgswirksam erfasst. Auch hier sind Mehr- oder Minderzahlungen abzugrenzen. Eine Abzinsung ist nach IAS 19.11 hingegen nicht zulässig.

Andere langfristig fällige Leistungen

Andere langfristig fällige Leistungen sind nach IAS 19.153 z.B. Jubiläumszahlungen oder langfristige Erfolgsbeteiligungen. Anders als etwa Pensionszusagen sind sie häufig mit geringerer Schätzungsunsicherheit behaftet und werden daher gemäß IAS 19.154 nach einem vereinfachten Verfahren bilanziert. So werden Neubewertungen hier nicht im Sonstigen Ergebnis, sondern nach IAS 19.156 unmittelbar erfolgswirksam erfasst.

Leistungen anlässlich der Beendigung des Arbeitsverhältnisses

Mit Leistungen anlässlich der Beendigung des Arbeitsverhältnisses werden keine Arbeitsleistungen entgolten, sondern es handelt sich nach IAS 19.159 um Zahlungen, deren auslösendes Ereignis die vorzeitige Entlassung oder das vom Unternehmen finanziell geförderte freiwillige Ausscheiden eines Mitarbeiters ist. Diese Zahlungen können nach IAS 19.161 u.a. Abfindungen oder Lohnfortzahlungen, an die kein wirtschaftlicher Nutzen für das Unternehmen mehr geknüpft ist, umfassen. Die fälligen Leistungen hat das Unternehmen nach IAS 19.165 als Schuld und Aufwand dann zu erfassen, wenn es das Angebot solcher Leistungen nicht mehr zurückziehen kann oder – falls dies eher eintritt – wenn Kosten für eine Umstrukturierung, in denen die Zahlungen für derlei Leistungen berücksichtigt sind, angesetzt werden. Während nach IAS 19.166-167 ein derartiges Angebot im Falle eines freiwilligen Ausscheidens des Mitarbeiters z.B. dann nicht mehr zurückziehbar ist, wenn dieser das Angebot annimmt, ist dieser Zeitpunkt im Fall einer Entlassung erreicht, wenn ein Kündigungsplan kommuniziert wird.

Unternehmenserwerb

Werden Vereinbarungen über Leistungen an Arbeitnehmer im Rahmen eines Unternehmenserwerbs vom Käufer übernommen, so sind diese zum Erwerbszeitpunkt in der Kaufpreisallokation nicht nach den Ansatz- und Bewertungsvorschriften von IFRS 3 neu zu bewerten, sondern gemäß IFRS 3.26 weiterhin nach den Regeln des IAS 19 zu behandeln.[226]

4.2.3.5 Beispielsachverhalt - Leistungsorientierte Verpflichtung

Die FWA muss in ihrem Abschluss 2XX1 Pensionsverpflichtungen nach IAS 19 bilanzieren. Dazu hat sie zum 31.12.2XX1 ein versicherungsmathematisches Gutachten eingeholt. Hieraus ergeben sich die folgenden Informationen:

Verpflichtung 31.12.2XX0	**4.564**
Dienstzeitaufwand (Zuführung Verpflichtung)	4.837
Zinsaufwand	274
Verpflichtung 31.12.2XX1 (erwartet)	9.675
Schätzungsänderungen	0
Verpflichtung 31.12.2XX1 (Ist)	**9.675**
Planvermögen 31.12.XX0	**3.560**
Zuführung	3.774
Wertzuwachs	214
Planvermögen 31.12.XX1 (erwartet)	7.548
Schätzungsänderungen	142
Planvermögen 31.12.XX1 (Ist)	**7.690**

226 Hierzu Pellens/Fülbier/Gassen/Selhorn, Internationale Rechnungslegung, 11. Aufl. 2021, S. 528-530.

Dienstzeitaufwand	4.837
Nettozinsaufwand	60
Pensionsaufwand	4.897
Schätzungsänderungen	142
Summe Aufwendungen 2XX1	**4.755**
Verpflichtung 31.12.2XX1	9.675
Planvermögen 31.12.XX1	7.690
Nettorückstellung 31.12.2XX1	**1.985**
kumulierte Schätzungsänderungen 31.12.2XX0	1.004
Schätzungsänderung 2XX1	142
kumulierte Schätzungsänderungen 31.12.2XX1	**862**

Der Leiter Finanz- und Rechnungswesen der FWA AG leitet sich hieraus zunächst einen Pensionsrückstellungsspiegel zum 31.12.2XX1 ab:

	(A) Verpflichtung	(B) Planvermögen	(C) Nettoschuld
Stand 01.01.2XX1	4.564	-3.560	1.004
Zuführung Verpflichtung	4.837		4.837
Nettozinsaufwand	274	-214	60
Ergebniswirksame Aufwendungen/Erträge	**5.111**	**-214**	**4.897**
Schätzungsänderunger (OCI)	0	-142	-142
Summe Aufwendungen/Erträge	**5.111**	**-356**	**4.755**
Zuführung Planvermögen		-3.774	-3.774
Stand 31.12.2XX1	**9.675**	**-7.690**	**1.985**

In 2XX1 ist wie folgt zu buchen (saldierte Darstellung):

Personalaufwand	4.837.000	an	Rückstellungen	981.000
Zinsaufwand	60.000		Liquide Mittel	3774.000
			Versicherungsmathematische Gewinne/Verluste aus leistungsorientierten Versorgungsplänen	142.000

Unter Berücksichtigung des Sachverhalts stellen sich Bilanz und Gewinn- und Verlustrechnung zum 31.12.2XX1 wie folgt dar:

Bilanz		**31.12.2XX**		
	Ref.	**0**	**1**	**2**
Aktiva				
…				
Kurzfristige Vermögenswerte				
…				
Liquide Mittel		-3.560	-3.774	-4.000
…				
Passiva				
Eigenkapital				
…				
Jahresergebnis		-3.560	-4.897	-4.939
…				
Langfristige Schulden				
Rückstellungen	(C)	1.004	1.985	2.924
	(A)	*3.560*	*4.837*	*5.128*
		1.004	*274*	*580*
	(B)	*-3.560*	*-3.774*	*-4.000*
			-214	*-769*
			-142	

Gewinn- und Verlustrechnung nach GKV

	Ref.	1.1. - 31.12.2XX 0	1	2
...				
6. Personalaufwand		-3.560	-4.837	-5.128
...				
11. Zinsen und ähnliche Aufwendungen			-60	189
	(A)		*-274*	*-580*
	(B)		*214*	*769*
...				
17. Jahresüberschuss/Jahresfehlbetrag		-3.560	-4.897	-4.939
...				
versicherungsmathematische Gewinne und Verluste aus leistungsorientierten Versorgungsplänen		-1.004	142	0
...				
Gesamtergebnis der Periode		-4.564	-4.755	-4.939

Gewinn- und Verlustrechnung nach UKV

	Ref.	1.1. - 31.12.2XX 0	1	2
...				
2. Umsatzkosten		-3.560	-4.837	-5.128
...				
9. Zinsen und ähnliche Aufwendungen			-60	189
	(A)		*-274*	*-580*
	(B)		*214*	*769*
...				
15. Jahresüberschuss/Jahresfehlbetrag		-3.560	-4.897	-4.939
...				
versicherungsmathematische Gewinne und Verluste aus leistungsorientierten Versorgungsplänen		-1.004	142	0
...				
Gesamtergebnis der Periode		-4.564	-4.755	-4.939

4.2.4 Verbindlichkeiten

4.2.4.1 Ansatz und Ausweis

Finanzielle Verbindlichkeiten

Eine Besonderheit der IFRS stellt die Unterscheidung der Verbindlichkeiten nach finanziellen (*financial liabilities*) und sonstigen Verbindlichkeiten (*other liabilities*) dar. Finanzielle Verbindlichkeiten fallen dabei in die Kategorie der Finanzinstrumente und stellen nach IAS 32.11 zum einen Verträge dar, welche Verpflichtungen enthalten,

- flüssige Mittel oder andere finanzielle Vermögenswerte an ein anderes Unternehmen abzugeben, oder
- Finanzinstrumente unter potenziell nachteiligen Bedingungen tauschen zu müssen.

Zum anderen fallen darunter nach IAS 32.11(b) aber auch Verträge, die durch eigene Eigenkapitalinstrumente des bilanzierenden Unternehmens bedient werden.

Bestimmendes Merkmal für eine finanzielle Verbindlichkeit ist demnach die vertragliche Vereinbarung der Verpflichtung. Aus diesem Grund sind z.B. Steuerschulden oder Verpflichtungen aus der sozialen Sicherung nicht als finanzielle Verbindlichkeiten zu klassifizieren, da diese auf einen hoheitlichen Akt und nicht auf einem Rechtsgeschäft basieren. Außerdem ist das Vorliegen finanzieller Sachverhalte eine Grundbedingung für den Ansatz einer finanziellen Verbindlichkeit. Demnach fallen z.B. Sachleistungsverbindlichkeiten oder erhaltene Anzahlungen nicht in diese Kategorie.[227]

---

[227] Hierzu Schimpf-Dörges, in: Beck'sches IFRS-Handbuch, 6. Aufl. 2020, § 13 Tz. 41ff.

Sonstige Verbindlichkeiten Die sonstigen Verbindlichkeiten ergeben sich als Residualgröße zu den finanziellen Verbindlichkeiten, da ihr Abgrenzungskriterium die Nichterfüllung der Merkmale für finanzielle Verbindlichkeiten ist.

accruals Die *accruals* stellen eine weitere Untergruppe der Schulden dar. Dem Grunde nach stehen diese Verbindlichkeiten i.d.R. fest, nur bezüglich ihrer Höhe und/oder ihrer Fälligkeit besteht ein ehr unwesentliches Restrisiko. Von Rückstellungen unterscheiden sie sich nach IAS 37.11(b) durch den wesentlich höheren Bestimmtheitsgrad und ihre zuverlässigere Bestimmbarkeit. Zu diesen sog. abgegrenzten Schulden zählen z.B. Verpflichtungen, die sich aus der Lieferung von Gütern oder dem Erbringen von Dienstleistungen ergeben. Ein Leistungsaustausch hat zwar bereits stattgefunden, wurde aber noch nicht in Rechnung gestellt oder über dessen Entgelt konnte noch keine endgültige Einigkeit mit dem Leistungserbringer erzielt werden. Als weiteres Beispiel können u.a. Verpflichtungen gegenüber Mitarbeitern genannt werden.[228] Der Ausweis der abgegrenzten Schulden erfolgt häufig unter den Verbindlichkeiten aus Lieferungen und Leistungen oder den sonstigen Verbindlichkeiten.

Eventualschulden Im Gegensatz dazu werden die sog. *contingent liabilites* nach IAS 37.27 nicht bilanziell erfasst. Es handelt sich hierbei zum einen um mögliche Verpflichtungen, bei denen nicht sicher ist, ob sie eine gegenwärtige Verpflichtung des Unternehmens darstellen, d.h. die Existenz der Verpflichtung muss nach IAS 37.10 erst noch durch den Eintritt eines oder mehrerer Ereignisse bestätigt werden, die außerhalb des Einflussbereichs des Unternehmens liegen. Zum anderen fallen nach IAS 37.13 unter diesen Begriff Verpflichtungen, die wahrscheinlich nicht zu einem Abfluss wirtschaftlicher Ressourcen führen werden oder solche, deren Wert nicht verlässlich genug geschätzt werden. Dabei sind Unternehmen regelmäßig dazu in der Lage, zumindest eine Bandbreite an möglichen Wertansätzen zu schätzen. Dies reicht jedoch i.d.R. aus, um das Kriterium der verlässlichen Schätzbarkeit in der Praxis zu erfüllen.[229] *contingent liabilities* – Äquivalent auf der Passivseite zu den Eventualforderungen (*contingent assets*) – führen zwar zu keiner Aufwandsbuchung, sie sind aber zu beschreiben und nach IAS 37.86 dann mit Angaben zu versehen, wenn ein Abfluss wirtschaftlicher Ressourcen nicht (sehr) unwahrscheinlich ist.

Hinweis
Verbindlichkeiten, die nach IAS 37 als Eventualschulden lediglich offen zu legen sind würden in einem handelsrechtlichen Jahresabschluss mitunter aufgrund der Wirkung des Vorsichtsprinzips als Rückstellungen für ungewisse Verbindlichkeiten passiviert werden. Grundsätzlich sind aber sämtliche Sachverhalte, welche nach handelsrechtlichen Vorschriften als Haftungsverhältnisse gelten, unter *contingent liabilities* zu subsumieren.

---

[228] Hierzu Lüdenbach/Hofmann/Freiberg, Haufe IFRS-Kommentar, 21. Aufl. 2023, § 21 Rz. 49.

[229] Hierzu Schimpf-Dörges, in: Beck'sches IFRS-Handbuch, 6. Aufl. 2020, § 13 Tz. 49.

4.2.4.2 Bewertung

Auch bei der Bewertung ist zwischen finanziellen und sonstigen Verbindlichkeiten zu unterscheiden. IFRS 9 beinhaltet konkrete Regelungen zu finanziellen Verbindlichkeiten, die einen Großteil der Verbindlichkeiten abdecken.[230]

Zugangsbewertung

Gemäß IFRS 9.5.1.1 sind finanzielle Verbindlichkeiten beim Erstansatz zum beizulegenden Zeitwert zu bewerten, was nach IFRS 9.B5.1.1 dem erhaltenen Gegenwert der Verbindlichkeit, d.h. regelmäßig dem Transaktionspreis, entspricht.

Unterscheiden sich der beizulegende Zeitwert im Zugangszeitpunkt und der Transaktionspreis, ist die Ermittlungsmethode des beizulegenden Zeitwerts zu prüfen. Basiert der beizulegende Zeitwert auf einem in einem aktiven Markt notierten Preis für eine identische Schuld oder auf einer Bewertungstechnik, die ausschließlich beobachtbare Marktdaten verwendet, wird die Verbindlichkeit im Zugangszeitpunkt zum beizulegenden Zeitwert angesetzt und die Differenz zum Transaktionspreis erfolgswirksam erfasst. Wird der beizulegende Zeitwert anhand einer anderen Methode bestimmt, ist die Differenz abzugrenzen und in der Folge nur in dem Umfang erfolgswirksam zu periodisieren, wie sich ein Bewertungsparameter ändert, den die Marktteilnehmer bei der Bewertung der Schuld berücksichtigen würden.

Transaktionskosten sind im Falle einer erfolgswirksamen Bewertung zum beizulegenden Zeitwert (*at fair value through profit and loss*) bei erstmaliger Einbuchung in der Gewinn- und Verlustrechnung zu erfassen, während die bei einer Bewertung zu fortgeführten Anschaffungskosten gemäß IFRS 9.4.2.1 von der Verbindlichkeit abgezogen und durch Anwendung der Effektivzinsmethode auf den Erfüllungsbetrag der Verbindlichkeit zugeschrieben werden. Prospektive Transaktionskosten werden dabei nicht berücksichtigt.

Nicht finanzielle sonstige Verbindlichkeiten sind bei erstmaliger Erfassung mit dem Betrag anzusetzen, der dem Wert der übertragenen wirtschaftlichen Ressourcen entspricht. Dieser ist anhand des voraussichtlichen Ressourcenabflusses zu bemessen. Dabei wird weder in den einzelnen Standards noch im Rahmenkonzept darauf eingegangen, ob die Verbindlichkeit auf Basis historischer Kosten, zum beizulegenden Zeitwert, zum Erfüllungsbetrag oder zu aktuellen Kosten bewertet werden soll. Einzelregelungen finden sich z.B. zu Pensionsverpflichtungen (IAS 19), zu Steuerverpflichtungen (IAS 12), zu Verbindlichkeiten aus von als Finanzinvestitionen gehaltenen Immobilien (IAS 40) und zu ungewissen Verpflichtungen (IAS 37).

Folgebewertung

Die Folgebewertung von finanziellen Verbindlichkeiten nach IFRS 9 hängt von ihrer Zuordnung in Kategorien ab. Grundsätzlich sind finanzielle Verbindlichkeiten gemäß IFRS 9.4.2.1 in den Folgejahren zu fortgeführten Anschaffungskosten anzusetzen, welche unter Verwendung der Effektivzinsmethode ermittelt werden. Davon ausgenommen sind die zu Handelszwecken gehaltenen finanziellen Verbindlichkeiten, die erfolgswirksam zum beizulegenden Zeitwert bewertet werden. Als weitere Alternative kann bereits beim erstmaligen Ansatz freiwillige eine Klassifizierung gemäß der *fair value*-Option vorgenommen werden. Bei der Ausübung dieser Option sind gemäß IFRS 9.5.7.7 Änderungen des

---

230 Hierzu Coenenberg/Haller/Schultz, Jahresabschluss und Jahresabschlussanalyse, 26. Aufl. 2021, S. 485-487.

beizulegenden Zeitwerts der Verbindlichkeit aufgrund von Änderungen des Kreditrisikos gesondert im Sonstigen Ergebnis zu erfassen.

Für die Folgebewertung sonstiger Verbindlichkeiten gibt es in den Standards sowie im Rahmenkonzept keine gesonderten Regelungen. Die Grundsätze für die erstmalige Bewertung sind daher analog anzuwenden, d.h. es ist auf den voraussichtlichen Ressourcenabfluss abzustellen. Sich aus neuen Erkenntnissen ergebende Wertänderungen sind erfolgswirksam zu erfassen.

Bewertung von *accruals*

Bezüglich der Zugangs- und Folgebewertung von abgegrenzten Schulden gibt es keine expliziten Regelungen. Sie sind als Unterkategorie der nicht finanziellen Verbindlichkeiten in Höhe des voraussichtlichen Ressourcenabflusses zu bewerten.

Bewertung von Eventualschulden

Wie bereits ausgeführt, kommt der Bewertung von Eventualschulden lediglich dann eine Bedeutung zu, wenn eine Offenlegung im Anhang erforderlich ist. Zur Schätzung des möglichen Erfüllungsbetrags einer Eventualschuld verweist IAS 37.86 auf die Bewertungsgrundsätze für Rückstellungen.

Disagio

Die Behandlung eines Disagios nach IFRS leitet sich aus den Gedanken zur periodengerechten Erfolgsermittlung ab. Da finanzielle Verbindlichkeiten beim Erstansatz mit dem Wert der erhaltenen Gegenleistung anzusetzen sind, ist im Falle eines Disagios die Verbindlichkeit betragsmäßig vermindert um das Disagio anzusetzen. In den Folgejahren erfolgt die Amortisation des Disagios durch eine sukzessive, erfolgswirksame Aufzinsung des Buchwerts der Verbindlichkeit unter Anwendung der Effektivzinsmethode. Damit entspricht der Buchwert der Verbindlichkeit zum Ende der Laufzeit dem Rückzahlungsbetrag.

Hinweis
Im Unterschied zur handelsrechtlichen Behandlung ist nach IFRS grundsätzlich eine Abzinsung vorzunehmen, d.h. unverzinsliche bzw. unterverzinsliche finanzielle Verbindlichkeiten sind zum Barwert anzusetzen, sobald der Abzinsungseffekt wesentlich ist. Für Zwecke der Diskontierung sind markübliche Zinssätze eines im Hinblick auf Währung, Laufzeit und sonstige Faktoren vergleichbaren Finanzinstruments zu verwenden.

Fremdwährungsverbindlichkeiten

Nach IAS 21.21-22 sind Fremdwährungsverbindlichkeiten bei Zugang mit dem Kassakurs des Transaktionszeitpunktes auf die funktionale Währung des Unternehmens umzurechnen.[231] Aus Vereinfachungsgründen kann hier im Falle nur unwesentlicher Kursschwankungen auch ein Näherungswert herangezogen werden. In den Folgejahren sind monetäre Posten gemäß IAS 21.23(a) zum Stichtagskurs am Bilanzstichtag umzurechnen. Etwaige Umrechnungsdifferenzen sind nach IAS 21.28 i.V.m. IFRS 9.B5.7.2 grundsätzlich erfolgswirksam zu erfassen.

[231] Hierzu ausführlich Abschn. 3.4.

Leasingverbindlichkeiten

Die aus Leasingverhältnissen entstehende Verbindlichkeit ist in Höhe des Barwerts der am Anfang der Leasingperiode noch nicht geleisteten Leasingzahlungen anzusetzen. Über die Leasinglaufzeit ist sie über den Tilgungsanteil der Leasingrate zu reduzieren.[232]

4.2.5 Nicht-finanzielle Schulden

4.2.5.1 Anwendungsbereich

Ausgehend von der Definition eines Finanzinstruments stellt die Mehrzahl der Verpflichtung eines Unternehmens finanzielle Schulden dar, da sie regelmäßig auf Verträgen basieren und durch flüssige Mittel oder finanzielle Vermögenswerte beglichen werden.

Residualgröße

Verpflichtungen, die nicht auf vertraglichen Grundlagen zwischen Unternehmen i.S, von IAS 32.14 basieren oder nicht durch flüssige Mittel bzw. finanzielle Vermögenswerte beglichen werden, stellen definitionsgemäß keine Finanzinstrumente dar, weshalb sie auch nicht in den Anwendungsbereich von IAS 32 und IFRS 9 fallen. Letztere werden primär durch Lieferung von Waren oder Erbringung von Dienstleistungen erfüllt. Sie sind – wenn Spezialvorschriften wie z.B. IFRS 16 und auch IAS 37 nicht anwendbar sind – den (sonstigen) nicht-finanziellen Schulden zuzuordnen. Die nicht-finanziellen Schulden ergeben sich als Residualgröße gegenüber den finanziellen Schulden.

Keine eigene Bilanzierungs- und Bewertungskonzeption

Eine eigene Bilanzierungs- und Bewertungskonzeption für diese sonstigen nicht-finanziellen Schulden ergibt sich nicht aus den IFRS, Kommen keine spezifischen Ansatz-, Bewertungs- und Ausweisvorschriften in Betracht, sind die allgemeinen Vorschriften des Rahmenkonzepts und des IAS 1 über die Bilanzierung und Bewertung von Schulden anzuwenden.

Unter die nicht-finanziellen Schulden fallen u.a. die folgenden Verpflichtungen:

- Verpflichtungen, die durch Sachleistungen zu erfüllen sind. Zu den Sachleistungsverpflichtungen zählen z.B. Gewährleistungen, die das Unternehmen regelmäßig zur Reparatur oder Ersatzlieferung verpflichten, oder Abbruchverpflichtungen. Die Erfüllung hat nicht-finanziellen Charakter.
- Erhaltene Anzahlungen auf Bestellungen sind nach IAS 32.AG11 den nicht-finanziellen Schulden zuzuordnen, da sie ebenfalls zu einem Abgang von nicht-finanziellen Vermögenswerten oder zur Erbringung von Dienstleistungen führen.
- Verbindlichkeiten aus Steuern basieren nicht auf einer rechtsgeschäftlichen Basis, sondern auf einem hoheitlichen Akt. Sie stellen daher nach IAS 32.AG12 kein Finanzinstrument und somit auch keine finanzielle Schuld dar.
- Zuwendungen der öffentlichen Hand für Vermögenswerte i.S, von IAS 20.24 können bilanziell aktivisch vom entsprechenden Vermögenwert abgezogen oder passivisch als passiver Abgrenzungsposten (*deferred income*) gezeigt werden. Der Abgrenzungsposten stellt eine sonstige nicht-finanzielle Verbindlichkeit dar und ist über die Nutzungsdauer des Vermögenswerts auf einer planmäßigen Grundlage aufzulösen.

---

[232] Hierzu ausführlich Abschn. 4.1.2.6.1.1.

Hinweis
Ob Verbindlichkeiten im Rahmen der sozialen Sicherheit als finanzielle oder nicht-finanzielle Schuld auszuweisen sind, hängt von der Einstufung des Vertragspartners (gesetzliche Krankenkasse und Rentenversicherung) als Unternehmen oder als staatliche Institution ab. Dabei ist nach IAS 32.14 der Unternehmensbegriff weit auszulegen und umfasst auch öffentliche Institutionen, weshalb hier eine finanzielle Schuld vorliegen dürfte.

4.2.5.2 Ansatz und Ausweis

Ansatz Wegen grundsätzlich mangelnder spezifischer Normen für die bilanzielle Abbildung nicht-finanzieller Schulden sind für deren Ansatz die Normen des Rahmenkonzepts heranzuziehen. Danach ist die abstrakte Passivierungsfähigkeit mit ggf. einhergehender konkreter Passivierungspflicht aus den Definitionskriterien einer Schuld abzuleiten.[233]

Ausweis Nach den sich aus IAS 1.61 für jedes Unternehmen ergebenden fristigkeitsspezifische Angabepflichten müssen für Verbindlichkeiten, in denen Beträge mit einer Fristigkeit von unter und von über einem Jahr zusammengefasst werden, die Beträge angegeben werden, die eine Fristigkeit von über einem Jahr aufweisen.

Grundsätzlich ist im Bilanzgliederungsschema des IAS 1.54 ein separater Ausweis der sonstigen nicht-finanziellen Verpflichtungen nicht vorgesehen. Diese sind zusammen mit den Verbindlichkeiten aus Lieferungen und Leistungen gemäß IAS 1.54(k) als Verbindlichkeiten aus Lieferungen und Leistungen und sonstige Verbindlichkeiten auszuweisen. Ein eigenständiger Ausweis der sonstigen Verbindlichkeiten sollte nach IAS 1.55 i.V.m. IAS 1.57(b) aber erfolgen, wenn durch die geänderte Darstellung das Verständnis der Vermögens- und Finanzlage des Unternehmens verbessert wird. Gleichzeitig wird dadurch ein separater Ausweis der Verbindlichkeiten aus Lieferungen und Leistungen erzielt.

Erfüllung durch Sacheinlagen Verpflichtungen, die durch Sacheinlagen zu erfüllen sind, stellen im Wesentlichen Gewährleistungen und Abbruchverpflichtungen dar. Aufgrund von Unsicherheiten hinsichtlich des Ressourcenabflusses, der Höhe und/oder der Fälligkeit der Sachleistungsverpflichtung kommt regelmäßig ein Ausweis unter den Rückstellungen in Betracht. Ist für die Unsicherheiten wenig oder kein Raum gegeben, sind diese unter den sonstigen Schulden auszuweisen. Dabei wäre insbesondere bei der gesetzlichen Gewährleistungspflicht von zwei Jahren die Fristigkeit zu beachten und die Schuld in einen kurz- und einen langfristigen Teil aufzugliedern. Allerdings werden diese Schulden nach IAS 1.70, da sie im Zusammenhang mit dem *working capital* stehen, als kurzfristig ausgewiesen. Abbruchverpflichtungen sind regelmäßig langfristiger Natur.

Erhaltene Anzahlungen Bei erhaltenen Anzahlungen ist zu prüfen, ob sie ggf. einen eigenständigen passivischen Ausweis begründen. Gemäß IFRS 15.105 hat ein Unternehmen zu jedem Abschlussstichtag den Umfang der Erfüllung eines Kundenvertrags zu bestimmen und einen entsprechenden

[233] Hierzu ausführlich Abschn. 3.1.

Vertragsvermögenswert (*contract asset*) bzw. eine entsprechende Vertragsverbindlichkeit (*contract liability*) auszuweisen. Leistet der Kunde eine Voraus- oder Abschlagszahlung auf die vertraglich vereinbarte Gegenleistung und erfüllt damit seine Vertragspflichten bevor die entsprechende Leistung des Unternehmens erbracht wird, führt dies beim leistenden Unternehmen zum Entstehen einer vertraglichen Verbindlichkeit. Die Vertragsverbindlichkeit ist nach IFRS 15.106 die Verpflichtung eines Unternehmens, Güter oder Dienstleistungen auf einen Kunden zu übertragen, für die es von diesem eine Gegenleistung erhalten oder noch zu erhalten hat.

Passive Rechnungsabgrenzungsposten

Passive Rechnungsabgrenzungen sind unter den kurzfristigen Verbindlichkeiten auszuweisen, wenn die Einnahmen innerhalb eines Jahres als Ertrag verrechnet werden können. Sollten die Einnahmen erst nach einem Jahr zu Ertrag werden, sind sie als langfristige sonstige finanzielle Verbindlichkeit auszuweisen.

Tatsächliche Ertragsteuerverpflichtungen

Unter den tatsächlichen Ertragsteuerverpflichtungen des laufenden Geschäftsjahres und früherer Geschäftsjahre, soweit diese noch nicht an die Finanzbehörden abgeführt wurden, fallen für Unternehmen mit Sitz in Deutschland insbesondere Verpflichtungen aus Körperschaftssteuer, Solidaritätszuschlag und Gewerbesteuer sowie entsprechende Ertragsteuern auf Basis des AStG bzw. Doppelbesteuerungsabkommen. Tatsächliche Steuerschulden sind im Gegensatz zu latenten Steuerschulden grundsätzlich kurzfristiger Natur und daher getrennt von diesen auszuweisen. Unter gewissen Voraussetzungen besteht eine Saldierungspflicht tatsächlicher Steuerschulden mit Steuererstattungsansprüchen.[234]

Latente Steuerschulden

Latente Steuerschulden sind unter Beachtung des *temporary*-Konzept sowie der *liability*-Methode anzusetzen, wenn in Folgeperioden höhere Ertragsteuerzahlungen geleistet werden müssen, als sich nach dem handelsrechtlichen Gewinnausweis ergeben.[235] Diese sind nach IAS 1.56 stets unter den langfristigen Schulden auszuweisen. Andere Steuerarten, die sich nicht auf den Ertrag des Unternehmens fokussieren, wie die Umsatzsteuer oder die Lohn- und Kirchensteuer, einschließlich damit zusammenhängender Bußgelder sowie Säumnis- und Verspätungszuschläge sind dagegen unter den sonstigen nichtfinanziellen Verbindlichkeiten auszuweisen.

Zuwendungen der öffentlichen Hand

Zuwendungen der öffentlichen Hand umfassen die Investitionszuschüsse wie auch die Investitionszulagen. Der Abschreibungsverlauf der Zuschüsse hat proportional zu den korrespondierenden bezuschussten Vermögenswerten zu erfolgen. Dies kann erreicht werden durch eine sofortige Kürzung der Anschaffungs- oder Herstellungskosten mit der Folge einer sofortigen niedrigeren Abschreibungsverrechnung (Nettomethode) oder durch Bilanzierung der vollen Anschaffungs- oder Herstellungskosten mit gleichzeitigem Ausweis eines passiven Abgrenzungspostens, der abschreibungs-

[234] Eine Saldierungspflicht besteht nach IAS 12.71 dann, wenn das Unternehmen über die Möglichkeit verfügt, Steueransprüche mit Steuerschulden aufzurechnen und es beabsichtigt, von diesem Recht Gebrauch zu machen.

[235] Hierzu ausführlich Abschn. 5.2.2.

proportional aufgelöst wird (Bruttomethode).[236] Dieser Abgrenzungsposten stellt keinen eigenen Posten dar, sondern wird im Rahmen der sonstigen Schulden gezeigt.

4.2.5.3 Bewertung

Zugangsbewertung

Sonstige nicht-finanziellen Schulden sind nach CF 4.39 bei der erstmaligen Erfassung mit dem Betrag anzusetzen, der dem Wert der übertragenen wirtschaftlichen Ressourcen entspricht. Dieser ist auf der Grundlage des voraussichtlichen Ressourcenabflusses zu bemessen. Regelmäßig dürften bei nicht-finanziellen Schulden keine Bewertungsprobleme bestehen, da vertragliche Grundlagen oder öffentliche Bescheide die entsprechenden Beträge ausweisen. Nur in Ausnahmefällen, wie z.B. bei Sachleistungsverpflichtungen, ist der Ressourcenabfluss zu schätzen, was nach CF 5.19ff. einer verlässlichen Bewertung allerdings nicht entgegensteht.

Die Bewertung von Steuerschulden erfolgt gemäß IAS 12.46 unter Anwendung derjenigen Steuervorschriften und Steuersätze, die zum jeweiligen Abschlussstichtag Gültigkeit entfalten.[237] Fremdwährungsverbindlichkeiten sind nach IAS 21.21 erstmalig in der funktionalen Währung anzusetzen, indem der Fremdwährungsbetrag mit dem am jeweiligen Tag des Geschäftsvorfalls gültigen Kassakurs zwischen der funktionalen Währung und der Fremdwährung umgerechnet wird. Dabei kann nach IAS 21.22 bei nicht stark schwankenden Wechselkursen auch ein Durchschnittskurs einer Woche oder eines Monats für alle Geschäftsvorfälle in der jeweiligen Fremdwährung verwendet werden.

Folgebewertung

Wertänderungen, die sich aus neuen Erkenntnissen ergeben, sind erfolgswirksam zu erfassen. Es ist der Betrag der bestmöglichen Schätzung anzusetzen, der zur Erfüllung der Verpflichtung zum Bilanzstichtag erforderlich ist.

Die Folgebewertung von nicht-finanziellen Fremdwährungsverbindlichkeiten richtet sich nach IAS 21.23. Danach wird bei der Folgebewertung nicht nur zwischen monetären und nicht-monetären Posten differenziert, sondern auch, ob der nicht-monetäre Posten bei der Erstbewertung ursprünglich zu historischen Anschaffungskosten oder zum beizulegenden Zeitwert in eine Fremdwährung bewertet wurde. Gemäß IAS 21.23(b) sind nicht-monetäre Verbindlichkeiten, die zu fortgeführten Anschaffungskosten bewertet wurden, unverändert mit dem Kurs zum Zeitpunkt der Erstverbuchung umzurechnen und zu bewerten. Für nicht-monetäre Verbindlichkeiten, die mit dem beizulegenden Zeitwert erfasst wurden, erfolgt gemäß IAS 21.23(c) eine Umrechnung zum Stichtagskurs. Nicht-finanzielle Verpflichtungen sind bei der originären Bewertung nach CF 6.5f. grundsätzlich mit den Anschaffungskosten zu bewerten. Daher hat die Folgebewertung bei Fremdwährungsverbindlichkeiten grundsätzlich in Übereinstimmung mit IAS 21.23(b) mit dem Kurs am Tag des Geschäftsvorfalls zu erfolgen, d.h. die Verbindlichkeit ist unverändert mit dem Kurs zum Zeitpunkt der Erstverbuchung zu bewerten.

---

[236] Hierzu ausführlich Abschn. 4.1.2.3.1.3.

[237] Hierzu ausführlich Abschn. 5.2.2.

4.2.5.4 Ausbuchung

Die Ausbuchung sonstiger nicht-finanzieller Verbindlichkeiten richtet sich ebenfalls nach den allgemeinen Kriterien des Rahmenkonzept zu Erfüllung einer gegenwärtigen Verpflichtung. Dabei sind nach CF 5.26 nicht-finanzielle Schulden dann auszubuchen, wenn die zugrunde liegende Verpflichtung erloschen ist.

Nach CF 5.26 erfolgt eine Erfüllung der Verpflichtung regelmäßig durch Zahlung, Übertragung von Vermögenswerten, Erbringung von Dienstleistungen, Ersatz einer Verpflichtung durch eine andere Verpflichtung oder Umwandlung der Verpflichtung in Eigenkapital. Diese Aufzählung ist allerdings nicht abschließend, da eine gegenwärtige sonstige nicht-finanzielle Verbindlichkeit auch auf anderem Wege erlöschen kann, z.B. durch Gläubigerverzicht, Schuldübernahme durch einen Dritten oder Verjährung.

5 Bilanzierung wichtiger Posten der Ergebnisrechnung

5.1 Erlöse aus Verträgen mit Kunden

5.1.1 Relevante Normen

IFRS 15

IFRS 15 enthält die Vorschriften zur Umsatzrealisierung. Ihm zugrunde liegt ein prinzipienbasiertes Realisationskonzept. Entsprechend dem Titel ist IFRS 15 grundsätzlich auf alle Verträge mit Kunden anzuwenden. Ausgeschlossen vom Anwendungsbereich sind nach IFRS 15.5 Leasingverträge gemäß IFRS 16, Versicherungsverträge nach IFRS 4 sowie in den Anwendungsbereich von IFRS 9, IFRS 10, IFRS 11, IAS 27 oder IAS 28 fallende Finanzinstrumente und andere vertragliche Rechte oder Verbindlichkeiten.

5.1.2 Grundlagen der Umsatzrealisierung nach IFRS

asset-liability-approach

Die Umsatzrealisierung nach IFRS 15 stellt grundsätzlich auf die Gegenüberstellung von Leistung und Gegenleistung aus einem Vertrag ab (*asset-liability-approach*): danach führt eine erfüllte bzw. erbrachte Leistung[238] zu einem Vermögenswert, eine erhaltene Gegenleistung führt zu einer Verbindlichkeit.[239] Analog zum Rahmenkonzept definiert IFRS 15.A Erträge folglich als Erhöhungen des Nettovermögens, die nicht auf Transaktionen mit den Anteilseignern beruhen.

contract asset* oder *contract liability

Gemäß IFRS 15.10 erzeugt ein Vertrag mit Kunden stets (rechtliche oder zumindest faktische) Leistungsverpflichtungen und -ansprüche, welche während der Vertragslaufzeit zu einer Netto-Position saldiert werden. Da die Leistungsverpflichtung zum Transaktionspreis bewertet wird, weist die Netto-Position zum Zeitpunkt des Vertragsschlusses regelmäßig einen Wert von Null auf, sodass weder ein Vermögenswert noch eine Schuld anzusetzen sind. Sobald das bilanzierende Unternehmen einzelne Leistungsverpflichtungen erfüllt oder der Kunde einzelne Leistungsansprüche begleicht, verändert sich dieser Wert der Netto-Position. Je nachdem, ob die verbleibenden Leistungsansprüche wertmäßig höher oder geringer sind als die zugehörigen Leistungsverpflichtungen, resultiert hieraus nach IFRS 15.105ff. ein Netto-Vermögenswert (*contract asset*) bzw. eine Netto-Verbindlichkeit (*contract liability*).

Dieser Zusammenhang bildet die Grundlage für die Umsatzrealisierung, welche nach IFRS 15.BC20 immer dann stattfindet, wenn sich der Netto-Vermögenswert erhöht, die Netto-Verbindlichkeit reduziert oder aus einer Netto-Verbindlichkeit ein Netto-Vermögenswert entsteht. Während dies immer der Fall ist, wenn das bilanzierende Unternehmen Leistungsverpflichtungen erfüllt, führt die Begleichung von Leistungsansprüchen durch den Kunden – i.d.R. durch Bezahlung – allein noch nicht zur Umsatzrealisation.[240]

---

[238] Eine Leistung gilt es erbracht, wenn die Kontrolle über ein Gut auf einen Kunden übergeht. Dieser Zeitpunkt muss nicht, kann aber mit dem Übergang der Risiken und Chancen zusammenfallen.

[239] Hierzu Breidenbach/Währisch, Umsatzerlöse, 2016, S. 38.

[240] Hierzu Pellens/Fülbier/Gassen/Selhorn, Internationale Rechnungslegung, 11. Aufl. 2021, S. 327-328.

5.1.3 Ausweis

Aktiver/passiver Vertragsposten

Zum Zeitpunkt des Vertragsschlusses mit einem Kunden darf weder ein Vermögenswert noch eine Schuld angesetzt werden, es sei denn, das schwebende Rechtsgeschäft wäre als belastender Vertrag i.S, von IAS 37 zu qualifizieren. Erst mit der Vertragserfüllung durch eine der Vertragsparteien muss das Unternehmen nach IFRS 15.105 einen aktiven oder passiven Vertragsposten in der Bilanz ansetzen. Erfüllt der Kunde seine (Zahlungs-)Verpflichtung ganz oder teilweise, bevor die Leistungsverpflichtung erfüllt ist, resultiert hieraus nach IFRS 15.106 ein passiver Vertragsposten. Im umgekehrten Fall hat das Unternehmen in Abhängigkeit davon, ob es einen bedingten oder unbedingten Entgeltanspruch erlangt, einen aktiven Vertragsposten oder eine Forderung zu aktivieren. Ein bedingter Zahlungsanspruch entsteht nach IFRS 15.107 dann, wenn das Unternehmen zunächst noch eine (Teil-)Leistung zu erbringen hat, bevor es dem Kunden die Rechnung stellen kann.

Demgegenüber entsteht eine Forderung bei einem unbedingten Entgeltanspruch, der sich nach IFRS 15.105 und IFRS 15.108 dadurch auszeichnet, dass die Fälligkeit des Rechnungsbetrags nur noch vom Verstreichen eines gewissen Zeitraums abhängt.

Ansatz und Folgebewertung einer Forderung

Nachdem eine Forderung (aus Lieferungen und Leistungen) aus einem Kundenvertrag angesetzt wurde, ist für deren Folgebewertung IFRS 9 einschlägig. Aus diesem Grund sind sämtliche nach dem Erstansatz entstehenden Differenzen zwischen dem ursprünglichen Buchwert der Forderung und den vertragsbezogenen Umsatzerlösen nach IFRS 15.108 als Aufwand – z.B. Wertminderungsaufwand – und somit nicht als Erlöskorrektur zu verbuchen. Demgegenüber sind auf aktive Vertragsposten nach IFRS 15.109 nur die Wertminderungsvorschriften des IFRS 9 anzuwenden.

Aktive und passive Vertragsposten können nach IFRS 15.109 auch unter anderen Bezeichnungen ausgewiesen werden. In jedem Fall müssen den Abschlussadressaten dann ausreichende Informationen zur Verfügung gestellt werden, die eine nachvollziehbare Differenzierung zwischen aktiven Vertragsposten und Forderungen zulassen.

Beispiel – Identifizierung eines Vertrags[241]

Am 01.01.2XX1 schließt die FWA einen Vertrag mit einem Kunden, durch den sie sich verpflichtet, dem Kunden zwei Produkte A und B zu einem Gesamtpreis von EUR 100.000 zu liefern. Es wird vereinbart, dass Produkt A vor Produkt B zu liefern ist, wobei die Fälligkeit des Entgelts sowie ein unbedingter rechtlicher Zahlungsanspruch der FWA erst mit der Lieferung von Produkt B entstehen. Da es sich bei der Bereitstellung der Produkte A und B um zwei abgrenzbare Leistungsverpflichtungen handelt, ist der Transaktionspreis auf beide Produkte anhand ihrer relativen Einzelveräußerungspreise aufzuteilen, wobei auf Produkt A EUR 40.000 und auf Produkt B EUR 60.000 entfallen. Wie ist dieser Sachverhalt nach IFRS 15 bilanziell abzubilden, wenn die FWA dem Kunden wie vereinbart zunächst Produkt A und erst später Produkt B liefert?

[241] Übernommen aus Breidenbach/Währisch, Umsatzerlöse, 2016, S. 41.

Einordnung

Dem allgemeinen Erlösrealisationskonzept des IFRS 15 folgend sind die Umsatzerlöse im Zeitpunkt der Übertragung des jeweiligen Produkts auf den Kunden zu erfassen. Entsprechend bucht die FWA mit dem Transfer von Produkt A auf den Kunden zunächst noch keine Forderung, sondern einen aktiven Vertragsposten ein, da ein unbedingter Zahlungsanspruch erst mit der Lieferung von Produkt B entsteht. Der Erlösrealisation steht dieser Tatbestand indes grundsätzlich nicht entgegen:

Aktiver Vertragsposten	40.000	an	Umsatzerlöse	40.000

Erst mit Übertragung von Produkt B entsteht nunmehr der unbedingte Entgeltanspruch in Bezug auf beide Produkte, sodass bis zur Begleichung des Kaufpreises eine Forderung gegenüber dem Kunden entsteht. Daher bucht die FWA mit dem Transfer von Produkt B auf den Kunden:

Forderung	100.000	an	Umsatzerlöse	60.000
			Aktiver Vertragsposten	40.000

5.1.4 Fünf-Schritte-Modell

5.1.4.1 Grundschema

Zur systematischen Ermittlung und Erfassung der relevanten Komponenten hat ein bilanzierendes Unternehmen gemäß IFRS 15 fünf Schritte zu befolgen:

[1] Identifizierung des Vertrags/der Verträge mit dem Kunden (IFRS 15.9-16)
[2] Identifizierung aller separaten Leistungsverpflichtungen (IFRS 15.22-30)
[3] Bestimmung des Transaktionspreises (IFRS 15.47-59)
[4] Zuordnung des Transaktionspreises zu den identifizierten Leistungsverpflichtungen (IFRS 15.73-86)
[5] Umsatzrealisation zum Zeitpunkt bzw. im Zeitraum der Erfüllung einer Leistungsverpflichtung (IFRS 15.31-45).[242]

5.1.4.2 Schritt 1: Identifikation von Verträgen mit Kunden

Definition Kunden

IFRS 15 ist auf alle vertraglichen Vereinbarungen mit Kunden anzuwenden, sodass sich zunächst die Frage stellt, wann eine vertragliche Gegenpartei als Kunde zu qualifizieren ist. Nach IFRS 15.6 ist ein Kunde eine Gegenpartei, die mit einem Unternehmen einen Vertrag über den Erhalt von Waren oder Dienstleistungen aus der gewöhnlichen Geschäftstätigkeit im Austausch für eine Gegenleistung bzw. ein Entgelt geschlossen hat. Auslegungsspielräume bietet hierbei die unternehmensspezifische Abgrenzung der gewöhnlichen Geschäftstätigkeit, die z.B. aus dem im Gesellschaftsvertrag bzw. in der Satzung formulierten Unternehmenszweck abzuleiten ist. Diese Abgrenzung ist insoweit von Bedeutung, als hierdurch der Ertragsposten „Umsatzerlöse" von den gesondert auszuweisenden „Sonstige Erträgen" separiert wird.

[242] Hierzu Braun/Fischer/Roos, StuB 2016, S. 806-807.

Vertragliche Vereinbarungen

Hierauf aufbauend hat das bilanzierende Unternehmen weiterhin zu prüfen, ob es sich um eine vertragliche Vereinbarung i.S, des IFRS 15 handelt. In diesem Kontext wird ein Kundenvertrag definiert als eine Vereinbarung zwischen mindestens zwei Parteien, die durchsetzbare Rechte und Pflichten begründet. Der Abschluss einer solchen Vereinbarung kann sowohl mündlich als auch schriftlich oder durch gängige Geschäftspraktiken erfolgen. Welche Vereinbarungen das Kriterium der durchsetzbaren Rechte und Pflichten erfüllen, ist nach IFRS 15.10 vor dem Hintergrund des geltenden Rechtssystems sowie unter Berücksichtigung der vorherrschenden Praktiken und Prozesse für den Abschluss von Kundenverträgen – z.B. Branchen- und Unternehmenspraktiken – zu beurteilen. Explizit aus dieser Definition ausgeschlossen sind dabei gemäß IFRS 15.12 i.V.m. IFRS 15.BC50 (noch) vollständig unerfüllt Vereinbarungen, die ohne Entschädigungszahlung an die Gegenpartei einseitig gekündigt werden können, da sich solche Verträge nicht auf die finanzielle Lage des Unternehmens auswirken können, bis eine der beiden Vertragsparteien mit der Erfüllung der vertraglichen Verpflichtungen beginnt. Darüber hinaus müssen die Zahlungsbedingungen eindeutig identifizierbar sein.

Wirtschaftliche Substanz

Darüber hinaus muss der Vertrag nach IFRS 15.9(d) wirtschaftliche Substanz haben, indem erwartet wird, dass er das Risiko, den Zeitpunkt oder die Höhe der künftigen *cashflows* des Unternehmens beeinflusst. Es reicht für die Qualifikation als Umsatzakt nicht aus, gleichartige und gleichwertige Vermögenswerte untereinander zu tauschen oder einen Vermögenswert zu verkaufen und gleichzeitig, ggf. auch von einer anderen Drittpartei, zurück zu erwerben. Hierdurch wird sichergestellt, dass allein bilanzpolitisch motivierte Scheingeschäfte ohne ökonomische Substanz nicht zur Generierung von Umsatzerlösen führen.

Gegenleistung wahrscheinlich gesichert

Zudem muss die Gegenleistung wahrscheinlich gesichert sein. Bei der Einschätzung der Wahrscheinlichkeit muss das Unternehmen sowohl die Fähigkeit als auch die Absicht des Kunden berücksichtigen, die Gegenleistung bei Fälligkeit zu erbringen. Der Betrag der Gegenleistung muss nicht mit dem im Vertrag festgelegten Preis übereinstimmen. Er kann auch niedriger sein, wenn der Preis aufgrund eines möglichen Zugeständnisses an den Käufer variable ist.

Beispiel – Identifizierung eines Vertrags[243]

Die FWA bestellt bei der Werft W ein Schiff. Die Spezifikation des Schiffs und der Gesamtpreis werden schriftlich detailliert festgelegt. Darüber hinaus enthält der Vertrag den Zeitpunkt der Abnahme und Vertragsstrafen, falls sich die Fertigstellung verzögert. Für die Fertigstellung einzelner Teilabschnitte werden Abschlagszahlungen vereinbart. Der Restbetrag ist drei Monate nach Abnahme des Schiffes fällig.

Einordnung

Mit Abschluss des Vertrags müssen beide Parteien ihre vertraglich festgelegten Pflichten erfüllen. Die Rechte und Pflichten sind eindeutig identifizierbar. Durch die Schriftform kann dies ggf. vor Gericht bewiesen werden, die Ansprüche sind

[243] Übernommen aus Breidenbach/Währisch, Umsatzerlöse, 2016, S. 41.

damit einklagbar. Die Zahlungsbedingungen sind festgelegt. Der Verkauf des Schiffs verändert die Zahlungsströme von W. Sollte W davon ausgehen, dass die FWA den vereinbarten Kaufpreis bezahlen kann und will, sind somit sämtliche Kriterien für eine Erfassung der Erlöse aus dem Verkauf des Schiffes gemäß IFRS 15 erfüllt.

Es ist an dieser Stelle nicht relevant, dass sich der zu zahlende Gesamtbetrag z.B. durch eine Verzögerung der Fertigstellung über Vertragsstrafen noch ändern kann. Dies ist erst bei der Ermittlung des Transaktionspreises in Schritt 3 zu berücksichtigen.

Zusammenfassung von Verträgen

Erfüllt eine Vereinbarung mit einem Kunden die genannten Kriterien, so liegt ein Kundenvertrag i.S, des IFRS 15 vor. Sollte der Absatz einer Leistung durch den Abschluss mehrerer Verträge i.S, des IFRS 15 vereinbart worden sein, sind die Verträge gemäß IFRS 15.17 im Hinblick auf die Ertragserfassung zusammenzufassen. Für mehrere formal unabhängige Verträge wird angenommen, dass sie eine wirtschaftliche Einheit bilden, wenn folgende Voraussetzungen kumulativ erfüllt sind:

- zeitliche Einheit: die Verträge wurden gleichzeitig oder in engem zeitlichem Zusammenhang geschlossen[244],
- wirtschaftlich identischer Vertragspartner: die Verträge wurden mit demselben Kunden oder miteinander wirtschaftlich verbundenen Unternehmen – z.B. Tochterunternehmen desselben Konzerns – abgeschlossen und es besteht eine
- besondere Beziehung zwischen den Verträgen: mindestens eines der folgenden Kriterien ist hinsichtlich der Beziehung zwischen den Verträgen erfüllt:
  - die Verträge wurden als Paket mit einem einzigen wirtschaftlichen Ziel verhandelt (Bündelung über die Zielsetzung),
  - die in einem Vertrag vereinbarte Gegenleistung hängt von dem, in einem anderen Vertrag vereinbarten Preis oder von der Erfüllung eines der anderen Verträge ab (Bündelung über Vertragsinterdependenzen) oder
  - die in den einzelnen Verträgen vereinbarten Leistungen bilden wirtschaftlich eine einzige, separate Leistung (Bündelung über die Unteilbarkeit der Leistung).

Beispiel 1 – Zusammenfassung von Verträgen[245]

Die FWA Cargo SE und deren asiatische Tochtergesellschaft schließen mit einem Flugzeughersteller am gleichen Tag jeweils einen Vertrag über die Lieferung von zwei baugleichen Flugzeugen. Aus zollrechtlichen Gründen liegt der Preis für die Flugzeuge in dem Vertrag mit der asiatischen Tochtergesellschaft über dem Preis, den die deutsche Muttergesellschaft bezahlen muss. Die Verträge wurden parallel mit den Vertretern beider Gesellschaften verhandelt. Insgesamt entspricht das Auftragsvolumen dem Marktpreis für vier Flugzeuge dieses Herstellers.

Einordnung

Der Flugzeughersteller hat beide Verträge zeitgleich mit zwei verschiedenen Kunden geschlossen, die jedoch wirtschaftlich miteinander verbunden sind. Die

[244] Unklar bleibt hier allerdings, wann genau die geforderte Zeitnähe der Vertragsabschlüsse gegeben ist.

[245] Übernommen aus Breidenbach/Währisch, Umsatzerlöse, 2016, S. 48.

Verträge wurden mit dem wirtschaftlichen Ziel verhandelt, dass der FWA Cargo-Konzern unter Berücksichtigung der Handelsbeschränkungen in den jeweiligen Ländern vier neue Flugzeuge erhält. Der günstige Preis für die Flugzeuge, welche die deutsche Muttergesellschaft erhält, hängt mit dem hohen Preis zusammen, den die asiatische Tochtergesellschaft leistet (Bündelung über Vertragsinterdependenzen). Da lediglich eines der drei Kriterien über die Beziehung zwischen Verträgen erfüllt sein muss, müssen die beiden Verträgen beim Flugzeughersteller im Hinblick auf die Umsatzrealisation zusammengefasst werden, und zwar unabhängig davon, ob die vier Flugzeuge eine einzige separate Leistung darstellen.

Beispiel 2 – Zusammenfassung von Verträgen[246]

Die FWA kauft bei einem Aufzughersteller einen neuen Aufzug für das Verwaltungsgebäude. Gleichzeitig wird ein zweiter Vertrag, ein Wartungsvertrag für die folgenden zehn Jahre abgeschlossen. Der Preis für den Aufzug liegt um 20% unter dem Preis den die FWA hätte zahlen müssen, wenn nicht gleichzeitig der Wartungsvertrag abgeschlossen worden wäre.

Einordnung

Auch hier sind die Voraussetzungen des IFRS 15.17 erfüllt und die Umsatzrealisation muss sich daran orientieren, dass ein einheitlicher Vertrag besteht, der in diesem Fall allerdings mehrere Leistungskomponenten umfassen.

Portfoliobetrachtung

Die Pflicht zur Zusammenfassung mehrerer Verträge, die den Absatz einer wirtschaftlichen Leistung betreffen, ist zu unterscheiden von der Möglichkeit, mehrere gleichartige Verträge gemäß IFRS 15.4 zu einem Portfolio zusammenzufassen. Ein Unternehmen muss danach nicht jeden Vertrag einzeln bilanzieren sofern die Portfoliobetrachtung nicht zu wesentlichen Abweichungen bei der Umsatzerfassung im Vergleich zur isolierten Anwendung von IFRS 15 auf jeden einzelnen Vertrag führt. Während es die Zielsetzung von IFRS 15.17 ist, zu verhindern, dass durch juristische Vertragsgestaltungen wirtschaftlich zusammenhängende Leistungen, die eine Einheit bilden, formal aufgespalten werden können, betrifft IFRS 15.4 die Fragestellung der Wirtschaftlichkeit der Rechnungslegung. Immer dann, wenn kein unvertretbar großer Fehler entsteht, sollen vergleichbare Vorgänge zusammengefasst werden, um die Rechnungslegung effizient zu gestalten. Allerdings ergeben sich in der Praxis durch die Zusammensetzung der verschiedenen Portfolios eines Unternehmens Gestaltungsspielräume.

Beispiel – Portfoliobetrachtung[247]

Ein Versandhändler müsste grundsätzlich für jede Lieferung an seine Kunden abschätzen, ob, in welchem Umfang und in welchem Zustand die gelieferte Ware vom Kunden zurückgeschickt werden, um den Umsatz zutreffend zu erfassen. Durch die Portfoliobetrachtung kann er gleichartige Verträge zusammen betrachten und den Umsatz auf Basis einer durchschnittlichen Retourenquote unter Berücksichtigung des durchschnittlichen Zustands der zurückgegebenen Waren für verschiedene Kundensegmente ermitteln.

---

246 Übernommen aus Breidenbach/Währisch, Umsatzerlöse, 2016, S. 48.

247 Übernommen aus ebd., S. 49.

Zusätzliche Voraussetzungen

Darüber hinaus hat das bilanzierende Unternehmen zu prüfen, ob der identifizierte Kundenvertrag zusätzlich die folgenden Kriterien des IFRS 15.9 kumulativ erfüllt:

- Die Vertragsparteien haben den Vertrag akzeptiert und müssen dadurch die vereinbarten Verpflichtungen zwingend erfüllten.
- Das Unternehmen kann sowohl die Rechte aller Vertragsparteien als auch die Zahlungsmodalitäten hinsichtlich der zu übertragenden Leistungen identifizieren.
- Es ist wahrscheinlich, d.h. es spricht mehr dafür als dagegen (Wahrscheinlichkeit > 50%), dass das Unternehmen den vereinbarten Entgeltbetrag im Tausch für die an den Kunden übertragenen Leistungen vereinnahmt. Bei der Beurteilung dieser Wahrscheinlichkeit hat das Unternehmen ausschließlich die finanzielle Leistungsfähigkeit und die Zahlungsabsicht des Kunden zum Fälligkeitszeitpunkt zu berücksichtigen.

Ausnahmen

Sind die dargestellten Kriterien kumulativ erfüllt, sind Umsatzerlöse nach dem Fünf-Schritte-Modell des IFRS 15 zu realisieren. Anderenfalls sind bereits erhaltene Entgelte nach IFRS 15.13ff. nur dann als Umsatzerlöse zu erfassen, wenn

- diese nicht erstattungsfähig sind, vom Unternehmen bereits größtenteils vereinnahmt wurden und das Unternehmen darüber hinaus keine verbleibende Leistungsverpflichtung hat, oder
- der Vertrag beendet wurde und das bereits erhaltene Entgelt dem Kunden nicht zurück zu erstatten ist.

Greift auch keines dieser beiden Szenarien, sind bereits erhaltene Entgelte so lange als Verbindlichkeit zu passivieren, bis entweder eine der beiden vorausgehend dargestellten Fallkonstellationen oder die Kriterien des IFRS 15.9 erfüllt sind.

5.1.4.3 Schritt 2: Identifikation separater Leistungsverpflichtungen

Für seine Kundenverträge muss das bilanzierende Unternehmen zum Zeitpunkt des Vertragsabschlusses die darin enthaltenen Leistungsverpflichtungen identifizieren. Eine Leistungsverpflichtung ist nach IFRS 15.A die vertragliche Zusage an einen Kunden, diesem eine oder mehrere abgrenzbare Leistungen bzw. ein abgrenzbares Leistungsbündel zu übereignen. Weiterhin stellte eine Zusage zur Lieferung bzw. Erbringung eines Bündels im Wesentlichen identischer abgrenzbarer Sachgüter oder Dienstleistungen, die in einer zeitlichen Abfolge in bestimmten Schritten auf dieselbe Art und Weise auf den Kunden übertragen werden nach IFRS 15.22 ebenfalls eine Leistungsverpflichtung dar. IFRS 15.25 nennt konkrete Beispiele für Leistungsverpflichtungen.

Eine Leistung ist gemäß IFRS 15.27 dann abgrenzbar (*distinct*),

- wenn der Kunde isoliert betrachtet einen Nutzen aus der zugesagten (Teil-)Leistung ziehen kann (Nutzenkriterium gemäß IFRS 15.27(a)) und
- diese einzeln identifizierbar und damit von anderen im Vertrag enthaltenen Zusagen separierbar ist (Trennbarkeitskriterium gemäß IFRS 15.27(b)).

Nutzenkriterium

Das Nutzungskriterium ist üblicherweise erfüllt, wenn der Kunde die zugesagte Leistung eigenständig oder ggf. auch zusammen mit anderen ihn zur Verfügung stehenden Ressourcen verwenden, konsumieren, vorteilhaft verkaufen oder anderweitig nutzbringend einsetzen kann. Ins-besondere die Tatsache, dass ein Unternehmen eine Leistung üblicherweise separat verkauft bzw. zum Verkauf anbietet, weist nach IFRS 15.28 darauf hin, dass das Nutzungskriterium erfüllt ist. Allerdings bedeutet das Nutzenkriterium nicht zwingend, dass ein Sachgut oder eine Dienstleistung vollkommen unabhängig von anderen Gütern genutzt werden können muss. Auch wenn ein Gut oder eine Dienstleistung nur zusammen mit einem oder mehreren anderen Gütern zusammen einen Nutzen erbringt, gilt die Leistung als eigenständig nutzbar, wenn sie diesen Nutzen nicht nur mit den Gütern erbringen kann, mit denen sie gemeinsam den Nutzen beim Kunden erbringt, sondern auch mit anderen Gütern.

> ***Beispiel*** – Nutzenkriterium[248]
>
> Ein Autohändler bietet beim Verkauf eines Fahrzeugs gleichzeitig die Lieferung der zum Fahrzeug passenden Winterreifen an. Die Reifen stiften nur zusammen mit einem Fahrzeug einen Nutzen. Sie sind jedoch nicht individuell für dieses eben erworbene Fahrzeug gefertigt, sondern können auch mit vielen anderen Fahrzeugen mit gleicher Felgengröße genutzt werden. Die eigenständige Nutzbarkeit liegt somit allgemein vor.

Trennbarkeitskriterium

Hinsichtlich der Trennbarkeit der Leistungsversprechen eines Unternehmens wird nach IFRS 15.29 darauf abgestellt, ob der Kunde im Kontext des Vertrags einen Anspruch auf einzelne vertraglich zugesagte Leistungen oder auf ein kombiniertes Objekt hat, in das die zugesagten Leistungen als *input* eingehen. Für die Beurteilung enthält IFRS 15.29 eine nicht abschließende Indizienliste, nach der Leistungsversprechen unter folgenden Bedingungen nicht separat identifizierbar sind:

- Das Unternehmen bietet eine wesentliche Dienstleistung an, um die betrachtete(n) Leistung(en) mit anderen – ggf. im Vertrag zugesagten – Leistungen in ein einheitliches Werk bzw. Leistungsbündel zu integrieren, das der Kunde als kombiniertes Endprodukt bestellt hat. Nach diesem Verständnis dienen einzelne Güter oder Dienstleistungen als *input* für ein nach den Spezifikationen des Kunden zu erstellendes Endprodukt (*output*).
- Eine oder mehrere Leistungen
  - führt bzw. führen zu einer wesentlichen Modifikation bzw. kundenspezifischen Anpassung eines oder mehrerer anderer vertraglich zugesagter Leistungen oder
  - wird bzw. werden wesentlich durch andere vertraglich vereinbarte Leistungen modifiziert oder kundenspezifisch angepasst.
- Es besteht eine starke Abhängigkeit oder Wechselbeziehung zwischen den vertraglich zugesagten Leistungen. Dies ist der Fall, wenn jede der Leistungen wesentlich durch eine oder mehrere der anderen Leistungen beeinflusst wird, z.B. weil das Unternehmen sein Leistungsversprechen nicht erfüllen kann, indem es die einzelnen Leistungen unabhängig voneinander auf den Kunden überträgt.

> ***Beispiel*** – Trennbarkeitskriterium[249]
>
> Die FWA bestellt bei der Maritim AG-Werft ein Schiff, welches aus vielen Teilen besteht, die einzeln verkauft werden könnten. Alle Teile zusammen ergeben jedoch die Gesamtleistung „Schiff“, die die FWA durch den Vertrag erwerben möchte. Würde sie die Teile einzeln erwerben, hätte es noch kein Schiff.

---

248 Übernommen aus Breidenbach/Währisch, Umsatzerlöse, 2016, S. 64.

249 Übernommen aus ebd., S. 65.

Zusammenfassung von Leistungen

Ist das Nutzen- oder das Trennbarkeitskriterium nicht erfüllt, so liegen keine einzeln abgrenzbaren Leistungen vor. In diesem Fall muss das Unternehmen die betrachtete Leistung so lange mit anderen Leistungen des zugrunde liegenden Kundenvertrags zusammenfassen, bis ein einzeln abgrenzbares Leistungsbündel identifiziert werden kann. Dies führt nach IFRS 15.30 im Extremfall dazu, dass alle in einem Kundenvertrag enthaltenen (Teil-)Leistungen bilanziell wie eine einzige Leistungsverpflichtung zu behandeln sind.

Beispiel 1 – Identifikation separater Leistungsverpflichtungen[250]

Die FWA schließt mit der Contractor AG einen Vertrag zur Errichtung eines neuen Verwaltungsgebäudes. Die Contractor AG ist verantwortlich für das gesamte Projektmanagement und identifiziert verschiedene Güter und Dienstleistungen, z.B. der Konstruktion, Fundamentierung, Beschaffung, Rohbau, Verlegung von Rohrleitungen und Verkabelung, Installationsleistungen und Endarbeiten. Die Wettbewerber der Contractor AG bieten den Großteil dieser Leistungen auch einzeln an. Wie viele Leistungsverpflichtungen muss die Contractor AG nach IFRS 15 als separat bzw. einzeln abgrenzbar einstufen?

Einordnung

Alle vertraglich zugesagten Leistungen können grundsätzlich abgrenzbar i.S, von IFRS 15.27(a) sein, da der Kunde aus jeder angebotenen Leistung entweder einen eigenständigen oder einen aus deren Verwendung mit anderen kurzfristig verfügbaren Ressourcen resultierenden Nutzen ziehen kann. Dies zeigt sich u.a. auch darin, dass die Wettbewerber der Contractor AG einen Großteil der erforderlichen Güter und Dienstleistungen auch einzeln an andere Kunden veräußern. Dennoch sind die einzelnen Güter und Dienstleistungen aus Sicht der Contractor AG im Kontext des konkreten Vertrags mit der FWA nicht abgrenzbar (IFRS 15.27(b)). Ursächlich hierfür ist, dass die Contractor AG eine wesentliche Dienstleistung erbringt, um die einzelnen Güter und Dienstleistungen in ein einheitliches Werk (= das Verwaltungsgebäude) zu integrieren, welches die FWA bestellt hat. Insofern stellen die einzelnen Güter und Dienstleistungen lediglich *input* für ein kombiniertes Endprodukt (*output*) dar, sodass die Contractor AG alle für den Bau des Verwaltungsgebäudes erforderlichen Leistungen bilanziell als eine einzige Leistungsverpflichtung zu behandeln hat.

Beispiel 2 – Identifikation separater Leistungsverpflichtungen

Die Soft-Tex AG vertreibt gekaufte Softwarepakete. Sie schließt mit der FWA einen Vertrag, der zu einem Gesamtpreis von TEUR 500 für die nächsten drei Jahre folgendes Leistungspaket beinhaltet:

- Bereitstellung einer Lizenz zur Nutzung der patentierten FASHION4Meta-Engine, die zur Programmierung von 3D-Modell von Kleidungsstücken im Metavers genutzt wird;
- kundenindividuelle Implementierung der Software (customizing);
- regelmäßige Software-Updates, ggf. im Zusammenhang mit Software-Upgrades.

[250] Übernommen aus Pellens/Fülbier/Gassen/Selhorn, Internationale Rechnungslegung, 11. Aufl. 2021, S. 283-286.

Die Software wird der FWA bereits zur Verfügung gestellt, bevor die anderen Leistungen erbracht werden, und ist über den gesamten Dreijahreszeitraum auch ohne die regelmäßigen *updates/upgrades* uneingeschränkt nutzbar.

Während die Softwarelizenz regelmäßig in Verbindung mit der kundenspezifischen Implementierungsleistung seitens der Soft-Tex AG angeboten wird, können die regelmäßigen Software-*updates* und -*upgrades* auch separat von dieser erworben werden. Die kundenindividuelle Implementierung ist zwingend erforderlich, um sicherzustellen, dass sämtliche *tools* der Software uneingeschränkt mit der kundenspezifischen Softwareumgebung nutzbar sind. Sie können aber grundsätzlich auch separat von anderen Dienstleistern bezogen werden. Wie viele separate Leistungsverpflichtungen sind im vorliegenden Fall zu identifizieren?

Einordnung

Die Identifikation separater Leistungsverpflichtungen bedingt, dass diese voneinander abgrenzbar sind. Es gelten wie oben beschrieben das Nutzen- und Trennbarkeitskriterium. Da sich das Nutzenkriterium nach IFRS 15.28 u.a. darin konkretisiert, dass die betrachtete Leistung separat verkauft wird, dürften Software und Implementierungsleistung hiernach keine voneinander abgrenzbaren Leistungsverpflichtungen darstellen, da die Software regelmäßig nur in Verbindung mit der Implementierungsleistung angeboten wird. Darüber hinaus kann zwar die Implementierungsleistung von anderen Anbietern separat erworben werden, nicht aber die Softwarelizenz. Schließlich lassen sich Software und Implementierungsleistung auch nur in Kombination nutzen, denn erst durch die wesentliche Implementierungsleistung wird ein funktionierendes, integriertes Software-System hergestellt (IFRS 15.29(a)). Darüber hinaus wird die Entwicklungssoftware durch die Implementierungsleistung kundenindividuell modifiziert (IFRS 15.29(b)). Damit sind Software und Implementierungsleistung im Kontext des Vertrags nicht voneinander abgrenzbar.

Vorausgehende Einschätzung würde sich selbst dann nicht ändern, wenn die Soft-Tex AG die Softwarelizenz und die Implementierungsleistung separat anbieten würde, denn selbst in diesem Fall würde die Lizenz und das *customizing* jeweils als *input* für ein kombiniertes Endprodukt in Form eines kundenindividuell integrierten funktionsfähigen Software-Systems dienen.

Im Gegensatz hierzu wird die *update-/upgrade*-Leistung auch separat angeboten und kann eigenständig bzw. in Kombination mit anderen dem Kunden zur Verfügung stehenden Ressourcen genutzt werden. Darüber hinaus greift hier auch keines der in IFRS 15.29 aufgeführten Kriterien, sodass die Soft-Tex AG im Ergebnis die Softwarelizenz in Verbindung mit der Implementierungsleistung als eine Leistungsverpflichtung sowie die *update-/upgrade*-Leistung als zweite separate Leistungsverpflichtung zu bilanzieren hat.

Beispiel 3 – Identifikation separater Leistungsverpflichtungen

Die Coffee Lovers AG produziert Kaffeemaschinen und exklusiv hierzu passende Kaffeepads. Beide Produkte biete das Unternehmen auch separat an. Darüber hinaus werden die erforderlichen Kaffeepads ausschließlich von der Coffee Lovers AG produziert.

Im Rahmen einer vertraglichen Vereinbarung mit einem Kunden verpflichtet sich die Coffee Lovers AG zur kurzfristigen Lieferung von zehn Kaffeemaschinen des

Premium-Modells „HotCoff" sowie zur monatlichen Lieferung von jeweils 600 der notwendigen Kaffeepads über die nächsten drei Jahre. Wie viele Leistungsverpflichtungen der Coffee Lovers AG begründet der vorliegende Vertrag?

Einordnung

Die Coffee Lovers AG prüft in einem ersten Schritt, inwieweit das Nutzenkriterium gemäß IFRS 15.27(a) hinsichtlich der beiden zugesagten Leistungen erfüllt ist. Diesbezüglich kommt sie zu dem Schluss, dass der Kunde aus den Kaffeemaschinen zusammen mit den entsprechenden, jederzeit verfügbaren Kaffeepads einen Nutzen ziehen kann, da beide Leistungen separat von der Coffee Lovers AG angeboten werden. Daher ist das Nutzenkriterium als erfüllt anzusehen.

In einem zweiten Schritt stellt sich die Frage nach dem Trennbarkeitskriterium gemäß IFRS 15.27(b). Diesbezüglich stellt die Coffee Lovers AG fest, dass ihre Leistungsversprechen in Form der Lieferung der Kaffeemaschinen und der Belieferung des Kunden mit Kaffeepads über die nächsten drei Jahre separat identifizierbar sind. Erstens bietet die Coffee Lovers AG keine wesentliche Dienstleistung an, um die Kaffeemaschinen und die Pads als *input* in ein kombiniertes Endprodukt zu integrieren. Zweitens werden weder die Kaffeemaschinen noch die Pads modifiziert oder kundenspezifisch angepasst. Drittens sieht die Coffee Lovers AG auch keine starke Abhängigkeit oder Wechselbeziehung zwischen den beiden Produkten. Obwohl der Kunde nur dann aus den Kaffeepads einen Nutzen ziehen kann, wenn er zuvor eine Kaffeemaschine erworben hat, und umgekehrt auch die Kaffeemaschine nur zusammen mit den spezifischen Pads nutzen kann, beeinflussen sich die beiden Leistungen gegenseitig nicht wesentlich. Dann die Coffee Lovers AG könnte jedes ihrer beiden Leistungsversprechen unabhängig voneinander erfüllen: das Unternehmen könnte die Kaffeemaschinen auch dann liefern, wenn der Kunde keine Pads erworben hätte. Umgekehrt könnte die Coffee Lovers AG auch dann Pads an einen Kunden liefern, wenn der Kunde die Kaffeemaschine separat erworben hätte. Entsprechend identifiziert die Coffee Lovers AG auf Grundlage dieser Einschätzung zwei separate Leistungsverpflichtungen. Einerseits hinsichtlich der Kaffeemaschinen und andererseits in Bezug auf die Kaffeepads.

Beispiel 4 – Identifikation separater Leistungsverpflichtungen

Die NewFit AG trifft eine vertragliche Vereinbarung mit der FWA, für diese experimentell eine neuartige, sich selbst an klimatische Bedingungen anpassende Funktionsjacke zu designen und von dieser zehn Prototypen anzufertigen. Die Spezifikationen der Jacke sollen mit einer Funktionalität einhergehen, die aber erst noch nachgewiesen werden muss. Daher wird die NewFit AG das spezifische Design der Jacke im Zuge der Herstellung und des Testens der Prototypen immer wieder anpassen und überarbeiten müssen. Vor diesem Hintergrund erwartet die FWA auch, dass die meisten, wenn nicht sogar alle Prototypen aufgrund während des Herstellungsprozesses erforderlichen Design-Änderungen zu überarbeiten bzw. anzupassen sind. Handelt es sich im vorliegenden Fall hinsichtlich der Zusagen, eine neuartige Funktionsjacke zu designen und hiervon zehn Prototypen zu entwickeln, um zwei separate Leistungsverpflichtungen?

Einordnung

Im vorliegenden Fall wird es der FWA nicht möglich sein, nur die Design- oder die Herstellungsleistung von der NewFit AG zu erwerben, ohne dass hierdurch die jeweils andere Leistung wesentlich beeinflusst wird. Denn in der dargestellten Fallkonstellation sind das Produktdesign und die Herstellung der Prototypen untrennbar miteinander verbunden. Auch wenn jede Leistung für sich genommen einen eigenständigen Nutzen für die FWA haben kann, sind beide Leistungen im Kontext des Vertrags nicht voneinander separierbar und damit identifizierbar. Entsprechend bilden die Design- und die Herstellungsleistung hier – ausgehend von IFRS 15.29 – eine einzige Leistungsverpflichtung.

5.1.4.4 Schritt 3: Bestimmung des Transaktionspreises

Transaktionspreis

Die Bewertung von Kundenverträgen erfolgt auf Basis des Transaktionspreises, d.h. zu dem Entgeltbetrag, welchen das Unternehmen nach IFRS 15.47 im Austausch für die Übertragung der zugesagten Leistungen vom Kunden zu erhalten erwartet. Grundsätzlich ist dabei gemäß IFRS 15.49 von der Erfüllung des Kundenvertrags auszugehen. Es sind insofern weder eine vorzeitige Kündigung noch eine Änderung der vertraglichen Bedingungen anzunehmen. Während ein fester monetärer Transaktionspreis dem Kundenvertrag i.d.R. problemlos zu entnehmen ist, sind insbesondere im Hinblick auf variable Entgelte, enthaltene Finanzierungskomponenten, nicht monetäre Gegenleistungen und an den Kunden zu entrichtende Entgelte spezielle Vorgaben zu beachten.

Variable Gegenleistungen

Variable Entgeltbestandteile hängen – z.B. durch Preiskopplung – von künftigen Entwicklungen oder Ereignissen ab. IFRS 15.51 listet diesbezüglich u.a. auch Preisnachlässe, Mengenrabatte, Leistungsboni – z.B. bei frühzeitiger bzw. fristgerechter Fertigstellung/Lieferung – oder Vertragsstrafen – bei zu später Fertigstellung/Lieferung – auf. Grundsätzlich muss ein variables Entgelt dabei nicht explizit auf fixierte Regelungen im Kundenvertrag basieren. Vielmehr kann sich ein solches auch aus der gängigen Geschäftspraxis des Unternehmens ergeben. Dies ist z.B. im Rahmen von Preisnachlässen der Fall, wenn der Kunde nach IFRS 15.52 die berechtigte Erwartung hat, dass das Unternehmen ein geringeres als das im Kundenvertrag fixierte Entgelt akzeptierte wird.

Schätzmethode bei variablen Entgelten

Aufgrund der Unsicherheit, die variablen Entgelten inhärent ist, muss das Unternehmen nach IFRS 15.50 i.V.m. 15.54 die erwarteten Entgeltansprüche aus dem Kundenvertrag unter Einbeziehung aller verfügbaren Informationen schätzen. Diese Schätzung stellt entweder auf den Erwartungswert oder den wahrscheinlichsten Wert ab, wobei diejenige Methode anzuwenden ist, die den Betrag der erwarteten Gegenleistung bestmöglich prognostiziert. Wie aus IFRS 15.53 ersichtlich ist, bevorzugt das IASB bei einer großen Anzahl ähnlicher Kundenverträge eine Portfolioschätzung anhand der Erwartungswertmethode, während bei Sachverhalten mit z.B. lediglich zwei erwarteten Eintrittsszenarien der wahrscheinlichste Wert heranzuziehen ist. Die gewählte Methode ist nach IFRS 15.54 konsistent über die gesamte Vertragslaufzeit beizubehalten.

Beispiel – Bestimmung des Transaktionspreises[251]

Die SpinTec AG, ein Hersteller von Spinnmaschinen, schließt mit der FWA einen Vertrag über die Lieferung einer Spinnmaschine für ein vereinbartes Entgelt von

---

[251] Übernommen aus Pellens/Fülbier/Gassen/Selhorn, Internationale Rechnungslegung, 11. Aufl. 2021, S. 287-288.

EUR 2.500.000. Ausgehend vom Zeitpunkt des Vertragsschlusses (31.12.2XX1) wird als Fertigstellungs- und Abnahmetermin der 31.12.2XX3 fixiert. Dieser bildet darüber hinaus die Grundlage für einen variablen Entgeltbestandteil. So wird der vereinbarte Betrag von EUR 2.500.000 bei positiven wie auch negativen Abweichungen vom vereinbarten Fertigstellungstermin zusätzlich um jeweils EUR 10.000 pro Tag erhöht bzw. vermindert (variabler Entgeltbetrag = EUR 10.000 x Anzahl Tage [31.12.2XX3 - Fertigstellungstermin]).

Die SpinTec AG geht auf Grundlage ihrer langjährigen Erfahrung im Projektgeschäft von einer ungefähren Gleichverteilung des Fertigstellungstermins aus. Die maximalen Abweichungen betragen hierbei -40 Tage bzw. +10 Tage, sodass der anvisierte Fertigstellungstermin eher pessimistisch geschätzt ist. Als Erwartungswert resultiert aus der empirischen Verteilung eine vorzeitige Fertigstellung von 15 Tagen früher. Die langjährige Erfahrung zeigt, dass der wahrscheinlichste Wert zu einer 10 Tage frühzeitigeren Fertigstellung führen würde. Dieser Wert realisiert sich mit einer Wahrscheinlichkeit von 2,5%, was minimal über der Wahrscheinlichkeit der anderen Werte liegt.

Zusätzlich hat ein Sachverständiger nach der Fertigstellung auf Grundlage vertraglich fixierter Kriterien zu beurteilen, ob Mängel vorliegen. Diesbezüglich ist ein abschließendes Rating auf einer Skala von 1 (mangelhaft) bis 19 (ganz ohne Mängel) abzugeben. Sofern das Rating bei mindestens 9 liegt, erhält die SpinTec AG ein zusätzliches Entgelt von EUR 100.000. Da die Produkte der SpinTec AG aufgrund der hohen Qualitätsstandards und -kontrollen in der Vergangenheit nur in wenigen Fällen Mängel aufwiesen, rechnet sie damit, den Bonus mit einer Wahrscheinlichkeit von 80% realisieren zu können.

Wie hoch ist der zum Zeitpunkt der Vertragsabschlusses nach IFRS 15 festzulegende – die Umsatzerlöse determinierende – Transaktionspreis?

Einordnung

Um den Transaktionspreis zu bestimmen, hat die SpinTec AG jede variable Transaktionspreiskomponente (Zeitpunkt Fertigstellung und Mängel) separat zu schätzen. Sie entscheidet sich dazu, das variable Entgelt aus potenziellen Abweichungen vom vereinbarten Fertigstellungstermin auf Basis der Erwartungswertmethode zu schätzen. Die Anwendung dieser Methode führt aus ihrer Sicht zu einer verlässlicheren Schätzung als das Abstellen auf den wahrscheinlichsten Wert, da hier eine große Spanne an möglichen Werten vorliegt und die Wahrscheinlichkeit des wahrscheinlichsten Wertes nur minimal über der der anderen Werte liegt. Entsprechend ergibt sich ein variabler Transaktionspreisbestandteil von Höhe von +EUR 150.000 (= EUR 10.000 x 15 Tage).

Darüber hinaus hat die SpinTec AG zu beurteilen, inwieweit sie den zusätzlichen Bonus aus einer mängelfreien Fertigstellung der Anlage erhalten wird. Da die Erwartungswertmethode in diesem Kontext insoweit abzulehnen ist, als sich der hierdurch ermittelte Betrag künftig nicht realisieren lassen kann (dieser beträgt entweder null oder 100.000 EUR), entscheidet sich die SpinTec AG in Einklang mit IFRS 15.53(b) für dasjenige Szenario, das höchstwahrscheinlich eintreten wird. Entsprechend beträgt der zweite variable Entgeltbestandteil +EUR 100.000. Hieraus folgt wiederum, dass der gesamte zum Zeitpunkt des Vertragsabschlusses zu bestimmende Transaktionspreis bei EUR 2.750.000 (= EUR 2.500.000 + EUR 150.000 + EUR 100.000) liegt, sofern hier nicht Regelungen zur Begrenzung des Einbezugs variabler Entgelte in den Transaktionspreis greifen.

Begrenzung variabler Entgeltbestandteile

Um zu vermeiden, dass bei variablen Entgeltbestandteilen das künftig zu erhaltende Entgelt und damit die Umsatzerlöse überschätzt werden, sind die variablen Gegenleistungen nach IFRS 15.56 auf denjenigen Betrag zu begrenzen, der selbst bei Abweichungen von der Schätzung höchstwahrscheinlich keine wesentliche Rücknahme bereits (kumulativ) erfasster Umsatzerlöse nach sich ziehen wird. Dabei sind Volumen und Eintrittswahrscheinlichkeit einer potenziellen Umsatzrücknahme zu berücksichtigen. Als Anhaltspunkt für eine erhöhte Wahrscheinlichkeit einer solchen Umsatzkorrektur nennt IFRS 15.57 folgende Beispiele:

- Der Entgeltbetrag reagiert sehr sensitiv auf unternehmensexterne Faktoren (z.B. Marktvolatilität, Ermessen bzw. Handlungen von Dritten, Wetterbedingungen oder hohe Risiken der Überalterung der zugesagten Leistungen).
- Die Unsicherheit hinsichtlich des Entgeltbetrags wird erwartungsgemäß über einen längeren Zeitraum andauern.
- Das Unternehmen verfügt über nur sehr begrenzte Erfahrungen (oder andere Anhaltspunkte) mit ähnlichen Verträgen oder diese bilden keine geeignete Schätzgrundlagen.
- Es ist gängige Praxis des Unternehmens, seinen Kunden entweder eine große Bandbreite von Preisnachlässen zu gewähren oder die Zahlungsbedingungen ähnlicher Verträge unter ähnlichen Umständen anzupassen.
- Der Vertrag beinhaltet eine große Anzahl und ein breites Spektrum möglicher Entgeltbeträge.

Anpassung von Schätzungen

Die Schätzung der variablen Komponenten des Transaktionspreises ist nach IFRS 15.59 am Ende jeder Berichtsperiode auf Basis des neuesten Informationsstandes anzupassen.

> ***Beispiel*** – Bestimmung des Transaktionspreises[252]
>
> Die Asian Yarn Corp. trifft mit der FWA am 01.01.2XX2 eine vertragliche Vereinbarung über die Belieferung von Schafswolle zu einem Preis von EUR 100.000 pro Tonne. Sofern die FWA bis zum Ende des Kalenderjahres mehr als zehn Tonnen abnimmt, reduziert sich der Preis pro Tonne rückwirkend auf EUR 90.000. Demnach handelt es sich hierbei um ein variables Entgelt bzw. einen variablen Entgeltbestandteil.
>
> Zum Ende des ersten Quartals des Jahres 2XX2 hat die FWA eine Tonne abgenommen. Unter Berücksichtigung dieser Abnahmemenge und seiner langfristigen Erfahrung geht die Asian Yarn Corp. davon aus, dass die kritische Absatzmenge von zehn Tonnen am Ende des Jahres nicht erreicht wird. Dementsprechend gelangt sie zu dem Schluss, dass es mit hoher Wahrscheinlichkeit zu keiner retrospektiven Korrektur bzw. Rücknahme der bis dahin kumulativ erfassten Umsatzerlöse kommen wird.
>
> Im Mai 2XX2 erwirbt die FWA ein anderes Unternehmen, welches ebenfalls Schafswolle der Asian Yarn Corp. für die eigene Produktion benötigt. Infolge der Zentralisierung des Einkaufs auf Ebene der FWA steigt die Abnahmemenge zum Ende des zweiten Quartals des Jahres 2XX2 deutlich um fünf Tonnen auf insgesamt sechs

[252] Übernommen aus Pellens/Fülbier/Gassen/Selhorn, Internationale Rechnungslegung, 11. Aufl. 2021, S. 289-290.

Tonne für das erste Halbjahr an. Vor diesem Hintergrund geht die Asian Yarn Corp. nunmehr (zum Ende des zweiten Quartals des Jahres 2XX2) doch davon aus, dass die kritische Abnahmemenge von zehn Tonnen zum Ende des Kalenderjahres überschritten wird. Wie ist der beschriebene Sachverhalt nach IFRS 15 zum Ende der beiden Quartale bilanziell abzubilden?

Einordnung

Da die Asian Yarn Corp. zum Ende des ersten Quartals des Jahres 2XX2 fest davon ausgehen kann, dass die kritische Absatzmenge nicht überschritten wird, realisiert sie für das erste Quartal des Jahres 2XX2 Umsatzerlöse in Höhe von EUR 100.000 EUR (= 1 Tonne x EUR 100.000).

Da der Unternehmenserwerb der FWA zum Ende des ersten Quartals 2XX2 nicht vorhersehbar war, ergibt sich hieraus eine vollständige Neueinschätzung der Sachverhaltslage. Diese führt im Sinne einer Schätzungsänderung zu einer Korrektur der im Vorquartal zu hoch erfassten Umsatzerlöse. Diese sind nunmehr unter Zugrundelegung des rabattierten Preises von EUR 90.000 pro Tonne rückwirkend anzupassen. Hierdurch realisiert die Asian Yarn Corp. zum 30.06.2XX2 einen Umsatz von insgesamt EUR 440.000 (= 5 Tonnen x EUR 90.000 - 1 Tonne x (EUR 100.000 - EUR 90.000)), der neben den im zweiten Quartal 2XX2 zum reduzierten Preis abgenommenen fünf Tonnen auch die Korrektur der – unter Berücksichtigung der neuen Informationen – im ersten Quartal zu hoch ausgewiesenen Umsatzerlöse umfasst.

Finanzierungskomponenten

Häufig enthalten Kundenverträge auch Finanzierungskomponenten, wenn zwischen der Leistungserbringung durch das Unternehmen und der Bezahlung durch den Kunden ein längerfristiger Zeitraum liegt. Dies entspricht ökonomisch einer Kreditgewährung. Ob hieraus ein Finanzierungsvorteil für das Unternehmen oder für den Kunden entsteht, hängt davon ab, ob zuerst das Unternehmen seine Leistung erbringt oder der Kunde den Kaufpreis begleicht. Erfüllt das Unternehmen seine Leistungsverpflichtung deutlich vor der Begleichung des Kaufpreises durch den Kunden, so hat Letzterer einen Finanzierungsvorteil, während dieser im umgekehrten Fall beim Unternehmen liegt.

Barverkaufspreis

Da die realisierten Umsatzerlöse grundsätzlich den Barverkaufspreis der Leistungen zum Übertragungszeitpunkt widerspiegeln sollen, ist der Transaktionspreis entsprechend um potenzielle Finanzierungs- bzw. Zinskomponenten zu bereinigen. Einen Finanzierungskomponente muss dabei jedoch nicht explizit als solche im Vertrag festgelegt sein, sondern kann sich nach IFRS 15.60 auch implizit aus den Vertrags- und Zahlungsmodalitäten ergeben. Aus diesem Grund sind Kundenverträge unter Berücksichtigung aller relevanten Tatsachen und Umstände auf das Vorliegen etwaiger Finanzierungsbestandteile hin zu überprüfen. Insbesondere mögliche Differenzen zwischen der vertraglich vereinbarten Gegenleistung und dem Barverkaufspreis der übertragenen Leistungen können hierbei auf ein Finanzierungsgeschäft hinweisen. Zudem ist ein etwaiger Zinseffekt zu antizipieren, der sich nach IFRS 15.61 aus dem Zusammenspiel zwischen der erwarteten Länge des Finanzierungszeitraums und dem relevanten Marktzinssatz ergibt.

Ausnahmen

Losgelöst vom Ergebnis dieser Überprüfung liegt nach IFRS 15.62 in folgenden Fällen keine Finanzierungskomponente vor:

- Der Kunde zahlt für die Leistungen im Voraus und der Zeitpunkt der Lieferung liegt allein in dessen Ermessen.
- Ein erheblicher Teil des mit dem Kunden vereinbarten Entgelts ist variabel und der Entgeltbetrag bzw. der Zeitpunkt seiner Begleichung variiert in Abhängigkeit vom Eintritt eines zukünftigen Ereignisses, das im Wesentlichen keine der Vertragsparteien kontrollieren kann (z.B. verkaufsabhängige Lizenzgebühren).
- Zwischen der vertraglichen Gegenleistung und dem Barverkaufspreis der Leistungen besteht eine angemessene Differenz, die weder aus Kunden- noch aus Unternehmenssicht eine Finanzierung darstellt. Entsprechend sollte sich diese Differenz proportional zu dem ökonomischen Tatbestand verhalten, der diese determiniert.

Anpassung der Finanzierungskomponente

Sofern eine wesentliche Finanzierungskomponente vorliegt, ist der Transaktionspreis unter Anwendung eines laufzeit- und (kredit-)risikoäquivalenten Zinssatzes zu adjustieren. Dieser Zinssatz entspricht nach IFRS 15.61 i.V.m. IFRS 15.64 jenem Zins, der zum Zeitpunkt des Vertragsabschlusses für ein separates Finanzierungsgeschäft zwischen den Vertragsparteien herangezogen würde. Die Finanzierungskomponente ist nach IFRS 15.65 in der Gesamtergebnisrechnung getrennt vom Umsatz als Zinsaufwand bzw. Zinsertrag zu zeigen. Eine Ausnahme gilt jedoch für Unternehmen, bei denen – z.B. bei Banken – Finanzierungsgeschäfte Teil der gewöhnlichen Geschäftstätigkeit sind. Diese dürfen die entsprechenden Zinsaufwendungen bzw. -erträge nach IFRS 15.BC247 als eine Art von Umsatzerlösen bzw. -kosten ausweisen.

Unwesentlicher Finanzierungsanteil

Nach IFRS 15.63 kann aus Vereinfachungsgründen bei Vorliegen einer Finanzierungskomponenten von einer Bereinigung des Transaktionspreises abgesehen werden, wenn bei Vertragsabschluss erwartungsgemäß nicht mehr als ein Jahr zwischen der Leistungserbringung durch das Unternehmen und der Bezahlung durch den Kunden liegt. In diesem Fall wird folglich vereinfachend von einem unwesentlichen Finanzierungsanteil ausgegangen.

Beispiel – Finanzierungskomponenten[253]

Die SpinTec AG schließt mit der FWA zum 01.01.2XX1 einen Vertrag über die Lieferung einer Spezialmaschine in 24 Monaten, also zum 31.12.2XX2. Hierbei gewährt die SpinTec AG der FWA zwei Zahlungsoptionen:

– Zahlung eines Entgelts bei Vertragsabschluss in Höhe von EUR 400.000 oder
– Zahlung von EUR 500.000 in 24 Monaten nach Erhalt der Kontrolle über den Vermögenswert.

Die FWA entscheidet sich für die sofortige Zahlung von EUR 400.000 bei Vertragsunterzeichnung. Wie ist dieser Sachverhalt nach IFRS 15 vom Zeitpunkt des Vertragsabschlusses bis hin zum Zeitpunkt der Übertragung der Leistung auf die FWA zu bilanzieren?

---

[253] Übernommen aus Pellens/Fülbier/Gassen/Selhorn, Internationale Rechnungslegung, 11. Aufl. 2021, S. 291-292.

Einordnung

Sowohl der lange Zeitraum zwischen einer möglichen (Voraus)Zahlung durch den Kunden und der Übertragung der Leistung als auch die vom Zahlungszeitpunkt abhängige Preisdifferenz von EUR 100.000 deuten darauf hin, dass der Vertrag eine wesentlichen Finanzierungskomponenten enthält. Ökonomisch gesehen erhält die SpinTec AG durch die Vorauszahlung der FWA einen Kredit und realisiert insoweit einen Finanzierungsvorteil. Der diesem Geschäft zugrunde liegende implizite Zinssatz von 11,8% (=1-(EUR 500.000 / EUR 400.000)$^{1/2}$) entspricht hierbei demjenigen, der ökonomische Äquivalenz zwischen den beiden Zahlungsoptionen herstellt. allerdings stellt die SpinTec AG ausgehend von IFRS 15.64 fest, dass dieser implizite Zinssatz deutlich von ihrem individuellen Grenzfremdkapitalzins in Höhe von 6% abweicht, wobei Letzterer zur Bemessung einer risikoadäquaten Finanzierungskomponente heranzuziehen ist.

Dementsprechend finden folgenden Buchungen statt:

(1)

Zum Zeitpunkt des Vertragsschlusses (01.01.2XX1) begleicht die FWA zwar bereits den Kaufpreis, es darf aber noch kein Umsatzerlös erfasst werden, da die SpinTec AG ihre Leistung noch nicht erbracht hat. Daher bucht diese:

Bank	400.000	an	Vertragsverbindlichkeit	400.000

(2)

Über den Zeitraum zwischen Vertragsabschluss und Erfüllung der Leistungsverpflichtung korrigiert bzw. erhöht die SpinTec AG den Betrag ihrer Leistungsverbindlichkeit um den separat zu erfassenden Finanzierungsaufwand, der auf Grundlage des Grenzfremdkapitalzinssatzes von 6% zu ermitteln ist. Dementsprechend bucht sie zum 31.12.2XX1 und zum 31.12.2XX2 einen Gesamtfinanzierungsaufwand von EUR 49.440 (= EUR 400.000 x (1+0,06)^2 - EUR 400.000), der sich unter Berücksichtigung von Zins- und Zinseszinseffekten folgendermaßen auf die beiden Perioden verteilt:

Buchung zum 31.12.2XX1:

Zinsaufwand	24.000*	an	Vertragsverbindlichkeit	24.000

* = EUR 400.000 x 6%

Buchung zum 31.12.2XX2:

Zinsaufwand	25.440**	an	Vertragsverbindlichkeit	25.440

** = EUR 24.000 + (EUR 24.000 x 6%)

(3)

Zum Zeitpunkt der Übertragung der Maschine auf die FWA sind schließlich Umsatzerlöse in Höhe der Leistungsverbindlichkeit zu realisieren, wodurch eine implizite Umwidmung der zuvor gebuchten Finanzierungsaufwendungen in die Umsatzerlöse erfolgt. Die SpinTec AG bucht demnach zum 31.12.2XX2 wie folgt:

Vertragsverbindlichkeit	449.440	an	Umsatzerlöse	449.440

Die unter (3) dargestellte Umwidmung der unter (2) erfassten Finanzierungsaufwendungen in die Umsatzerlöse ist unter wirtschaftlichen Gesichtspunkten konsequent. Denn sofern ein Unternehmen – hier die SpinTec AG – den Kaufpreis nicht bereits bei Vertragsschluss vom Kunden erhalten würde, wäre es annahmegemäß zu einer Zwischenfinanzierung des Geschäfts gezwungen. Die im Zuge dieser Zwischenfinanzierung anfallenden Zinsaufwendungen würde das Unternehmen im Regelfall in den dann entsprechend höheren Kaufpreis einpreisen. Daher würden c.p. auch die Umsatzerlöse aus diesem Geschäft um die Finanzierungskomponente höher ausfallen. Die dargestellte Bilanzierungsweise gewährleistet insoweit eine ökonomische Gleichbehandlung einer externen Fremdfinanzierung und einer Finanzierung des Geschäfts durch den Kunden.

Nicht zahlungswirksame Gegenleistungen

Auch nicht zahlungswirksame Gegenleistungen (Sach- und Dienstleistungen) durch den Kunden sind nach IFRS 15.66 mit ihren beizulegenden Zeitwerten in den Transaktionspreis einzubeziehen. Sofern der beizulegende Zeitwert einer nicht monetären Gegenleistung allerdings nicht verlässlich ermittelt werden kann, ist dieser gemäß IFRS 15.67 auf Basis der Einzelveräußerungspreise der auf den Kunden übertragenen Leistungen zu bestimmen.

Entgeltanspruch des Kunden

Darüber hinaus sind Sachverhaltskonstellationen denkbar, in denen der Kunde einen Entgeltanspruch gegenüber dem liefernden Unternehmen hat. Gemäß IFRS 15.70 ist diese z.B. der Fall, wenn der Kunde ein (Rest-)Guthaben oder (Rabatt)Coupons mit dem geschuldeten Entgelt verrechnen kann. Sofern die an den Kunden zu zahlenden Entgelte ökonomischen kein Entgelt für eine durch den Kunden erbrachte Leistung darstellen, sind diese nach IFRS 15.70 transaktionspreis- und somit umsatzmindernd zu berücksichtigen.

Erwirbt der Kunde seinen Entgeltanspruch allerdings durch Erbringung einer separaten Leistung für das Unternehmen, so handelt es sich hierbei um ein gewöhnliches Geschäft zwischen Abnehmer und Zulieferer. Kann der beizulegende Zeitwert der durch den Kunden erbrachten Leistung(en) jedoch nicht zuverlässig bestimmt werden, so ist das gesamte an den Kunden zu zahlende Entgelt nach IFRS 15.71 ebenfalls als Minderung des Transaktionspreises zu behandeln.

5.1.4.5 Schritt 4: Zuordnung des Transaktionspreises zu den identifizierten Leistungsverpflichtungen

5.1.4.5.1 Ermittlung von Einzelveräußerungspreisen als Zuordnungsbasis

Zuordnung des Transaktionspreises

Der Transaktionspreis ist dem allgemeinen Allokationsgrundsatz des IFRS 15.73 folgend den einzelnen vertraglich vereinbarten Leistungsverpflichtungen entsprechend dem jeweils erwarteten Entgelt zuzuordnen. Ziel der Aufteilung des Transaktionspreises auf die einzelnen Leistungsverpflichtungen aus einem Vertrag mit einem Kunden ist, jeder einzelnen Leistungsverpflichtung den Betrag zuzuordnen, auf den das Unternehmen nach Erfüllung der Verpflichtung erwartet, einen Anspruch zu haben.

Sofern ein Vertrag mehrere Leistungsverpflichtungen enthält, stellt sich demnach die Frage nach einem ökonomisch sinnvollen Zuordnungsschlüssel. Dies gilt insbesondere auch in Fällen, in denen mehrere Leistungen im Paket mit einem Rabatt angeboten werden, da hier der Zuordnungsschlüssel darüber entscheidet, wie hoch der auf die einzelnen Leistungen entfallende Rabattanteil und damit der im Zeitpunkt der Leistungsübertragung zu realisierende Umsatzanteil ausfällt.

Zuordnung auf Basis relativer Einzelveräußerungspreise

Für die Zuordnung des Transaktionspreises sieht IFRS 15.74 im Grundsatz eine proportionale Verteilung auf Basis der zu Vertragsbeginn zu ermittelnden Einzelveräußerungspreise (*relative stand-alone selling prices*) aller abgrenzbaren, vertraglich zugesagten Leistungen vor. Als bester Indikator für den Einzelveräußerungspreis einer Leistung dient hierbei nach IFRS 15.77 ein objektiv beobachtbarer Transaktionspreis, der im Zuge des Verkaufs einer identischen Leistung unter ähnlichen Bedingungen an ähnliche Kunden erzielt werden kann.

Schätzung des Einzelveräußerungspreises

Gerade bei nur im Bündel angebotenen Leistungen (Mehrkomponentengeschäfte, hybride Leistungsbündel) liegen objektiv beobachtbare Einzelveräußerungspreise aber nicht zwingend für jede einzelne (Teil-)Leistung vor, sodass diese zu schätzen sind. Der geschätzte Wert soll gemäß IFRS 15.78 dazu führen, dass das Ziel erfüllt wird, den Transaktionspreis in der Weise aufzuteilen, dass bei Erfüllung einer Leistungsverpflichtung der Betrag als Umsatzerlös erfasst wird, auf den das Unternehmen erwartungsgemäß Anspruch hat. Bei der Schätzung soll das Unternehmen sämtliche Informationen berücksichtigen, die ihm in einem vernünftigen Rahmen zur Verfügung stehen, einschließlich der Marktbedingungen, unternehmensspezifische Faktoren und Informationen über den Kunden bzw. die Kundengruppen. Um hierbei eine möglichst hohe Objektivität zu wahren, sollen diese Schätzungen – analog zur *fair value*-Ermittlung nach IFRS 13 – auf möglichst vielen beobachtbaren Inputfaktoren beruhen.

Beispiel – Ermittlung des Einzelveräußerungspreises[254]

Die Flatrate AG, ein Unternehmen der Telekommunikationsbranche, vereinbart mit der FWA vertraglich, gegen eine Einmalzahlung von EUR 1 das neuste Smartphone „xPhone 15“ zu liefern. Die FWA erhält dieses direkt bei Vertragsschluss zu Beginn des Jahres 2XX1. Zusätzlich hat die FWA über die Vertragslaufzeit von 24 Monaten monatlich EUR 70 an die Flatrate AG zu entrichten. Neben dem Smartphone beinhaltet der Vertrag eine All-Net-Flatrate in allen deutschen Netzen eine Datenflatrate von 8 GB 5G-Volumen und eine unbegrenzte SMS-Nutzung. Der marktübliche Einzelveräußerungspreis des Smartphones liegt zum Zeitpunkt des Vertragsschlusses bei EUR 1.200. Darüber hinaus könnte der gleiche Vertrag ohne das Smartphone zu einem monatlichen Entgelt von 15 EUR auch einzeln abgeschlossen werden. Der unter Vernachlässigung von Zinseffekten als Summe der künftigen vertraglich vereinbarten Zahlungen bestimmte Einzelveräußerungspreis dieses smartphonelosen Vertrags liegt bei EUR 720. Wie sind Umsatzerlöse hiernach über die zweijährige Vertragslaufzeit zu erfassen?

Einordnung

Wie in der Telekommunikationsbranche üblich, übersteigt die Summe der Einzelveräußerungspreise von Smartphone und Vertrag mit einem Betrag von EUR 1.920 den vertraglichen Transaktionspreis von insgesamt EUR 1.681, der sich als Summe

[254] Übernommen aus Pellens/Fülbier/Gassen/Selhorn, Internationale Rechnungslegung, 11. Aufl. 2021, S. 294-295.

aus der Zahlung für das Smartphone von EUR 1 und den monatlichen Entgeltbeträgen von jeweils EUR 70 über die Vertragslaufzeit von 24 Monaten ergibt. Nach IFRS 15 ist der Transaktionspreis anhand der relativen Einzelveräußerungspreise auf die beiden Leistungskomponenten (Smartphone und Vertrag) aufzuteilen und zum Zeitpunkt der jeweiligen Leistungserfüllung als Umsatzerlös zu realisieren. Hierbei ist zu berücksichtigen, dass der Verkauf des Smartphones eine zeitpunktbezogene Leistungsverpflichtung darstellt, während All-Net-, Daten- und SMS-Flatrate bilanziell als zeitraumbezogene Leistungsverpflichtungen abzubilden sind. Der Transaktionspreis in Höhe von EUR 1.681 ist demnach wie folgt auf die beiden Leistungsverpflichtungen zu verteilen:

- Umsatzanteil Smartphone = (EUR 1.200 / EUR 1.920) x EUR 1.681 = EUR 1.050,63
- Umsatzanteil Vertrag = (EUR 720 / EUR 1.920) x EUR 841 = EUR 630,38
- Umsatzanteil Vertrag pro Jahr = EUR 630,38 / 2 = EUR 315,19
- Umsatzanteil Vertrag pro Monat = EUR 315,19 / 12 = EUR 26,27

Es ergeben sich folgende Buchungssätze bei zunächst zeitpunktbezogener Übertragung des Smartphones auf den Kunden und der nachgelagerten zeitraumbezogenen Erfüllung des Mobilfunkvertrags:

(1)

Beginn 2XX1 (Übergabe des Smartphones an die FWA)

Bank	1,00	an	Umsatzerlöse	1.050,63
Aktiver Vertragsposten	1.049,63			

(2)

Jeweils monatlich über die Vertragslaufzeit

Bank	70,00	an	Aktiver Vertragsposten	43,78
			Umsatzerlöse	26,27

Schätzmethoden

IFRS 15.79 listet ohne Anspruch auf Vollständigkeit mit der Methode der anpassten Marktbeurteilung, der Kostenzuschlagsmethode und der Residualmethode drei Alternativen auf, die einzelfallbezogen als geeignete Schätzverfahren zu Bestimmung eines nicht direkt beobachtbaren Einzelveräußerungspreises dienen können. Die gewählte Schätzmethode ist hierbei einheitlich auf ähnliche Sachverhalte anzuwenden.

Die Schätzmethoden werden nachfolgend überblicksartig dargestellt:

Methode der angepassten Marktbeurteilung

Nach Methode der angepassten Marktbeurteilung wird der Einzelveräußerungspreis geschätzt, indem die hypothetische Zahlungsbereitschaft eines Kunden auf demjenigen Markt, auf dem das Unternehmen seine Leistungen üblicherweise verkauft, bestimmt wird. Auch die – ggf. um die eigenen Kosten und Gewinnmargen anzupassenden – Preise von Wettbewerbern können hierbei berücksichtigt werden.

Kostenzuschlagsmethode

Bei Verwendung der Kostenzuschlagsmethode, wird der Einzelveräußerungspreis auf Grundlage der erwarteten Kosten, die zur Erfüllung der Leistungsverpflichtung anfallen würden, zuzüglich einer der Leistung angemessenen Gewinnmarge geschätzt.

Residualmethode

Im Gegensatz zu den anderen beiden Methoden ist die Anwendung der Residualmethode nur dann zulässig, wenn der Einzelveräußerungspreis einer Leistung hochgradig variabel oder unsicher ist. Dies ist einerseits der Fall, wenn dieselbe Leistung verschiedenen Kunden zu (nahezu) gleichen Zeitpunkten zu deutlich unterschiedlichen Preisen verkauft wird. Denn unter diesem Umstand lässt sich aus den vollzogenen Transaktionen kein repräsentativer Einzelveräußerungspreis für die angebotene Leistung ableiten. Andererseits liegt keine hinreichend zuverlässige Preisindikation vor, wenn die Leistung in der Vergangenheit weder einzeln verkauft noch ein Preis hierfür bestimmt wurde. In diesen Fällen entspricht der zu schätzende Einzelveräußerungspreis der Differenz (Residuum) aus dem für das Leistungsbündel vereinbarten Transaktionspreis und der Summe der hinreichend verlässlich bestimmbaren Einzelveräußerungspreise aller verbleibenden zugesagten Leistungen.

5.1.4.5.2 Zuordnung von Preisnachlässen

Oftmals gewähren Unternehmen ihren Kunden bei Erwerb von Leistungsbündeln im Vergleich zum Einzelerwerb der hierin enthaltenen Leistungen einen Preisnachlass (*discount*). IFRS 15 definiert einen Preisnachlass als positive Differenz zwischen der Summe der Einzelveräußerungspreise der im Leistungsbündel enthaltenen Leistungen und dem beim Kauf des Leistungsbündels zu zahlenden Transaktionspreis. Ein solcher Preisnachlass ist den einzelnen Leistungen – konsistent zur Verteilung des Transaktionspreises auf die Einzelleistungen des Bündels – proportional anhand der jeweiligen Einzelveräußerungspreise zuzurechnen.

Nur wenn objektive Hinweise darauf hindeuten, dass sich der Preisnachlass auf eine oder mehrere ganz bestimmte, aber nicht alle Leistungen bezieht, ist er nach IFRS 15.81 ausschließlich diesen zuzuordnen. Eine solche Situation liegt nach IFRS 15.82(a) vor, wenn ein Unternehmen jede abgrenzbare Leistung bzw. jedes abgrenzbare Leistungsbündel des Vertrags regelmäßig auch separat veräußert, wobei einige dieser Leistungen innerhalb eines Leistungsbündels mit einem Preisnachlass verkauft werden.

Preisnachlässe und Residualmethode

Abschließend ist zu beachten, dass Rabatte nach IFRS 15.83 zunächst vollständig einer Leistungsverpflichtung bzw. mehreren Leistungsverpflichtungen zuzuordnen sind, bevor die Residualmethode zur Schätzung des Einzelveräußerungspreises einer Leistung angewendet werden darf.

> ***Beispiel*** – Preisnachlässe[255]
>
> Die FWA verkauft seine Produkte A, B, C und D an einen Kunden für insgesamt EUR 130. Wenn die FWA die Produkte einzeln verkauft, beträgt der Preis für A EUR 40, für B EUR 55 und für C EUR 45. D verkauft die FWA an verschiedene Kunden zu sehr unterschiedlichen Preisen zwischen EUR 15 und EUR 45. Darüber hinaus veräußert die FWA die Produkte B und C regelmäßig im Paket für zusammen EUR 60 und die Produkte A, B und C für EUR 100.
>
> **Einordnung**
>
> Die FWA schätzt den Einzelveräußerungspreis von D mit Hilfe der Residualwertmethode. Zunächst ist jedoch zu untersuchen, ob in dem Vertrag ein Rabatt

[255] Übernommen aus Breidenbach/Währisch, Umsatzerlöse, 2016, S. 95.

enthalten ist. Die Summe der Einzelveräußerungspreise von A, B und C ergibt EUR 140. Der Preis für die drei Güter zusammen beträgt EUR 100. Somit enthält der Vertrag einen Rabatt von EUR 40. Dieser ist den drei Gütern zuzuordnen. Die Summe der Einzelveräußerungspreise von B und C beträgt EUR 100, sie werden regelmäßig zusammen für EUR 60, also mit einem Rabatt von EUR 40 verkauft. Es ist offensichtlich, dass der Rabatt bei einem Verkauf des Güterbündels A, B und C vollständig dem Güterbündel B und C zuzurechnen ist.

Für D ergibt sich somit ein Einzelveräußerungspreis von EUR 130 - EUR 40 - EUR 60 = EUR 30. Da dieser Wert innerhalb der Bandbreite von Preisen liegt, zu denen das Unternehmen das Produkt D verkauft, ist davon auszugehen, dass das Ziel der Aufteilung des Transaktionspreises erreicht wird und die Anforderungen an die Schätzung erfüllt werden. Folglich werden bei Lieferung von A EUR 40, von B und C EUR 60 und von D EUR 30 als Umsatzerlös erfasst. Werden auch B und C zu unterschiedlichen Zeitpunkten geliefert, ist der gemeinsame Erlös wiederum im Verhältnis der Einzelveräußerungspreise aufzuteilen. Dann werden bei Lieferung von B EUR 33 (55% von EUR 60) und von C EUR 27 (45% von EUR 60) als Umsatzerlös realisiert.

5.1.4.5.3 Zuordnung von Entgeltbestandteilen

Zurechnungsobjekt

Auch in Bezug auf variable Entgeltbestandteile ist nach IFRS 15.84 zu klären, ob diese dem jeweiligen Vertrag als Ganzes oder einem Vertragsbestandteil bzw. mehreren Vertragsbestandteilen, z.B. in Form einer oder mehrerer ausgewählter Leistungsverpflichtungen, zuzuordnen sind. So könnte z.B. eine Bonuszahlung für den Fall vorgesehen sein, dass drei von fünf bestellten technischen Anlagen innerhalb einer vertraglich festgelegten Frist geliefert werden. Darüber hinaus könnte in Bezug auf einen zwei Jahre laufenden Service-Vertrag, z.B. in Form eines Reinigungs- oder Wartungsvertrags, nach IFRS 15.84(b) eine an einen Inflationsindex gekoppelte Entgeltanpassung für das zweite Jahr vereinbart werden.

Zuordnungskriterien

In solchen Fällen ist der variable Entgeltbetrag – ebenso wie dessen nachträgliche Anpassungen – gemäß IFRS 15.85 entsprechen der folgenden beiden Kriterien einer Leistungsverpflichtung als Ganzes oder einzelnen Leistungsbestandteilen zuzuordnen:

- die an die variable(n) Zahlung(en) geknüpften Bedingungen sind speziell mit den Bemühungen des Unternehmens verbunden, die Leistungsverpflichtung zu erfüllen bzw. die abgrenzbare(n) Leistung(en) zu übertragen, und
- die vollständige Zuordnung des variablen Entgeltbetrags zu einer Leistungsverpflichtung bzw. einzelnen Leistungsbestandteilen steht im Einklang mit dem allgemeinen Zuordnungsgrundsatz des IFRS 15.73.

5.1.4.5.4 Nachträgliche Änderungen von Transaktionspreis und Einzelveräußerungspreisen

Nachträgliche Änderungen

Fraglich ist, inwieweit sich nachträgliche Änderungen der Einzelveräußerungspreise der vertraglich zugesagten Leistungen auf die Zuordnung des Transaktionspreises auswirken. IFRS 15 verbietet diesbezüglich eine Neuzuordnung und stellt allein auf die ursprünglichen Einzelveräußerungspreise zum Zeitpunkt des Vertragsabschlusses ab.

Nur wenn sich der vereinbarte Transaktionspreis nach Vertragsabschluss ändert, muss das Unternehmen die den einzelnen Leistungsverpflichtungen zugeordneten Beträge nachträglich korrigieren. Hierzu sind nach IFRS 15.88 aber ebenfalls nicht die aktuellen, zum Zeitpunkt der Transaktionspreisänderung zu beobachtenden Einzelveräußerungspreise heranzuziehen, sondern der ursprüngliche Zuordnungsschlüssel in Form des bei Vertragsschluss bestimmten relativen Verhältnisses der Einzelveräußerungspreise.

Erlöskorrektur

Sofern sich hiervon eine nachträgliche Transaktionspreiskorrektur auf eine oder mehrere bereits erfüllte Leistungsverpflichtungen bezieht, sind die entsprechenden Änderungsbeträge unmittelbar in der Änderungsperiode als Erlöskorrektur zu erfassen.

5.1.4.6 Schritt 5: Zeitpunkt der Umsatzrealisation

5.1.4.6.1 Transferkonzept nach IFRS 15

Zeitraum- oder zeitpunktbezogene Umsatzrealisation

Nach der Zuordnung des Transaktionspreises zu den identifizierten Leistungsverpflichtungen ist zu beurteilen, ob die korrespondierenden Umsatzerlöse zeitpunkt- oder zeitraumbezogen zu erfassen sind. Die hängt davon ab, ob das Unternehmen seine Leistungsverpflichtung(en) durch Übertragung der zugesagten Leistung(en) auf den Kunden zu einem konkreten Zeitpunkt oder über einen Zeitraum erfüllt.

Transfer- bzw. Kontrollkonzept

Das *timing* der Umsatzrealisation hängt damit maßgeblich vom Transferkonzept des IFRS 15 ab. Ein Vermögenswert gilt in diesem Zusammenhang gemäß IFRS 15.31 als auf den Kunden übertragen, wenn dieser die Verfügungsmacht bzw. Kontrolle über die Leistung erlangt, also die Fähigkeit besitzt, eigenständig über die Verwendung des Vermögenswerts zu bestimmen und im Wesentlichen den vollständigen noch verbleibenden Nutzen aus diesem zu ziehen. Der Nutzenbegriff umfasst in einer weiten Auslegung sämtliche (potenziellen) Einzahlungen und eingesparten Auszahlungen, die direkt oder indirekt – z.B. durch den Verkauf oder die Verwendung des Vermögenswerts zur Produktion von Waren oder zur Erbringung von Dienstleistungen, zur Schuldentilgung oder durch Verpfändung zu Besicherungszwecken – erzielt werden können. Die der Bewertung, ob eine Kunde die Verfügungsmacht über einen Vermögenswert erhält, hat nach IFRS 15.34 auch unter Berücksichtigung möglicher Rückkaufvereinbarungen zu erfolgen.

Bestimmung bei Vertragsabschluss

Nach IFRS 15.32 ist für jede identifizierte Leistungsverpflichtung bereits bei Vertragsschluss zu beurteilen, ob eine Leistungsverpflichtung zeitraum- oder zeitpunktbezogen erfüllt wird. IFRS 15.35 sieht hierfür eine Reihe von Indikatoren vor, die auf eine zeitraumbezogene Leistungserfüllung schließen lassen und nachfolgend erläutert werden. Hiervon ausgehend liegt nach IFRS 15.32 im Sinne einer Negativabgrenzung zwangsläufig eine zeitpunktbezogene Leistungserfüllung und damit Umsatzrealisation vor, wenn keines dieser Qualifikationskriterien erfüllt ist.

5.1.4.6.2 Zeitraumbezogene Umsatzrealisation

5.1.4.6.2.1 Kontrollübergang bei zeitraumbezogener Leistungserfüllung

Kriterien

Umsatzerlöse sind bei einem kontinuierlichen Übergang der Verfügungsmacht über eine zugesagte Leistung ebenfalls zeitraumbezogen nach dem Leistungsfortschritt zu erfassen. Eine zeitraumbezogene Leistungserfüllung liegt – insbesondere bei Dienstleistungen – vor, wenn mindestens eines der folgenden in IFRS 15.35 aufgeführten Kriterien erfüllt ist:

- Der Kunde erhält und verbraucht zeitgleich mit der Leistungserfüllung den Nutzen aus der erbrachten (Dienst)Leistung.
- Das Unternehmen erstellt oder verbessert einen Vermögenswert, über den der Kunde die Verfügungsmacht bereits während des Erstellungs- bzw. Verbesserungsprozesses besitzt.
- Der vom Unternehmen erstellt Vermögenswert lässt sich aufgrund seiner Beschaffenheit und/oder seiner spezifischen Eigenschaften nicht bzw. nur unter Inkaufnahme erheblicher Kosten anderweitig nutzen. Darüber hinaus hat das Unternehmen einen durchsetzbaren Zahlungsanspruch in Bezug auf die bisher erbrachten Leistungen.

Zeitgleicher Nutzenzufluss bei Dienstleistungen

Speziell bei (sich wiederholenden) Routineleistungen, z.B. in Form von Reinigungsarbeiten, ist die Prüfung des ersten Kriteriums nach IFRS 15.B3 grundsätzlich unproblematisch. In dem genannten Beispiel ist offensichtlich, dass der Kundennutzen unmittelbar positiv mit dem Fortschritt der Reinigungsleistung korreliert. In anderen Fällen lässt sich nach IFRS 15.B4 indes nicht oder nur schwer beurteilen, ob dem Kunden der Nutzen aus einer Leistung zeitgleich mit der Leistungserbringung zufließt. In solchen Fällen ist zu prüfen, ob ein anderes Unternehmen die bis dato vom bilanzierenden Unternehmen erbrachte Leistung erneut erbringen müsste, um die vertraglich vereinbarte Leistungsverpflichtung erfüllen zu können. Bei dieser Beurteilung ist insoweit von den realen Gegebenheiten zu abstrahieren, als sowohl vertragliche als auch praktische Beschränkungen, die eine Übertragung der ausstehenden Leistungsverpflichtung auf eine andere Partei rechtstatsächlich ausschließen, nicht zu berücksichtigen sind. Außerdem ist zu unterstellen, dass ein die noch unerfüllte Leistungsverpflichtung übernehmendes Unternehmen keinen Nutzen aus den Vermögenswerten zieht, die gegenwärtig und im Übertragungsfall in der Verfügungsmacht des bilanzierenden Unternehmens stehen. Müsste die bereits erbrachte Arbeit unter diesen Bedingungen nach Übertragung der Leistungsverpflichtung auf eine Drittpartei erneut erbracht werden, läge dem jeweiligen Sachverhalt gemäß IFRS 15.B4 keine zeitraumbezogene Leistungserfüllung und damit keine zeitraumbezogene Umsatzrealisation zugrunde.

> ***Beispiel 1*** – Zeitraumbezogene Leistungserfüllung[256]
>
> Die FWA vereinbart mit der Payroll GmbH, dass diese über einen Zeitraum von einem Jahr die monatliche Abwicklung der Gehaltsabrechnungen übernimmt. Die Payroll GmbH behandelt diese Zusage als einzelne Leistungsverpflichtung i.S, von IFRS 15.22(b). Dieser liegt eine zeitraumbezogene Leistungserfüllung zugrunde, da die FWA zeitgleich mit der Leistungserbringung, d.h. mit der Abwicklung der Gehaltsabrechnungen, den Nutzen hieraus vereinnahmt. Dies spiegelt sich darin wider, dass ein anderes Unternehmen die bereits abgeschlossenen Vorgänge nicht erneut abwickeln müsste, wenn es die Leistungsverpflichtung übernehmen würde.

[256] Übernommen aus Pellens/Fülbier/Gassen/Selhorn, Internationale Rechnungslegung, 11. Aufl. 2021, S. 301.

Entsprechend realisiert die Payroll GmbH die entsprechenden Umsatzerlöse zeitraumbezogenen nach dem Leistungsfortschritt.

Kontrollübergang während Erstellung/Verbesserung

Um ausgehend von dem zweiten Kriterium zu beurteilen, ob ein Kunde bereits während der Erstellung oder Verbesserung eines – materiellen oder immateriellen – Vermögenswerts die Verfügungsmacht über diesen erhält, hat das bilanzierende Unternehmen nach IFRS 15.B5 die allgemeinen Verfügungsmachtkriterien gemäß IFRS 15 heranzuziehen. Denkbar ist hier z.B. der Fall eines Fertigungsauftrags, in dessen Rahmen das Unternehmen ein Gebäude auf dem Grundstück des Kunden errichtet. In einem solchen Fall besäße der Kunde infolge seiner Verfügungsmacht über das Grundstück auch die Kontrolle über das/die noch unfertige(n) Erzeugnis(se).

Das dritte Kriterium knüpft die zeitraumbezogene Umsatzrealisation an folgende zwei Bedingungen:

- Das Unternehmen darf über keine realistische alternative Verwendungsmöglichkeit für den im Zuge der Leistungserfüllung erstellten Vermögenswert verfügen.
- Das Unternehmen muss über einen – zumindest bedingten – rechtlich durchsetzbaren Zahlungsanspruch hinsichtlich seiner bislang für den Kunden erbrachten (Teil-)Leistung verfügen.

Alternative Verwendung

In Bezug auf die erstgenannte Bedingung schließt IFRS 15.36 eine anderweitige Verwendung des Vermögenswerts für denjenigen Fall aus, dass der Alternativnutzung vertragliche oder auch praktische Restriktionen entgegenstehen, z.B. weil eine Veräußerung an einen anderen Kunden per Vertrag ausgeschlossen ist. Allerdings müssen solche Einschränkungen auch substanziell greifen. Sofern der Verkauf eines für einen Kunden erstellten Vermögenswerts an einen Dritten zwar vertraglich ausgeschlossen ist, der betreffende Vermögenswert aber ohne Weiteres gegen andere (gleichwertige) Vermögenwerte ausgetauscht werden könnte, ohne dass dies mit einem Vertragsbruch einherginge oder dem Unternehmen hierdurch wesentliche Kosten entstünden, wäre die erstgenannte Bedingung nach IFRS 15.B7 nicht erfüllt. Denn in diesem Fall läge die Verfügungsmacht über den betreffenden Vermögenswert faktisch nicht beim Kunden, wodurch folglich das nach IFRS 15 für die Umsatzrealisation erforderliche Transferkriterium nicht erfüllt wäre. Ein solches vertragliches Verbot ohne ökonomische Substanz betrifft nach IFRS 15.BC134 z.B. standardisierte Vermögenswerte des Vorratsvermögens, die zwischen verschiedenen Kundenverträgen beliebig austauschbar sind.

Darüber hinaus ist eine anderweitige Verwendung des Vermögenswerts praktisch eingeschränkt, wenn diese mit erheblichen Kosten bzw. Verlusten verbunden wäre. Dies wäre z.B. dann der Fall, wenn ein kundenspezifisch gefertigter Vermögenswert zunächst kostspielig über- bzw. nachbearbeitet werden müsste, um ihn einer anderweitigen Nutzung zuzuführen. Gleichermaßen wäre von keiner alternativen Verwendungsmöglichkeit auszugehen, wenn der Vermögenswert nur mit erheblichem Verlust bzw. zu einem erheblich reduzierten Preis veräußert werden könnte. Dies betrifft nach IFRS 15.B8 insbesondere auf Grundlage individueller Kundenbedürfnisse angefertigte – z.B. einzigartige Design-Spezifikationen – oder in abgelegenen bzw. schlecht zugänglichen Gebieten befindliche Vermögenswerte.

Durchsetzbarer Zahlungsanspruch

Ob das Unternehmen – wie nach der zweitgenannten Bedingung gefordert – über einen durchsetzbaren Zahlungsanspruch hinsichtlich der bisher erbrachten (Teil-)

Leistungen verfügt, ist nach IFRS 15.37 unter Berücksichtigung der Vertragsbedingungen sowie der einschlägigen Rechtsvorschriften zu beurteilen. So muss über die gesamte Vertragslaufzeit sichergestellt sein, dass das bilanzierende Unternehmen bei einer Vertragskündigung durch den Kunden oder eine andere Partei für die bereits erbrachte(n) Leistung(en) entschädigt wird.[257] Durch dieses Kriterium wird nach IFRS 15.BC142 folglich sichergestellt, dass ein Unternehmen gerade bei der kundenspezifischen Fertigung eines Vermögenswerts gegen das Risiko abgesichert ist, nach einer Vertragskündigung durch den Kunden auf einem nicht weiter verwertbaren fertigen oder unfertigen Erzeugnis und den entsprechenden Kosten sitzen zu bleiben. Gleichwohl muss der geforderte gegenwärtige Entschädigungsanspruch für bis dato erbrachte (Teil-)Leistungen nach IFRS 15.B10 nur bedingt bestehen. Denn ein unbedingter Zahlungsanspruch entsteht in vielen Fällen erst dann, wenn ein oder mehrere vertraglich vereinbarte Meilensteine erreicht (Teilabnahme) oder die vollständige Leistungsverpflichtung erfüllt wurde. Entsprechend reicht es für die Erfüllung des Kriteriums aus, wenn das Unternehmen – bei vorzeitiger, nicht durch das Unternehmen zu vertretender, kundenseitiger Vertragskündigung – rechtlich durchsetzen kann, für seine bereits geleistete Arbeit entlohnt zu werden oder vom Kunden bereits geleistete Anzahlungen einzubehalten. Inwieweit eine solche rechtliche Durchsetzbarkeit vorliegt, ist unter Berücksichtigung der vertraglichen Bestimmungen, der einschlägigen Gesetze sowie rechtlicher Präzedenzfälle zu beurteilen.

Anforderungen an Kompensationszahlungen

Darüber hinaus wird in IFRS 15B.19 konkretisiert, welche Anforderungen an die vom Kunden oder von einer Drittpartei zu leistende Kompensationszahlung zu stellen sind. Demnach hat diese die Summe der Veräußerungspreise der bis zur Vertragskündigung erbrachten Leistungen zu approximieren. Die geforderte Orientierung an den Veräußerungspreisen der einzelnen Leistungen bedingt nicht nur eine Kompensation für die im Zuge der Leistungserstellung angefallenen Kosten, sondern auch die Abgeltung einer angemessenen Gewinnmarge. Auch wenn Letztere nicht derjenigen bei vertragskonformer, d.h. vollständiger Erfüllung der Leistungsverpflichtung entsprechen muss, stellt IFRS 15.B9 diesbezüglich gewissen Mindestanforderungen. So muss ein angemessener, in der Entschädigungszahlung enthaltener Anteil an der vertraglich vereinbarten Gewinnmarge entweder die Leistung des Unternehmens bis zur Vertragskündigung in angemessenem Umfang wiederspiegeln, z.B. indem sich dieser proportional zum Fertigstellungsgrad des Vermögenswerts entwickelt, oder dieser entspricht einer angemessenen Verzinsung in Höhe der Kapitalkosten (oder der typischen Umsatzrendite des Unternehmens) für ähnliche Verträge, sofern die Gewinnmarge des spezifischen Vertrags höher ausfällt als die Rendite, die das Unternehmen im Regelfall für ähnliche Verträge kalkuliert.

Beispiel 2 – Zeitraumbezogene Leistungserfüllung[258]

Die TopConsult AG verpflichtet sich im Rahmen einer vertraglichen Vereinbarung, exklusiv für die FWA im Rahmen einer Nachfolgeregelung ein auf ihr Geschäfts-

[257] Voraussetzung hierfür ist allerdings, dass die Vertragskündigung nicht auf einen unternehmensseitigen Verstoß gegen die Vertragsbedingungen zurückzuführen ist.

[258] Übernommen aus Pellens/Fülbier/Gassen/Selhorn, Internationale Rechnungslegung, 11. Aufl. 2021, S. 303-304.

modell abgestimmtes Management-Konzept zu entwickeln. Der Vertrag sieht vor, dass die FWA der TopConsult AG bei einer nicht von ihr zu vertretenden Kündigung des Vertrags die bis dahin angefallenen Kosten zuzüglich einer hierauf entfallenden Gewinnmarge von 15% zu erstatten hat. Diese Gewinnmarge entspricht weitestgehend derjenigen, welche die TopConsult AG auch andere Kunden bei ähnlichen Verträgen berechnet. Wie ist dieser Sachverhalt im Kontext von IFRS 15 bilanziell zu behandeln?

Einordnung

Zunächst prüft die TopConsult AG gemäß IFRS 15.35(a), ob die FWA zeitgleich mit der Leistungserbringung den Nutzen hieraus konsumiert. Die TopConsult AG gelangt diesbezüglich zu dem Schluss, dass dieses Kriterium im vorliegenden Fall nicht greift. Wäre sie nicht in der Lage, das vereinbarte Leistungsversprechen zu erfüllen, müsste ein anderes Beratungsunternehmen das Management-Konzept neu konzipieren und könnte insoweit wohl kaum auf den bis dato von der TopConsult AG angestellten Überlegungen aufbauen. Die FWA wird der Natur der Sache nach den Nutzen aus der Beratungsleistung erst dann ziehen können, wenn das in sich geschlossene Management-Konzept vollständig entwickelt wurde.

In einem zweiten Schritt prüft die TopConsult AG, ob es sich bei der Beratungsleistung ggf. um eine zeitraumbezogene Leistungsverpflichtung gemäß IFRS 15.35(c) handelt. Diesbezüglich stellt sie zunächst im Einklang mit IFRS 15.36 und IFRS 15.B6-B8 fest, dass es sich bei dem Management-Konzept um einen Vermögenswert ohne alternative Verwendung für die TopConsult AG handelt, da dieses individuell auf den Kunden zugeschnitten und auf sein Geschäftsmodell abgestimmt ist. Entsprechend liegen praktische Beschränkungen vor, welche die TopConsult AG daran hindern, das Konzept auch bei einem anderen Kunden zu nutzen. Darüber hinaus hat die TopConsult AG in Übereinstimmung mit IFRS 15.37 und IFRS 15.B9-B13 einen durchsetzbaren Zahlungsanspruch, nach dem die FWA die TopConsult AG bei einer nicht durch diese zu vertretende Vertragskündigung für die bis zu diesem Zeitpunkt angefallenen Kosten und eine hierauf berechnete vertragsübliche Gewinnmarge zu entschädigen hat. Es handelt sich bei dem Management-Konzept um eine zeitraumbezogen zu erfüllende Leistungsverpflichtung, sodass auch die korrespondierenden Umsatzerlöse entsprechend dem Leistungsfortschritt zu realisieren sind.

5.1.4.6.2.2 Bestimmung des Fertigstellungsgrades

Verlässliche Messbarkeit des Fertigstellungsgrads

Sofern eine Leistungsverpflichtung zeitraumbezogen erfüllt wird, sind die korrespondierenden Umsatzerlöse ebenfalls zeitraumbezogen nach dem Grad der Erfüllung der Leistungsverpflichtung bzw. der Fertigstellung der vereinbarten Leistung(en) zu erfassen (*percentage-of-completion*-Methode). Voraussetzung hierfür ist nach IFRS 15.39 und IFRS 15.44, dass der Erfüllungs- bzw. Fertigstellungsgrad zum Ende jeder Berichtsperiode hinreichend verlässlich messbar ist.

Outputbasierte Methoden

Intuitiv könnte der Grad der Leistungserfüllung outputbasiert, d.h. nach dem Wertverhältnis der bisher an den Kunden transferierten zu den insgesamt an diesem zu übertragenden Leistungen, gemessen werden. Diese Methode erscheint nach IFRS 15.B15 insbesondere dann sachgerecht, wenn der Grad der Leistungserfüllung z.B. auf Basis der vertraglich vereinbarten Meilensteine oder des Anteils produzierter bzw. gelieferter an den vertraglich insgesamt vereinbarten Leistungseinheiten gemessen werden kann. Problematisch ist dieser Ansatz allerdings dann, wenn der (zwischenzeitliche) *output* nicht beobachtbar ist und die Kosten zur Beschaffung der für diese Leistungsmessung benötigen Informationen unangemessen hoch ausfällt. In solchen Fällen erscheint nach IFRS 15.B17 der Rückgriff auf inputbasierte Methoden zur Messung des Fertigstellungsgrads angemessen.

Beispiel – Outputbasierte Methode[259]

Die FWA beauftragt das Bauunternehmen Steinhauer GmbH am 01.12.2XX1 damit, den Platz vor dem neuen Verwaltungsgebäude für einen Preis von EUR 120.000 zu pflastern. Die Arbeiten werden auf dem Grundstück der FWA durchgeführt. Die Kontrolle über die Steine geht während der Arbeiten auf die FWA über. Es liegt somit eine zeitraumbezogene Leistungserfüllung vor.

Einordnung

Der Übergang der Kontrolle über die einzelnen Leistungsteile ist beobachtbar. Daher kann die Anwendung einer outputorientierten Methode sinnvoll sein. Als relevanter *output* kann die jeweils fertig gepflasterte Fläche in Frage kommen. Dies ist jedoch nur sinnvoll, wenn die Gesamtleistung überwiegend aus der Pflasterung besteht und notwendige Vorarbeiten, wie z.B. die Vorbereitung des Untergrunds, nur einen geringen Teil der Gesamtleistung ausmachen. Kommt die Steinhauer GmbH zu dem Schluss, auf Basis der gepflasterten Fläche den Leistungsfortschritt zu messen, erfasst sie am 31.12.2XX1 Umsatzerlöse in Höhe von EUR 40.000, wenn bis dahin ein Drittel der Fläche fertig gepflastert ist. Die Methode ist für alle künftigen gleichen oder ähnlichen Pflasteraufträge anzuwenden.

Inputbasierte Methoden

Die inputbasierten Methoden zeichnen sich dadurch aus, dass der Fertigstellungsgrad auf Basis des Anteils der bis dato im Zuge der Leistungserstellung verbrauchten Inputfaktoren am insgesamt erwarteten Verbrauch gemessen wird. Demnach kann gemäß IFRS 15.B18 der Fertigstellungsgrad der bislang angefallenen Kosten im Verhältnis zu den erwarteten Gesamtkosten (*cost-to-cost*-Verfahren) oder auch auf Grundlage der geleisteten Arbeits- oder Maschinenstunden an den geplanten Gesamtstunden ermittelt werden.

***cost-to-cost*-Verfahren**

Beim *cost-to-cost*-Verfahren wird der Gesamtgewinn entsprechend dem Anteil der bislang tatsächlich angefallenen Kosten an den erwarteten Gesamtkosten auf die Perioden der Fertigung verteilt. Da die Kalkulation und damit einhergehend auch das Gesamtergebnis bis zur endgültigen Fertigstellung des Langfristauftrags auf unsicheren Schätzungen beruhen, werden Korrekturen dieser Schätzungen während des Fertigungsverlaufs regelmäßig erforderlich sein.

Verfahrenstechnisch stellt sich das *cost-to-cost*-Verfahren wie folgt dar:

$$TE_k = \frac{\sum_{i=1}^{k} K_i}{\sum_{i=1}^{n} K_i} \, x \sum_{i=1}^{n} TE_i - \sum_{i=1}^{k-1} TE_i$$

[259] Übernommen aus Breidenbach/Währisch, Umsatzerlöse, 2016, S. 200.

mit

TE_i	=	Teilerfolg der Periode i
K_i	=	Kosten der Periode i
k	=	betrachtete Periode
N	=	Periode der endgültigen Fertigstellung

Es wird zunächst der prozentuale Fertigstellungsgrad errechnet. Dafür werden die bis zum Periodenende kumuliert angefallenen Kosten den erwarteten Gesamtkosten gegenübergestellt. Dieser Quotient wird zum Ende jeder Berichtsperiode auf der Grundlage der dann geltenden Informationen neu ermittelt. In einem zweiten Schritt wird der jeweils ermittelte Fertigstellungsgrad mit dem erwarteten Gesamtergebnis multipliziert. Veränderte Schätzungen finden insoweit Berücksichtigung, als hiervon die Summe der in den Vorperioden ausgewiesenen Teilerfolge subtrahiert wird, sodass sich schließlich der Teilerfolg der jeweils betrachteten Berichtsperiode ergibt.

Beispiel 1 – Inputbasierte Methode[260]

Die FWA beauftragt den Schiffbauer Nautica AG für EUR 20.000.000 ein Transportschiff zu bauen. Es handelt sich bei dem Transportschiff um eine Einzelfertigung für die FWA: die Planung wird in enger Abstimmung mit der FWA und vollständig auf Basis seiner Anforderungen im Zusammenhang mit den Besonderheiten beim Transport von Schafswolle erstellt. Das Schiff ist für die Nautica AG nicht ohne erhebliche Verluste anderweitig nutzbar.

Einordnung

Wenn davon ausgegangen wird, dass die Nautica AG aufgrund gesetzlicher oder vertraglicher Regelungen einen Zahlungsanspruch im Sinne des IFRS 15.35(c) hat, liegt eine zeitraumbezogene Leistungserfüllung vor. Das Schiff wird bei der die Nautica AG gebaut und dann in einen im Vertrag festgelegten Hafen überführt. Eine Kontrollerlangung während der Bauzeit ist nicht beobachtbar. Die Nautica AG kann keine einheitliche Leistungseinheit festlegen, auf deren Basis der Leistungsfortschritt outbasiert zuverlässig messbar wäre. Daher wählt die Nautica AG eine inputbasierte Methode zur Feststellung des Leistungsfortschritts. Die Nautica AG wendet die *cost-to-cost*-Methode an und schätzt die gesamten erwarteten Kosten auf EUR 16.000.000. Sind bis zum Bilanzstichtag EUR 4.000.000 der Kosten angefallen, ermittelt die Nautica AG einen Leistungsfortschritt von EUR 4.000.000 / EUR 16.000.000 = 25% und erfasst Umsatzerlöse in Höhe von EUR 20.000.000 x 25% = EUR 5.000.000.

Da die inputbasierten Verfahren regelmäßig auf Daten des internen Rechnungswesens aufsetzen, lassen sich die benötigten Informationen im Vergleich zu den outputbasierten Verfahren üblicherweise leichter gewinnen. Allerdings ist nach IFRS 15.B19 nicht immer sichergestellt, dass der Grad der Leistungserfüllung bzw. -übertragung auch tatsächlich linear mit den eingesetzten Inputfaktoren zusammenhängt. Vor diesem Hintergrund dürften Inputgrößen, die keinen (hinreichenden) Bezug zur Leistungsübertragung auf den Kunden aufweisen, nicht in die Bestimmung des Fertigstellungsgrads einfließen. Bei der Anwendung kostenbasierter Verfahren zählen hierzu z.B. ausschussbedingte oder anderweitige Ineffizienzen, die zwar im Zuge der

[260] Übernommen aus Breidenbach/Währisch, Umsatzerlöse, 2016, S. 200.

Erfüllung der Leistungsverpflichtung anfallen, aber nicht bei der Preisbestimmung des Vertrags einkalkuliert wurden.

Bei Anwendung der *cost-to-cost*-Methode kann sich der ermittelte Leistungsfortschritt allein dadurch ändern, dass das Unternehmen innerhalb des Zeitraums der Leistungserstellung die erwarteten Kosten anders einschätzt als zu Beginn der Leistungserstellung. Selbst wenn der Auftrag insgesamt noch ein Gewinnauftrag ist, kann die Anpassung der Kostenschätzung in einzelnen Perioden zu Auftragsverlusten führen.

Beispiel 2 – Inputbasierte Methode[261]

Die FWA beauftragt im Juni 2XX1 den Schiffbauer Nautica AG für EUR 20.000.000 in Einzelfertigung ein Transportschiff zu bauen. Die Übergabe wird für den 01.03.2XX4 festgelegt.

Einordnung

Die Nautica AG kommt zu dem Schluss, dass die Leistung während eines Zeitraums erfasst wird und wählt zur Ermittlung des Leistungsfortschritts die *cost-to-cost*-Methode. Für die Herstellung des Schiffs rechnet die Nautica AG mit Kosten von 16 Mio. EUR. Die Nautica AG bemisst den Leistungsfortschritt und erfasst die Umsatzerlöse während des Zeitraums der Leistungserstellung wie folgt:

in Mio. EUR	**2XX1**	**2XX2**	**2XX3**	**2XX4**
Kosten	-3	-6	-5	-2
Kumulierte Kosten	3	9	14	16
Grad der Leistungserfüllung	18,75%	56,25%	87,50%	100%
Umsatzerlöse	3,75	7,5	6,25	2,5
Perioden-Auftragsergebnis vor Steuern	**0,75**	**1,5**	**1,25**	**0,5**

In 2XX1 und 2XX2 erweist sich die Planung als korrekt. In 2XX3 fallen jedoch Kosten in Höhe von EUR 6.000.000 an und für 2XX4 wird mit EUR 3.000.000 gerechnet, was auch so eintritt. Folglich muss für die Ermittlung des Leistungsfortschritts ab 2XX3 mit Gesamtkosten von EUR 18.000.000 gerechnet werden. Damit werden die Umsatzerlöse im Zeitablauf wie folgt erfasst:

in Mio. EUR	**2XX1**	**2XX2**	**2XX3**	**2XX4**
Kosten	-3	-6	-6	-3
Kumulierte Kosten	3	9	15	18
Grad der Leistungserfüllung	18,75%	56,25%	83,33%	100%
Umsatzerlöse	3,75	7,5	5,42	3,33
Perioden-Auftragsergebnis vor Steuern	**0,75**	**1,5**	**-0,58**	**0,33**

Es wurde eine Schätzung geändert, die prospektiv berücksichtigt werden muss. Da die Gesamtkosten in den ersten beiden Jahren zu niedrig geschätzt wurden, wurde der Leistungsfortschritt zu hoch geschätzt, sodass fälschlicherweise zu hohe Umsatzerlöse erfasst wurden. Die in 2XX1 und 2XX2 zu viel erfassten Umsätze müssen in 2XX3 vollständig zurückgenommen werden. Je nachdem, wie optimistisch oder pessimistisch ein Unternehmen plant, werden bei Anwendung der *cost-to-cost*-Methode die Umsatzerlöse aus einem Vertrag mit einem Kunden im Zeitablauf tendenziell früh oder spät erfasst.

---

261 Übernommen aus Breidenbach/Währisch, Umsatzerlöse, 2016, S. 201-202.

Methodenwahl Von den vorausgehend dargestellten Methoden ist nach IFRS 15.39, IFRS 15.B15 und IFRS 15.B19 einzelfallbezogen diejenige heranzuziehen, die den Leistungstransfer auf den Kunden bestmöglich abbildet. Hierbei ist insbesondere die Art der zugesagten Leistung zu berücksichtigen. Beispielsweise besteht die Leistungsverpflichtung eines Fitnessstudios darin, den Mitgliedern während der Öffnungszeiten jederzeit Zugang zu gewähren. Der Kunde hat hier nach IFRS 15.BC160 indes das Recht, die Bereitstellung von Leistungen – d.h. den Zugang – zu jedem beliebigen Zeitpunkt einzufordern. Ein im Zeitablauf linearer Leistungstransfer und eine damit einhergehende kontinuierliche Umsatzrealisation erscheinen vor diesem Hintergrund für eine solche Leistungsverpflichtung angemessen.

Methodenstetigkeit Das jeweils gewählte Verfahren zur Messung des Leistungsfortschritts ist konsistent auf ähnliche Leistungsverpflichtungen anzuwenden. Auch wenn die Methodenwahl nach IFRS 15.BC159 faktisch im Ermessen des Bilanzierenden liegt, herrscht damit durch den Transferbezug kein freies Methodenwahlrecht. Darüber hinaus sind bei der Bestimmung des Fertigstellungsgrads unabhängig von der Methodenwahl ausschließlich solche Leistungen zu erfassen, über die der Kunde die Verfügungsmacht erlangt.

Modifizierte *completed-contract*-Methode Gerade zu Beginn bzw. in einer noch sehr frühen Projektphase eines langfristigen Fertigungs- oder Dienstleistungsauftrags kann es außerdem vorkommen, dass der Leistungsfortschritt nicht verlässlich bestimmt werden kann. In einem solchen Fall sind Umsatzerlöse lediglich in Höhe der tatsächlich in der Berichtsperiode angefallenen Kosten zu erfassen, sofern die erwarteten Gesamtkosten vollständig durch den vereinbarten Transaktionspreis gedeckt werden. Dieses Verfahren wird als modifizierte *completed-contract*-Methode bzw. *zero-profit*-Methode bezeichnet, weil auch hier bereits während der Produktionsdauer Umsatzerlöse in der Gesamtergebnisrechnung erfasst werden. Dies geschieht allerdings nur in Höhe der Auftragskosten und damit ohne einen Gewinnanteil. Erst wenn das Ergebnis der Leistungsverpflichtung in der Folgezeit zuverlässig bestimmt werden kann, ist nach IFRS 15.45 fortan eine Umsatz- und dann auch eine Gewinnrealisation nach dem Leistungsfortschritt geboten.

Hinweis
Die modifizierte *completed-contract*-Methode nach IFRS unterscheidet sich von der reinen, z.B. nach HGB anzuwendenden *completed-contract*-Methode[262] dadurch, dass bei Letzterer die gesamten Umsatzerlöse erst im Zeitpunkt des Gefahrenübergangs ausgewiesen werden.

---

262 Die nach Handelsrecht anzuwendende *completed-contract*-Methode verlangt für die Abrechnung langfristiger Aufträge die strenge Beachtung des Realisationsprinzips, d.h. ein Projekt kann erst am Ende der Fertigung, wenn sämtliche damit verbundenen Lieferungs- und Leistungsrisiken ausgeräumt sind, erfolgswirksam erfasst werden, womit die Umsatzrealisation zu einem früheren Zeitpunkt als der Gesamtabnahme ausscheidet. Die im Rahmen der *completed-contract*-Methode geforderte, strenge Einhaltung des Realisationsprinzips kann je nach Größenumfang der langfristigen Projekte dazu führen, dass der Jahresabschluss nicht den GoB gemäß § 243 Abs. 1 HGB entspricht bzw. dass der Generalnorm des § 264 Abs. 2 HGB nicht nachgekommen wird. Dies hat einen unstetigen Gewinnausweis mit Verlusten in den Perioden

Beispiel – Modifizierte *completed-contract*-Methode [263]

Die TopConsult AG berät seit 01.01.20XX1 ein in Insolvenzgefahr schwebendes Unternehmen. Mit den Banken wurde vereinbart, dass die TopConsult AG ihre Kosten zum Abschluss des Projekts erstattet bekommt. Eine darüber hinausgehende Vergütung von 20% auf die Kosten erhält die TopConsult AG allerding nur, wenn die Insolvenz abgewendet wird. Ob und ggf. wann dies gelingt, steht momentan noch nicht fest. Bislang sind Personalkosten in Höhe von EUR 2.000.000 angefallen.

Einordnung

Vorliegend sind die Umsatzerlöse ebenso wie der Fertigstellungsgrad nicht verlässlich messbar. Eine Umsatzrealisation gemäß dem Fertigstellungsgrad ist somit nicht möglich. Da allerdings sichergestellt ist, dass die Personalkosten einbringbar sind, ist gemäß IFRS 15.45 ein Umsatz in Höhe des Personalaufwands zu erfassen. Bei Anwendung des GKV ist wie folgt zu buchen:

Personalaufwand	2.000.000	an	Bank	2.000.000

Vertraglicher Vermögenswert*	2.000.000	an	Umsatzerlöse	2.000.000

* Dienstleistungsprojekt

5.1.4.6.2.3 Kosten der Auftragserlangung

Auftragserlangungskosten

Gerade bei der Auftragsfertigung können Kosten eines Vertrags bzw. Auftrags (Vertrags- bzw. Auftragserlangungskosten), die teilweise auch als Sondereinzelkosten des Vertriebs bezeichnet werden, eine besondere Rolle spielen. Denn im Unterschied zu vielen „normalen" Verkaufsgeschäften, bei denen die Vertriebsleistung – z.B. Kundensuche oder Marketing – i.d.R. erst im Anschluss an die Herstellung anfallen, sind diese bei der Auftragsfertigung meist vorgelagert. Dies betrifft z.B. auch öffentliche Ausschreibungen von Aufträgen, bei denen verschiedene Bieter auf den spezifischen Kundenwunsch gerichtete Angebote abgeben. Je nach Auftrag können dabei z.B. Reisekosten, Planungs- und Konzeptionskosten, Kosten für die Inanspruchnahme von Beratungsleistungen (Provisionen, Honorare), etc. anfallen. Daher stellt sich die Frage, wie mit solchen Vertrags- bzw. Auftragserlangungskosten bilanziell zu verfahren ist.

Auftragserlangungs- vs. Vertragsanbahnungskosten

Die Kosten zur Erlangung eines Vertrags werden in IFRS 15.92 als solche Kosten definiert, die das Unternehmen gezielt mit der Intention des Vertragsabschlusses eingeht und die – wie z.B. bei im Falle des Vertragsabschlusses an

---

der Leistungserstellung und einer sprunghaften Erfolgsentwicklung in der Periode der Fertigstellung zur Folge. Demnach wird auf der einen Seite durch die *completed-contract*-Methode das Risiko des Ausweises nicht realisierbarer Gewinne weitestgehend reduziert. Auf der anderen Seite kann darin aber zumindest eine Beeinträchtigung der periodengerechten Gewinnermittlung gesehen werden.

263 Übernommen aus Pellens/Fülbier/Gassen/Selhorn, Internationale Rechnungslegung, 11. Aufl. 2021, S. 313-314.

Vertriebsmitarbeiter zu zahlende (Verkaufs-)Provisionen – ohne den Vertragsabschluss nicht angefallen wären. Aktivierungspflichtig sind diese Kosten nach IFRS 15.91 indes nur, sofern das Unternehmen erwarten kann, diese durch den Vertrag/Auftrag auch erstattet zu bekommen. Darüber hinaus sind solche Vertragsanbahnungskosten, die auch ohne bzw. unabhängig vom Vertragsabschluss angefallen wären, grundsätzlich sofort als Aufwand zu erfassen. Dies gilt nach IFRS 15.93 nur dann nicht, wenn das Unternehmen diese Kosten dem Auftraggeber auch ohne Vertragsabschluss in Rechnung stellen kann.

5.1.4.6.3 Zeitpunktbezogene Leistungserfüllung

Indizien

Sind die in IFRS 15.35 kodifizierten Voraussetzungen für eine zeitraumbezogene Leistungserfüllung allesamt nicht erfüllt, liegt zwangsläufig eine zeitpunktbezogene Leistungserfüllung vor. Der Zeitpunkt des Übergangs der Verfügungsmacht über den zugesagten Vermögenswert auf den Kunden bestimmt sich hierbei gemäß IFRS 15.38 auf Basis der bereits dargestellten *control*-Kriterien des IFRS 15.31ff. Darüber hinaus können aber auch die nachfolgend aufgeführten, einzeln abzuwägenden Indikatoren aus IFRS 15.38 auf einen zeitpunktbezogenen Kontrollübergang hindeuten:

- Es besteht ein gegenwärtiger Zahlungsanspruch für den Vermögenswert.
- Das rechtliche Eigentum an dem Vermögenswert ist auf den Kunden übergegangen, wobei ein Eigentumsvorbehalt des Unternehmens zur Absicherung gegen einen möglichen Zahlungsausfall dem Kontrollübergang grundsätzlich nicht entgegensteht.
- Der Kunde ist im Besitz des Vermögenswerts. Allerdings ist dieser Tatbestand nicht automatisch mit einer Übertragung der Verfügungsgewalt auf den Kunden gleichzusetzen. So wird bei Kommissionsgeschäften der physische Besitz über einen Vermögenswert auf den Kunden (Zwischenhändler bzw. Kommissionär) übertragen, während sich das Unternehmen gleichzeitig die Verfügungsmacht über den Vermögenswert vorbehält. Da das Verfügungsmachtkriterium eine zentrale Voraussetzung für die Umsatzrealisation bildet, darf das Unternehmen daher nach IFRS 15.B77 zum Zeitpunkt der Lieferung des Vermögenswerts an den Zwischenhändler noch keinen Umsatzerlös erfassen. Darüber hinaus kann ein Unternehmen einen Vermögenswert besitzen, ohne hierbei die Verfügungsmacht über diesen ausüben zu können. Ein Beispiel hierfür ist ein *bill-and-hold*-Verkauf, bei dem die Güter auf Nachfrage des Käufers noch nicht ausgeliefert werden, während das rechtliche Eigentum aber bereits auf den Käufer übergeht und dieser die Rechnungsstellung akzeptiert.
- Der Kunde trägt die wesentlichen mit dem Vermögenswert verbundenen eigentumsspezifischen Chancen und Risiken.
- Der Vermögenswert wurde durch den Kunden bereits abgenommen.

Beispiel – *bill-and-hold*-Vereinbarung[264]

Am 01.01.2XX1 schließt die SpinTec AG mit der FWA einen Vertrag, der die Fertigung und Lieferung einer Maschine sowie von Ersatzteilen vorsieht. Nach der Fertigungszeit von zwei Jahren werden Maschine und Ersatzteile nach der Prüfung, ob diese den vertraglich vereinbarten Spezifikationen entspricht, durch die FWA

[264] Übernommen aus Pellens/Fülbier/Gassen/Selhorn, Internationale Rechnungslegung, 11. Aufl. 2021, S. 318-319.

abgenommen. Darüber hinaus handelt es sich bei diesen beiden Vertragskomponenten (Maschine und Ersatzteile) um jeweils separate Leistungsverpflichtungen, für die der korrespondierende Umsatz stichtagsbezogen zu realisieren ist.

Am 31.12.2XX2 begleicht die FWA den insgesamt vereinbarten Kaufpreis. Allerdings geht nur die Maschine in dessen physischen Besitz über. Hinsichtlich der Ersatzteile wird mit der SpinTec AG eine *bill-and-hold*-Vereinbarung getroffen, demzufolge die bereits abgerechnete und bezahlte Ersatzteile auf Anfrage des Kunden weiterhin in der Lagerhalle der SpinTec AG aufbewahrt werden und erst später auf Abruf an die FWA zu liefern sind. Im vorliegenden Fall behält die FWA jederzeit einen unmittelbaren Rechtsanspruch auf die Ersatzteile, da ihr diese auch rechtlich gehören. Darüber hinaus werden die Ersatzteile in einem separaten Teil der Lagerhalle aufbewahrt und können auf Abruf jederzeit an die FWA geliefert werden. Entsprechend der Vereinbarung erwartet die SpinTec AG, die Ersatzteile zwischen zwei und vier Jahren für die FWA aufzubewahren, wobei diese aufgrund ihrer Spezifität weder anderweitig durch die SpinTec AG genutzt noch an einen anderen Kunden geliefert werden können. Wie hat die SpinTec AG den geschilderten Sachverhalt nach IFRS 15 bilanziell abzubilden?

Einordnung

Unter Berücksichtigung der in IFRS 15.B81 explizit für *bill-and-hold*-Geschäfte kodifizierten Kriterien kommt die SpinTec AG zu dem Schluss, dass die Ersatzteile eindeutig der Verfügungsmacht der FWA unterliegen und die Aufbewahrung daher eine separate Verwahrungsleistung i.S, des IFRS 15.80 darstellt. Diese Verwahrungsleistung stellt eine zusätzliche, von der Verpflichtung zur Lieferung der Maschine und Ersatzteile eigenständig abgrenzbare Leistungsverpflichtung dar, sodass die SpinTec AG auch für alle drei Leistungsverpflichtungen bei Übertragung der jeweiligen Leistung auf den Kunden einen Umsatz(-anteil) zu realisieren hat.

Die Maschine wird, ebenso wie die Ersatzteile, am 31.12.2XX2 auf den Kunden übertragen, sodass zu diesem Zeitpunkt die korrespondierenden Umsatzerlöse zu realisieren sind. Demgegenüber sind die mit der Aufbewahrungsverpflichtung verbundenen Umsätze zeitraumbezogen über den zu schätzenden Leistungszeitraum zu verteilen. Hierbei hat die SpinTec AG zusätzlich zu prüfen, ob die Zahlungsbedingungen infolge der Langfristigkeit der Verwahrungsleistung ggf. eine wesentlichen Finanzierungskomponente enthalten.

Rückgaberechte

Gerade im Kontext einer zeitpunktbezogenen Leistungserfüllung stellt sich die Frage, wie Rückgaberechte des Kunden bei der Umsatzrealisation zu berücksichtigen sind. Solche Rückgaberechte, die häufig – wie z.B. in Form des 14-tägigen Widerrufsrechts im Online-Handel – gesetzlich kodifiziert sind, zeichnen sich nach IFRS 15.B20 dadurch aus, dass das Unternehmen dem Kunden mit der Erfüllung seiner Leistungsverpflichtung das Recht einräumt, das übertragene Produkt innerhalb einer determinierten Frist an das Unternehmen zurückzugeben. Im Gegenzug ist dem Kunden nach IFRS 15.B20 ein bereits gezahltes Entgelt vollständig oder teilweise zurückzuerstatten, ihm eine entsprechende Gutschrift zu geben, ein Austausch gegen ein anderes Gut zu gewähren oder eine Kombination aus den genannten Alternativen zuzugestehen. Aus dieser Abgrenzung folgt wiederum, dass ein vom Unternehmen gewährtes Recht zum Umtausch gegen ein anderes Produkt gleicher Art, Qualität, gleichen Zustands und Preises kein Rückgaberecht i.S, von IFRS 15 darstellt. Darüber hinaus ist der Austausch eines defekten

Produkts gegen ein funktionstüchtiges nach IFRS 15.B27 bilanziell nicht als Rückgaberecht, sondern als Garantieverpflichtung zu erfassen.

Die bilanzielle Abbildung der Rückgaberechte beruht auf den folgenden drei, in IFRS 15.B21 kodifizierten Schritten:

[1] Das Unternehmen hat einen Umsatz in Höhe des erwarteten Entgelts zu realisieren. Dieser Betrag kann im Idealfall auf Grundlage von Erfahrungswerten unter Einbezug von statistisch fundierten Rückgabequoten geschätzt werden.

[2] Das Unternehmen hat eine Rückgabeschuld zu passivieren, sofern zu erwarten ist, dass das Unternehmen dem Kunden ein bereits abgerechnetes bzw. gezahltes Entgelt teilweise oder vollständig zurückerstatten muss. Entsprechend bestimmt sich die Höhe dieser Schuld nach dem gezahlten Entgelt oder – bei noch ausstehender, aber bereits abgerechneter Zahlung – dem Forderungsbetrag, auf den das Unternehmen erwartungsgemäß keinen Anspruch haben wird. Damit ergibt sich die zu passivierende Schuld als Differenz zwischen dem Transaktionspreis der zugesagten Leistung und den diesbezüglich bereits erfassten Umsatzerlösen. Änderungen des erwarteten Rückerstattungsbetrags (= Transaktionspreisänderungen) sind nach IFRS 15.B24 regelmäßig als Erlöskorrekturen zu erfassen.

[3] Das Unternehmen hat in dem Umfang einen Vermögenswert zu bilanzieren, in dem es das Recht auf Rückerhalt des dem Kunden bereits gelieferten Produkts hat. Um den Betrag des anzusetzenden Vermögenswerts sind auch die Umsatzkosten anzupassen. Der Wertansatz bestimmt sich hierbei nach dem Buchwert des Produkts zum Übergangszeitpunkt abzüglich aller Kosten, die erwartungsgemäß mit dessen Wiedererlangung verbunden sind. Zu Letzteren zählen z.B. auch Wertminderungsaufwendungen, die aus einer zwischenzeitlichen (Ab-)Nutzung oder Marktwertminderung des Produkts resultieren. Wie die Rückerstattungsschuld ist auch der Vermögenswert aus dem Produktrückgaberecht zum Ende jeder Berichtsperiode um Erwartungsänderungen hinsichtlich potenzieller Produktrückgaben bzw. Rückgabequoten anzupassen. Darüber hinaus sind beide Posten nach IFRS 15.B25 separat und unsaldiert auszuweisen.

Beispiel – Rückgaberechte[265]

Die FWA schließt mit 1.000 Kunden Verträge über den Verkauf eines Merino-Pullovers zu einem Preis von EUR 200 pro Stück, sodass das gesamte Transaktionsvolumen EUR 200.000 beträgt. Die allgemeinen Geschäftsbedingungen der FWA sehen für jeden Kunden ein allgemeines Rückgaberecht für unbenutzte Produkte von 30 Tagen vor. Die Herstellungskosten je Pullover betragen EUR 150. Die FWA wendet in Übereinstimmung mit IFRS 15.4 die Regelungen zur Umsatzrealisation auf das gesamte Vertragsportfolio an. Da für jeden Vertrag ein Rückgaberecht besteht, ist das von den Kunden zu leistende Entgelt als variabel zu qualifizieren. Um hiervon ausgehend den Betrag der Gegenleistung zu bestimmen, auf den die FWA einen Anspruch hat, wendet sie die Erwartungswertmethode nach IFRS 15.53(a) an, wobei die Rückgabequote für die verkauften Produkte auf 3% geschätzt wird. Da die FWA bereits über langjährige Erfahrung hinsichtlich der Umsatzschätzungen für dieses Produkt verfügt und die Unsicherheit bezüglich der Umsatzhöhe darüber hinaus maximal 30 Tage andauert, gelangt sie im Einklang mit den Kriterien des

[265] Übernommen aus Pellens/Fülbier/Gassen/Selhorn, Internationale Rechnungslegung, 11. Aufl. 2021, S. 320-322.

IFRS 15.57 zu dem Schluss, dass die Umsatzerlöse den erwartet Wert von EUR 194.000 (= 97% x EUR 200 x 1.000) höchstwahrscheinlich nicht unterschreiten werden. Die FWA rechnet mit unwesentlichen Kosten aus der Wiedererlangung der zurückgegebenen Produkte und erwartet darüber hinaus, diese später noch mit einem Gewinn als B-Ware veräußern zu können.

Wie hat die FWA den geschilderten Sachverhalt nach IFRS 15 zu verbuchen, wenn folgende Szenarien unterstellt werden:

- Szenario 1: Die erwartete Rückgabequote tritt exakt ein.
- Szenario 2: Es kommt innerhalb der 30-tägigen Rückgabefrist zu keinen Produktrückgaben.
- Szenario 3: Die Rückgabequote fällt um 2% höher aus als ursprünglich erwartet.

Einordnung

Unabhängig von den drei Szenarien hat die FWA zunächst Umsatzerlöse und Umsatzkosten in Höhe des erwarteten Produktabsatzes und damit unter Berücksichtigung der antizipierten Produktrückgabe zu realisieren. Entsprechend bucht sie bei Erfüllung der 1.000 Verträge, d.h. der Übertragung der Produkte auf die Kunden und dem gleichzeitigen Erhalt des Entgelts:

Bank	200.000	an	Umsatzerlöse	194.000
			Rückerstattungsschuld	6.000

Umsatzkosten	145.500	an	Fertige Erzeugnisse	150.000
Vermögenswert aus Produktrückgaberecht*	4.500			

* = 3% x 1.000 Stück x 150 EUR

Die nachfolgende Bilanzierung der Umsatzerlöse, Rückerstattungsschuld und Vermögenswerte aus Produktrückgaberecht hängt davon ab, wie hoch die tatsächliche Rückgabequote letztlich ausfällt. Demnach ist hier in Abhängigkeit von den drei dargestellten Szenarien folgendermaßen zu differenzieren:

Szenario 1

Hier hat die FWA den Kunden den bereits gezahlten Kaufpreis zurückzuerstatten und die entsprechenden Zahlungen gegen die Rückerstattungsschuld auszubuchen. Darüber hinaus erfolgt eine Umbuchung der zurückzuerhaltenden Produkte, sobald die FWA hierüber wieder die Verfügungsmacht hat.

Rückerstattungsschuld	6.000	an	Bank	6.000

Nach dem Rückerhalt der Produkte von den Kunden wird gebucht:

Fertige Erzeugnisse	4.500	an	Vermögenswert aus Produktrückgaberecht	4.500

Szenario 2

Hier hat die FWA nachträglich den bislang noch nicht realisierten Umsatzanteil in Höhe der bestehenden Rückerstattungsschuld zu realisieren und Letztere vollumfänglich auszubuchen. Gleichzeitig erlischt auch der potenzielle Anspruch auf die Rückgabe des Produkts, sodass der mit den Anschaffungs- bzw. Herstellungskosten des Produkts bilanzierte Vermögenswert aus dem Produktrückgaberecht in die Umsatzkosten umzugliedern ist:

Rückerstattungsschuld	6.000	an	Umsatzerlöse	6.000

Umsatzkosten	4.500	an	Vermögenswert aus Produktrückgaberecht	4.500

Szenario 3

Hier sind die Umsatzerlöse zunächst im Zuge der Erhöhung der Rückerstattungsschuld zu korrigieren, welche bei Rücküberweisung des gezahlten Kaufpreises an die Kunden auszubuchen ist. Gleichzeitig sind die zu viel erfassten Umsatzkosten gegen eine Erhöhung des Rechts auf Produktrückgabe auszubuchen, welches wiederum erst mit Rückerhalt der Produkte von den Kunden gegen fertige Erzeugnisse umzubuchen ist.:

Umsatzerlöse	4.000	an	Rückerstattungsschuld	4.000

Rückerstattungsschuld	10.000	an	Bank	10.000

Vermögenswert aus Produktrückgaberecht	3.000	an	Umsatzkosten	3.000

Nach Rückerhalt der Produkte von den Kunden:

Fertige Erzeugnisse	7.500	an	Vermögenswert aus Produktrückgaberecht	7.500

5.1.4.6.4 Vertragsänderungen

Anpassung von Vertragskonditionen

In manchen Wirtschaftszweigen wie z.B. in der Medien- und Entertainmentbranche sind Vertragsänderungen üblich, z.B. wenn zusätzliche Folgen einer Fernsehserie bestellt werden. Werden die ursprünglichen Vertragskonditionen angepasst, muss ein Unternehmen prüfen, ob diese Änderung bilanzierungspflichtig ist. IFRS 15 enthält hier umfassende Regelungen. Das zentrale Element dieser Regelungen ist die Frage, ob eine Änderung als Teil des bestehenden Vertrags erfasst oder als separater Vertrag bilanziert werden muss.

Nachfolgende Abbildung 25 verdeutlicht die Regelungen.

Grundvoraussetzung

Grundvoraussetzung für die Erfassung einer Vertragsänderung ist die Zustimmung aller Vertragsparteien. Darauf aufbauend werden Abgrenzbarkeit und Transaktionspreis als weitere Entscheidungskriterien herangezogen. Nur wenn die Vertragsänderung abgrenzbare Güter oder Dienstleistungen umfasst, welche in etwa zum Einzelveräußerungspreis abgegeben werden, darf ein Unternehmen nach IFRS 15.20 einen separaten Vertrag erfassen. Im Falle der zusätzlichen Folgen einer Fernsehserie sind beide Kriterien in der Regel erfüllt.

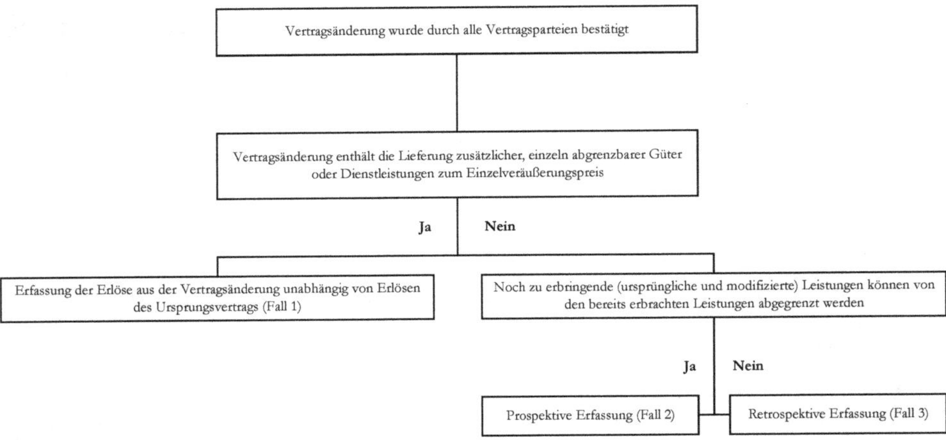

Abb. 25: Erfassung von Vertragsänderungen[266]

Abgrenzbarkeit

Sind diese Kriterien nicht gegeben, prüft ein Unternehmen, ob die noch ausstehenden Dienstleistungen oder Güter von den bereits erbrachten Leistungen abgrenzbar sind. Ist dies der Fall, fingiert IFRS 15.21, dass der ursprüngliche Vertrag beendet und ein neuer Vertrag abgeschlossen wurde. Die noch nicht erfassten Erlöse werden auf die noch ausstehenden Leistungsverpflichtungen verteilt. Liegt die Abgrenzbarkeit nicht vor, wird die Vertragsänderung einer einzelnen Leistungsverpflichtung zugerechnet und als Bestandteil des bestehenden Vertrags bilanziert. Die kumulative Erlösanpassung richtet sich hierbei nach dem Fertigstellungsgrad.

Beispiel – Vertragsänderungen[267]

Am 01.01.2XX1 schließen die VisualizeTex AG und die FWA einen Kaufvertrag über eine Serie von acht Werbespots zum Preis von EUR 150.000 pro Spot. Am 31.07.2XX1 liefert die VisualizeTex AG die ersten vier Spots. Die restlichen vier Spots sollen am 31.03.2XX2 geliefert werden. Am 30.09.2XX1 erfolgt eine Vertragsänderung, in der die zusätzliche Lieferung von vier weiteren Spots zum 30.04.2XX2 zu einem zusätzlichen Preis von EUR 300.000 vereinbart wird.

Einordnung

Mit Lieferung der ersten vier Folgen am 31.07.2XX1 realisiert die VisualizeTex AG einen anteiligen Umsatz von EUR 600.000:

Bank	600.000	an	Umsatzerlöse	600.000

Die Änderung in 2XX2 kann nicht als separater Vertrag erfasst werden, da die neuen Spots weit unter dem Einzelveräußerungspreis abgegeben werden (Preis pro Spot EUR 75.000). Da die Spots einzeln abgrenzbar sind, ist die Vertragsänderung eine Fiktion der Beendigung des alten Vertrags und dem zeitgleichen Abschluss eines neuen Vertrags. Die zum Zeitpunkt der Vertragsänderung noch nicht erfass-

[266] Übernommen aus Breidenbach/Währisch, Umsatzerlöse, 2016, S. 50.

[267] Übernommen aus Pellens/Fülbier/Gassen/Selhorn, Internationale Rechnungslegung, 11. Aufl. 2021, S. 324.

ten Umsatzerlöse sind bei Lieferung der restlichen Spots zu realisieren:
Buchung zum 31.03.2XX2

Bank	450.000	an	Umsatzerlöse	450.000

Buchung zum 30.04.2XX2

Bank	450.000	an	Umsatzerlöse	450.000

5.1.4.7 Beispielsachverhalt - Fertigungsauftrag mit Finanzierungskomponente und Drohverlust

Die FWA bilanziert einen vierjährigen Fertigungsauftrag und misst den Leistungsfortschritt nach dem Verhältnis der angefallenen zu den gesamten Kosten. Der Finanzierungszinssatz sei 2 %. Bei Vertragsbeginn wird entschieden, dass die Umsatzerzielung nach Leistungsfortschritt erfolgt und eine signifikante Finanzierungskomponente vorliegt, weil Umsatzerzielung und Bezahlung mehr als ein Jahr auseinander liegen und die Zinsen wesentlich sind.

	2XX1	2XX2	2XX3	2XX4
Transaktionspreis (TEUR) Ende 2XX4	20.000.000	20.000.000	20.000.000	20.000.000
geschätzte Gesamtkosten (TEUR)	17.000.000	17.000.000	21.000.000	21.000.000
jährliche Kosten (TEUR)	5.100.000	5.100.000	8.700.000	2.100.000
kumulierte Kosten (TEUR)	5.100.000	10.200.000	18.900.000	21.000.000
Fertigungsgrad (*cost-to-cost*)	30%	60%	90%	100%
Barwertfaktor Jahresende	0,942	0,961	0,98	1

Geschäftsjahr2XX1

Am Ende des Jahres 2XX1 werden entsprechend dem Fertigungsgrad 30 % des Gesamtumsatzes realisiert, was EUR 6.000.000 entspricht. Aufgrund der signifikanten Finanzierungskomponente wird nur der Barwert von EUR 5.653.934 als Umsatz realisiert.

Die Kosten betragen EUR 5.100.000 und werden im Aufwand erfasst, weil sie in einen realisierten Umsatz münden. Wären zuvor auch Kosten aktiviert worden (z. B. Kosten bei Erlangung des Auftrags), dann wären diese analog zur Umsatzerzielung planmäßig abzuschreiben (hier 30 %).

Daraus folgt ein Gewinn von EUR 553.934.

In 2XX1 ist damit wie folgt zu buchen:

Vertraglicher Vermögenswert	5.653.934	an	Umsatzerlöse	5.653.934

Materialaufwand	5.100.000	an	Vorräte	5.100.000

Geschäftsjahr 2XX2

In Jahr 2XX2 werden – entsprechend dem Fertigungsgrad von 60 % – nochmals 30 % des Transaktionspreises als Umsatz realisiert. Der Barwert beträgt EUR 5.767.013. Zugleich werden für den Anspruch des Vorjahres (EUR 5.654.000) 2 % Zinserträge realisiert (EUR 113.079). Es ist wie folgt zu buchen:

Vertraglicher Vermögenswert	5.880.092	an	Umsatzerlöse	5.767.013
			Zinsertrag	113.079

Materialaufwand	5.100.000	an	Vorräte	5.100.000

Daraus resultieren ein operativer Gewinn von EUR 667.013 und ein Finanzerfolg von EUR 113.079.

Geschäftsjahr 2XX3

Im Jahr X3 droht ein Gesamtverlust. Dieser hat zwei wesentliche Konsequenzen: Gemäß IFRS 15.37 müssen jederzeit die Kosten zuzüglich einer angemessenen Marge abgedeckt werden, damit Umsätze nach Leistungsfortschritt realisiert werden. Daher darf ein Umsatz erst wieder nach Fertigstellung angesetzt werden (*completed contract method*).

Der Gesamtverlust wird in folgenden Schritten erfasst: Nur die noch abgegoltenen Kosten werden aktiviert (IFRS 15.95(c). Notfalls sind auch aktivierte Beträge abzuschreiben (IFRS 15.101) und danach eine Drohverlustrückstellung zu bilden.

Transaktionspreis	20.000.000
- Kosten der Folgejahre	-2.100.000
= Maximaler Buchwert vor Abzinsung	17.900.000
Maximaler Buchwert nach Abzinsung	17.549.020
- vertraglicher Vermögenswert Vorjahr	-11.534.025
= maximale Aktivierung	6.014.994
davon Zinsertrag (11.534.025 EUR × 2 %)	230.681
davon Kostenaktivierung (6.014.994 EUR - 230.681 EUR)	5.784.314

Es ist wie folgt zu buchen:

Vertraglicher Vermögenswert	6.014.994	an	Vorräte	8.700.000
Materialaufwand	2.915.686		Zinsertrag	230.681

Daraus entstehen ein operativer Verlust von EUR 2.915.686 und ein Finanzerfolg von EUR 230.681. Durch die Buchung wird der gesamte Drohverlust bevorsorgt (siehe unten am Ende des Jahres 2XX4 die Zusammenfassung der Erfolgsentwicklung).

Geschäftsjahr 2XX4

In Jahr 2XX4 wird der Auftrag fertiggestellt und der vereinbarte Transaktionspreis als Forderung angesetzt. Diese ist am 01.01. des Jahres 2XX5 fällig. Die Kosten werden aktiviert und der Zinsertrag (EUR 17.549.020 × 2 %) erfasst:

Vertraglicher Vermögenswert	2.450.980	an	Fertige Erzeugnisse	2.100.000
			Zinsertrag	350.980

Der vertragliche Vermögenswert hat damit einen Saldo von EUR 17.549.020 + EUR 2.450.980 = EUR 20.000.000. Die Leistung ist vollständig erfüllt, daher kann ein Umsatz verbucht werden:

Transaktionspreis	20.000.000
- schon in 2XX1 und 2XX2 realisierte Umsätze	-11.420.947
- Summe Zinserträge	-694740
= Umsatz	7.884.314

In gleicher Höhe zum Umsatz wird der vertragliche Vermögenswert, soweit er nicht aus alten Umsätzen und Zinsen stammt, als Aufwand verbraucht. Es ist wie folgt zu buchen:

Forderung	20.000.000	an	Vertraglicher Vermögenswert	20.000.000
Materialaufwand	7.884.314		Umsatzerlöse	7.884.314

Der operative Gewinn in 2XX4 ist null, weil schon im Jahr 2XX3 der operative Gesamtverlust des Vertrages vollständig bevorsorgt wurde:

gebuchter operativer Verlust 2XX3	-2.915.686
+ Umkehrung operativer Gewinne 2XX1 und 2XX2	1.220.947
= operativer Gesamtverlust aus Vertrag	-1.694.740
+ Finanzerfolg	694740
= Gesamtverlust	-1.000.000

Die Bilanz und Gewinn- und Verlustrechnung der Geschäftsjahre stellen sich nach Berücksichtigung der Geschäftsvorfälle wie folgt dar:

Bilanz		**31.12.2XX**			
	Ref.	1	2	3	4
Aktiva					
…					
Kurzfristige Vermögenswerte					
…					
Vorräte		-5.100.000	-5.100.000	-8.700.000	-2.100.000
Forderungen aus Lieferungen und Leistungen					20.000.000
Vertraglicher Vermögenswert		5.653.934	11.534.025	17.549.020	0
		5.653.934	*5.767.013*	*6.014.994*	*2.100.000*
			113.079		*350.980*
					-20.000.000
…					
Passiva					
…					
Eigenkapital					
…					
Jahresergebnis		553.934	780.091	-2.685.006	350.980

Gewinn- und Verlustrechnung nach GKV		1.1. - 31.12.2XX			
	Ref.	1	2	3	4
1. Umsatzerlöse		5.653.934	5.767.013		7.884.314
…					
5. Materialaufwand		-5.100.000	-5.100.000	-2.915.686	-7.884.314
…					
8. Sonstige Aufwendungen					
…					
11. Finanzierungserträge (IAS 1.82b)			113.079	230.681	350.980
…					
17. Jahresüberschuss/Jahresfehlbetrag		553.934	780.091	2.685.006	350.980

Gewinn- und Verlustrechnung nach UKV		1.1. - 31.12.2XX			
	Ref.	1	2	3	4
1. Umsatzerlöse		5.653.934	5.767.013		7.884.314
2. Umsatzkosten		-5.100.000	-5.100.000	-2.915.686	-7.884.314
…					
6. Sonstige Aufwendungen					
…					
9. Finanzierungserträge (IAS 1.82b)			113.079	230.681	350.980
…					
15. Jahresüberschuss/Jahresfehlbetrag		553.934	780.091	-2.685.006	350.980

5.2 Steuern vom Einkommen

5.2.1 Relevante Normen und Zielsetzung

IAS 12

Die Behandlung steuerlicher Konsequenzen in IFRS-Abschlüssen wird in IAS 12 geregelt. Ergänzt wird der Standard durch SIC-25 sowie IFRIC 23. In diesen Interpretationen wird auf Sonderprobleme im Rahmen der Ertragsteuerbilanzierung eingegangen.

IAS 12 ist von allen Unternehmen unabhängig von Rechtsform, Größe und Börsennotierung im IFRS-Konzernabschluss und, falls ein solcher erstellt wird, im IFRS-Einzelabschluss anzuwenden. Mit dem Standard wird das Ziel verfolgt, den Bilanzansatz, die Bewertung und den Ausweis von Ertragsteuern umfassend zu regeln, um eine periodengerechte Erfassung der Ertragsteuern und eine damit den tatsächlichen Verhältnissen entsprechende Darstellung der Vermögens- und Ertragslage zu erreichen. Dabei geht es sowohl um die Behandlung gegenwärtiger als auch um die Erfassung künftiger steuerlicher Konsequenzen.

Inhaltlich ist IAS 12 anzuwenden auf alle in- und ausländischen Ertragsteuerarten, die das steuerpflichtige Einkommen der Unternehmen betreffen. In Deutschland zählen hierzu die Einkommen- bzw. Körperschaftsteuer sowie die Gewerbesteuer. Unter den Regelungsbereich von IAS 12 fallen weiterhin Quellensteuern, welche z.B. in einigen Ländern von einem Tochterunternehmen bei der Ausschüttung von Gewinnanteilen an das Mutterunternehmen gezahlt werden müssen.

5.2.2 Bilanzierung tatsächlicher Steuerschulden und -erstattungsansprüche

Steuerschulden Die Unternehmen haben auf die von ihnen erwirtschafteten Gewinne laufend Ertragsteuern zu zahlen. Diese die laufende oder frühere Perioden betreffenden Ertragsteuerzahlungen mindern als Steueraufwand den Gewinn in der Gesamtergebnisrechnung sowie die Zahlungsmittel. Sofern die tatsächliche Ertragsteuerschuld zum Geschäftsjahresende noch nicht bezahlt wurde, ist gemäß IAS 12.12 eine Schuld gegenüber der entsprechenden Steuerbehörde zu passivieren.

Steuererstattungsansprüche Übersteigen hingegen die innerhalb des Geschäftsjahres gezahlten Ertragsteuern den gegenüber den Steuerbehörden geschuldeten Betrag oder wird ein steuerlicher Verlust zu einem Verlustrücktrag genutzt, so ist gemäß IAS 12.12-13 zum Geschäftsjahresende die entsprechende Forderung als Vermögenswert zu aktivieren. Hierbei sind nach IAS 12.14 jedoch die allgemeinen Bilanzansatzkriterien zu prüfen, wonach der Nutzen aus dem Erstattungsanspruch dem Unternehmen wahrscheinlich zufließen und eine verlässliche Bewertbarkeit möglich sein muss. Anderenfalls ist von einer Aktivierung abzusehen. Zudem sind die Wertminderungsvorschriften des IAS 36 zu beachten.

Saldierung Eine Saldierung der tatsächlichen Erstattungsansprüche und Schulden ist gemäß IAS 12.71 nur möglich, wenn für das Unternehmen ein einklagbares Recht zur Aufrechnung besteht und das Unternehmen beabsichtigt, den Ausgleich auf Nettobasis durchzuführen. Ein einklagbares Recht zur Aufrechnung dürfte dabei regelmäßig nach IAS 12.72 dann bestehen, wenn die tatsächlichen Erstattungsansprüche sowie die tatsächlichen Schulden gegenüber der gleichen Steuerbehörde bestehen und die Steuerbehörde dem Unternehmen gestattet, die Zahlung auf Nettobasis zu leisten bzw. zu empfangen.

Quellensteuer Die tatsächlich zu zahlenden bzw. die tatsächlich zu erstattenden Steuern werden nach IAS 12.58 grundsätzlich in der Gesamtergebnisrechnung erfolgswirksam als Steueraufwand bzw. -ertrag erfasst. Eine Sonderregelung enthält IAS 12.65A jedoch für Dividendenzahlungen an die Anteilseigner. In einigen Ländern – wie z.B. auch in Deutschland über die Kapitalertrag- bzw. Abgeltungssteuer – wird ein Teil der Dividende als Quellensteuer direkt an die Steuerbehörde abgeführt. Ein solcher Betrag, der an die Steuerbehörden zu zahlen ist oder bereits gezahlt wurde, ist direkt mit der Dividende im Eigenkapital zu verrechnen.

Bewertung Tatsächliche Ertragsteuerschulden bzw. -erstattungsansprüche für die laufende Periode oder für frühere Perioden sind mit dem Betrag zu bemessen, in dessen Höhe eine Zahlung erwartet wird. Maßgeblich sind nach IAS 12.46 dabei die Steuersätze und übrigen Steuervorschriften, die am Bilanzstichtag in Kraft sind bzw. deren Inkrafttreten am Bilanzstichtag mit hinreichender Sicherheit angenommen werden kann.

Ausweis Ertragsteuerschulden bzw. -erstattungsansprüche sind gemäß IAS 1.54(n) in der Bilanz separat auszuweisen. Ebenso ist der Steueraufwand bzw. -ertrag (inklusive des latenten Steueraufwands bzw. -ertrags) in der Gesamtergebnisrechnung gemäß IAS 1.82(d) getrennt von anderen Aufwendungen und Erträgen auszuweisen.

5.2.3 Bilanzierung latenter Steuerschulden und -erstattungsansprüche

5.2.3.1 Erfordernis der Bilanzierung latenter Steuern

Die Bilanzierung latenter Steuern begründet sich über die Zielsetzung einer periodengerechten Darstellung der Vermögens-, Finanz- und Ertragslage eines Unternehmens. Mit ihrer Hilfe soll die unterschiedliche Behandlung eines Sachverhalts im IFRS-Abschluss und in der steuerlichen Gewinnermittlung dadurch ausgeglichen werden, dass fiktive (latente) Ertragsteuerforderungen (aktive latente Steuern) bzw. fiktive Ertragsteuerverbindlichkeiten (passive latente Steuern) gebildet werden. Diesen fiktiven Steuern stehen in derselben Periode keine tatsächlichen Steuerzahlungen gegenüber. Sie führen aber in künftigen Perioden zu Mehr- oder Minderzahlungen.[268]

5.2.3.2 Entstehung latenter Steuern

Art der Differenzen

Voraussetzung für die Entstehung latenter Steuern ist die unterschiedliche zeitliche Erfassung eines Sachverhalts im IFRS-Abschluss und in der Steuerbilanz. Nur für diesen Fall, dass Differenzen zwischen den beiden Rechenwerken auftreten, kann es grundsätzlich zu dem Erfordernis der Bilanzierung latenter Steuern kommen. Allerdings ist in diesem Zusammenhang die Art der Differenz – hier steht konkret die Frage im Vordergrund, in welchem Zeitraum mit dem Ausgleich der Differenz zu rechnen ist – ausschlaggebend. Es wird zwischen

- zeitlich begrenzten,
- quasi-zeitlich begrenzten und
- zeitlich unbegrenzten (permanenten) Differenzen

unterschieden.

Die beiden erstgenannten Differenzen fallen unter das Konzept der latenten Steuerbilanzierung nach IAS 12. Dagegen führen permanente Differenzen nicht zur Bilanzierung latenter Steuern.

Zeitlich begrenzte Differenzen

Zu den zeitlich begrenzten Differenzen zwischen IFRS-Abschluss und steuerlicher Gewinnermittlung werden diejenigen Differenzen gezählt, die sich im Zeitablauf infolge der bestehenden Rechnungslegungsregelungen automatisch ausgleichen.

> ***Beispiel*** – Zeitlich begrenzte Differenzen[269]
>
> Im IFRS-Abschluss orientiert sich die planmäßige Abschreibungsdauer von abnutzbaren Vermögenswerten an der wirtschaftlichen Nutzungsdauer, während im deutschen Steuerrecht die AfA-Tabellen die Nutzungsdauer vorgeben. Sofern sich die wirtschaftliche Nutzungsdauer und die Abschreibungsdauer laut AfA-Tabelle unterscheiden, werden bis zum Ablauf der längeren Nutzungsdauer in beiden Rechenwerken die entsprechenden Vermögenswerte unterschiedlich bewertet.

---

[268] Hierzu Pellens/Fülbier/Gassen/Selhorn, Internationale Rechnungslegung, 11. Aufl. 2021, S. 253.

[269] Übernommen aus Pellens/Fülbier/Gassen/Selhorn, Internationale Rechnungslegung, 11. Aufl. 2021, S. 256.

Die aus den unterschiedlichen Nutzungsdauern resultierenden Differenzen gleichen sich jedoch bei Betrachtung mehrerer Geschäftsjahre automatisch aus. Sofern der gesamte Zeitraum der Nutzung betrachtet wird, sind die kumulierten Abschreibungsbeträge in beiden Rechenwerken gleich hoch.

Quasi-zeitlich begrenzte Differenzen

Zu den quasi-zeitlich begrenzten Differenzen zwischen IFRS-Abschluss und steuerlicher Gewinnermittlung werden diejenigen Differenzen gezählt, die sich durch eine Managemententscheidung, ein neues Ereignis oder spätestens bei der Unternehmensauflösung ausgleichen. Insofern ist hier regelmäßig von einer Auflösung nach längerer Zeit auszugehen.

Beispiel – Quasi-zeitlich begrenzte Differenzen[270]

Im IFRS-Abschluss erfolgt die Bewertung von bestimmten Finanzanlagen oberhalb der Anschaffungskosten. Dies ist im deutschen Steuerrecht nicht zulässig. IFRS-Abschluss und Steuerbilanz weisen damit eine Differenz auf der Aktivseite hinsichtlich der Bewertung dieser Finanzanlagen auf.

Die Differenz gleicht sich aus, wenn z.B. der Wert der Finanzanlagen in den kommenden Geschäftsjahren dauerhaft unter die Anschaffungskosten fällt (neues Ereignis) oder das Management entscheidet, die Finanzanlagen zu veräußern (Managemententscheidung). Sollen die Finanzanlagen nicht veräußert werden und liegt der Wert dauerhaft oberhalb der Anschaffungskosten, so würde es dennoch spätestens zum Liquidationszeitpunkt des Unternehmens zum Ausgleich der Differenz kommen.

Permanente Differenzen

Zu den permanenten Differenzen zwischen IFRS-Abschluss und steuerlicher Gewinnermittlung zählen solche Differenzen, die sich niemals ausgleichen, weil der zugrundeliegende Sachverhalt im Steuerrecht zu keinem Zeitpunkt relevant wird.

Beispiel – Permanente Differenzen[271]

Die Aufsichtsratsvergütung wird im IFRS-Abschluss als Aufwand erfasst und mindert den Gewinn oder erhöht den Verlust in voller Höhe. Im deutschen Steuerrecht werden Aufsichtsratsvergütung gemäß § 10 Nr. 4 KStG nur zur Hälfte steuermindernd als Betriebsausgaben anerkannt. In Höhe der anderen Hälfte entsteht eine Differenz zwischen IFRS-Abschluss und steuerlicher Gewinnermittlung, die sich zu keinem Zeitpunkt ausgleicht.

5.2.3.3 Grundlagen des *temporary*-Konzepts

Konzeptionelle Auslegung

Konzeptionell kann die Bilanzierung latenter Steuern entweder GuV-orientiert oder bilanzorientiert ausgelegt sein. Bei einer GuV-orientierten Auslegung steht der Darstellung eines im Verhältnis zum ausgewiesenen Vorsteuerergebnis angemessenen Steueraufwands im Vordergrund. Hingegen steht bei einer bilanzorientierten Auslegung ein angemesse-

---

[270] Übernommen aus Pellens/Fülbier/Gassen/Selhorn, Internationale Rechnungslegung, 11. Aufl. 2021, S. 256.

[271] Übernommen aus Pellens/Fülbier/Gassen/Selhorn, Internationale Rechnungslegung, 11. Aufl. 2021, S. 256.

ner Ausweis der latenten Steuerforderungen und -verbindlichkeiten im Vordergrund. In IAS 12 ist konzeptionell eine bilanzorientierte Auslegung der Bilanzierung latenter Steuern umgesetzt.

***temporary*-Konzept**

Danach werden latente Steuern nach dem sog. *temporary*-Konzept bilanziert. Latente Steuern werden hier auf temporäre Differenzen abgegrenzt. Hierbei handelt es sich um Differenzen zwischen dem Buchwert und dem Steuerwert eines Vermögenswerts oder einer Schuld.

Beispiele – Bilanzorientierte temporäre Differenzen[272]

1.

Eine Sachanlage mit Anschaffungskosten von EUR 1.000.000 wird nach IFRS über fünf Jahre, für Steuerzwecke aber nur über vier Jahre linear abgeschrieben. Nach einem Jahr beträgt der IFRS-Buchwert EUR 800.000, der steuerliche Buchwert liegt bei EUR 750.000. Diese Differenz gleicht sich mit dem Verkauf der Sachanlage oder spätestens nach weiteren vier Jahren aus, wenn sowohl IFRS-Buchwert als auch steuerlicher Buchwert gleich Null sind.

2.

Entwicklungskosten wurden nach IAS 38 i.H. von EUR 1.200.000 aktiviert. Steuerlich ist dies nicht zulässig. Der IFRS-Buchwert beträgt damit EUR 1.200.000, der steuerliche Buchwert liegt bei EUR 0. Auch diese Differenz gleicht sich durch Veräußerung der Entwicklung oder spätestens nach Abschreibung der Entwicklungskosten aus.

3.

Nach IAS 37 ist für einen belastenden Vertrag eine Rückstellung i.H. von EUR 1.000.000 passiviert worden. Dies ist Steuerlich nicht zulässig. Der IFRS-Buchwert beträgt EUR 1.000.000, der steuerliche Buchwert liegt bei EUR 0. Mit Auflösung der Rückstellung (durch Erfüllung oder Wegfall des Rückstellungsgrundes) gleicht sich die Differenz aus.

Arten temporärer Differenzen

Nach dem *temporary*-Konzept werden zwei Arten von temporären Differenzen unterschieden:

- Zu versteuernde temporäre Differenzen, die grundsätzlich den Ansatz einer passiven latenten Steuer erfordern.
- Abzugsfähige temporäre Differenzen, die grundsätzlich den Ansatz einer aktiven latenten Steuer erfordern.

Passive latente Steuern

Ist das steuerliche Ergebnis in der künftigen Periode, in welcher sich die temporäre Differenz auflöst, größer als das Ergebnis nach IFRS und ist die künftige tatsächliche Steuerbelastung höher als sie es auf Basis des IFRS-Ergebnisses wäre, liegt eine zu versteuernde temporäre Differenz vor, welche den Ansatz einer passiven latenten Steuer erfordert.

Fortsetzung Beispiele – Bilanzorientierte temporäre Differenzen[273]

1.

Der IFRS-Buchwert der Sachanlage beträgt EUR 800.000, der steuerliche Buchwert liegt bei EUR 750.000. Wird der IFRS-Buchwert der Sachanlage in kommenden

---

272 Übernommen aus Zülch/Hendler, Bilanzierung nach IFRS, 2. Aufl. 2017, S. 410.

273 Übernommen aus ebd., S. 411.

Perioden durch Nutzung oder Veräußerung realisiert, wird das steuerliche Ergebnis künftig um EUR 50.000 höher sein, als das IFRS-Ergebnis. Dies liegt darin begründet, dass für IFRS der Buchwert ein Abschreibungspotential von EUR 800.000 enthält, der steuerliche Buchwert dagegen lediglich noch EUR 750.000. Bei einem unterstellten Steuersatz von 30% ist die künftige Steuermehrbelastung i.H. von EUR 50.000 x 30% = EUR 15.000 durch den Ansatz einer passiven latenten Steuer zu berücksichtigen.

2.

Wird in künftigen Perioden der IFRS-Buchwert der Entwicklungskosten realisiert, wird das steuerliche Ergebnis um EUR 1.200.000 höher sein, als das IFRS-Ergebnis. Dies liegt daran, dass der Buchwert nach IFRS ein Abschreibungspotential von EUR 1.200.000, der Steuerwert von EUR 0 dagegen kein Abschreibungspotential enthält. Bei einem unterstellten Steuersatz von 30% ist die künftige Steuerbelastung i. H. von EUR 1.200.000 x 30% = EUR 360.000 durch den Ansatz einer passiven latenten Steuer zu berücksichtigen.

Aktive latente Steuern

Ist das steuerliche Ergebnis in der künftigen Periode, in der sich die temporäre Differenz auflöst, kleiner als das Ergebnis nach IFRS, und ist die künftige tatsächliche Steuerbelastung niedriger als sie es auf Basis des IFRS-Ergebnisses wäre, liegt eine abzugsfähige temporäre Differenz vor, welche den Ansatz einer aktiven latenten Steuer erfordert.

Fortsetzung Beispiele – Bilanzorientierte temporäre Differenzen[274]

3.

Im IFRS-Abschluss wurde eine Rückstellung für einen belastenden Vertrag i.H. von EUR 1.000.000 passiviert. Steuerlich ist der Ansatz einer solchen Rückstellung nicht zulässig. In künftigen Perioden wird das steuerliche Ergebnis um EUR 1.000.000 niedriger sein, als das IFRS-Ergebnis: der Aufwand der kommenden Perioden wird nach IFRS gegen die Rückstellung verrechnet, für steuerliche Zwecke ist der Aufwand in der Ergebnisrechnung zu erfassen. Alternativ ist nach IFRS ein Ertrag aus der Auflösung der Rückstellung zu erfassen, welcher steuerlich nicht (mehr) entstehen würde. Bei einem unterstellten Steuersatz von 30% ist die künftige Steuerentlastung durch den Ansatz einer aktiven latenten Steuer i.H. von EUR 1.000.000 x 30% = EUR 300.000 zu berücksichtigen.

Nachfolgende Abbildung 26 gibt einen Überblick darüber, in welchen Fällen zu versteuernde und abzugsfähige temporäre Differenzen vorliegen.

Beispiele – Bilanzorientierte temporäre Differenzen

zu I

Sachanlagen werden für steuerliche Zwecke degressiv, nach IFRS linear abgeschrieben.

Entwicklungskosten werden nach IAS 38 aktiviert, für steuerliche Zwecke ist dies nicht zulässig.

zu II

Nicht produktionsbezogene Kosten der allgemeinen Verwaltung werden in die steuerlichen Herstellungskosten von Vorräten einbezogen. Nach IFRS ist dies nicht zulässig.

274 Übernommen aus Zülch/Hendler, Bilanzierung nach IFRS, 2. Aufl. 2017, S. 411.

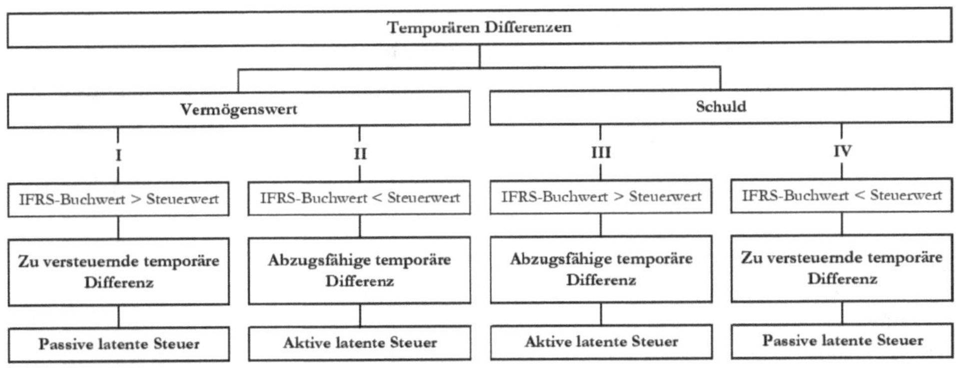

Abb. 26: Temporäre Differenzen[275]

zu III

Eine Drohverlustrückstellung wird nach IFRS passiviert. Dies ist steuerrechtlich nicht zulässig.

Eine Rückstellung wird steuerlich mit einem höheren Zins abgezinst als nach IFRS.

zu IV

Steuerlich wurde eine Rückstellung passiviert, die nach IFRS nicht bilanziert werden darf.

Eine unverzinsliche Schuld wird steuerlich mit einem niedrigeren Zins abgezinst als nach IFRS.

5.2.3.4 Ansatz

5.2.3.4.1 Passive latente Steuern

Ansatzpflicht

Nach IAS 12.15 sind passive latente Steuern grundsätzlich für alle zu versteuernden temporären Differenzen zu passivieren. Nach IAS 12.16 sind weitere Prüfungen von Ansatzkriterien – Wahrscheinlichkeit des Mittelabflusses und verlässliche Bestimmung des Werts – nicht erforderlich bzw. als erfüllt anzusehen.

Ausnahmen

IAS 12.15 enthält Ausnahmen von der allgemeinen Ansatzpflicht für passive latente Steuern. Danach sind latente Steuern nicht anzusetzen für Differenzen,

- die beim erstmaligen Ansatz eines Geschäfts- oder Firmenwerts entstehen, und
- die beim erstmaligen Ansatz eines Vermögenswerts oder einer Schuld entstehen, wenn ihnen ein Geschäftsvorfall zugrunde liegt, der
  - kein Unternehmenszusammenschluss ist, und
  - sich zum Zeitpunkt des Geschäftsvorfalls weder auf das IFRS-Vorsteuerergebnis noch auf das zu versteuernde Einkommen ausgewirkt hat.

Sind die Anschaffungskosten eines Unternehmenszusammenschlusses höher als das anteilig erworbene und nach IFRS 3 bewertete Eigenkapital, ist der Differenzbetrag als Geschäfts- oder Firmenwert auszuweisen. Auf temporäre Differenzen, die beim

[275] Übernommen aus Zülch/Hendler, Bilanzierung nach IFRS, 2. Aufl. 2017, S. 412.

erstmaligen Ansatz des Geschäfts- oder Firmenwerts entstehen, darf keine latente Steuer bilanziert werden. Würde eine passive latente Steuer angesetzt, würde sich der Buchwert des Geschäfts- oder Firmenwerts erhöhen, worauf wieder eine passive latente Steuer zu bilden wären, usw.

Nach IAS 12 sind die latenten Steuern entsprechend des zugrunde liegenden Sachverhalts entweder im Gewinn oder Verlust, im sonstigen Ergebnis oder direkt im Eigenkapital zu erfassen. Latente Steuern auf temporäre Differenzen, die aus einem Unternehmenszusammenschluss resultieren, wirken sich auf die Höhe des aus dem Unternehmenszusammenschluss resultierenden Geschäfts- oder Firmenwert aus. Soweit eine Differenz nicht aus einem Unternehmenszusammenschluss resultiert und sich der Geschäftsvorfall weder auf das IFRS-Vorsteuerergebnis noch auf das zu versteuernde Ergebnis auswirkt, wäre die latente Steuer mit dem Buchwert des Vermögenswerts oder der Schuld zu verrechnen (*net of tax*). Würden die Vermögenswerte und Schulden beim Zugang *net of tax* bewertet, wäre der Abschluss nach Ansicht des IASB weniger transparent. Daher ist die Bewertung *net of tax* nach IAS 12.22(c) nicht zulässig.

> ***Beispiel*** – Erstmaliger Ansatz eines Vermögenswerts oder einer Schuld[276]
>
> Die FWA beabsichtigt, einen Vermögenswert mit Anschaffungskosten von EUR 1.000.000 während seiner Nutzungsdauer von fünf Jahren zu verwenden und ihn dann zu einem Restwert von Null zu veräußern. Der Steuersatz beträgt 40%. Die Abschreibung des Vermögenswerts ist steuerlich nicht abzugsfähig. Jeder Kapitalertrag bei einem Verkauf wäre steuerfrei, und jeder Verlust wäre nicht abzugsfähig.
>
> Bei Realisierung des Buchwerts des Vermögenswerts erzielt die FWA ein zu versteuerndes Ergebnis von EUR 1.000.000 und bezahlt Steuern von EUR 400.000. Die FWA bilanziert die sich ergebende latente Steuerschuld von EUR 400.000 nicht, da sie aus dem erstmaligen Ansatz des Vermögenswerts stammt.
>
> In der Folgeperiode beträgt der Buchwert des Vermögenswerts EUR 800.000. Bei der Erzielung eines zu versteuernden Ergebnisses von EUR 800.000 bezahlt die FWA Steuern in Höhe von EUR 320.000. Die FWA bilanziert die latente Steuerschuld nicht von EUR 320.000 nicht, da sie aus dem erstmaligen Ansatz des Vermögenswerts stammt.

Dies gilt indes nicht, soweit ein vom Unternehmen ausgegebenes Finanzinstrument sowohl eine Eigenkapital- als auch eine Fremdkapitalkomponente besitzt und für steuerliche Zwecke der Nominalwert des Instruments als Schuld angesetzt wird. Auf die Differenz zwischen dem Buchwert der Schuld und deren Steuerwert ist eine passive latente Steuer zu bilanzieren, welche mit der Eigenkapitalkomponente zu verrechnen ist.

Fraglich ist, ob die Ausnahmeregelung des IAS 12.24(b) – wonach ein latenter Steueranspruch für abzugsfähige Differenzen nicht zu bilanzieren ist, wenn der latente Steueranspruch aus dem erstmaligen Ansatz eines Vermögenswerts oder einer Schuld bei einem Geschäftsvorfall stammt, der zum Zeitpunkt des Geschäftsvorfalls weder das bilanzielle Ergebnis nach Steuern nach das zu versteuernde Ergebnis (den steuerlichen Verlust) beeinflusst – auch greift, wenn beim erstmaligen Ansatz eines Geschäftsvorfalls gleichzeitig eine zu versteuernde und eine abzugsfähige Differenz entstehen.

---

[276] Übernommen aus IAS 12.22(c)

5.2.3.4.2 Aktive latente Steuern

Ansatzpflicht

Nach IAS 12.24 sind aktive latente Steuern für alle abzugsfähigen temporären Differenzen zu bilanzieren. Dies gilt indes nur, soweit es wahrscheinlich ist, dass künftig steuerpflichtiger Gewinn erzielt wird, gegen den die temporäre Differenz verwendet werden kann.

Von diesem Grundsatz ausgenommen sind abzugsfähige temporäre Differenzen, die beim erstmaligen Ansatz eines Vermögenswerts oder einer Schuld entstehen und aus einem Geschäftsvorfall resultieren, der kein Unternehmenszusammenschluss ist und der sich zum Zeitpunkt des Geschäftsvorfalls weder auf das IFRS-Vorsteuerergebnis noch auf das steuerliche Ergebnis ausgewirkt hat. Die Begründung entspricht der, bei den passiven latenten Steuern. Würde die aktive latente Steuer angesetzt, müsste sie mit dem Buchwert des entsprechenden Vermögenswerts bzw. der entsprechenden Schuld verrechnet werden. Dies macht den Abschluss eines Unternehmens weniger transparent.

Beispiel – Abzugsfähige temporäre Differenzen

Die FWA erwirbt eine Maschine für EUR 1.000.000. Für die Maschine erhält die FWA einen steuerfreien Investitionszuschuss in Höhe von EUR 300.000, der nach IAS 20 im Buchwert der Maschine erfasst wird. Der IFRS-Buchwert beim erstmaligen Ansatz beträgt damit EUR 700.000, der Wert in der Steuerbilanz EUR 1.000.000. Die Differenz von EUR 300.000 ist eine abzugsfähige temporäre Differenz, für die nach IAS 12.24 weder beim erstmaligen Ansatz der Maschine noch in Folgeperioden eine aktive latente Steuer bilanziert werden darf.

Künftiger wirtschaftlicher Nutzen

Der künftige wirtschaftliche Nutzen einer aktiven latenten Steuer besteht darin, dass das steuerliche Ergebnis bei Auflösung der abzugsfähigen temporären Differenz niedriger ist als das IFRS-Ergebnis und somit im Vergleich zum IFRS-Ergebnis weniger tatsächliche Steuern zu erfassen und zu zahlen sind. Dieser Nutzen kann indes nur dann realisiert werden, wenn künftig ein zu versteuerndes Ergebnis realisiert wird. Dieses ist bei Auflösung der abzugsfähigen temporären Differenz entsprechend niedriger.

Künftiges steuerpflichtiges Einkommen

Eine aktive latente Steuer darf nach IAS 12.27 nur angesetzt werden, soweit es wahrscheinlich ist, dass künftig ausreichend steuerpflichtiges Einkommen erzielt wird. Die Wahrscheinlichkeit einer solchen Verrechnungsmöglichkeit wird gemäß IAS 12.28 dann angenommen, wenn mindestens gleich hohe zu versteuernde temporäre Differenzen gegenüber der gleichen Steuerbehörde bestehen,

- die sich in zeitlicher Kongruenz zu den aktiven latenten Steuern auflösen oder
- die sich in den Perioden auflösen, in welche ein aus der Auflösung der abzugsfähigen temporären Differenz entstehender oder sich erhöhender steuerlicher Verlustvortrag vor- oder zurückgetragen werden kann.

Sind beide Bedingungen nicht erfüllt, darf eine aktive latente Steuer gemäß IAS 12.29 dann angesetzt werden, wenn

- im Zeitraum der Realisierung der aktiven latenten Steuer gegenüber der gleichen Steuerbehörde wahrscheinlich ein ausreichender steuerlicher Gewinn vorliegt oder

- sich dem Bilanzierenden Steuergestaltungsmöglichkeiten zur Erzeugung steuerpflichtiger Gewinn in entsprechenden Perioden bieten. So ist es z.B. möglich, durch eine *sale-and-lease-back*-Maßnahme steuerpflichtigen Gewinn zu erzielen, welcher dann bei Auflösung der abzugsfähigen Differenz reduziert wird.

Vermögenswert

Nach IAS 12.34 sind aktive latente Steuern für den künftigen Vorteil aus Steuergutschriften und steuerlichen Verlustvorträgen grundsätzlich als Vermögenswert anzusetzen. Dies gilt, soweit es wahrscheinlich ist, dass künftig ein steuerpflichtiges Ergebnis erzielt wird, gegen das die Steuergutschrift oder die steuerlichen Verlustvorträge genutzt werden können.

Auswirkungen auf künftige tatsächliche Steuern

Der Vorteil, der mit Steuergutschriften und steuerlichen Verlustvorträgen verbunden ist, resultiert nicht aus einer temporären Differenz. Vielmehr resultiert der Vorteil einer Steuergutschrift i.d.R. daraus, dass künftige tatsächliche Steuern mit der Steuergutschrift verrechnet werden dürfen. Der mit einem steuerlichen Verlustvortrag verbundene wirtschaftliche Nutzen resultiert daraus, dass der steuerliche Verlustvortrag künftig mit einem steuerpflichtigen Ergebnis verrechnet werden darf. Auf dieses steuerpflichtige Ergebnis sind dann keine tatsächlichen Steuern mehr zu zahlen.

Beispiel – Verlustvortrag

Die FWA erzielt im in 2XX1 einen Verlust von EUR 500.000. Ein Verlustrücktrag ist nicht möglich. Im Jahr 2XX2 erzielt die FWA einen Gewinn von EUR 700.000. Der anzuwendende Steuersatz beträgt 30%. Temporäre Differenzen liegen nicht vor. Die komprimierte IFRS-Ergebnisrechnung der FWA stellt sich für die beiden Jahre wie folgt dar:

in TEUR	**2XX1**	**2XX2**
Vorsteuerergebnis	-500	700
Laufende Steuern	0	-60
Latente Steuern	150	-150
Gesamt Steuern	150	-210
Ergebnis nach Steuern	**-350**	**490**

In 2XX1 entsteht ein steuerlicher Verlustvortrag von TEUR 500. Künftig dürfen steuerpflichtige Gewinne von EUR 500.000 mit diesem Verlustvortrag verrechnet werden. Somit werde sie nicht der Besteuerung unterliegen. Der erwartete Vorteil beträgt EUR 500.000 x 30% = EUR 150.000. Dieser erwartete Vorteil ist durch den Ansatz einer aktiven latenten Steuer in der Bilanz zu berücksichtigen.

Aktive latente Steuer	150.000	an	(Latenter) Steuerertrag	150.000

In 2XX2 wird ein steuerpflichtiger Gewinn in Höhe von EUR 700.000 erzielt. EUR 500.000 werden mit dem Verlustvortrag verrechnet, sodass EUR 200.000 der Besteuerung unterliegen. Bei einem Steuersatz von 30% betragen die laufenden Steuern EUR 60.000. Da der Verlustvortrag aufgebraucht wurde, ist die latente Steuer auszubuchen:

(Latenter) Steueraufwand	150.000	an	Aktive latente Steuer	150.000

Künftige Gewinne Aktive latente Steuern auf steuerliche Verlustvorträge und Steuergutschriften sind nur anzusetzen, soweit künftige steuerpflichtige Gewinne wahrscheinlich sind. Der Begriff „Wahrscheinlich" ist hier mit „*more likley than not*" auszulegen. In IAS 12.35 wird darauf hingewiesen, dass die Existenz von steuerlichen Verlustvorträgen an sich Zweifel begründen kann, ob künftig steuerpflichtige Gewinne erzielt werden.

Verlusthistorie Hat das Unternehmen zudem in jüngster Vergangenheit eine Historie von Verlusten erlitten, sind aktive latente Steuern für Steuergutschriften und steuerliche Verlustvorträge nur unter folgenden Voraussetzungen anzusetzen:

- Das Unternehmen verfügt über zu versteuernde temporäre Differenzen gegenüber derselben Steuerbehörde. Aktive latente Steuern sind in dem Maße anzusetzen, in dem künftig aus den zu versteuernden temporären Differenzen steuerpflichtiges Ergebnis erzielt wird, gegen das der steuerliche Verlustvortrag verrechnet werden kann.
- Darüber hinaus darf eine aktive latente Steuer auf Steuergutschriften und steuerliche Verlustvorträge nur angesetzt werden, wenn überzeugende substanzielle Hinweise vorliegen, dass künftig zu versteuernde Gewinne erzielt werden. Als substanzielle Hinweise gelten in diesem Zusammenhang z.B. die Gewinnung von neuen Kunden, der erfolgreiche Abschluss einer Restrukturierungsmaßnahme oder eine positive Branchenentwicklung. Die substanziellen Hinweise und die auf deren Basis angesetzte latente Steuer sind im Anhang gesondert anzugeben.

Ermessensspielraum Die Aktivierung latenter Steuern auf Verlustvorträge ist mit zahlreichen Unsicherheitsfaktoren und damit mit erheblichem Ermessensspielraum verbunden. Diese Unsicherheitsfaktoren umfassen vor allem die Frage, welcher Betrachtungshorizont zugrunde zu legen ist, d.h. innerhalb welcher Zahl von Jahren der Vorteil aus dem steuerlichen Verlustvortrag gehoben wird. Von Teilen der Literatur wird vorgeschlagen wird, grundsätzlich zunächst von einem Zeitraum von fünf Jahren auszugehen, wobei dies indes strittig ist.

Regelmäßige Neubeurteilung Soweit eine aktive latente Steuer aufgrund mangelnder Wahrscheinlichkeit nicht angesetzt wurde, ist zu jedem Stichtag zu untersuchen, ob sich die Wahrscheinlichkeit künftiger steuerpflichtiger Ergebnisse verändert hat. Eine zunächst nicht angesetzte aktive latente Steuer ist im Abschluss anzusetzen, wenn im Rahmen der Neubeurteilung ein künftiges steuerpflichtiges Ergebnis wahrscheinlich ist.

5.2.3.5 Ausweis

Bilanzausweis Aktive und passive latente Steuern sind nach IAS 1.54 getrennt von anderen Vermögenswerten und Schulden auszuweisen. Unterscheidet der Bilanzierende in der Bilanz nach kurz- und langfristigen Vermögenswerten bzw. Schulden, sind latente Steuern nicht als kurzfristig auszuweisen.

Eine Saldierung aktiver und passiver latenter Steuern ist nach IAS 12.74 nur dann geboten, wenn

- der Bilanzierende ein einklagbares Recht zur Aufrechnung tatsächlicher Steuererstattungsansprüche und -verbindlichkeiten hat, und
- sich die latenten Steuern auf Ertragsteuern beziehen, die von der gleichen Steuerbehörde erhoben werden.

Der latente Steueraufwand oder -ertrag ist nach IAS 12.57 so zu erfassen, wie der zugrunde liegende Sachverhalt erfasst wird. Wird dieser

- im Gewinn oder Verlust erfasst, ist auch die latente Steuer im Gewinn oder Verlust zu erfassen,
- im sonstigen Ergebnis erfasst, ist auch die latente Steuer im sonstigen Ergebnis zu erfassen,
- außerhalb des Gesamtergebnisses direkt im Eigenkapital erfasst, ist auch die latente Steuer direkt im Eigenkapital zu erfassen.

Erfassung im Gewinn oder Verlust

Entsteht bzw. verändert sich eine temporäre Differenz im Zuge eines Geschäftsvorfalls, der im Gewinn oder Verlust erfasst wird, oder ändert sich der Steuersatz oder die Wahrscheinlichkeitseinschätzung hinsichtlich eines solchen Geschäftsvorfalls, sind nach IAS 12.58 auch die daraus resultierenden latenten Steuerwirkungen im Gewinn oder Verlust zu erfassen.

Beispiele – Erfassung im Gewinn oder Verlust

1.

Der mit einem drohenden Verlust aus einem schwebenden Geschäft verbundene negative Erfolgsbeitrag wird nach IFRS bei Erkenntnis durch den Ansatz einer Rückstellung – vorliegend in Höhe von EUR 50.000 – berücksichtigt. Für steuerliche Zwecke ist der Aufwand erst dann zu erfassen, wenn der negative Erfolgsbeitrag realisiert wurde. Zu diesem Zeitpunkt, zu dem die Drohverlustrückstellung nach IFRS bilanziert wird, ist die latente Steuer bei einem angenommenen Steuersatz von 30% wie folgt zu erfassen:

Aktive latente Steuer	15.000	an	(Latenter) Steuerertrag	15.000

Tritt der Verlust aus dem schwebenden Geschäft tatsächlich ein, wird der negative Erfolgsbeitrag auch für steuerliche Zwecke erfasst. Die aktive latente Steuer ist dann wie folgt zu eliminieren:

(Latenter) Steuer-aufwand	15.000	an	Aktive latente Steuer	15.000

2.

Eine Sachanlage mit Anschaffungskosten von EUR 1.000.000 wird nach IFRS über fünf Jahre, steuerlich über vier Jahre linear abgeschrieben. In den ersten vier Jahren wird unter Annahme eines Steuersatzes von 30% die passive latente Steuer wie folgt aufgebaut (temporäre Differenz zwischen den Abschreibungsbeträgen EUR 50.000 x 30% = EUR 15.000):

(Latenter) Steuer-aufwand	15.000	an	Passive latente Steuer	15.000

Am Ende des fünften Jahres beträgt die temporäre Differenz EUR 0, sowohl nach IFRS als auch steuerlich ist die Sachanlage vollständig abgeschrieben. Die latente Steuer ist wie folgt auszubuchen:

Passive latente Steuer	60.000	an	(Latenter) Steuerertrag	60.000

Erfassung im sonstigen Ergebnis

Nach IAS 12.61A(a) sind die latenten Steuern im sonstigen Ergebnis zu erfassen, soweit der zugrunde liegende Geschäftsvorfall ebenfalls im sonstigen Ergebnis erfasst wurde. Dazu zählen u.a. die folgenden Fälle:

- Neubewertung von Sachanlagen nach IAS 16 oder immateriellen Vermögenswerten nach IAS 38, oder
- Erfolgsneutrale Erfassung versicherungsmathematischer Gewinne und Verluste nach IAS 19.

Erfassung im Eigenkapital

Soweit Sachverhalte außerhalb des Gesamtergebnisses direkt im Eigenkapital erfasst werden, ist nach IAS 12.61A(b) auch der entsprechende (latente) Steueraufwand direkt im Eigenkapital zu erfassen. So hat z.B. eine Fehlerkorrektur bzw. eine Änderung der Bilanzierungsmethode nach IAS 8.22 bzw. IAS 8.42 rückwirkend zu erfolgen. In der Eröffnungsbilanz der frühesten im Abschluss veröffentlichten Periode sind die Auswirkungen von Änderungen der Perioden vor dem Stichtag der Eröffnungsbilanz im Eigenkapital zu erfassen. Entsprechend sind auch die daraus resultierenden Veränderungen der latenten Steuern direkt im Eigenkapital zu erfassen.

5.2.3.6 Bewertung

Aktuelle Steuersätze

Nach IAS 12.47 sind für die Bewertung latenter Steuern die zum Zeitpunkt ihrer Realisierung erwarteten Steuersätze zu nutzen. Da hinsichtlich künftiger Steuersätze keine Sicherheit besteht, sind grundsätzlich die aktuell gültigen Steuersätze zu verwenden.

Künftige Steuersätze

Abweichend davon sind künftige Steuersätze anzuwenden, soweit diese entweder schon in Kraft sind oder mit hinreichender Sicherheit in Kraft gesetzt werden. Letzteres kann z.B. dann angenommen werden, wenn eine Steuerreform bereits von der Legislative verabschiedet, aber noch nicht in Kraft getreten ist.

Unterschiedliche Steuersätze

IAS 12.51 regelt Fälle, bei denen unterschiedliche Steuersätze anzuwenden sind, abhängig davon, ob der Buchwert eines Vermögenswerts durch Veräußerung oder durch Nutzung realisiert wird:

- Nach IAS 12.51A wendet ein Unternehmen den Steuersatz an, der auf Basis der erwarteten Nutzung bzw. Realisierung anzuwenden ist.
- Abweichend davon wird in IAS 12.51B vorgeschrieben, dass bei entsprechend unterschiedlichen Steuersätzen latente Steuern bezüglich bei nach IAS 16 nach der Neubewertungsmethode bewerteten Sachanlagen, die nicht planmäßig abgeschrieben werden (also von Grundstücken), für die Bewertung immer der Steuersatz anzuwenden ist, der bei Verkauf der Sachanlage gilt.
- Nach IAS 12.51C gilt die widerlegbare Vermutung, dass der Buchwert von als Finanzinvestitionen gehaltenen Immobilien, die zum beizulegenden Zeitwert bewerten werden, durch Veräußerung realisiert wird. Entsprechend ist auch der Steuersatz bei Veräußerung der Bewertung der entsprechenden latenten Steuer zugrunde zu legen. Diese Vermutung kann widerlegt werden, indem nachgewiesen wird, dass die Immobilie grundsätzlich abschreibungsfähig ist und der wirtschaftliche Nutzen der Immobilie im Laufe der Zeit aufgebraucht wird, diese eben nicht veräußert wird.

Beispiel – Unterschiedliche Steuersätze

Es wird unterstellt, dass Gewinne aus der Veräußerung von als Finanzinvestitionen gehaltenen Immobilien mit einem Steuersatz von 40% zu versteuern sind. Gewinne aus der laufenden Vermietung der Immobilien sind mit einem Steuersatz von 25% zu versteuern.

Fall 1

Die FWA hält eine als Finanzinvestition gehaltene Immobilien, welche zu fortgeführten Anschaffungskosten von EUR 300.000 bilanziert wird. Der steuerliche Wert beträgt EUR 250.000. Abhängig davon, wie die FWA den Buchwert der Immobilie erwartet zu realisieren, ist die latente Steuer mit EUR 20.000 (= EUR 50.000 x 40%) oder mit EUR 12.500 (= TEUR 50 x 25%) zu bewerten.

Fall 2

Die FWA hält eine als Finanzinvestition gehaltene Immobilien, welche zum beizulegenden Zeitwert von TEUR 500 bilanziert wird. Der steuerliche Wert beträgt EUR 250.000. Grundsätzlich ist die passive latente Steuer in Höhe von EUR 100.000 (= EUR 250.000 x 40%) zu bewerten, da die widerlegbare Vermutung besteht, dass der Buchwert der Immobilie durch Veräußerung realisiert wird. Nur wenn diese Vermutung widerlegt wird (die Immobilie ist abschreibbar und der Nutzen nachweislich durch Nutzung und nicht durch Veräußerung realisiert), ist die latente Steuer mit EUR 62.500 (=EUR 250.000 x 25%) zu bewerten.

Änderung des Steuersatzes

Die aktiven und passiven latenten Steuern sind bei Änderungen der Steuersätze gemäß IAS 12.60(a) mit dem neuen Steuersatz zu bewerten. Die Anpassung der Bewertung erfolgt entsprechend der ursprünglichen Erfassung der Steuerlatenz im Gewinn oder Verlust, im sonstigen Ergebnis oder direkt im Eigenkapital. Die Auswirkungen von Änderungen der Steuersätze auf latente Steuerpositionen und auf die ausgewiesenen Ergebnisse von Unternehmen können beachtliche Größenordnungen erreichen.

Durchschnittssteuersatz

Werden in einem Steuersystem unterschiedliche Steuersätze auf unterschiedliche Höhen des zu versteuernden Einkommens angewendet – z.B. in einem Stufen- oder Progressionstarif –, sind der Berechnung die für die jeweilige Periode erwarteten Durchschnittssteuersätze zugrunde zu legen. In Deutschland bietet sich unter Beachtung des Wesentlichkeitsgrundsatzes eine Durchschnittsbildung wegen der unterschiedlichen Hebesätze der Gemeinden für die Gewerbesteuer und wegen des progressiven Tarifs für die Einkommensteuer an.

Steuersatz für Verlustvorträge

Ein Verlustvortrag ist mit dem für seine Verwendung maßgeblichen Steuersatz anzusetzen. Ist der Verlustvortrag eines deutschen Unternehmens sowohl bei der Gewerbesteuer als auch bei der Körperschaftsteuer berücksichtigungsfähig, ist die aktive latente Steuer separat für die Körperschaft- und die Gewerbesteuer zu berechnen. Eine Minderbesteuerung bei ansonsten unbegrenzter Vortragsfähigkeit der steuerlichen Verluste beeinflusst aufgrund des längeren Realisationszeitraums ggf. die Höhe der aktiven latenten Steuer, nicht jedoch die anzuwendenden Steuersätze.

Abzinsungsverbot

Aktive und passive latente Steuer sind nach IAS 12.53 nicht abzuzinsen. Dies gilt unabhängig davon, wann die latente Steuer voraussichtlich realisiert wird. Ein Wahlrecht für den Fall, dass dieser Zeitpunkt hinreichend genau bestimmbar ist, räumen die IFRS nicht ein, um die Vergleichbarkeit der Abschlüsse zu gewährleisten.

Werthaltigkeitsprüfung

Zu jedem Bilanzstichtag sind die auf abzugsfähige temporäre Differenzen, Steuergutschriften und steuerliche Verlustvorträge aktivierten aktiven latenten Steuern auf Werthaltigkeit zu prüfen. Eine Wertminderung ist in dem Umfang vorzunehmen, in dem es nicht mehr wahrscheinlich ist, dass der mit der aktiven latenten Steuer verbundene wirtschaftliche Nutzen künftig realisiert wird. Die Wertminderung der Steuerlatenz ist so zu erfassen, wie die latente Steuer ursprünglich erfasst wurde. Wertminderungen für aktive latente Steuern auf steuerliche Verlustvorträge signalisieren, dass sich die erwartete künftige Ertragssituation verschlechtert hat.

Wertaufholungsgebot

Der Betrag der latenten Steuer ist zu erhöhen, wenn aktive latente Steuern beim erstmaligen Ansatz nicht vollständig erfasst wurden, eine umfassendere Realisation nun aber wahrscheinlich geworden ist. Erfasste Wertminderungen auf aktive latente Steuern sind dann rückgängig zu machen, wenn die Gründe der Wertminderung entfallen sind. Insofern besteht ein Wertaufholungsgebot.

5.2.3.7 Steuerquote und steuerliche Überleitungsrechnung

Steuerquote

Die Steuerquote eines Unternehmens stellt als unternehmensbezogene Kennziffer die Höhe der relativen Steuerbelastung dar. Im internationalen Konzern trifft sie wegen des Einbezugs unterschiedlicher nationaler Steuerbelastungen zwar keine eindeutige Aussage über die Höhe der tatsächlichen Steuerbelastung. Der Vergleich über mehrere Geschäftsjahre und die Gegenüberstellung der Steuerquote unterschiedlicher Unternehmen ermöglichen aber einen Einblick in die Steuerpolitik eines Konzerns. Aufgrund der Komplexität der in einen internationalen Konzern einbezogenen unterschiedlichen Steuerjurisdiktionen sowie der in IAS 12 vorgesehenen Ausnahmeregelungen ist davon auszugehen, dass die Angabe der Steuerquote ohne weiterführende Erläuterungen allenfalls Tendenzaussagen ermöglichen.

Ermittlung

Die Steuerquote wird nach IAS 12.86 mit Hilfe der folgenden Formel ermittelt, wobei für die Konzernsteuerquote auf die Werte des Konzernabschlusses abzustellen ist:

$$Steuerquote = \frac{Ertragsteueraufwand\ (tatsächlicher + latenter)}{IFRS - Erfolg\ (vor\ Ertragsteuer)}\ x\ 100$$

Überleitungsrechnung

Da permanente Differenzen sowie die von den Ansatzverboten betroffenen Differenzen nicht in die Steuerabgrenzung einbezogen werden, weicht die auf den IFRS-Erfolg berechnete tatsächliche Steuerquote i.d.R. von der auf Basis der Steuergesetze zu erwartende Steuerquote ab. Die Abweichungen sind nach IAS 12.81(c) im Rahmen einer steuerlichen Überleitungsrechnung im Anhang zu erläutern.[277] Diese Überleitungsrechnung kann grundsätzlich in zwei Varianten erstellt werden:

Absolute Betrachtungsweise

Darstellung einer numerischen Überleitungsrechnung zwischen dem tatsächlichen und dem zu erwartenden Steueraufwand bzw. -ertrag, wobei sich der zu erwartende Steueraufwand

[277] Hierzu IDW, WPH, 17. Aufl. 2021, Kap. K Tz. 258.

aus dem Produkt aus IFRS-Ergebnis vor Ertragssteuern sowie der hierauf anzuwendenden gesetzlichen Gesamtsteuerbelastung ergibt, oder

Relative Betrachtungsweise

Darstellung einer numerischen Überleitungsrechnung zwischen dem durchschnittlichen effektiven Steuersatz und dem anzuwendenden (zu erwartenden) Steuersatz.

In beiden Fällen ist zu erläutern, wie der anzuwendende Steuersatz ermittelt wurde.

Steuerwirksame Effekte

In der Überleitungsrechnung sind alle steuersenkenden und steuererhöhenden Effekte zu berücksichtigen, die im Rahmen der latenten Steuerabgrenzung nicht korrigiert werden konnten. Einen steuersenkenden Effekt haben z.B. Dividendenerträge nicht konsolidierter Beteiligungen und Veräußerungsgewinne aus Beteiligungen sowie eine Herabsetzung der Steuersätze. Erhöht wird die Steuerquote durch nicht abziehbare Betriebsausgaben, gestiegene Steuersätze sowie steuerlich nicht abzugsfähige Abschreibungen auf einen Geschäfts- oder Firmenwert.[278]

Hinweis

Neben der Funktion als Informationsquelle dient die Überleitungsrechnung auch der Überprüfung der im Rahmen der Abschlusserstellung vorgenommenen Steuerabgrenzung. Treten innerhalb der Überleitungsrechnung Differenzen auf, deren Ursachen nicht erläutern werden können, lässt dies auf eine fehlerhafte Abgrenzung latenter Steuern schließen.

5.2.3.8 Fallbeispiel - Latente Steuern

Bei der FWA bestehen am 31.12.2XX1 und 31.12.2XX2 folgende Abweichungen zwischen dem IFRS-Abschluss und der Steuerbilanz:[279]

- Der Buchwert des Sachanlagevermögens ist in der IFRS-Bilanz um EUR 5.000.000 (31.12.2XX1) bzw. EUR 6.000.000 (31.12.2XX2) höher als in der Steuerbilanz, da steuerlich degressiv und kürzer abgeschrieben wird. Ein Teil der Buchwertabweichung (25% per 31.12.2XX1) ist erfolgsneutral bei der Erstkonsolidierung einer Tochtergesellschaft entstanden.
- Drohverlustrückstellungen in Höhe von EUR 500.000 (31.12.2XX1) bzw. EUR 800.000 (31.12.2XX2) werden steuerlich nicht anerkannt.
- Die Pensionsrückstellungen werden steuerlich mit 6% und nach einer Parameteränderung im IFRS-Abschluss mit 4% abgezinst. Dies hat im IFRS-Abschluss zu Schätzverlusten in Höhe von EUR 1.500.000 (31.12.2XX1) bzw. EUR 1.600.000 (31.12.2XX2) geführt, die erfolgsneutral mit dem Eigenkapital verrechnet werden.

Im Laufe des Jahres 2XX2 tritt (mit Wirkung zum 01.01.2XX2) eine Steuersatzänderung von 40% auf 30% in Kraft.

---

[278] Zur Vermeidung von Doppelerfassungen ist darauf zu achten, dass im Falle einer steuerlichen Organschaft Ertragsteueraufwendungen/-erträge des Organunternehmens beim Organträger im Rahmen der Überleitungsrechnung außer Acht bleiben müssen, sofern sie nicht bereits im Rahmen der Konsolidierung eliminiert worden sind.

[279] In Anlehnung an Theile, Übungsbuch IFRS, 4. Aufl. 2014, S. 154ff.

a. Identifikation temporärer Differenzen

Zunächst hat FWA die temporären Differenzen zwischen der IFRS-Bilanz und der Steuerbilanz zu identifizieren. Grundsätzlich kann wie folgt vorgegangen werden:

- Mindervermögen (Mindereigenkapital) in der IFRS-Bilanz gegenüber der Steuerbilanz, das noch nicht zur steuerlichen Entlastung in der Vergangenheit geführt hat, bewirkt eine aktive Steuerlatenz.
- Mehrvermögen (Mehrkapital) in der IFRS-Bilanz gegenüber der Steuerbilanz, das noch nicht der Besteuerung unterlag, führt zu einer passiven Steuerlatenz.

Die Folge der Abgrenzung latenter Steuern besteht darin, dass der Steueraufwand in ein erklärbares Verhältnis zum IFRS-Vorsteuer-Ergebnis gebracht wird. Vorliegend stellen sich die temporären Differenzen wie folgt dar:

in TEUR	31.12.2XX1	31.12.2XX2	Veränderung	Klassifizierung	Auswirkung
Sachanlagen	5.000	6.000	1.000	IFRS-Mehrvermögen	Passive latente Steuer
Drohverlustrückstellungen	-500	-800	-300	IFRS-Mindervermögen	Aktive latente Steuer
Pensionsrückstellungen	-1.500	-1.600	-100	IFRS-Mindervermögen	Aktive latente Steuer
Summe	**3.000**	**3.600**	**600**		

b. Steuersatzänderung

Was hat die FWA im Hinblick auf den Zeitpunkt der Bekanntmachung der Steuersatzsenkung in 2XX2 zur Berechnung der latenten Steuern zu beachten?

Für die Bewertung latenter Steuern verlangt IAS 12.47 den Steuersatz heranzuziehen, der zum Zeitpunkt der erwarteten Umkehr der Differenz gültig ist. Zugleich setzt IAS 12.48 diesen Erwartungen jedoch enge Grenzen, denn zukünftige Steuersätze dürfen nur dann berücksichtigt werden, wenn eine Steuersatzänderung hinreichend sicher bzw. bereits umgesetzt ist, in Deutschland z.B. bei einer Einigung im Vermittlungsausschuss.

Sollte sich der Steuersatz im Vergleich zur Vorperiode verändert haben, so ist eine Neuberechnung der latenten Steuern erforderlich. Bei zuvor erfolgswirksam gebildeten latenten Steuern ist auch die Änderung erfolgswirksam zu erfassen ansonsten nach IAS 12.60(a) erfolgsneutral. Für die auf das Sachanlagevermögen entfallende (erfolgsneutrale) latente Steuer gilt abweichend hiervon allerdings folgendes: obwohl sie bei der Erstkonsolidierung erfolgsneutral gebildet wurde, werden die Effekte auf Steuersatzänderungen erfolgswirksam erfasst, weil auch die Gesamtauflösung der Steuerlatenz erfolgswirksam erfolgt.

Vorliegend tritt die Steuersatzsenkung erst in 2XX2 (rückwirkend zum 01.01.2XX2) in Kraft. Danach wäre die Steuersatzsenkung erst zum 31.12.2XX2 zu erfassen.

c. Entwicklung latenter Steuern

Wie entwickeln sich die aktiven und passiven latenten Steuern in 2XX2?

Die geringere Abschreibung von Sachanlagen in der IFRS-Bilanz im Vergleich zur Steuerbilanz hat zu IFRS-Mehrvermögen geführt, auf welches passive latente Steuern abgegrenzt wurden. Dies gilt auch im Hinblick auf die im Rahmen des Unternehmenszusammenschlusses aufgedeckten stillen Reserven.

Rückstellungen nach IAS 37 können – insbesondere bei Drohverlustrückstellungen – über den steuerlichen Werten liegen, falls diese wie nach § 5 Abs. 4a EStG steuerlich nicht anerkannt werden. Es liegt gegenüber der Steuerbilanz ein IFRS-Mindervermögen vor. Die erst künftig tatsächlich zu erwartende Steuerentlastung wird durch die Aktivierung latenter Steuern vorweggenommen.

Die latenten Steuern auf Pensionsrückstellungen betreffen die erfolgsneutrale Verrechnung der Schätzverluste. Die erst spätere steuerliche Entlastung (IFRS-Mindervermögen) wird durch die erfolgsneutrale Bildung aktiver latenter Steuern vorweggenommen.

Zum 31.12.2XX2 beträgt die Veränderung der latenten Steuern aufgrund der Steuersatzsenkung 10% (= 40% - 30%) des Anfangsbestands der temporären Differenzen oder auch 25% des Betrags der latenten Steuern selbst. Bei der laufenden Veränderung (Mengeneffekt) wird der in 2XX2 gültige Steuersatz von 30% auf die Veränderung der temporären Differenzen angewendet. In Summe ergibt sich so der Stand latenter Steuern auf temporäre Differenzen per 31.12.2XX2, bewertet mit 30%. Die Entwicklung der latenten Steuern stellt sich wie folgt dar:

	31.12.2XX1	**Veränderung**				**31.12.2XX1**
	Latente Steuern	Steuersatz		Mengeneffekt		**Latente Steuern**
in TEUR	40%	erfolgswirksam	erfolgsneutral	erfolgswirksam	erfolgsneutral	30%
Sachanlagen	-2.000	500		-300		-1.800
Drohverlustrückstellungen	200	-50		90		240
Pensionsrückstellungen	600		-150		30	480
Summe	**-1.200**	**450**	**-150**	**-210**	**30**	**-1.080**

d. Steuerliche Überleitungsrechnung

Wie wirkt sich die Steuersatzsenkung in 2XX2 bei der steuerlichen Überleitungsrechnung nach IAS 12.81(c) aus? Das Steuerbilanzergebnis zum 31.12.2XX2 soll EUR 9.300.000 betragen. Zu berücksichtigen ist zudem, dass Bewirtungsaufwendungen von EUR 200.000 steuerlich nicht als Betriebsausgaben anerkannt werden.

Die in IAS 12.81(c) vorgeschriebene Überleitungsrechnung hat große Bedeutung für das Verständnis latenter Steuern durch den Bilanzleser. Würden sämtliche temporäre Differenzen versteuert und gäbe es darüber hinaus keine weiteren Abweichungen zwischen IFRS- und Steuerbilanz, dann ergäbe sich der ausgewiesene Steueraufwand, der sich aus tatsächlichen und latenten Steuern zusammensetzt, unmittelbar aus der Multiplikation des IFRS-Vorsteuer-Ergebnisses mit dem Steuersatz. Da diese Voraussetzungen nicht vorliegen, soll nach IAS 12.84 eine Überleitungsrechnung von einem solchermaßen erwarteten zum ausgewiesenen Steueraufwand informieren. Der anzuwendende Steuersatz zur Ermittlung des erwarteten Steueraufwands ist typischerweise der Steuersatz des Mutterunternehmens, bei starken Auslandsaktivitäten nach IAS 12.85 auch ein Mischsteuersatz. Der aus dem Vorsteuer-Ergebnis durch Multiplikation mit dem Steuersatz ermittelte „erwartete" oder „theoretische" Steueraufwand ist überzuleiten zum ausgewiesenen Steueraufwand:

in TEUR	**2XX2**
Steuerbilanzergebnis	9.300
Veränderung temporäre Differenzen im Anlagevermögen	1.000
Veränderung temporäre Differenzen bei Drohverlustrückstellungen	-300
IFRS-Ergebnis vor Steuern	**10.000**
Steuersatz	30%
Erwarteter Steueraufwand	**3.000**

Ertrag aus Steuersatzänderung	-450
Effekt aus nicht abzugsfähigen Aufwendungen	60
Ausgewiesener Steueraufwand	**2.610**

In Bezug auf das Anlagevermögen entsteht nach IFRS ein höheres Ergebnis, da das IFRS-Mehrvermögen um EUR 1.000.000 zunimmt. Da sich die steuerlich nicht anerkannte Drohverlustrückstellungen EUR 300.000 betragen, liegt das IFRS-Ergebnis andererseits unter dem Steuerbilanzergebnis. Das IFRS-Ergebnis vor Steuern beträgt somit EUR 10.000.000, so dass bei einem Steuersatz von 30% ein Steueraufwand von EUR 3.000.000 zu erwarten ist.

Steuersatzänderungen führen zu einer erfolgswirksamen Neuberechnung des Bestandes der erfolgswirksam entstandenen latenten Steuern und der aus Erstkonsolidierung erfolgsneutral entstandenen latenten Steuern. Die erfolgswirksame Komponente, der Ertrag von EUR 450.000, ist aperiodisch entstanden und deshalb in der Überleitungsrechnung zu berücksichtigen. Demgegenüber ist die Steuersatzänderung in Bezug auf die erfolgsneutral verrechneten versicherungsmathematischen Verluste, die nicht bei der Erstkonsolidierung entstanden sind, erfolgsneutral zu behandeln und daher bei der Überleitungsrechnung nicht zu erfassen.

Nicht abzugsfähige Ausgaben führen zu einer Erhöhung des tatsächlichen gegenüber dem erwarteten Steueraufwands (EUR 60.000 = EUR 200.000 x 30%), da das IFRS-Ergebnis eine Abzugsfähigkeit impliziert.

e. Zusammensetzung des Steueraufwands

Wie setzt sich der in d) ermittelte ausgewiesene Steueraufwand zusammen?

Der tatsächliche Steueraufwand beträgt 30% des steuerlichen Gewinns von EUR 9.500.000, also EUR 2.850.000. Der steuerliche Gewinn setzt sich aus dem Steuerbilanzgewinn (EUR 9.300.000) und den steuerlich nicht abzugsfähigen Betriebsausgaben (EUR 200.000) zusammen. An latenten Steuern sind ein Ertrag von EUR 450.000 aus der Steuersatzänderung und ein Aufwand von EUR 210.000 aus der Mengenänderung zu erfassen:

in TEUR	**2XX2**
Steuerlicher Gewinn	9.500
Steuersatz	30%
Tatsächlicher Steueraufwand	2.850
Latenter Steueraufwand aufgrund Mengeneffekt	210
Latenter Steuerertrag aufgrund Steuersatzänderung	-450
Ausgewiesener Steueraufwand	**2.610**

6 Weitere Abschlussbestandteile und besondere Angabepflichten

6.1 Zwischenberichterstattung

6.1.1 Zielsetzung, Aufstellungspflicht und Inhalt

IAS 34 Die Zwischenberichterstattung nach IFRS ist in IAS 34 geregelt. Der Standard gibt nicht vor, welche Unternehmen einen Zwischenbericht zu erstellen haben, enthält aber die Empfehlung, dass zumindest alle kapitalmarktorientierten Unternehmen einen Zwischenbericht erstellen sollten. IAS 34 enthält detaillierte Regelungen bezüglich der Inhalte von Zwischenberichten mit dem gesteckten Ziel, deren Aussagefähigkeit zu erhöhen und den Nutzen für die Investoren zu steigern. Ergänzt werden diese Bestimmungen durch IFRIC 10, der einen Konflikt zwischen IAS 34 und IAS 36 regelt. Demnach ist eine Wertaufholung von in vorherigen Zwischenberichten erfassten Verluste aus Wertminderungen beim Geschäfts- oder Firmenwert, Eigenkapitalinstrumenten oder zu Anschaffungskosten bewerteten finanziellen Vermögenswerten nicht möglich.

Zweck Die Aufgabe Zwischenberichterstattung ist die Darstellung von Veränderungen, die sich seit dem letzten vollständigen IFRS-Abschluss ergeben haben. Den Adressaten soll ermöglicht werden, die Informationen des Zwischenberichts in Verbindung mit den Informationen aus dem letzten vollständigen Abschluss zu interpretieren, um ein Verständnis der Änderungen der Vermögens-, Finanz- und Ertragslage des bilanzierenden Unternehmens seit dem letzten Abschlussstichtag zu erhalten. Dementsprechend ist es insbesondere im Hinblick auf die Anhangangaben im Rahmen der Zwischenberichterstattung gemäß IAS 34.15 nicht notwendig, relativ unwesentliche Aktualisierungen von Informationen vorzunehmen. Das Hauptaugenmerk sollte vielmehr auf der Darstellung neuer (wesentlicher) Sachverhalte liegen. Folgerichtig wird durch IAS 34 lediglich der Mindestumfang der Zwischenberichterstattung festgelegt.

Anwendung in Deutschland Die Anwendung von IAS 34 und IFRIC 10 ist in Deutschland für den (konsolidierten) Halbjahresfinanzbericht kapitalmarktorientierter Mutterunternehmen sowie für den Halbjahresfinanzbericht von Unternehmen, die anstelle des Jahresabschlusses nach HGB einen Jahresabschluss i.S. des § 325 Abs. 2a HGB offenlegen, verpflichtend. Analoges gilt für den Quartalsbericht nach börsenrechtlichen Vorschriften, falls dieser statt der Quartalsmitteilung offengelegt wird.

Konsolidierter Zwischenbericht Um den Adressaten ein möglichst vollständiges Bild des Bericht erstattenden Unternehmens zu geben, ist der Zwischenbericht für den Fall, dass ein Unternehmen zum Jahresende einen Konzernabschluss aufstellt, nach IAS 34.14 in konsolidierter Form zu veröffentlichen. Dies entspricht auch den Vorgaben des § 11 WpHG.

Berichtszeitraum Nach IAS 34.1(a) sollte zumindest eine halbjährliche Berichterstattung erfolgen. Den Unternehmen steht es aber frei, eine über den Standard hinausgehende vierteljährliche Berichterstattung vorzunehmen.

Vereinzelte Vorschriften verweisen speziell auf veränderte Darstellungsmethoden im Falle einer Quartalsberichterstattung.

Veröffentlichungsfrist

IAS 34 verzichtet im Falle der Veröffentlichungsfrist ebenfalls auf eine verbindliche Regelung. Um jedoch der Zielsetzung der Zwischenberichterstattung gerecht zu werden, kurzfristig entscheidungsrelevante Informationen bereitzustellen, sollte nach IAS 34.1(b) eine Veröffentlichungsfrist von 60 Tagen eingehalten werden.

Instrumente des Zwischenberichts

Grundsätzlich hat ein Zwischenbericht gemäß IAS 34.8 – analog zu IAS 1.10 – folgende Instrumente eines nach den IFRS zu erstellenden Abschlusses zu enthalten:

- Bilanz,
- Erfolgsrechnung,
- Kapitalflussrechnung,
- Darstellung der Eigenkapitalveränderungen,
- Anhang.

Allerdings gelten die Regelungen des IAS 1 für Zwischenberichte in Übereinstimmung mit IAS 34 nur bedingt. So finden die Vorschriften des IAS 1.47-138 hinsichtlich Struktur und Inhalt des IFRS-Abschlusses, die etwa die Gliederung der Bilanz und der Gesamtergebnisrechnung betreffen, hier keine Anwendung. Vielmehr darf im Zwischenbericht gerade eine verkürzte Darstellungsform gewählt werden. Ausdrücklich berücksichtigt werden müssen demgegenüber nach IAS 1.4 die in IAS 1.15-35 dargelegten grundlegenden Überlegungen hinsichtlich der Darstellung von Abschlüssen.

Gemäß IAS 34.37 dürfen saisonal anfallende, konjunkturell bedingte oder gelegentlich erzielte Erträge am Zwischenberichtsstichtag nicht abgegrenzt werden, wenn die Abgrenzung am Ende des Geschäftsjahres nicht sachgerecht wäre, auch dann nicht, wenn dies einen besseren Einblick in die voraussichtliche Entwicklung des Geschäftsjahres ermöglichen würde.

Umfang der Instrumente

Hinsichtlich des Umfangs der zu veröffentlichenden Instrumente der externen Rechnungslegung lässt das IASB dem Emittenten großen Freiraum. So können entweder nach IAS 34.5 i.V.m. IAS 1 vollständige oder aber nach IAS 34.8 zumindest verkürzte Versionen erstellt werden. Um Anhaltspunkte bezüglich der in die Bilanz, Erfolgsrechnung, Kapitalflussrechnung und in die Darstellung der Eigenkapitalveränderungen mindestens aufzunehmenden Posten zu gewinnen, schlägt IAS 34.9 vor, sich an IAS 1 zu orientieren. Darüber hinaus verweist IAS 34.10 darauf, sich in den verkürzten Versionen an den im letzten Abschluss ausgewiesenen Hauptgliederungspunkten in den einzelnen Instrumenten zu orientieren.

Erläuterungen

Die Zahlenangaben ergänzenden Erläuterungen sind gemäß IAS 34.15ff. in Form von *selceted explanatory notes* zu veröffentlichen.[280] Der Zwischenbericht hat zusätzlich zu den Angaben über die Berichtsperiode auch Vergleichsangaben des abgelaufenen Geschäftsjahres zu enthalten. Die zu veröffentlichende Bilanz enthält folglich Zahlen zum Zwischenberichtsstichtag

---

[280] Hierzu ausführlich Coenenberg/Haller/Schultz, Jahresabschluss und Jahresabschlussanalyse, 26. Aufl. 2021, S. 1033ff.

und zum Ende des letzten Geschäftsjahres. Die Gesamtergebnisrechnung wird für den Zeitraum der aktuellen Zwischenberichtsperiode sowie (falls abweichend) kumuliert für den Zeitraum vom Beginn des aktuellen Geschäftsjahres bis zum aktuellen Zwischenabschlussstichtag aufgestellt. Für beide Zeiträume sind jeweils die Vorjahreszahlen anzugeben. Die Eigenkapitalveränderungsrechnung sowie die Kapitalflussrechnung umfassen den Zeitraum vom Beginn des aktuellen Geschäftsjahres bis zum aktuellen Zwischenabschlussstichtag sowie die Zahlen des entsprechenden Vorjahreszeitraums.

Bei stark saisonabhängiger Geschäftstätigkeit wird mit IAS 34.21 empfohlen, zusätzlichen Angaben zu einem Zwölfmonatszeitraum, der zum Zwischenberichtsstichtag endet, zu veröffentlichen und diese um entsprechende Vergleichsangaben zu ergänzen.

Beachtung nationaler Vorschriften

Zu beachten ist, dass IAS 34 nur Vorschriften zum verkürzten Abschluss im Rahmen des Halbjahresberichts (bzw. eines freiwilligen oder aufgrund börsenrechtlicher Vorschriften verpflichtend erstellten Quartalsfinanzberichts) enthält. Bezüglich des Zwischenberichts sind von den Unternehmen, die dem Regelungsbereich des WpHG und dem HGB unterliegen, zwingend die Vorschriften dieser Regelungen zu befolgen. Zudem sind die strengeren Vorschriften der nationalen Regelungen, z.B. hinsichtlich der Offenlegung der Zwischenberichterstattung, anzuwenden, selbst wenn IAS 34 für den jeweiligen Sachverhalt größere Spielräume zulässt.

Hinweis

Die nationalen Detailregelungen finden sich in § 37w WpHG (bzw. in § 37y WpHG für Unternehmen, die einen Konzernabschluss erstellen müssen). Gemäß § 37w Abs. 1 WpHG haben Unternehmen, die Aktien oder Schuldtitel begeben, halbjährlich einen Finanzbericht zu erstellen und innerhalb von 60 Tagen der Öffentlichkeit zugänglich zu machen. Dieser Halbjahresfinanzbericht hat gemäß § 37w Abs. 2 WpHG mindestens einen

- einen verkürzten Abschluss,
- einen Zwischenlagenbericht und
- einen sog. Bilanzeid

zu enthalten.

§ 51 der Börsenordnung der Frankfurter Wertpapierbörse schreibt neben der Halbjahresfinanzberichterstattung für alle Unternehmen, die dem *Prime Standard* angehören, eine Quartalsberichterstattung vor. Die Aufnahme in den *Prime Standard* ist Voraussetzung für die Aufnahme in einen der Auswahlindizes der Deutschen Börse. Für die Unternehmen des *Prime Standard* gelten somit im Vergleich zu den Unternehmen des *General Standard* besonders hohe Transparenzanforderungen. Bereitzustellen sind Halbjahres- und Quartalsbericht nach der Börsenordnung in Kongruenz mit den Regelungen des WpHG innerhalb von zwei Monaten nach Beendigung der jeweiligen Zwischenperiode.[281]

[281] Hierzu Zülch/Hendler, Bilanzierung nach IFRS, 2. Aufl. 2017, S. 143.

6.1.2 Bilanzierungs- und Bewertungsmethoden

Wesentlichkeit und Schätzungen

Nach IAS 34.23 ist bei der Erfassung, Bewertung und Klassifizierung von Abschussposten das Kriterium der Wesentlichkeit zu beachten. Für die Einschätzung der Wesentlichkeit eines Abschlusspostens ist auf die Verhältnisse der Zwischenberichtsperiode abzustellen, wobei zu beachten ist, dass Bewertungen gemäß IAS 34.41 in größerem Umfang auf Schätzungen beruhen als die Bewertungen von jährlichen Finanzdaten. Wenn z.B. als Wesentlichkeitsgrenze 1% des Gewinns oder Verlusts angenommen wird, dann gilt dies für den Gewinn oder Verlust des Zwischenberichtszeitraums und nicht für den Gewinn oder Verlust des letzten Geschäftsjahres. Der größere Umfang von Schätzungen im Rahmen der Zwischenberichterstattung wird etwa bei der Bewertung von Vorräten deutlich, zum Zwecke derer zum Stichtag der jährlichen (vollständigen) Berichterstattung oftmals eine Inventur stattfindet. Demgegenüber basiert die Bewertung zum Zwischenberichtsstichtag auf einer vernünftigen Fortschreibung und demzufolge auf einer umfassenderen Schätzung.

Stetigkeitsgrundsatz

Vermögenswerte und Schulden sind in Zwischenberichten anzusetzen, wenn sie die entsprechenden Definitions- und Ansatzkriterien erfüllen. Es gelten nach IAS 34.28 insofern die gleichen Ansatzvorschriften wie für die jährliche Berichterstattung. Auch Aufwendungen und Erträge unterliegen den für den jährlichen Abschluss maßgeblichen Erfassungsvorschriften. Ebenso gelten für Vermögenswerte und Schulden nach IAS 34.28 grundsätzlich die gleichen Bewertungsmethoden. Explizit wird darauf hingewiesen, dass die Häufigkeit der Berichterstattung keinen Einfluss auf die Höhe des Jahresergebnisses haben darf. Die Summe der Ergebnisse in den Zwischenperioden muss also zwingend dem Jahresergebnis entsprechen. Ausgenommen von dem in IAS 34.28 beschriebenen Stetigkeitsgrundsatz ist der Fall, dass zwischen dem Ende des letzten Geschäftsjahres und dem aktuellen Zwischenberichtsstichtag Änderungen der Bilanzierungs- und Bewertungsmethoden vorgenommen wurden und diese Änderungen auch im nächsten jährlichen Abschluss angewandt werden.

Ertragsteuern

Steuerschulden werden für jeden Zwischenberichtsstichtag separat berechnet. Dafür ist es notwendig, das Steuerniveau des Unternehmens am Ende des gesamten Berichtsjahres zu schätzen. Demzufolge ist die Berechnung des Steueraufwands eines Zwischenberichtsperiode auf Basis des geschätzten durchschnittlichen Jahresertragsteuersatzes vorzunehmen.

6.2 Segmentberichterstattung

6.2.1 Zielsetzung, Aufstellungspflicht und Regelungsgrundlage

Allgemeine Definition

Unabhängig vom konkreten Rechnungslegungssystem wird die Veröffentlichung detaillierter Informationen zu einzelnen Teilbereichen eines Unternehmens allgemein unter dem Begriff Segmentberichterstattung zusammengefasst. Ein Segment kann dabei allgemein als isolierbare Untereinheit – Produktgruppe, Geschäftszweig etc. – innerhalb einer diversifizierten Wirtschaftseinheit verstanden werden. Die Segmentberichterstattung ist somit ein Instrument zur Veröffentlichung von Unternehmensinformationen im Rahmen der externen Berichterstattung.

IFRS 8 Das IASB hat mit IFRS 8 die Erstellung von Segmentberichten geregelt. Der Standard gilt für die Einzel- und Konzernabschlüsse solcher Unternehmen, deren Eigen- und/oder Fremdkapitaltitel an einem öffentlichen Markt gehandelt werden oder die eine entsprechende Emission vorbereiten. Im Zuge dieser Regelungen sind zwei Besonderheiten zu beachten: einerseits wird ein Mutterunternehmen von der Erstellung eines Segmentberichts auf Ebene des Einzelabschlusses befreit, wenn der Finanzbericht sowohl den Konzernabschluss als auch den separaten Einzelabschluss des Mutterunternehmens enthält. In diesem Fall ist die Segmentberichterstattung nach IFRS 8.4 nur für den Konzernabschluss zu erstellen. Legt andererseits ein nicht in den Anwendungsbereich von IFRS 8 fallendes Unternehmen Informationen über seine Teilbereiche offen welche nicht mit den Regelungen des IFRS 8 übereinstimmen, so dürfen diese veröffentlichten Angaben nach IFRS 8.3 nicht als Segmentinformationen bezeichnet werden. Diese Anwendungsregeln sind nur für solche deutschen Mutterunternehmen relevant, die als nicht kapitalmarktorientierte Mutterunternehmen freiwillig statt eines HGB- einen IFRS-Konzernabschluss aufstellen.

Zielsetzung Die Segmentberichterstattung soll gemäß dem in IFRS 8.1 formulierten Kerngrundsatz den Abschlussadressaten solche Informationen zur Verfügung stellen, die ihnen eine Beurteilung der Art und der finanziellen Auswirkungen der geschäftlichen Aktivitäten sowie des wirtschaftlichen Umfelds, in dem das Unternehmen tätig ist, ermöglichen.

Management-Ansatz Besonderes Charakteristikum ist der in IFRS 8 konsequent verfolgte Management-Ansatz. Dieser sieht vor, dass die Segmentberichterstattung vorrangig an der internen Organisations- und Berichtsstruktur sowie den internen Steuerungsgrößen eines Unternehmens anknüpft. Die Orientierung der externen Berichterstattung an den intern verwendeten Steuerungs- und Berichtsgrößen soll die Entscheidungsnützlichkeit der bereitgestellten Informationen erhöhen, da hierdurch solche Informationen kommuniziert werden, auf die sich das Management bei Handlungsentscheidungen und Performance-Beurteilungen stützt. Auf diese Weise sollen die Adressaten der Rechnungslegung in die Lage versetzt werden, das Unternehmen aus dem Blickwinkel des Managements zu betrachten.

6.2.2 Segmentabgrenzung

Für die Abgrenzung der Segmente ist – wie bereits erwähnt – der Management-Ansatz (*management approach*) heranzuziehen. Dieser stellt auf die Struktur der internen Berichterstattung ab, d.h., das von der Unternehmensleitung für interne Entscheidungen eingerichtete Berichtssystem – z.B. produktgruppenbezogene Umsätze oder Ergebnisse – wird auf die externe Segmentberichterstattung übertragen. Dadurch soll ein unverschleierter Blick auf die Geschäftslage und eine aussagekräftige Prognose zukünftiger *cashflows* gewährleistet werden.[282]

[282] Hierzu Ruhnke/Sievers/Simons, Rechnungslegung nach IFRS und HGB, 5. Aufl. 2023, S. 605.

6.2.3 Abgrenzung der berichtspflichtigen Segmente

Geschäftssegment

Zu berichten ist über die Geschäftssegmente (*operating segments*). Hierzu gilt es, diese Segmente abzugrenzen. Nach IFRS 8.5 handelt es sich dabei um Unternehmensteile,

- deren Geschäftsaktivitäten Erträge erwirtschaften und bei denen Aufwendungen anfallen können,
- deren operatives Ergebnis von der Unternehmensleitung für die Allokation der Ressourcen und die Beurteilung des Erfolgs herangezogen werden und
- für die separate Finanzinformationen vorliegen.

Produktorientiertes vs. geographisches Segment

Ein produktorientiertes Segment ist eine Teileinheit eines Unternehmens, welches anhand einzelner oder ähnlicher Produkte oder Dienstleistungen abgegrenzt werden kann. Nach Kundengruppen abgegrenzte Segmente gelten als produktorientierte Segmente. Ein geographisches Segment ist eine Teileinheit eines Unternehmens, welches aufgrund eines spezifischen regionalen Umfelds anhand von Vermögen, Produkten oder Dienstleistungen abgegrenzt werden kann.

Identifikation von berichtspflichtigen Segmenten

Ausgangspunkt für die Identifikation der Geschäftssegmente für externe Darstellungszwecke bildet die interne Organisations- und Berichtsstruktur. Demnach sind die organisatorischen Strukturen, nach denen das Unternehmen intern geführt wird, auch für die externe Berichterstattung heranzuziehen. Nach IFRS 8.12 ist es zulässig, mehrere Geschäftssegmente zu einem berichtspflichtigen Segment zusammenzufassen. Dies ist dann zulässig, wenn die Zusammenfassung mit dem Grundprinzip des IFRS 8.1 übereinstimmt, die Segmente ähnliche wirtschaftliche Merkmale aufweisen und sie außerdem im Hinblick auf alle nachstehend genannten Aggregationskriterien ähnlich sind: Wesensart der Produkte und Dienstleistungen, Art des Produktionsprozesses, Kundengruppen, Vertriebsmethoden und Wesensart des regulatorischen Umfelds wie z.B. Banken und öffentliche Versorgungsbetriebe.

Eigenständig berichtspflichtige Segmente

Dabei wird in IFRS 8.13ff. der Versuch unternommen, den Prozess einer möglichen weiteren Zusammenfassung von Segmenten zu strukturieren. Nach IFRS 8.13 ist ein Segment eigenständig berichtspflichtig, wenn eines der folgenden Kriterien erfüllt ist:

- Die (internen und externen) Segmenterlöse betragen mindestens 10% der Summe der Erlöse über alle Segmente (Geschäftssegmenterlöse) oder die (internen und externen) Segmentumsätze betragen mindestens 10% der Summe der Umsätze über alle Segmente (Geschäftssegmentumsätze).
- Das absolute Segmentergebnis muss mindestens 10% der Summe der Gewinne der gewinnbringenden Segmente oder (sofern höher) der Summe der absoluten Verluste der verlustbringenden Segmente betragen.
- Das Segmentvermögen muss mindestens 10% der Summe der Vermögenswerte aller Segmente betragen.

Insgesamt müssen die Erlöse der extern ausgewiesenen Segmente 75% der konsolidierten Gesamtumsatzerlöse ausmachen. Ist dies nicht der Fall, sind nach IFRS 8.15 solange weitere berichtsfähige Segmente als berichtspflichtige Segmente zu bestimmen, bis die externen Erlöse diesen Schwellenwert erreichen. Dies kann zur Folge haben, dass weitere Segmente einzubeziehen sind, obwohl diese den zuvor angesprochenen Erlösschwellenwert von 10% nicht erreichen. IFRS 8.19 empfiehlt eine Anzahl von maximal zehn Berichtssegmenten. Ein solches Vorgehen soll verhindern, dass eine zu hohe Anzahl von berichtspflichtigen Segmenten zu einer Informationsüberflutung führt.

Für die Bestimmung der berichtspflichtigen Segmente gilt folgender Ablaufplan:

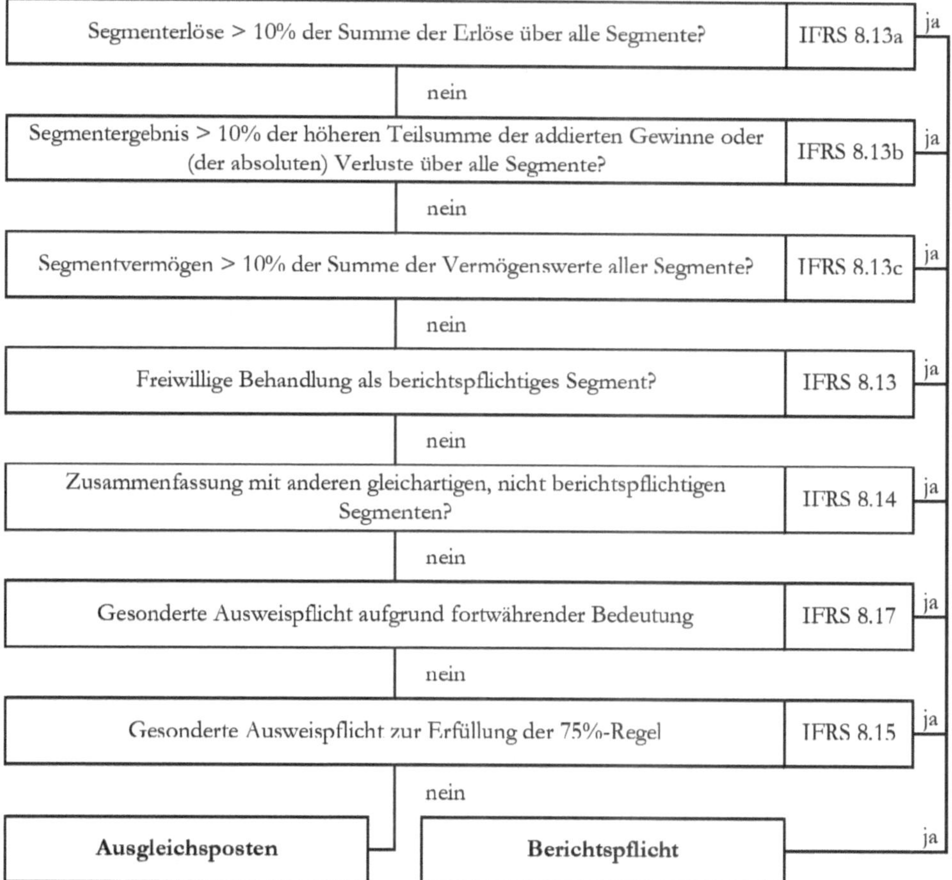

Abb. 27: Ablaufplan zu Bestimmung berichtspflichtiger Segmente[283]

Nicht berichtspflichtige Segmente

Führt eine Überprüfung nach IFRS 8.13 dazu, dass ein intern dargestelltes Segment nicht berichtspflichtig ist, kann es dennoch freiwillig in die Segmentberichterstattung aufgenommen werden. Wird hiervon Gebrauch gemacht, besteht die Möglichkeit, mehrere kleinere, gleichartige Segment gemäß IFRS 8.14 zu einem berichtspflichtigen Segment zusammenzufassen. Dies setzt allerdings voraus, dass sie im Hinblick auf die Mehrheit der in IFRS 8.12 genannten Aggregationskriterien ähnlich sind. Wurde auch

[283] Übernommen aus Ruhnke/Sievers/Simons, Rechnungslegung nach IFRS und HGB, 5. Aufl. 2023, S. 608.

hiervon kein Gebrauch gemacht, sind die kleinen Segmente nach IFRS 8.16 in einen Ausgleichsposten – z.B. unter der Bezeichnung „Alle sonstigen Segmente“ – aufzunehmen.

6.2.4 Segmentbezogene Angaben und Überleitungen

Ziel der Segmentberichterstattung ist es, dem externen Leser des Jahresabschlusses dieselben Informationen zur Verfügung zu stellen, die das Management als Basis für seine Investitionsentscheidungen nutzt. Somit werden die dem Segmentbericht zugrundeliegenden Daten aus dem internen Berichtswesen abgeleitet.

Allgemeine Angaben

Zu den allgemeinen Angaben gemäß IFRS 8.22 zählen Informationen zu den

- für die Bestimmung der berichtspflichtigen Segmente zugrunde gelegten Faktoren sowie eine Darstellung, wie das Unternehmen organisiert ist und ob operative Segmente zusammengefasst wurden,
- Arten der Produkte und Dienstleistungen, mit denen jedes berichtspflichtige Segment seine Erlöse erzielt.

Quantitative Angaben

Nach IFRS 8.23-24 sind folgende quantitative Angaben zum Periodenergebnis und über das Vermögen und die Schulden zu machen:

- Das Segmentergebnis und die Segmentvermögenswerte, welche zur internen Steuerung und Berichterstattung herangezogen werden, sind anzugeben. Das Segmentvermögen ist das einem Segment direkt oder auf Basis eines sinnvollen Schlüssels zugeordnete bzw. zuordenbare Vermögen. Gesondert sind nach IFRS 8.24 Buchwerte von nach der *equity*-Methode erfassten Beteiligungen und Investitionen in das langfristige Vermögen anzugeben. Die Segmentschulden sind nach IFRS 8.23 nur dann anzugeben, wenn sie internen Steuerungszwecken dienen und regelmäßig an das Management berichtet werden.
- Segmenterträge, Segmentergebnis, Segmentvermögen und Segmentschulden müssen nach IFRS 8.28 auf die jeweiligen Posten des Abschlusses übergeleitet werden.
- Bei der Erstellung von Segmentberichten stellt sich in der Unternehmenspraxis regelmäßig die Frage nach der Aufteilung der einzelnen Größen der jährlichen Berichterstattung. Eine solche Aufteilung ist unproblematisch, wenn sich diese Größen einem Segment direkt zuordnen lassen. Gleichwohl tritt nach IFRS 8.25 häufig der Fall auf, dass die Jahresgrößen sich gerade nicht direkt zuordnen lassen, sondern auf einer vernünftigen Grundlage auf mehrere Segmente zu verteilen sind (Gemeinschaftsgrößen).

Gemeinschaftsgrößen

IFRS 8 enthält allerdings keine konkrete Regelung, nach welchen Prinzipien die Gemeinschaftsgrößen zu verteilen sind. Die Verteilung hängt von den spezifischen Verhältnissen des Unternehmens, des Segments und der Gemeinschaftsgröße selbst ab. Nach IFRS 8.27 sind die gewählten Aufteilungskriterien zu erläutern. Zulässig dürfte z.B. das Proportionalitätsprinzip sein. Danach sind Gemeinschaftsgrößen proportional zu geeigneten Bezugsgrößen – z.B. Ausbringungsmengen – zu verteilen. Wird z.B. eine Lagerhalle (Gemeinschaftsgröße) von zwei Segmenten hälftig genutzt, so sind auch die damit in Zusammenhang stehenden planmäßigen Abschreibungen sowie Energie- und Instandhaltungsaufwendungen hälftig den jeweiligen Segmenten zuzurechnen. Wichtig ist, dass die Lagerhalle nur dann als Vermögenswert eines bestimmten Segments zu zeigen ist, wenn die darauf bezogenen Erträge und Aufwendungen auch auf dieses Segment verteilt wurden. Vermögenswerte oder Schulden, die sich gemeinsam auf zwei oder mehr Segmente beziehen, können nach IFRS 8.27-28 auch dann auf diese verteilt werden, wenn die darauf bezogenen Erträge und Aufwendungen auch auf unterschiedliche Segmente verteilt werden, d.h. eine Schlüsselung von Vermögenswerten und Schulden ist zulässig.

Sonstige Pflichtangaben

Unabhängig von den berichtsspezifischen Angabepflichten sind die sonstigen Pflichtangaben gemäß IFRS 8.27 zu tätigen. Hierzu zählen z.B.

- Angaben zu den Verrechnungspreisen mit anderen Segmenten oder
- Angaben zu Auswirkungen einer asymmetrischen Aufteilung der Segmentdaten (z.B. Berücksichtigung von Abschreibungen im Segmentergebnis, während der zugehörige Vermögenswert nicht dem Segmentvermögen zugerechnet wird)
- Angaben zu einem Segment, das für Zwecke der internen Berichterstattung gebildet wurde, das aber nicht berichtspflichtig ist, da es den Großteil seiner Erlöse aus internen Transaktionen erwirtschaftet.

Überleitungsrechnungen

Folgende Überleitungsrechnungen sind basierend auf IFRS 8.28 vorzunehmen:

- Überleitung der Summe der Umsatzerlöse,
- Überleitung des Ergebnisses,
- Überleitung der Summe der Vermögenswerte,
- Überleitung der Summe der Schulden,
- Überleitung der Summe der Beträge der berichtspflichtigen Segmente für jeden anderen wesentlichen Informationsposten.

Beispiele für Angaben auf Unternehmensebene gemäß IFRS 8.31-34 sind:

- Erlöse aus Geschäften mit externen Kunden für jedes Produkt und jede Dienstleistung bzw. für jede Gruppe derselben,
- Erlöse aus Geschäften mit externen Kunden, die dem Land, in dem das Unternehmen seinen Sitz hat, und allen Drittländern zugeordnet werden können,
- langfristige Vermögenswerte, abgesehen von Finanzinstrumenten, latenten Steueransprüchen, Leistungen nach Beendigung des Arbeitsverhältnisses sowie Ansprüche aus Versicherungsverträgen,
- Informationen über die umsatzstärksten Kunden, wenn die Umsätze mindestens 10% des Gesamtumsatzes generieren.

6.2.5 Beispielsachverhalt – Abgrenzung berichtspflichtiger Segmente[284]

Für die FWA stellt sich die Frage, welche der folgenden Segmente nach IFRS 8.13ff. berichterstattungspflichtig sind. Für Zwecke der Unternehmenssteuerung ist der Konzern in acht Geschäftssegmente, basierend auf den von den Segmenten angebotenen Produkten und Dienstleistungen, untergliedert:

---

[284] In Anlehnung an Ruhnke/Sievers/Simons, Rechnungslegung nach IFRS und HGB, 5. Aufl. 2023, S. 608-611.

in TEUR	Webgarn	Rundstrickgarn	Flachstrickgarn	Handstrickgarn	Technische Garne
Umsatzerlöse					
mit Dritten	129.842	19.798	39.590	2.704	22.046
mit anderen Segmenten	0	1.980	5.485	36.791	0
Umsatzerlöse gesamt	129.842	21.778	45.075	39.495	22.046
EBIT	6.495	1.232	2.338	2.939	1.102
Vermögen	4.504	3.120	8.152	9.989	5.250

	Strümpfe	Softwarelösungen	Vermietung	Eliminierungen / Anpassungen	Konsolidiert
Umsatzerlöse					
mit Dritten	10.260	14.016	18.670		256.926
mit anderen Segmenten	0	2.561	2.200	-49.017	0
Umsatzerlöse gesamt	10.260	16.577	20.870	-49.017	256.926
EBIT	420	1.105	740	-2.496	13.875
Vermögen	5.063	20.975	5.183		62.236

Berichterstattungspflichtig ist ein Segment, sobald einer der in IFRS 8.13 genannten Schwellenwerte erreicht wird:

a) Segmenterlöse betragen oder überschreiten 10% der gesamten internen und externen Erlöse aller Segmente;
b) der absolute Betrag des Segmentperiodenergebnisses beträgt oder übersteigt den höchsten der beiden nachstehend genannten absoluten Werte
   i. 10% des Gesamtvermögens aller Segmente mit positivem Ergebnis
   ii. 10% des Gesamtvermögens aller Segmente mit negativem Ergebnis
c) das Segmentvermögen muss mindestens 10% des gesamten Vermögens aller Segmente betragen.

	Webgarn	Rundstrickgarn	Flachstrickgarn	Handstrickgarn
Anteil Umsatzerlös Gesamt*	42,4% ✓	7,1%	14,7% ✓	12,9% ✓
Anteil EBIT	39,7% ✓	7,5%	14,3% ✓	18,0% ✓
Anteil Vermögen	7,2%	5,0%	13,1% ✓	16,1% ✓
Ausweispflichtiges Segment	✓		✓	✓

	Technische Garne	Strümpfe	Softwarelösungen	Vermietung
Anteil Umsatzerlös Gesamt*	7,2%	3,4%	5,4%	6,8%
Anteil EBIT	6,7%	2,6%	6,7%	4,5%
Anteil Vermögen	8,4%	8,1%	33,7% ✓	8,3%
Ausweispflichtiges Segment			✓	

* vor Eliminierungen und Anpassungen

Die mit einem Haken gekennzeichneten Segmente der FWA sind ausweispflichtig. Die anderen Segmente sind anhand der Kriterien nicht berichtspflichtig. Demnach liegt der prozentuale Anteil der berichtspflichtigen Segmente an den konsolidierten Gesamtumsatzerlösen mit Dritten bei 72,5% (= [TEUR 129.842 + TEUR 39.590 + TEUR 2.704 + TEUR 14.016] / TEUR 256.926).

Da die ermittelten ausweispflichtigen Segmente den Schwellenwert gemäß IFRS 8.15 von 75% der externen Erlöse nicht erreichen, sind weitere Segmente zu bilden, bis diese Grenze erreicht oder überschritten wird. Bei dieser Betrachtung sind die Umsatzerlöse mit Dritten ins Verhältnis zu den Gesamtumsatzerlösen zu setzen. Dies kann gemäß IFRS 8.14 durch Aggregation mehrerer Segmente erfolgen, sofern die

Mehrzahl der Aggregationskriterien gemäß IFRS 8.12 erfüllt wird. Dieses Kriterium erfüllt z.B. das Segment Rundstrickgarn, welches mit dem Segment Flachstrickgarn zusammengefasst wird.

Demnach sind die folgenden Segmente berichtspflichtig:

	Webgarn	Strickgarn	Handstrickgarn	Softwarelösungen	Summe berichtspflichtige Segmente	Summe aller Segmente
Umsatzerlöse mit Dritten	129.842	59.388	2.704	14.016	205.950	256.926
					80,2%	100%

Durch diese Aggregation wird die Grenze von 75% der externen Umsatzerlöse mit Dritten der FWA überschritten. Daher ist keine weitere Suche nach oder Aggregation mit anderen Segmenten notwendig. Aus Praktikabilitätsgründen schlägt IFRS 8.19 eine Richtgröße von maximal zehn Segmenten vor. Die FWA bewegt sich hiermit innerhalb dieser Grenzen.

6.3 Ergebnis je Aktie

6.3.1 Relevante Normen, Zielsetzung und Anwendungsbereich

IAS 33

Die Ermittlung des Ergebnisses je Aktie (*earnings per share*, EPS) erfolgt auf Basis der Jahresabschlussdaten eines Unternehmens. Während die Berechnung der Kennzahl im Grundsatz leicht nachvollziehbar ist, können sich in der Praxis zahlreiche Detailprobleme ergeben. Um diesen zu begegnen sowie einheitliche Vorgaben zur Ermittlung einer unternehmensübergreifend vergleichbaren EPS-Kennzahl vorzugeben, hat das IASB mit IAS 33 hierfür einen eigenen Standard veröffentlicht.

Anwendungspflicht

Nach IAS 33.2 ist der Standard nur für Unternehmen, deren Aktien oder potenzielle Aktien öffentlich gehandelt werden bzw. für deren Aktien die Zulassung zum öffentlichen Handel beantragt wurde, verpflichtend anzuwenden.

Hinweis
Durch diese Einschränkung kann es in Deutschland Unternehmen geben, die zwar nach IFRS pflichtgemäß bilanzieren, jedoch keine EPS-Kennzahlen veröffentlichen müssen. Dies ist dann der Fall, wenn sie den deutschen Wertpapiermarkt lediglich mit Fremdkapitaltiteln in Anspruch nehmen.

Wenn sich ein nicht öffentlich gelistetes Unternehmen freiwillig dazu entscheidet, eine EPS-Kennzahl im Rahmen seines IFRS-Abschlusses zu veröffentlichen, so wird in IAS 33.3 klargestellt, dass diese zwingend gemäß IAS 33 zu ermitteln ist. Weiterhin legt IAS 33.4 fest, dass das EPS – bei vorliegendem Konzernabschluss – auf konsolidierter Basis zu berechnen ist. Falls im Einzelabschluss des Unternehmens ebenfalls eine EPS-Kennzahl veröffentlicht wird, so darf diese nicht im Konzernabschluss veröffentlicht werden. Schließlich ist zu beachten, dass die Regelungen des IAS 33 nicht nur für den Jahresfinanzbericht gelten. Sofern ein Unternehmen in den Anwendungsbereich von IAS 33 fällt und es ferner Zwischenberichte veröffentlicht, muss es nach IAS 33.11 auch in IFRS-Zwischenabschlüssen (Quartals- bzw. Halbjahresberichten) EPS-Kennzahlen ausweisen.[285]

---

[285] Hierzu Pellens/Fülbier/Gassen/Selhorn, Internationale Rechnungslegung, 11. Aufl. 2021, S. 951.

Zielsetzung Das Ziel des Standards besteht nach IAS 33.1 darin, Leitlinien für die Ermittlung und Darstellung des Ergebnisses je Aktie festzulegen, um die Ertragskraft unterschiedlicher Unternehmen in einer Berichtsperiode und ein- und dasselbe Unternehmen in unterschiedlichen Berichtsperioden besser miteinander vergleichen zu können. Das Hauptaugenmerk von IAS 33 liegt auf der Bestimmung des Nenners – d.h. auf der Bestimmung der Anzahl der heranzuziehenden Aktien – bei der Ermittlung des Ergebnisses je Aktie.

Aufgegebene Geschäftsbereiche Falls in der Gesamtergebnisrechnung aufgegebene Geschäftsbereiche ausgewiesen werden, so ist das Ergebnis je Aktie für drei Ergebnisse auszuweisen: das Ergebnis je Aktie für das fortgeführte Geschäft, für das aufgegebene Geschäft und für das Gesamtgeschäft.

6.3.2 Aktiendefinition

IAS 33 differenziert nach Stammaktien, potenziellen Stammaktien und Vorzugsaktien.

Stammaktien Bei Stammaktien handelt es sich nach IAS 33.5 um Eigenkapitalinstrumente, die allen anderen Arten von Eigenkapitalinstrumenten nachgeordnet sind. In Deutschland sind dies Stimmrechtsaktien. Grundsätzlich können mit Stammaktien unterschiedliche Rechte an den Dividenden eines Unternehmens verbunden sein. Dementsprechend ist dann bei der Berechnung des Ergebnisses je Aktie nach unterschiedlichen Klassen von Stammaktien zu unterscheiden. Potenzielle Stammaktien[286] sind demgegenüber Finanzinstrumente, die dem Inhaber ein Anrecht auf Stammaktien verbriefen können. Sie führen – wie noch zu zeigen ist – zu einer Verwässerung des Ergebnisses je Aktie.

Vorzugsaktien Vorzugsaktien werden nach IAS 33.6 bei der Verteilung des Gewinns oder Verlusts vorrangig bedient. Da die auf Vorzugsaktien entfallenden Ergebnisbestandteile den Inhabern von Stammaktien definitiv nicht zur Verfügung stehen, dürfen diese Ergebnisbestandteile bei der Berechnung des Ergebnisses je Aktie grundsätzlich nicht berücksichtigt werden.[287]

6.3.3 Ermittlung des Ergebnisses je Aktie

6.3.3.1 Grundlagen

Das Ergebnis je Aktie ist jeweils unverwässert (*basic*) und verwässert (*diluted*) in der Gesamtergebnisrechnung anzugeben. Der Unterschied liegt – wie im Rahmen der nachfolgenden Ausführungen gezeigt wird – in der Ermittlung der zugrunde liegenden Aktienanzahl. Allgemein wird das Ergebnis je Aktie dadurch ermittelt, dass eine bestimmte Ergebnisgröße durch eine gewichtete Durchschnittszahl von Aktien, auf die das Ergebnis entfällt, dividiert wird:

$$Ergebnis\ je\ Aktie = \frac{Ergebnis}{Gewichtete\ Durchschnittszahl\ der\ Aktien}$$

---

[286] Beispiele hierfür sind Optionen, Wandelobligationen und in Stammaktien wandelbare Vorzugsaktien.

[287] Zur Besonderheit deutscher Vorzugsaktien stellvertretend Lüdenbach/Hofmann/Freiberg, Haufe IFRS-Kommentar, 21. Aufl. 2023, § 35 Rz. 5-6.

Während im unverwässerten Ergebnis je Aktie nur die im Umlauf befindlichen Stammaktien zu berücksichtigen sind, fließen in die Berechnung des verwässerten Ergebnisses je Aktie auch die potenziellen Stammaktien ein.

6.3.3.2 Unverwässertes Ergebnis je Aktie

Nach IAS 33.10 erhält man das unverwässerte Ergebnis je Aktie aus der Division des den Stammaktionären zustehenden Ergebnisses durch die gewichtete durchschnittliche Anzahl der innerhalb der Berichtsperiode im Umlauf gewesenen Stammaktien.

Zähler Für den Zähler folgt daraus, dass der Gewinn oder der Verlust um alle nicht den Stammaktionären zurechenbaren Ergebnisbestandteile zu bereinigen sind. Dies betrifft Ergebnisbestandteile die auf die Anteile anderer Gesellschafter entfallen (Minderheiten) sowie Ergebnisbestandteile, die den Inhabern von Vorzugsaktien zuzurechnen sind. Sonstige Ergebniskorrekturen außerhalb dieser durchzuführenden Bereiche – z.B. um Steuern, Zinsen oder außerordentliche Posten – sind nach IAS 33.13 nicht gestattet. Zudem hat die Berechnung des Ergebnisses unabhängig von Dividendenzahlungen des Unternehmens zu erfolgen, d.h., Dividendenzahlungen der laufenden Periode schmälern das Ergebnis ebenso wenig wie Dividendenzahlungen aus früheren Perioden. Einzig Vorzugsdividenden mindern bei Vorliegen eines konkreten Dividendenanspruchs das Ergebnis.[288]

Hinweis
Da das Ergebnis den Ausgangspunkt der Ermittlung des Ergebnisses je Aktie darstellt, sind sämtliche ergebnisneutrale Aufwendungen und Erträge – sog. OCI-Komponenten – wie z.B. Änderungen von Währungsumrechnungsdifferenzen und Wertänderungen von bestimmten Finanzinstrumenten, nicht in dem von IAS 33 geforderten Ergebnis je Aktie enthalten. Dies kann zumindest dann zu Verzerrungen führen, wenn eine ergebnisneutrale Zuschreibung von Vermögenswerten des Anlagevermögens nach IAS 16 bzw. IAS 38 in den Folgejahren ergebniswirksam und damit EPS-wirksam abgeschrieben wird. Diesen Effekt würde eine zweite EPS-Kennzahl, die auf Basis des Gesamtergebnisses zu berechnen wäre, transparent machen.[289]

Nenner Nach IAS 33.19 ist bei der Ermittlung des Zählers – d.h., bei der ins Verhältnis zu setzenden Anzahl an Aktien – der gewichtete Durchschnitt der im Umlauf befindlichen Stammaktien zu bilden. Im Geschäftsjahr zusätzlich ausgegebene Stammaktien erhöhen und im Geschäftsjahr zurück erworbene Aktien vermindert hierbei gemäß IAS 33.20 den Bestand an Stammaktien. Der multiplikativ einzubeziehende Zeitgewichtungsfaktor (Anzahl Tage / 365) stellt entsprechend das Verhältnis der jeweiligen Umlauftage der Stammaktien zur Gesamtzahl der Tage der Berichtsperiode dar. Vereinfachungen bei der Ermittlung des gewichteten Durchschnitts sind gemäß IAS 33.20 auch in der Praxis zulässig und gebräuchlich, solange dies zu keinen wesentlichen Verzerrungen führt. Bedeutende Kapitalmaßnahmen sind daher taggenau zu berechnen. Maßgeblich für die Berücksichtigung von neu ausgegebenen

288 Hierzu Wiechmann/Scharfenberg, in: Beck-IFRS-HB, 6. Aufl. 2020, § 16 Rn. 10.

289 Hierzu Pellens/Fülbier/Gassen/Selhorn, Internationale Rechnungslegung, 11. Aufl. 2021, S. 955-956.

Aktien ist im Übrigen der Zeitpunkt, an dem die jeweilige Gegenleistung fällig ist. IAS 33.21-23 enthalten hierzu Beispiele.

Nachträgliche Anpassung der Aktienzahl

Neben der Berücksichtigung des Zeitgewichtsfaktors ist die nachträgliche Anpassung der Aktienzahl essenziell. Gemäß IAS 33.26 handelt es sich dabei um Fälle einer Änderung der Aktienzahl ohne potenzielle Änderung der Ressourcen, also ohne, dass dem Unternehmen eine adäquate Gegenleistung durch die künftigen Aktionäre – bzw. den bisherigen Aktionären durch das Unternehmen – entsteht. Exemplarisch führt IAS 33.27 hierzu die Ausgabe von Gratisaktien, die Durchführung eines Aktiensplits und die Zusammenlegung von Aktien im Rahmen einer vereinfachten Kapitalherabsetzung an. Konkret heißt das, dass bei der Ausgabe von Gratisaktien und Aktiensplits sich zwar die Aktienzahl erhöht, für die Aktionäre aber der prozentuale Anteil am Stammkapital unverändert bleibt und dem Unternehmen durch die Ausgabe von Gratisaktien und Aktiensplits nicht mehr Kapital zur Verfügung steht, das ergebnisbeeinflussend eingesetzt werden könnte.[290] Durch die dann erforderliche nachträgliche bzw. rückwirkende Anpassung ist die Zahl der Stammaktien nach IAS 33.28 so darzustellen, als wäre das Ergebnis zu Beginn der ersten dargestellten Periode eingetreten, d.h., das Ergebnis je Aktie ist von Beginn an für die Berichts- und Vergleichsperiode auf Basis der neuen Aktienzahl nach Ausgabe von Gratisaktien und Aktiensplitting zu berechnen. Nach IAS 33.64 ist eine Anpassung auch dann erforderlich, wenn eine solche Änderung der Aktienzahl erst zwischen dem Periodenende und der Veröffentlichung des Abschlusses erfolgt.[291]

Nachfolgendes Beispiel verdeutlicht die Ermittlung der gewichteten Durchschnittszahl der ausstehenden Aktien einer Periode:[292]

				Ausgegebene Aktien	Eigene Aktien	Ausstehende Aktien			
	31.12.2000	01.01.2XX1	Bestand zu Jahresbeginn	2.000	300	1.700			
	31.05.2001	31.05.2XX1	Emission neuer Aktien	800	0	2.500			
30.11.2001	01.12.2001	01.12.2XX1	Kauf von eigenen Aktien	0	250	2.250			
	31.12.2001	31.12.2XX1	Bestand zum Jahresende	2.800	550	2.250			
12			Berechnung des gewichteten Durchschnitts						
5				5/12	x	1.700	–	708	
6				6/12	x	2.500	=	1.250	
1				1/12	x	2.250	–	188	
								2.146	**Aktien**
12				12/12	x	1.700	=	1.700	
7				7/12	x	800	=	467	
1				1/12	x	-250	=	-21	
								[illegible]	[illegible]

[290] Würde die Aktienzahl ab dem Zeitpunkt der Ausgabe von Gratisaktien oder des Aktiensplits entsprechend erhöht, hätte dies einen ungerechtfertigten verwässernden Einfluss auf das Ergebnis je Aktie.

[291] Hierzu Coenenberg/Haller/Schultz, Jahresabschluss und Jahresabschlussanalyse, 26. Aufl. 2021, S. 634-635.

[292] Übernommen aus IAS 33.IE Example 2.

6.3.3.3 Verwässertes Ergebnis je Aktie

Einfluss potenziell ausstehender Stammaktien

Bei der Berechnung des verwässerten Ergebnisses je Aktie sind im Vergleich zur Berechnung des unverwässerten Ergebnisses nach IAS 33.33-39 weitere Korrekturen in Zähler und Nenner erforderlich, sodass für den Abschlussadressaten der Einfluss potenziell ausstehender Stammaktien ersichtlich ist. Anders ausgedrückt: das verwässerte Ergebnis ist bei Vorliegen potenzieller Stammaktien besser als Indikator des tatsächlichen Anteils einzelner Aktionäre am Wert des bilanzierenden Unternehmens geeignet als das unverwässerte Ergebnis.

Bereinigung Zähler

Der Zähler (Gewinn oder Verlust) ist demnach um alle Erträge und Aufwendungen zu bereinigen, die aus der Umwandlung von potenziellen Stammaktien in normale Stammaktien resultieren würden. Eine Verwässerung liegt also vor, wenn der Gewinn oder Verlust und damit das Ergebnis je Aktie durch die Umwandlung von potenziellen Stammaktien beeinflusst wird. Grundsätzlich kann die Umwandlung potenzieller Stammaktien sowohl negative (verwässernde) als auch positive Effekte auf das Ergebnis je Aktie haben. Positive Effekte sind allerdings bei der Berechnung des verwässerten Ergebnisses je Aktie nicht zu berücksichtigen.

Korrektur Nenner

Auch der Nenner ist um Verwässerungseffekte zu korrigieren. Nach IAS 33.36 ist die Zahl der Stammaktien um die gewichtete durchschnittliche Zahl aller potenziellen Stammaktien mit Verwässerungseffekt zu erhöhen. Unterstellt wird dabei die Umwandlung sämtlicher potenzieller Stammaktien mit Verwässerungseffekt in Stammaktien. Bei der Bestimmung dieser Zahl ist – sofern die potenziellen Aktien unterschiedliche Berechnungsmethoden für die Umwandlung zulassen – nach IAS 33.39 von dem für den Inhaber günstigsten Ausübungs- bzw. Umwandlungsverhältnis auszugehen.[293]

Nachfolgendes Beispiel verdeutlicht die Ermittlung des verwässerten Ergebnisses je Aktie im Fall von Optionen:[294]

Beispiel – Verwässertes Ergebnis je Aktie im Fall von Optionen

Das Periodenergebnis 2XX1 der FWA beträgt EUR 1.200.000. Die gewichtete Durchschnittszahl der in 2XX1 ausstehenden Stammaktien liegt bei 500.000 Stück. Diesen Stammaktien ist ein Periodendurchschnittskurs für 2XX1 von EUR 20 beizumessen. Zudem existieren in 2XX1 Optionen mit einer gewichteten Durchschnittszahl von 100.000 Stück. Der Ausübungskurs dieser Optionen liegt in 2XX1 bei EUR 15. Das verwässerte Ergebnis je Aktie ermittelt sich nun wie folgt:

	Ergebnis je Aktie	Ergebnis	Aktienanzahl
Gewichtete Durchschnittszahl der in 2XX1 ausstehenden Aktien			500.000
Unverwässertes Ergebnis je Aktie	2,40	1.200.000	**500.000**
Gewichtete Durchschnittszahl der in 2XX1 existierenden Optionen			100.000
Anzahl der Aktien, die zum Periodendurchschnittskurs zurückgekauft worden wären: (100.000 x 15 EUR) / 20 EUR			75.000
Verwässertes Ergebnis je Aktie	2,29	1.200.000	**525.000**

[293] Hierzu Wiechmann/Scharfenberg, in: Beck-IFRS-HB, 6. Aufl. 2020, § 16 Rn. 12.

[294] Übernommen aus IAS 33.IE Example 5.

Wenn alle Optionen in Anspruch genommen werden würden, fließen der FWA EUR 1.500.000 zu.

Fiktiver Ausübungszeitpunkt

Für den Zeitpunkt der fiktiven Umwandlung gilt nach IAS 33.36 die Grundregel, dass der Ausübungszeitpunkt dem Beginn der Rechnungslegungsperiode entspricht. Die neuen Stammaktien müssen also in diesem Fall nicht gewichtet werden. Ändern sich die Gegebenheiten unterjährig, so gelten folgende Regelungen:

- Werden die potenziellen Stammaktien unterjährig emittiert, so gilt des Emissionsdatum als fiktiver Ausübungszeitpunkt. In diesem Fall ist eine Gewichtung vorzunehmen.
- Entfällt das Umwandlungsrecht für potenzielle Stammaktien während der Rechnungslegungsperiode, so sind diese nur bis zum Zeitpunkt des Verfalls (gewichtet) im verwässerten Ergebnis zu berücksichtigen.
- Werden potenzielle Stammaktien tatsächlich innerhalb der Rechnungslegungsperiode in Stammaktien umgewandelt, so gehen sie gemäß IAS 33.38 nach vergleichbarer Logik für den Teil der Rechnungslegungsperiode bis zur Umwandlung in das verwässerte Ergebnis ein. Ab dem Zeitpunkt der Umwandlung bis zum Ende der Rechnungslegungsperiode gehen diese Stammaktien sowohl in das verwässerte als auch in das unverwässerte Ergebnis ein.

Beispiel – Unverwässertes / Verwässertes Ergebnis je Aktie

Der vollständig den Stammaktionären zurechenbare Gewinn beträgt EUR 4.200.000. Im Umlauf sind neben 10.000.000 Stammaktien auch noch 2.000.000 Wandelobligationen, die im Verhältnis 1:1 in Stammaktien getauscht werden können. Das unverwässerte Ergebnis berechnet sich wie folgt:

$$\text{Unverwässertes EPS} = \frac{4.200.000}{10.000.000} = \text{EUR } 0{,}42$$

Auf die Wandelobligationen entfällt im Geschäftsjahr ein Zinsaufwand (nach Steuern) in Höhe von EUR 120.000. Bei der Berechnung des verwässerten Ergebnisses je Aktie ist neben der Erhöhung des Nenners um 2.000.000 Aktien (Fiktion der tatsächlichen Ausgabe der potenziellen Stammaktien) die Erhöhung des Zählers um den durch die Umwandlung eingesparten Zinsaufwand zu korrigieren:

$$\text{Verwässertes EPS} = \frac{4.320.000}{12.000.000} = \text{EUR } 0{,}36$$

Die Effekte aus der Gesamtbetrachtung verschiedenartiger potenzieller Stammaktien können sich u.U. kompensieren. Daher ist jede Klasse von potenziellen Stammaktien im Hinblick auf einen Verwässerungseffekt separat zu prüfen. Dabei kann die Reihenfolge, in welcher die einzelnen Klassen beurteilt werden, nach IAS 33.44 Einfluss darauf haben, ob sie als verwässernd eingestuft werden oder nicht. Um das niedrigstmögliche verwässerte Ergebnis je Aktie zu erhalten, ist zur Sortierung der Klassen von potenziellen Stammaktien nach der Verwässerungswirkung ein iterativer *„trial and error"*-Prozess durchzuführen. Demnach sind im Anschluss an die Identifizierung der potenziellen Stammaktien folgende Schritte erforderlich:

(1) Berechnung des „Ergebnisses je zusätzlicher Aktie" – isoliert für jede Klasse von potenziellen Stammaktien;

(2) Aufsteigende Sortierung der potenziellen Stammaktien nach dem EPS. Die potenziellen Stammaktien mit dem niedrigsten Ergebnisbeitrag werden also zuerst berücksichtigt.[295] Nach IAS 33.44 sind dies i.d.R. Optionen und Optionsscheine, für die das EPS Null beträgt;

(3) Ermittlung des unverwässerten Ergebnisses je Aktie aus dem fortzuführenden Geschäft als Vergleichsgröße;

(4) Ermittlung der verwässerten potenziellen Stammaktien pro Klasse durch Vergleich des Ergebnisses je Aktie unter kumulativer Berücksichtigung der potenziellen Stammaktien gemäß der Reihenfolge aus Schritt (2) mit der in Schritt (3) berechneten Vergleichsgröße. Dieser stufenweise Vergleich wird solange durchgeführt, bis das niedrigstmögliche verwässerte Ergebnis je Aktie erreicht ist.[296]

6.3.4 Beispielsachverhalt - EPS[297]

Die FWA weist in der Konzern-Gewinn- und Verlustrechnung zum 31.12.2XX0 ein Periodenergebnis nach Steuern von EUR 100.000.000 aus. Die Aktienstruktur stellt sich wie nachfolgend beschrieben dar, wobei sich keine unterjährigen Änderungen ergeben haben, d.h., sämtliche Aktien und Wertpapiere waren in dieser Form das gesamte Geschäftsjahr 2XX0 über ausgegeben:

- 6.000.000 Stück Stammaktien mit einem Nennwert von EUR 5, wovon die FWA 1.000.000 Stück im eigenen Bestand hält.
- 1.000.000 Stück kündbare, limitierte Vorzugsaktien mit einer Pflichtdividende von 20% des Nennwertes, welcher bei EUR 5 liegt.
- Wandelschuldverschreibungen mit einem Nennwert von EUR 10.000.000, die in 1.000.000 Stück Stammaktien wandelbar sind (Zinssatz 5%, Steuersatz 40%).
- 1.000.000 Stück Aktienoptionen auf den Erwerb jeweils einer Aktie zum Kurs von EUR 15.
- Der durchschnittliche Kurs einer FWA-Aktie betrug im Geschäftsjahr 2XX0 EUR 20.
- Für die Stammaktien wird eine Dividende von EUR 5 ausgeschüttet.

1. Ermittlung des unverwässerten Ergebnisses je Aktie

Auf Basis dieser Informationen ermittelt sich das unverwässerte Ergebnis je Aktie nach IAS 33 wie folgt:

Hier erfolgt die Ermittlung auf Basis der tatsächlich während des Geschäftsjahres ausstehenden *ordinary shares*. Da die FWA 1.000.000 Stammaktien selbst hält, muss die für die Ermittlung des EPS zu berücksichtigende Aktienzahl um diese eigenen Anteile korrigiert werden. Ebenso muss das Periodenergebnis der FWA um die auf die von ihr selbst gehaltenen Aktien entfallenden Dividendenansprüche sowie die Gewinnansprüche der Vorzugsaktien gekürzt werden:

---

[295] Dies entspricht also einer absteigenden Sortierung nach dem Verwässerungseffekt.

[296] Hierzu sowie zu den vorgegangenen Ausführungen Zülch/Hendler, Bilanzierung nach IFRS, 2. Aufl. 2017, S. 169-171.

[297] In Anlehnung an Coenenberg/Haller/Schultze, Jahresabschluss und Jahresabschlussanalyse – Aufgaben und Lösungen, 16. Aufl. 2016, S. 199ff.

Stammaktien		6.000
- Eigene Anteile		1.000
= Anzahl ausstehende Aktien		**5.000**

Ergebnis vor Steuern		100.000
- Dividendenansprüche Eigene Anteile		5.000
Stück	*1.000*	
Dividende	*5*	
- Gewinnanspruch Vorzugsaktien		1.000
Stück	*1.000*	
Nennwert	*5*	
Dividende	*20%*	
= Korrigiertes Ergebnis		**94.000**

Unverwässertes Ergebnis je Aktien = 18,80 EUR/Stück

2. Ermittlung des verwässerten Ergebnisses je Aktie

Hier werden zusätzlich zu den tatsächlich ausstehenden *ordinary shares* noch potenziell ausstehende *ordinary shares* einbezogen, d.h., es wird unterstellt, dass von den Bezugsrechten auf *ordinary shares* Gebrauch gemacht wurde. Dabei sind allerdings nur die Arten von *potential ordinary shares* einzubeziehen, die zu einem verwässernden Effekt führen, also das EPS verringern. Außerdem ist das maximal verwässerte Ergebnis anzugeben. Existieren mehrere Arten von *potential ordinary shares* ist deshalb für jeden Art der Verwässerungseffekt zunächst einzeln zu berechnen. Dann sind die Papiere der Reihe nach einzubeziehen, wobei man nach IAS 33.44 bei den Papieren mit dem stärksten Verwässerungseffekt beginnt, so lange bis eine Minderung der Verwässerung eintritt.

a. Verwässerungseffekt durch Wandelschuldverschreibungen

Zum einen ist die Aktienzahl anzupassen:

Anzahl ausstehende Aktien	5.000
+ Wandelschuldverschreibungen	1.000
= Korrigierte Aktienzahl	**6.000**

Zudem ist das Ergebnis nach Steuern um die anfallenden Zinszahlungen anzupassen:

Korrigiertes Ergebnis		94.000
+ Korrektur Zinsen und Steuern		300
Nennwert	*10.000*	
Zinssatz	*5 %*	
Steuern	*40 %*	
= **Korrigiertes Ergebnis**		**94.300**

Daraus ergibt sich ein verwässertes EPS (Wandelschuldverschreibungen):

Verwässertes Ergebnis je Aktien = 15,72 EUR/Stück

b. Verwässerungseffekt durch Optionen

Auch hier ist die Aktienzahl anzupassen. Die zusätzlichen Aktien ergeben sich durch den Vergleich der aus der Ausübung der Option erzielten Erlöse mit dem fiktiv bei der Ausgabe neuer Aktien zu Marktkonditionen erzielten Erlöse:

Anzahl ausstehende Aktien			5.000
+ Anpassung Option			250
Erzielter Erlös aus Ausübung		*15.000*	
Stück	*1.000*		
Kurs	*15*		
Erzielter Erlös bei Ausgabe neue Aktien zu Marktkonditionen		*20.000*	
Marktpreis	*20*		
= Korrigierte Aktienzahl			**5.250**

Eine Anpassung des Ergebnisses ist hier nicht erforderlich.

Daraus ergibt sich ein verwässertes EPS (Optionen):

Verwässertes Ergebnis je Aktien = 17,90 EUR/Stück

Da der Verwässerungseffekt durch die Wandelschuldverschreibungen größer ist, sind zunächst diese und dann erst die Optionen bei der Berechnung des verwässerten Ergebnisses zu berücksichtigen:

i. Einbezug der Wandelschuldverschreibungen:
 Verwässertes EPS = 15,72 EUR/Stück
ii. Einbezug der Optionen:
 Verwässertes EPS = EIR 94,3 Mio. / (6.000.000 + 250.000) Stück = 15,09 EUR/Stück

Vorliegend tragen beide Arten von potenziellen Stammaktien zu einer Verwässerung bei. Das sich daraus ergebende maximal verwässerte EPS beträgt 15,09 EUR/Stück.

6.4 Angaben über Beziehungen zu nahestehenden Unternehmen und Personen

6.4.1 Zielsetzung und Anwendungsbereich

IAS 24

IAS 24 regelt die Berichterstattung über nahestehende Unternehmen und Personen (*related parties*). Zielsetzung der Regelungen ist es, die möglichen Verzerrungen der Vermögens-, Finanz- und Ertragslage aufgrund von Beziehungen zu nahestehenden Unternehmen und Personen sowie die Anreizsysteme von Entscheidungsträgern transparent zu machen. Nach IAS 24.2 zielen die Regelungen auf die Identifizierung von Geschäftsvorfällen sowie ausstehender Salden zwischen einem Unternehmen und nahestehende Unternehmen und Personen ab. IAS 24 enthält jedoch keine Vorgabe dazu, ob die Definition einer nahestehenden Person oder eines nahestehenden Unternehmens während der gesamten Berichtsperiode oder nur am Abschlussstichtag vorgelegen haben muss. Dem Zweck des Standards nach sind zu allen Geschäftsvorfällen die notwendigen Angaben zu machen, wenn diese im Zeitpunkt des Abschlusses zwischen nahestehenden Personen oder Unternehmen stattgefunden haben.[298]

Anwendungsbereich

IAS 24 verlangt von allen Unternehmen, Beziehungen zu nahestehenden Unternehmen und Personen anzugeben. Die Angabepflichten sind nicht auf kapitalmarktorientierte Unternehmen beschränkt. Je nach Grad der Unternehmensbeziehung sind Angaben unabhängig von etwa getätigten Geschäftsvorfällen (Konzernunternehmen) oder nur bei getätigten Geschäftsvorfällen (z.B. assoziierten Unternehmen) zu machen. IAS 24.3 fordert Angaben zu Beziehungen, Geschäftsvorfällen und ausstehenden Salden einschließlich Verpflichtungen in den Konzern- und Einzelabschlüssen eines Mutterunternehmens, eines Partnerunternehmens oder eines Anteilseigners mit maßgeblichem Einfluss.

Hinweis
Im Konzernabschluss werden sämtliche Geschäftsvorfälle zwischen Mutter- und Tochterunternehmen eliminiert. Nach IAS 24.4 ist demnach nur über diejenigen Beziehungen und Geschäftsvorfälle zu berichten, die nicht eliminiert werden.[299] Geschäftsvorfälle zwischen einem Mutterunternehmen und einem gemeinschaftlich geführten oder assoziierten Unternehmen werden nur anteilsmäßig eliminiert. Somit kann auch hier eine Angabepflicht für den nicht zu eliminierenden Anteil begründet werden.

6.4.2 Definition von related parties

6.4.2.1 Allgemeines

Als Geschäftsvorfall mit nahestehenden Unternehmen und Personen gilt nach IAS 24.9 die Übertragung von Ressourcen, Dienstleistungen oder Verpflichtungen zwischen einem berichtenden Unternehmen und einem nahestehenden Unternehmen/einer nahestehenden Person, unabhängig davon, ob dafür ein Entgelt in Rechnung gestellt wird.

Wirtschaftlicher Gehalt

Bei der Betrachtung, ob eine Beziehung zu nahestehenden Unternehmen oder Personen vorliegt, ist nach IAS 24.10 der wirtschaftliche Gehalt der Beziehung und nicht alleine die rechtliche Gestaltung zu prüfen. Wird aufgrund der Definitionen des IAS 24 eine Partei als nahestehend zu einer anderen Partei angesehen, so gilt dies stets auch in umgekehrter Richtung. Dabei wird zur besseren Verständlichkeit eine Unterscheidung zwischen nahestehenden Personen und nahestehenden Unternehmen vorgenommen.

Beispiele

IAS 24.21 enthält eine nicht abschließende Auflistung von Geschäftsvorfällen mit nahestehenden Unternehmen und Personen:

---

298 Hierzu Coenenberg/Haller/Schultz, Jahresabschluss und Jahresabschlussanalyse, 26. Aufl. 2021, S. 925-926.

299 Hierzu Senger/Prengel, in: Beck-IFRS-HB, 6. Aufl. 2020, § 20 Rn. 1. Transaktionen zwischen einer Investmentgesellschaft und ihren Tochterunternehmen, die erfolgswirksam zum beizulegenden Zeitwert bewertet werden, sind nach IAS 24.4 von der Eliminierungspflicht ausgenommen.

- Käufe oder Verkäufe von fertigen oder unfertigen Erzeugnissen bzw. Waren;
- Käufe oder Verkäufe von Grundstücken bzw. anderen Vermögenswerten;
- erbrachte oder geleistete Dienstleistungen, inklusive Forschung und Entwicklung;
- Leasingverträge;
- Lizenzverträge;
- Finanzierungsverträge, inklusive Kredite und Bar- bzw. Sacheinlagen;
- Bürgschaften und Sicherheitsgewährungen;
- Verpflichtungen, bei künftigem Eintritt oder Ausbleiben eines bestimmten Ereignisses etwas Bestimmtes zu tun;
- Erfüllung von Verbindlichkeiten für Rechnung des Unternehmens oder durch das Unternehmen für eine andere Partei;
- Teilnahme eines Unternehmens an einem leistungsorientierten Plan, der Risiken zwischen Unternehmen eines Konzerns aufteilt.

Daneben fallen noch weitere Verträge, wie z.B. Wartungsverträge, unter die Definition von Geschäftsvorfällen mit nahestehenden Unternehmen und Personen.

Negativbeispiele

IAS 24.11 beschreibt Beziehungen zwischen Parteien, die nicht als nahestehend zu qualifizieren sind.

6.4.2.2 Nahestehende Personen

Eine Person oder ein naher Familienangehöriger dieser Person gilt nach IAS 24.9(a) als nahestehend, wenn die Person

- das berichtende Unternehmen beherrscht, gemeinschaftlich führt oder maßgeblich beeinflusst, oder
- eine Schlüsselposition des berichtenden Unternehmens oder seines beherrschenden Mutterunternehmens innehat.

6.4.2.3 Nahestehende Unternehmen

Ein Unternehmen gilt nach IAS 24.9(b) als einem anderen Unternehmen nahestehend, wenn eine der folgenden Bedingungen zutrifft:

- das Unternehmen gehört zum selben Konzern wie das berichtende Unternehmen (als Mutter-, Tochter- oder Schwesterunternehmen);
- das Unternehmen oder das berichtende Unternehmen ist ein assoziiertes Unternehmen oder ein Gemeinschaftsunternehmen des jeweiligen anderen oder der maßgebliche Einfluss bzw. die gemeinschaftliche Führung wird durch ein anderes Unternehmen ausgeübt, welches zum gleichen Konzern gehört wie auch das berichtende Unternehmen;
- beide Unternehmen stehen unter gemeinschaftlicher Führung desselben Dritten (natürliche Person oder Unternehmen);
- ein Unternehmen steht unter gemeinschaftlicher Führung und das andere Unternehmen unter maßgeblichen Einfluss desselben Dritten (natürliche Person oder Unternehmen);
- ein Unternehmen ist eine Versorgungskasse für Leistungen an Arbeitnehmer des berichtenden oder eines dem berichtenden nahestehenden Unternehmens. Ist das berichtende Unternehmen selbst die Versorgungskasse, handelt es sich bei allen einzahlenden Arbeitgebern ebenfalls um nahestehende Unternehmen;

- das Unternehmen wird von einer nach IAS 24.9(a) als nahestehend klassifizierten Person beherrscht oder gemeinschaftlich geführt;
- eine Person, die das berichtende Unternehmen beherrscht oder gemeinschaftlich führt, hat maßgeblichen Einfluss auf das Unternehmen oder hat eine Schlüsselposition in dem Unternehmen (oder einem Mutterunternehmen des Unternehmens) inne;
- das Unternehmen oder ein Unternehmen des Konzerns, zu dem es gehört, erbringt für das Bericht erstattende Unternehmen oder dessen Mutterunternehmen Personaldienstleistungen in Schlüsselpositionen.

Beherrschung

IAS 24 verweist bezüglich der Definition des Beherrschungs-Begriffs auf IFRS 10. Danach liegt Beherrschung vor, wenn der Investor variable Rückflüsse aus seinem Engagement an der Gesellschaft bezieht bzw. Anrechte auf diese besitzt und die Fähigkeit hat, diese Rückflüsse durch seine Verfügungsgewalt über die Gesellschaft zu beeinflussen.

Maßgeblicher Einfluss

Als maßgeblicher Einfluss wird nach IAS 28.3 die Möglichkeit verstanden, an finanz- und geschäftspolitischen Unternehmensentscheidungen mitzuwirken, ohne das dabei allerdings Beherrschung oder gemeinschaftliche Führung vorliegt. Ein solcher Einfluss kann sich aufgrund eines entsprechenden Anteilsbesitzes, aufgrund der Satzung oder aufgrund einer vertraglichen Vereinbarung ergeben. IAS 28.6 listet eine Reihe weiterer Indikatoren auf, anhand derer i.d.R. auf maßgeblichen Einfluss geschlossen werden kann.

Gemeinschaftliche Führung

Die gemeinschaftliche Führung ist bei *joint ventures* relevant und wird nach IFRS 11.7 als vertraglich vereinbarte, gemeinsam ausgeübte Führung definiert. Die Konstellationen, unter denen ein Gemeinschaftsunternehmen als nahestehend zu betrachten ist gelten nach IAS 24.12 auch für Tochterunternehmen des Gemeinschaftsunternehmens. In welchen konkreten Fällen von gemeinschaftlicher Führung auszugehen ist, richtet sich nach den Regelungen des IFRS 11.

6.4.2.4 Personen in Schlüsselpositionen

Neben Unternehmen und Personen, zu denen ein maßgebliches Einfluss- oder (gemeinsames) Beherrschungsverhältnis besteht, sind nach IAS 24.9(a)(iii) auch Personen in Schlüsselpositionen des berichtenden Unternehmens oder eines übergeordneten Mutterunternehmens nahestehende Personen.

Merkmal von Schlüsselpositionen

Personen befinden sich dann in Schlüsselpositionen, wenn die Planung, Leitung und Überwachung der Unternehmenstätigkeit in ihre Zuständigkeit und Verantwortlichkeit fallen. Hierzu fallen z.B. Mitglieder der Geschäftsführungs- und Aufsichtsorgane sowie Leiter anderer wichtiger Teilbereiche des Unternehmens. Welche Personen hierzu im Einzelfalle zu zählen sind, gilt es gemäß IAS 24.10 nach dem wirtschaftlichen Gehalt der Tätigkeit bzw. des Beziehungsverhältnisses zu beurteilen und nicht alleine nach den rechtlichen Gegebenheiten. Insofern ist insbesondere auf faktische Einflussmöglichkeiten und Kompetenzen und nicht (nur) auf den Organisationsplan eines Unternehmens abzustellen.

6.4.2.5 Nahe Familienangehörige

Zudem zählen zum Kreis der nahestehenden Personen nach IAS 24.9(a) auch nahe Familienangehörige von natürlichen Personen, die das berichtende Unternehmen (gemeinsam) beherrschen bzw. maßgeblichen beeinflussen oder sich in einer Schlüsselposition befinden. Unter die nahen Familienangehörigen werden alle Familienmitglieder gerechnet, bei denen die Annahme besteht, dass sie bei Geschäften mit dem berichtenden Unternehmen Einfluss auf die nahestehende Person nehmen oder von dieser beeinflusst werden können. Zu den relevanten Familienangehörigen zählen nach IAS 24.9

- der Ehegatte oder Lebenspartner und die Kinder der nahestehenden Person;
- die Kinder des Ehegatten oder Lebenspartners der nahestehenden Person;
- Angehörige der nahestehenden Person sowie des Ehegatten oder Lebenspartner.

6.4.2.6 Sonstige nahestehende Unternehmen

Als nahestehend gelten nach IAS 24.9(b)(vi) auch Unternehmen, die von einer nach IAS 24.9(a) als nahestehend klassifizierten Person beherrscht oder gemeinschaftlich geführt werden. Darüber hinaus ist ein Unternehmen nach IAS 24.9(b)(vii) dann nahestehend, wenn eine Person, die das berichtende Unternehmen beherrscht oder gemeinschaftlich führt, maßgeblichen Einfluss auf das Unternehmen hat oder eine Schlüsselposition in dem Unternehmen (oder dem Mutterunternehmen des Unternehmens) innehat.

6.4.3 Angaben

6.4.3.1 Angaben zu Mutter-Tochter-Beherrschungen

Ein Unternehmen hat den Namen seines Mutterunternehmens und ggf. den Namen der obersten Konzernmutter anzugeben. Veröffentlichen weder das Mutterunternehmen noch die höchste beherrschende Partei einen Abschluss, so ist nach IAS 24.13 zudem der Name des nächsthöheren Mutterunternehmens anzugeben, das einen Abschluss veröffentlicht. Diese Angabepflichten gelten unabhängig davon, ob Transaktionen mit diesen Unternehmen stattgefunden haben. Ziel ist es, den Abschlussadressaten des berichtenden Unternehmens die Möglichkeit zu geben, sich den Abschluss des Mutterunternehmens bzw. des letzten beherrschenden Unternehmens zu beschaffen.

6.4.3.2 Angaben zu Vergütungen der Mitglieder in Schlüsselpositionen

Nach IAS 24.17 sind Angaben zu Vergütungen an Mitgliedern in Schlüsselpositionen erforderlich. Unter Vergütungen sind sämtliche Leistungen an Arbeitnehmer zu verstehen, die eine Gegenleistung für erbrachte Arbeitsleistungen darstellen, inklusive solcher Leistungen, die vom berichtenden Unternehmen auf Veranlassung des Mutterunternehmens gezahlt werden.

Vergütungskategorien

Anzugeben sind nach IAS 24.9 und IAS 24.17 sowohl der Gesamtbetrag aller Bezüge als auch einzelne Teilbeträge, sachlich aufgegliedert in folgende Kategorien:

- kurzfristig fällige Leistungen, wie Löhne, Gehälter, Sozialversicherungsbeiträge, Urlaubs- bzw. Krankengelder, Gewinn- und Erlösbeteiligungen, die innerhalb eines

Jahres nach Ende des Geschäftsjahres gezahlt werden, sowie sonstige geldwerte Leistungen;

- Leistungen nach Beendigung des Arbeitsverhältnisses, wie Renten und sonstige Arbeitsleistungen;
- andere langfristig fällige Leistungen, wie Jubiläumsgelder, Sonderurlaub nach langjähriger Tätigkeit und Gewinn- und Erfolgsbeteiligungen, sofern diese nicht innerhalb eines Jahres nach Ende des Geschäftsjahres fällig sind;
- Leistungen aus Anlass der Beendigung des Arbeitsverhältnisses;
- aktienbasierte Vergütungen.

6.4.3.3 Angaben zu Geschäftsvorfällen

Bei Vorliegen von Geschäftsvorfällen mit nahestehenden Unternehmen und Personen hat das berichtende Unternehmen nach IAS 24.18 die Art der Beziehung, die Geschäftsvorfälle, die stattgefunden haben, sowie die sich aus den Geschäftsvorfällen ergebenden offenen Salden, einschließlich Verpflichtungen zu erläutern.

Im Einzelnen sind zu den Geschäftsvorfällen folgende Angaben erforderlich:

- betragsmäßiger Umfang der Geschäftsvorfälle;
- ausstehende Salden, einschließlich Verpflichtungen, am Bilanzstichtag und die zugrundeliegenden Konditionen sowie gewährte oder erhaltene Garantien;
- Wertberichtigungen bei den ausstehenden Salden aufgrund potenzieller Uneinbringlichkeit;
- während des Geschäftsjahres erfasster Aufwand für uneinbringliche oder zweifelhafte Forderungen gegenüber nahestehenden Unternehmen und Personen.

arms length transactions

Nach IAS 24.23 ist die Angabe, dass Geschäftsvorfälle mit nahestehenden Unternehmen und Personen zu Bedingungen stattgefunden haben, die sich nicht von denen bei Geschäftsvorfällen mit fremden Dritten unterscheiden (*arms length transactions*), nur dann zulässig, wenn sich dies belegen lässt. Im Umkehrschluss bedeutet dies, dass diese Art von Angaben grundsätzlich nicht zu erfolgen hat. Die Beurteilung der Verflechtungen und Angemessenheit der Geschäftsbeziehungen wird somit den jeweiligen Adressaten überlassen.

Berichtskategorien

Die Angaben zu Geschäftsvorfällen mit nahestehenden Unternehmen und Personen sind nach IAS 24.19 für folgende Kategorien nahestehender Unternehmen und Personen getrennt zu machen:

- das Mutterunternehmen;
- Unternehmen mit gemeinsamer Führung oder mit maßgeblichem Einfluss auf das Unternehmen;
- Tochterunternehmen;
- assoziierte Unternehmen;
- Gemeinschaftsunternehmen, bei denen das Unternehmen an der gemeinsamen Führung beteiligt ist;
- Mitarbeiter in Schlüsselpositionen des Unternehmens oder seiner Mutterunternehmens;
- sonstige nahestehende Unternehmen und Personen.

Aggregation von Posten

Grundsätzlich ist es zulässig, gleichartige Posten zusammenzufassen. Dies kann insbesondere dazu dienen, eine Informationsüberflutung der Bilanzadressaten zu vermeiden. Eine gesonderte Angabe ist nach IAS 24.24 jedoch erforderlich, wenn diese für das Verständnis der Auswirkungen von Geschäftsvorfällen mit nahestehenden Unternehmen und Personen auf den Abschluss des berichtenden Unternehmens notwendig ist. Ansonsten würden den Bilanzadressaten relevante Informationen vorenthalten. IAS 24 beinhaltet allerdings keine Anhaltspunkte hinsichtlich des Detailierungsgrads der Angaben.

Zusammenfassend lassen sich diese Beziehungen wie folgt darstellen:

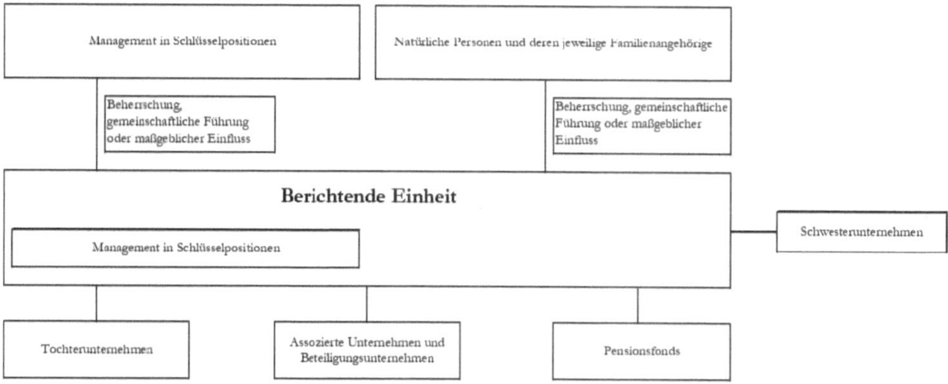

Abb. 28: Abgrenzung nahestehender Unternehmen und Personen[300]

300 In Anlehnung an Senger/Prengel, in: Beck-IFRS-HB, 6. Aufl. 2020, § 20 Rn. 7.

Literaturverzeichnis

Verzeichnis der Kommentare und Handbücher

Baetge, J. / Wollmert, P. / Kirsch, H.-J. / Oser, P. / Bischof, S. (Hrsg.): Rechnungslegung nach IFRS – Kommentar auf der Grundlage des deutschen Bilanzrechts, Verlag Schäffer Poeschel (Loseblattsammlung)

Brune, J. / Driesch, D. / Schulz-Danso, M. / Senger, T. (Hrsg.): Beck'sches IFRS-Handbuch – Kommentierung der IFRS/IAS, Verlag C.H. Beck, 6., vollständig überarbeitete und erweiterte Auflage 2020

IDW (Hrsg.): WP Handbuch, IDW Verlag, 17., vollständig überarbeitete Auflage 2021

Lüdenbach, N. / Hoffmann, W.-D. / Freiberg, J. (Hrsg.): Haufe IFRS-Kommentar, Haufe Group, 21. Auflage 2023

Theile, S. / von Keitz, I. / Brücks, M. (Hrsg.): Internationales Bilanzrecht – Rechnungslegung nach IFRS – Kommentar, Stollfuß (Loseblattsammlung)

Verzeichnis der Aufsätze und Monographien

Baetge, J. / Kirsch, H.-J. / Thiele, S.: Bilanzen, IDW Verlag, 16., überarbeitete Auflage 2021

Braun, M. / Fischer, C. / Roos, B.: Umsatzrealisierung nach HGB und IFRS – Unterschiede unter Berücksichtigung von IFRS 15, StuB 21/2016, S. 803-811

Breidenbach, K. / Währisch, M.: Umsatzerlöse – Handbuch zur Umsatzerfassung nach HGB und IFRS, NWB Verlag GmbH & Co. KG, Herne, 2016

Coenenberg, A. / Haller, A. / Günther, T.: Kostenrechnung und Kostenanalyse, Verlag Schäffer Poeschel, 9., überarbeitete Auflage 2016

Coenenberg, A. / Haller, A. / Schultze, W.: Jahresabschluss und Jahresabschlussanalyse – Betriebswirtschaftliche, handelsrechtliche, steuerrechtliche und internationale Grundlagen – HGB, IAS/IFRS, US-GAAP, DRS, Verlag Schäffer Poeschel, 26., überarbeitete Auflage 2021

Coenenberg, A. / Haller, A. / Schultze, W.: Jahresabschluss und Jahresabschlussanalyse – Aufgaben und Lösungen, Verlag Schäffer Poeschel, 16. Auflage 2016

Derbort, S. / Mehlinger, C. / Seeger, N. / Bauer, A.: Bilanzierung von Pensionsverpflichtungen – HGB, EStG und IFRS/IAS 19, Springer Gabler, 3. Auflage 2023

Esser, M. / Brendle, M.: Aktivierung von Fremdkapitalkosten nach IAS 23, IRZ 6/2010, S. 249 – 252

Henselmann, K. / Roos, B.: Bilanzierung von Vorräten nach IFRS – Eine Fallstudie zur Anwendung von IAS 2 –, KoR 09/2007, S. 496 – 501

Henselmann, K. / Roos, B.: IFRS for SMEs als interessante Option für deutsche KMUs auf dem Gebiet der Konzernrechnungslegung?, KoR 06/2010, S. 318 – 327

Kümpel, T.: Vorratsbewertung und Auftragsfertigung nach IFRS – Grundlagen, Bewertungsverfahren und Folgebewertung, Verlag Vahlen, 2005

Küting, K. / Weber, C-P.: Der Konzernabschluss – Praxis der Konzernrechnungslegung nach HGB und IFRS, 14. Aufl. 2018.

Landgraf, C. / Roos, B.: Aktivierung von Fremdkapitalkosten bei zentral koordinierter Konzernfinanzierung – Praxisrelevante Szenarien in Einzel- und Teilkonzernabschluss, PiR 5/2013, S. 147 – 152

Madeja, F. / Roos, B.: Zur Bilanzierung immaterieller Vermögenswerte des Anlagevermögens nach BilMoG – Fallbeispiele zur Anwendung geplanter Neuregelungen –, KoR 05/2008, S. 342 – 348

Maier, C. / Roos, B.: Klassifizierung von Schulden – Neuerungen aufgrund des ED/2015/1 „Classification of Liabilities“, PiR 5/2013, S. 123 – 127

Melcher, W. / David, K. / Skowronek T.: Rückstellungen in der Praxis – Anwendungsfälle nach HGB und IFRS, WILEY-VCH Verlag, 1. Auflage 2013

Pellens, B. / Fülbier, R. / Gassen, J. / Sellhorn, T.: Internationale Rechnungslegung – IFRS 1 bis 17, IAS 1 bis 41, IFRIC-Interpretationen, Standardentwürfe, Verlag Schäffer Poeschel, 11

Roos, B.: Abbildung des Erwerbs von Sachanlagen im Wege von non-cash-transactions nach IFRS, IRZ 5/2016, S. 203 – 207

Roos, B.: Ausweis der Kapitallage in handelsrechtlichen Abschlüssen deutscher börsennotierter Kapitalgesellschaften, DStR 16/2015, S. 842 – 847

Roos, B.: Bilanzierung von geleisteten Anzahlungen nach IFRS und HGB, DStR 23/2017, S. 1282 – 1286

Roos, B.: Darstellung von Änderungen der Beteiligungsquote an Tochterunternehmen und sonstigen Geschäftseinheiten nach IAS 7 – Besonderheiten bei zurückgestellten Kaufpreisverbindlichkeiten, PiR 9/2018, S. 257 – 260

Roos, B.: Darstellung von Forschungs- und Entwicklungsaufwendungen im Umsatzkostenverfahren nach IFRS, IRZ 4/2018, S. 183 – 188

Roos, B.: Durchlaufende Posten im handelsrechtlichen Jahresabschluss, BBK 22/2017, S. 1049 – 1057

Roos, B.: Erstellung einer dritten Bilanz nach IAS 1 (rev. 2007) – Financial Statement Presentation, PiR 5/2012, S. 150-155

Roos, B.: Grundlagen der Bilanzierung, UVK Verlag, 2021

Roos, B.: Grundlagen der doppelten Buchführung, UVK Verlag, 2., überarbeitete Auflage 2021

Roos, B.: Korrektur von fehlerhaften Abschlüssen nach IAS 8 – Theoretische Grundlagen und Fallbeispiele zur bilanziellen Behandlung von Fehlern, PiR 10/2017, S. 297 – 302

Roos, B.: Rechnungslegung bei Strukturänderung nach Handelsrecht und IFRS, Shaker Verlag, 2009

Roos, B.: Rückstellungspassivierung nach IAS 37: Überlagerung nicht vorhandener faktischer durch rechtliche Verpflichtungen?, DStR 37/2016, S. 2173 – 2178

Roos, B. in: Festschrift zum 65. Geburtstag von Dr. Norbert Lüdenbach, Behandlung von Geringwertigen Vermögenswerten als Sonderfrage der Bilanzierung des langfristigen Vermögens nach IFRS, NWB Verlag 2020, S. 189 – 199

Roos, B. / Schmidt, A.: Zur Abgrenzung von Vorräten und Sachanlagen – Unter Berücksichtigung der sich hierzu ergebenden Implikationen aus den Annual Improvements to IFRS 2009-2011, PiR 2/2013, S. 47-52

Ruhnke, K. / Sievers, S. / Simons, D.: Rechnungslegung nach IFRS und HGB – Lehrbuch zur Theorie und Praxis der Unternehmenspublizität mit Beispielen und Übungen, Verlag Schäffer Poeschel, 4., überarbeitete und aktualisierte Auflage 2023

Scheffler, E.: Eigenkapital im Jahres- und Konzernabschluss nach IFRS – Abgrenzung, Konsolidierung, Veränderung, Vahlen Verlag 2006

Tanksi, J. S.: Sachanlagen nach IFRS – Bewertung, Bilanzierung und Berichterstellung, Vahlen Verlag 2005

Theile, C.: Übungsbuch IFRS – Aufgaben und Lösungen zur internationalen Rechnungslegung, Springer Gabler Verlag, 4. Auflage 2014

Wobbe, C.: IFRS: Sachanlagen und Leasing – Ansatz-, Bewertungs- und Ausweismöglichkeiten, Erich Schmidt Verlag 2008

Zülch, H. / Hendler, M.: Bilanzierung nach IFRS, WILEY-VCH Verlag GmbH & Co, KAaA, 2. Auflage 2017

Index